U0626989

全国高等学校中药资源与开发、中草药栽培与鉴定、中药制药等专业

国家卫生健康委员会"十三五"规划教材

制药设备与工艺设计

主 编 周长征　王宝华

副主编 潘林梅　朱艳华　李瑞海　赵　鹏

编 者（以姓氏笔画为序）

于　波（长春中医药大学）　　　　贲永光（广东药科大学）

王宝华（北京中医药大学）　　　　赵　鹏（陕西中医药大学）

仝　艳（河南中医药大学）　　　　都　波（天俱时工程科技集团有限公司）

江汉美（湖北中医药大学）　　　　黄　莉（湖南中医药大学）

朱艳华（黑龙江中医药大学）　　　康怀兴（山东中医药大学）

李瑞海（辽宁中医药大学）　　　　谢红军（西藏大学医学院）

张　烨（内蒙古医科大学）　　　　谢爱华（河北中医学院）

张朔生（山西中医药大学）　　　　潘林梅（南京中医药大学）

周长征（山东中医药大学）　　　　魏　莉（上海中医药大学）

居瑞军（北京石油化工学院）

人民卫生出版社
·北京·

版权所有，侵权必究！

图书在版编目（CIP）数据

制药设备与工艺设计 / 周长征,王宝华主编 . —北京：人民卫生出版社,2023.8

ISBN 978-7-117-34753-2

Ⅰ．①制… Ⅱ．①周… ②王… Ⅲ．①制药工业–化工设备–医学院校–教材②制药工业–工艺学–医学院校–教材 Ⅳ．①TQ460.3②TQ460.1

中国国家版本馆 CIP 数据核字（2023）第 076971 号

| 人卫智网 | www.ipmph.com | 医学教育、学术、考试、健康，购书智慧智能综合服务平台 |
| 人卫官网 | www.pmph.com | 人卫官方资讯发布平台 |

制药设备与工艺设计
Zhiyaoshebei yu Gongyisheji

主　　编	周长征　王宝华
出版发行	人民卫生出版社（中继线 010-59780011）
地　　址	北京市朝阳区潘家园南里 19 号
邮　　编	100021
E - mail	pmph @ pmph.com
购书热线	010-59787592　010-59787584　010-65264830
印　　刷	北京华联印刷有限公司
经　　销	新华书店
开　　本	850×1168　1/16　印张：21
字　　数	510 千字
版　　次	2023 年 8 月第 1 版
印　　次	2023 年 9 月第 1 次印刷
标准书号	ISBN 978-7-117-34753-2
定　　价	76.00 元

打击盗版举报电话：010-59787491　E-mail：WQ @ pmph.com

质量问题联系电话：010-59787234　E-mail：zhiliang @ pmph.com

数字融合服务电话：4001118166　E-mail：zengzhi @ pmph.com

出版说明

高等教育发展水平是一个国家发展水平和发展潜力的重要标志。办好高等教育,事关国家发展,事关民族未来。党的十九大报告明确提出,要"加快一流大学和一流学科建设,实现高等教育内涵式发展",这是党和国家在中国特色社会主义进入新时代的关键时期对高等教育提出的新要求。近年来,《关于加快建设高水平本科教育全面提高人才培养能力的意见》《普通高等学校本科专业类教学质量国家标准》《关于高等学校加快"双一流"建设的指导意见》等一系列重要指导性文件相继出台,明确了我国高等教育应深入坚持"以本为本",推进"四个回归",建设中国特色、世界水平的一流本科教育的发展方向。中医药高等教育在党和政府的高度重视和正确指导下,已经完成了从传统教育方式向现代教育方式的转变,中药学类专业从当初的一个专业分化为中药学专业、中药资源与开发专业、中草药栽培与鉴定专业、中药制药专业等多个专业,这些专业共同成为我国高等教育体系的重要组成部分。

随着经济全球化发展,国际医药市场竞争日趋激烈,中医药产业发展迅速,社会对中药学类专业人才的需求与日俱增。《中华人民共和国中医药法》的颁布,"健康中国2030"战略中"坚持中西医并重,传承发展中医药事业"的布局,以及《中医药发展战略规划纲要(2016—2030年)》《中医药健康服务发展规划(2015—2020年)》《中药材保护和发展规划(2015—2020年)》等系列文件的出台,都系统地筹划并推进了中医药的发展。

为全面贯彻国家教育方针,跟上行业发展的步伐,实施人才强国战略,引导学生求真学问、练真本领,培养高质量、高素质、创新型人才,将现代高等教育发展理念融入教材建设全过程,人民卫生出版社组建了全国高等学校中药资源与开发、中草药栽培与鉴定、中药制药专业规划教材建设指导委员会。在指导委员会的直接指导下,经过广泛调研论证,我们全面启动了全国高等学校中药资源与开发、中草药栽培与鉴定、中药制药等专业国家卫生健康委员会"十三五"规划教材的编写出版工作。本套规划教材是"十三五"时期人民卫生出版社的重点教材建设项目,教材编写将秉承"夯实基础理论、强化专业知识、深化中医药思维、锻炼实践能力、坚定文化自信、树立创新意识"的教学理念,结合国内中药学类专业教育教学的发展趋势,紧跟行业发展的方向与需求,并充分融合新媒体技术,重点突出如下特点:

1. 适应发展需求,体现专业特色 本套教材定位于中药资源与开发专业、中草药栽培与鉴定专业、中药制药专业,教材的顶层设计在坚持中医药理论、保持和发挥中医药特色优势的前提下,重视现代科学技术、方法论的融入,以促进中医药理论和实践的整体发展,满足培养特色中医药人才的需求。同时,我们充分考虑中医药人才的成长规律,在教材定位、体系建设、内容设计上,注重理论学习、生产实践及学术研究之间的平衡。

2. 深化中医药思维,坚定文化自信 中医药学根植于中国博大精深的传统文化,其学科具有文化和科学双重属性,这就决定了中药学类专业知识的学习,要在对中医药学深厚的人文内涵的发掘中去理解、去还原,而非简单套用照搬今天其他学科的概念内涵。本套教材在编写的相关内容中注重中医药思维的培养,尽量使学生具备用传统中医药理论和方法进行学习和研究的能力。

3. 理论联系实际,提升实践技能 本套教材遵循"三基、五性、三特定"教材建设的总体要求,做到理论知识深入浅出,难度适宜,确保学生掌握基本理论、基本知识和基本技能,满足教学的要求,同时注重理论与实践的结合,使学生在获取知识的过程中能与未来的职业实践相结合,帮助学生培养创新能力,引导学生独立思考,理清理论知识与实际工作之间的关系,并帮助学生逐渐建立分析问题、解决问题的能力,提高实践技能。

4. 优化编写形式,拓宽学生视野 本套教材在内容设计上,突出中药学类相关专业的特色,在保证学生对学习脉络系统把握的同时,针对学有余力的学生设置"学术前沿""产业聚焦"等体现专业特色的栏目,重点提示学生的科研思路,引导学生思考学科关键问题,拓宽学生的知识面,了解所学知识与行业、产业之间的关系。书后列出供查阅的相关参考书籍,兼顾学生课外拓展需求。

5. 推进纸数融合,提升学习兴趣 为了适应新教学模式的需要,本套教材同步建设了以纸质教材内容为核心的多样化的数字教学资源,从广度、深度上拓展了纸质教材的内容。通过在纸质教材中增加二维码的方式"无缝隙"地链接视频、动画、图片、PPT、音频、文档等富媒体资源,丰富纸质教材的表现形式,补充拓展性的知识内容,为多元化的人才培养提供更多的信息知识支撑,提升学生的学习兴趣。

本套教材在编写过程中,众多学术水平一流和教学经验丰富的专家教授以高度负责、严谨认真的态度为教材的编写付出了诸多心血,各参编院校对编写工作的顺利开展给予了大力支持,在此对相关单位和各位专家表示诚挚的感谢! 教材出版后,各位教师、学生在使用过程中,如发现问题请反馈给我们(renweiyaoxue@163.com),以便及时更正和修订完善。

人民卫生出版社

2019 年 2 月

教材书目

序号	教材名称	主编	单位
1	无机化学	闫 静 张师愚	黑龙江中医药大学 天津中医药大学
2	物理化学	孙 波 魏泽英	长春中医药大学 云南中医药大学
3	有机化学	刘 华 杨武德	江西中医药大学 贵州中医药大学
4	生物化学与分子生物学	李 荷	广东药科大学
5	分析化学	池玉梅 范卓文	南京中医药大学 黑龙江中医药大学
6	中药拉丁语	刘 勇	北京中医药大学
7	中医学基础	战丽彬	辽宁中医药大学
8	中药学	崔 瑛 张一昕	河南中医药大学 河北中医学院
9	中药资源学概论	黄璐琦 段金廒	中国中医科学院中药资源中心 南京中医药大学
10	药用植物学	董诚明 马 琳	河南中医药大学 天津中医药大学
11	药用菌物学	王淑敏 郭顺星	长春中医药大学 中国医学科学院药用植物研究所
12	药用动物学	张 辉 李 峰	长春中医药大学 辽宁中医药大学
13	中药生物技术	贾景明 余伯阳	沈阳药科大学 中国药科大学
14	中药药理学	陆 茵 戴 敏	南京中医药大学 安徽中医药大学
15	中药分析学	李 萍 张振秋	中国药科大学 辽宁中医药大学
16	中药化学	孔令义 冯卫生	中国药科大学 河南中医药大学
17	波谱解析	邱 峰 冯 锋	天津中医药大学 中国药科大学

序号	教材名称	主编	单位
18	制药设备与工艺设计	周长征 王宝华	山东中医药大学 北京中医药大学
19	中药制药工艺学	杜守颖 唐志书	北京中医药大学 陕西中医药大学
20	中药新产品开发概论	甄汉深 孟宪生	广西中医药大学 辽宁中医药大学
21	现代中药创制关键技术与方法	李范珠	浙江中医药大学
22	中药资源化学	唐于平 宿树兰	陕西中医药大学 南京中医药大学
23	中药制剂分析	刘　斌 刘丽芳	北京中医药大学 中国药科大学
24	土壤与肥料学	王光志	成都中医药大学
25	中药资源生态学	郭兰萍 谷　巍	中国中医科学院中药资源中心 南京中医药大学
26	中药材加工与养护	陈随清 李向日	河南中医药大学 北京中医药大学
27	药用植物保护学	孙海峰	黑龙江中医药大学
28	药用植物栽培学	巢建国 张永清	南京中医药大学 山东中医药大学
29	药用植物遗传育种学	俞年军 魏建和	安徽中医药大学 中国医学科学院药用植物研究所
30	中药鉴定学	吴啟南 张丽娟	南京中医药大学 天津中医药大学
31	中药药剂学	傅超美 刘　文	成都中医药大学 贵州中医药大学
32	中药材商品学	周小江 郑玉光	湖南中医药大学 河北中医学院
33	中药炮制学	李　飞 陆兔林	北京中医药大学 南京中医药大学
34	中药资源开发与利用	段金廒 曾建国	南京中医药大学 湖南农业大学
35	药事管理与法规	谢　明 田　侃	辽宁中医药大学 南京中医药大学
36	中药资源经济学	申俊龙 马云桐	南京中医药大学 成都中医药大学
37	药用植物保育学	缪剑华 黄璐琦	广西壮族自治区药用植物园 中国中医科学院中药资源中心
38	分子生药学	袁　媛 刘春生	中国中医科学院中药资源中心 北京中医药大学

全国高等学校中药资源与开发、中草药栽培与鉴定、中药制药专业
规划教材建设指导委员会

成员名单

主 任 委 员　黄璐琦　中国中医科学院中药资源中心
　　　　　　　　段金廒　南京中医药大学

副主任委员 （以姓氏笔画为序）
　　　　　　　　王喜军　黑龙江中医药大学
　　　　　　　　牛　阳　宁夏医科大学
　　　　　　　　孔令义　中国药科大学
　　　　　　　　石　岩　辽宁中医药大学
　　　　　　　　史正刚　甘肃中医药大学
　　　　　　　　冯卫生　河南中医药大学
　　　　　　　　毕开顺　沈阳药科大学
　　　　　　　　乔延江　北京中医药大学
　　　　　　　　刘　文　贵州中医药大学
　　　　　　　　刘红宁　江西中医药大学
　　　　　　　　杨　明　江西中医药大学
　　　　　　　　吴啟南　南京中医药大学
　　　　　　　　邱　勇　云南中医药大学
　　　　　　　　何清湖　湖南中医药大学
　　　　　　　　谷晓红　北京中医药大学
　　　　　　　　张陆勇　广东药科大学
　　　　　　　　张俊清　海南医学院
　　　　　　　　陈　勃　江西中医药大学
　　　　　　　　林文雄　福建农林大学
　　　　　　　　罗伟生　广西中医药大学
　　　　　　　　庞宇舟　广西中医药大学
　　　　　　　　宫　平　沈阳药科大学
　　　　　　　　高树中　山东中医药大学
　　　　　　　　郭兰萍　中国中医科学院中药资源中心

唐志书　陕西中医药大学
黄必胜　湖北中医药大学
梁沛华　广州中医药大学
彭　成　成都中医药大学
彭代银　安徽中医药大学
简　晖　江西中医药大学

委　　员（以姓氏笔画为序）

马　琳	马云桐	王文全	王光志	王宝华	王振月	王淑敏
申俊龙	田　侃	冯　锋	刘　华	刘　勇	刘　斌	刘合刚
刘丽芳	刘春生	闫　静	池玉梅	孙　波	孙海峰	严玉平
杜守颖	李　飞	李　荷	李　峰	李　萍	李向日	李范珠
杨武德	吴　卫	邱　峰	余伯阳	谷　巍	张　辉	张一昕
张永清	张师愚	张丽娟	张振秋	陆　茵	陆兔林	陈随清
范卓文	林　励	罗光明	周小江	周日宝	周长征	郑玉光
孟宪生	战丽彬	钟国跃	俞年军	秦民坚	袁　媛	贾景明
郭顺星	唐于平	崔　瑛	宿树兰	巢建国	董诚明	傅超美
曾建国	谢　明	甄汉深	裴妙荣	缪剑华	魏泽英	魏建和

秘 书 长　吴啟南　郭兰萍

秘　　书　宿树兰　李有白

前　言

制药设备与工艺设计是制药工程、中药制药和药物制剂等相关专业的一门专业课程,是在完成基础课程和专业基础课程学习后开设的,学习本课程可以全面了解制药工程领域有关制药设备及车间工艺设计的知识,学会对相关设备的选型和车间工艺的设计过程。

本教材内容包括两部分。第一部分为前十章,即绪论、药物的前处理设备、中药提取流程与设备、干燥设备、丸剂和颗粒剂机械、片剂机械、胶囊剂机械、注射剂生产设备、其他制剂生产设备、药品包装与包装设备,分别阐述了各类制剂主要生产设备的分类、原理、使用和 GMP 验证。第二部分为第十一章至第十五章,即制剂工程设计概述、工艺流程设计、洁净厂房的空气净化系统、制剂工程设计、中药生产车间工艺设计,分别阐述了车间工艺设计的基本知识、工程计算、车间净化、车间布置、管道设计、制药生产车间设计等方面的内容。

本教材可供高等医药院校的制药工程、中药制药和药物制剂等相关专业的本科生使用,可供制药行业从事研究、设计和生产的工程技术人员参考,也可作为医药行业考试与培训的参考用书。本教材由医药院校和医药工业设计院从事制药工程教学研究和设计的人员编写而成,周长征、王宝华担任主编。第一章由周长征编写,第二章由谢爱华编写,第三章由谢红军编写,第四章由王宝华、江汉美编写,第五章由魏莉、黄莉编写,第六章由康怀兴编写,第七章由李瑞海编写,第八章由仝艳编写,第九章由潘林梅编写,第十章由于波编写,第十一章由居瑞军编写,第十二章由朱艳华、赵鹏编写,第十三章由张烨编写,第十四章由张朔生、贲永光编写,第十五章由都波编写。全书由周长征和王宝华统一审改定稿。

本教材的编写得到了人民卫生出版社,全国高等学校中药资源与开发专业、中草药栽培与鉴定专业、中药制药专业规划教材建设指导委员会专家,编委所在单位的大力支持。由于制药设备涉及内容广泛,而且发展迅速,工艺设计具有很强的时效性,本教材的缺点和错误在所难免,恳请广大读者提出宝贵意见,以利于本教材的修订和完善。

《制药设备与工艺设计》编委会

2023 年 5 月

目　录

第一章 绪论

第一章 课件

习近平总书记在中国共产党第二十次全国代表大会上的报告指出：人民健康是民族昌盛和国家强盛的重要标志。把保障人民健康放在优先发展的战略位置,完善人民健康促进政策。

我国已经建成了世界上规模最大的医疗卫生体系。随着中国社会的不断发展进步,人民生活水平和预期寿命的不断提高,将增加对健康产品的需求,从而促进中国医药行业的创新和发展。

药品从原料制成产品,需要经过什么生产过程? 需要在什么环境下生产? 药品生产需要使用什么机械或者设备? 这些问题一定困扰着大家。药品质量受到每一个过程的影响,如原辅料质量、技术参数、生产工艺、产品处方、生产设备、生产环境等,因此,需要结合这些影响因素,科学地开展制药设备与生产工艺的优化和设计,消除影响药品质量的各种因素。在药品生产质量管理中,严格遵循《药品生产质量管理规范》（Good Manufacturing Practice, GMP）法规体系,从生产环节对药品质量进行严格控制,监管药品生产的全过程,将物料、人员、环境、设备等因素充分纳入控制范围内。设备是药品生产中从物料投入到转化成产品的工具和载体,药品质量的最终保证通过生产而完成,也就是药品生产质量的保证很大程度上依赖设备系统的支持。学习制药设备与工艺设计这门课程,对于解答上述问题和理解 GMP 的内涵将有所帮助。

一、制药机械的分类

利用劳动工具改变劳动对象的形状、大小、成分、性质、位置或表面形状,使之成为预期产品的过程称为工艺过程。实现工艺过程的装备分为设备和机械。

就制药装备而言,所实现的过程是靠反应进行,或者用某种力场（热场、电场、重力场等）作用于被加工对象,而与机械能的消耗无关（或仅作用于物料输送和强化过程）,这些装备统称为设备,如反应器、提取罐、蒸发器干燥器等。

用机械功来改变劳动对象的外形、状态等的装备称为机械,如压片机、制粒机等。

制药设备和机械的生产制造从属于机械工业,为区别制药机械设备和其他机械的生产制造,从行业角度上,完成和辅助完成制药工艺的生产设备称为制药机械。按国家标准《制药机械名词术语》（GB/T 15692—2008）,制药机械可分为 8 类,包括原料药机械及设备、制剂机械及设备、药用粉碎机械、饮片机械、制药用水、气（汽）设备、药品包装机械、药物检测设备和其他制药机械及设备。

原料药机械及设备是利用生物、化学及物理方法实现物质转化,制取医药原料的机械及工艺设备。包括反应设备、塔设备、结晶设备、分离机械及设备、萃取设备、换热器、蒸发设备、蒸馏设备、干燥机械及设备、贮存设备、灭菌设备等。

制剂机械及设备是将药物原料制成各种剂型药品的机械及设备。包括颗粒剂机械、片剂机械、胶囊剂机械、小容量注射剂机械及设备、大容量注射剂机械及设备、丸剂机械、栓剂机械、软膏剂机械、口服液体制剂机械、气雾剂机械、眼用制剂机械、药膜剂机械等。

药用粉碎机械是以机械力、气流、研磨的方式粉碎药物的机械。包括机械式粉碎机、气流式粉碎机、研磨机械、低温粉碎机等。

饮片机械是中药材通过净制、切制、炮制、干燥等方法,改变其形态和性状制取中药饮片的机械及设备。包括净制机械、切制机械、炮制机械、药材烘干机械等。

制药用水、气(汽)设备是采用适宜的方法,制取制药用水和制药工艺用气(汽)的机械及设备。包括制药工艺用气(汽)设备、纯化水设备、注射用水设备、离子交换设备。

药品包装机械是完成药品直接包装和药品包装物外包装及药包材制造的机械及设备。包括药品直接包装机械、药品包装物外包装机械、药包材制造机械等。

药物检测设备是指检测各种药物质量的仪器及设备。

其他制药机械及设备是指与制药生产相关的其他机械及设备。包括输送机械及装置、辅助机械等。

二、制药机械产品的型号和代号

根据《制药机械产品型号编制办法》(JB/T 20188—2017)制药机械产品型号由产品类别代号、功能代号、型式代号、特征代号和规格代号组成。类别代号表示制药机械产品的类别;功能代号表示产品的功能;型式代号表示产品的机构、安装形式、运动方式等;特征代号表示产品的结构、工作原理等;规格代号表示产品的生产能力或主要性能参数。

型号编制格式如下:

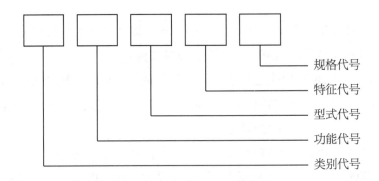

制药机械的产品类别按GB/T 15692—2008共分为8类,其代号分别用8个大写字母表示(表1-1);功能代号表示制药机械的功能。例如旋转式压片机代号为ZP;型式代号表示制药机械的结构、安装形式、运动方式等;特征代号表示制药机械的结构、工作原理等;规格代号表示制药机械的生产能力或主要性能参数,包括生产能力、面积、容积、机器规格、包装尺寸、适应规格等,一般以数字表示。

表 1-1 制药机械产品类别代号及功能代号

产品类别代号	产品功能	功能代号	产品类别代号	产品功能	功能代号
原料药机械及设备（Y）	反应、发酵设备	F	药物检测设备（J）	脆碎仪	C
	结晶设备	J		厚度测定仪	H
	提取、萃取设备	T		重金属检测仪	J
	蒸馏设备	L		水分测定仪	S
	换热设备	R		粒度测定仪	L
	蒸发设备	Z		澄明度测定仪	M
	干燥设备	G		微粒测定仪	W
	筛分设备	S		热原测定仪	RY
	浓缩设备	N		渗透压测定仪	ST
	灭菌设备	M		药品重量分选机械	Z
	过滤设备	GL	饮片机械（P）	洗药机械	X
	分离设备	LX		润药机械	R
制剂机械及设备（Z）	混合机械	H		切制机械	Q
	制粒机械	L		筛选机械	S
	压片机械	P		炒药机械	C
	包衣机械	BY		煎药机械	J
	胶囊剂机械	N		烘干机械	H
	安瓿注射剂机械	A		煅药机械	D
	抗生素瓶注射剂机械	K		煎煮机械	Z
	玻璃输液瓶机械	B	制药工艺用水、气（汽）设备（S）	工艺用气（汽）设备	Q
	塑料输液瓶机械	S		纯化水设备	C
	塑料输液袋机械	R		注射用水（蒸馏水）设备	Z
	丸剂机械	W	药用包装机械（B）	印字机械	Y
	软膏剂机械	G		计数充填机械	J
	栓剂机械	U		塞纸、棉,塞干燥剂机械	S
	口服液剂机械	Y		泡罩包装机械	P
	药膜剂机械	M		蜡壳包装机械	L
	气雾剂机械	Q		袋包装机械	D
	滴眼剂机械	D		外包装机械	W
	糖浆剂机械	T		药包材制造机械	YB
药用粉碎机械（F）	机械粉碎机械	J	其他制药机械及设备（Q）	输送设备及装置	S
	气流粉碎机械	Q		配液设备	P
	超微粉碎机械	W		模具	M
	研磨机械	M		备件	B
	低温粉碎机械	D		清洗设备	Q
药物检测设备（J）	硬度测定仪	Y		消毒设备	X
	溶出度试验仪	R		净化设备	J
	崩解仪	B		辅助设备	F

三、GMP 简介

《药品生产质量管理规范》是顺应人们对药品质量必须万无一失的要求,为保证药品的安全、有效和优质,从而对药品的生产制造和质量控制管理所作出指令性的基本要求和规定,中国将实施 GMP 制度直接写入了《中华人民共和国药品管理法》(简称《药品管理法》)。GMP 是药品生产企业对生产和质量管理的基本准则,是药品生产管理和质量控制的基本要求,旨在最大限度地降低药品生产过程中污染、交叉污染以及混淆、差错等风险,确保持续稳定地生产出符合预定用途和注册要求的药品。GMP 中包括了人员、厂房、设备、物料、卫生、确认与验证、文件、生产管理、质量管理、产品销售与收回、投诉与不良反应报告、自检等项的基本准则。

世界卫生组织(World Health Organization,WHO)于 20 世纪 60 年代中期开始组织制定药品 GMP,中国从 80 年代开始推行。1982 年,中国医药工业公司参照一些先进国家的 GMP 制定了《药品生产管理规范》(试行稿),并开始在一些制药企业试行。

1988 年,根据《药品管理法》,卫生部颁布了我国第一部《药品生产质量管理规范》(1988 年版),作为正式法规执行。1992 年,卫生部又对《药品生产质量管理规范》(1988 年版)进行修订,颁布了《药品生产质量管理规范》(1992 年修订)。1998 年,国家药品监督管理局总结几年来实施 GMP 的情况,对 1992 年修订的 GMP 进行修订,于 1999 年 6 月 18 日颁布了《药品生产质量管理规范》(1998 年修订),1999 年 8 月 1 日起施行。现行的《药品生产质量管理规范(2010 年修订)》于 2011 年 3 月 1 日起施行。

通过实施药品 GMP,我国药品生产企业生产环境和生产条件发生了根本性转变,制药工业总体水平显著提高。药品生产秩序的逐步规范,从源头上提高了药品质量,有力地保证了人民群众用药的安全有效,同时也提高了我国制药企业及药品监督管理部门的国际声誉。

四、药品生产对设备的要求

1.《药品生产质量管理规范》对生产设备的设计、安装有以下规定。

(1)生产设备不得对药品质量产生任何不利影响,与药品直接接触的生产设备表面应当平整、光洁、易清洗或消毒、耐腐蚀,不得与药品发生化学反应、吸附药品或向药品中释放物质。

(2)应当配备有适当量程和精度的衡器、量具、仪器和仪表。

(3)应当选择适当的清洗、清洁设备,并防止这类设备成为污染源。

(4)设备所用的润滑剂、冷却剂等不得对药品或容器造成污染,应当尽可能使用食用级或级别相当的润滑剂。

(5)生产用模具的采购、验收、保管、维护、发放及报废应当制定相应操作规程,设专人专柜保管,并有相应记录。

2.根据《医药工业洁净厂房设计标准》(GB 50457—2019),对洁净室内使用的设备有以下规定。

(1)医药洁净室内使用的制药设备和设施应具有防尘和防微生物污染的措施。

（2）制药设备的生产能力应与其生产批量相适应。

（3）用于成品包装的机械应性能可靠、操作方便、不易产生差错。当出现不合格、异物混入或性能故障时,应有报警、纠偏、剔除、调整等功能。

（4）制药设备上的仪器仪表应计量准确,精度符合要求,调节控制应稳定。

（5）制药设备保温层表面应平整光洁,不得有异物脱落。安装于医药洁净室内的保温层外应采用不锈钢或其他不污染洁净室的材料制作的外壳保护,并且能耐受日常清洗和消毒,并不得与消毒剂发生化学反应。

（6）当设备在不同洁净度级别的医药洁净室之间安装时,应采用密封隔断措施。

（7）空气洁净度 A/B 级的医药洁净室内使用的传送带不得穿越较低级别区域,除非传送带本身能连续灭菌。

（8）医药洁净室内的各种制药设备均应选用低噪声产品。对于噪声值超过医药洁净室允许值的设备应设置专用降噪设施。

（9）制药设备与其他有强烈振动的设备或管道连接时,应采取主动隔振措施。安装有精密设备、仪器仪表的区域应根据各类振源对其影响采取被动隔振措施。

3. 洁净室内设备设计和选用的规定。

（1）制药设备应结构合理、表面光洁、易于清洁。装有物料的制药设备应密闭。与物料直接接触的设备内表面,应平整光滑、易于清洗和消毒灭菌,并耐腐蚀。

（2）与物料直接接触的制药设备内表面,应采用不与物料发生化学反应、不释放微粒、不吸附物料的材料。生产无菌药品的设备、容器、工器具等应采用优质不锈钢,或其他不会对产品质量产生影响的材料。

（3）制药设备的传动部件应密封,并采取防止润滑剂、冷却剂等泄漏的措施。润滑剂不得对药品或设备造成污染。

（4）需清洗和灭菌的制药设备零部件应易于拆装,不便移动的制药设备应便于进行在线清洗和在线灭菌。

（5）药液过滤材料不应与药液发生化学反应、不应吸附药液或向药液内释放物质而影响药品质量。不得使用石棉材料。

（6）对生产中发尘量大的制药设备应设置捕尘装置,排风应设置气体过滤和防止空气倒灌及粉尘二次污染的措施。

（7）与药品直接接触的干燥用空气、压缩空气、惰性气体等均应设置净化装置。经净化处理后,气体所含的微粒和微生物数量应符合药品生产环境空气洁净度级别的规定。直接排至室外的设备出风口应有防止空气倒灌的装置。

（8）甲类、乙类火灾危险场所的制药设备应符合现行国家标准《爆炸危险环境电力装置设计规范》GB 50058—2014 的有关规定。压力容器尚应符合现行国家标准《压力容器》GB 150—2011 的有关规定。

（9）医药洁净室内设备的安装方式应确保不影响洁净室的清洁、消毒,不存在物料积聚或无法清洁的部位。

（10）制药设备应设置满足有关参数验证要求的测试点。

（11）直接接触无菌药品的生产设备应满足灭菌的要求。

（12）特殊药品的生产设备应符合下列规定：青霉素类等高致敏性药品、β-内酰胺结构类药品、放射性类药品、卡介苗、结核菌素、芽孢杆菌类等生物制品、血液或动物脏器、组织类制品等的生产设备必须专用；生产甾体激素类、细胞毒性类药品制剂，当无法避免与其他药品交替使用同一设备时，应采取防护和清洁措施，并应进行设备清洁验证。

（13）难以清洁的特殊药品的生产设备应专用。

五、药品生产验证

1. 药品生产验证定义和内容　在实践中，人们发现药品生产仅靠强化工艺监控和成品抽样检验来保证药品质量具有局限性，如一台无菌药品生产所用但不知热分布是否均匀的灭菌器仍不能保证生产出全部合格的产品，因为早期的 GMP 缺乏证明在药品生产过程所用的厂房、设施、设备、检验方法、工艺过程等方面自身的可靠性，这就需要对能够影响产品质量的关键系统、设备、检验方法、工艺过程进行验证，以说明经过验证的项目确实可以防止污染，确实可以始终如一地生产出符合质量标准产品的预期结果。

验证就是证明任何程序、生产过程、设备、物料、活动或系统确实能达到预期结果的有文件证明的一系列活动。

2. 设施及设备的验证　设施、设备验证目的是对设计、选型、安装及运行等进行检查，安装后进行试运行，以证明设施、设备达到设计要求及规定的技术指标。然后进行模拟生产试机，证明该设施、设备能够满足生产操作需要，而且符合工艺标准要求。设施验证项目包括空气净化系统、工艺用水系统、高纯气体系统。设备验证项目应选择影响药品质量的关键工序进行验证。关键工序指可能引起最终产品质量变化的关键操作和设备。对无菌药品生产关键工序包括灭菌设备、药液配制设备、药液滤过设备、洗瓶设备、灌封或分装设备、冷冻干燥设备、管道清洗处理效果等。非无菌药品生产关键工序，对低剂量的片剂和胶囊剂，与药物含量一致性有关的混合和制粒过程应重点验证；对一般的片剂和胶囊剂，与质量一致性有关的压片和胶囊充填也要验证。

药品生产验证采用分阶段验证形式，即将验证方案分为安装确认、运行确认、性能确认和产品验证 4 个阶段。按各阶段验证的对象可将前 3 项归纳为设备验证，所以药品生产验证可归纳为设备验证和产品验证 2 个方面。药品生产企业在最开始增加一项预确认，所以设备验证又可以分为以下 4 个阶段。

（1）预确认：预确认即设计确认，通常指对欲订购设备技术指标适用性的审查及对供应商的选定。预确认是从设备的性能、工艺参数、价格方面考查，工艺操作、校正、维护保养、清洗等是否合乎生产要求。

（2）安装确认：安装确认指机器设备安装后进行的各种系统检查及技术资料文件化工作。安装确认的目的在于保证工艺设备和辅助设备在操作条件下性能良好，能正常持续运行，并检查影响工艺操作的关键部位，用这些测得的数据制定设备的校正、维护保养和编制标准操作规程草案。

（3）运行确认：运行确认指为证明设备达到设定要求而进行的运行试验。运行确认是根据标准操作规程草案对设备整体及每一部分进行空载试验来确认该设备能在要求范围内准确运行并达到规定的技术指标。

（4）性能确认：性能确认指模拟生产试验。它一般先用空白料试车以初步确定设备的适用性。对简单和运行稳定的设备可依据产品特点直接采用物料进行验证。

3. 产品验证与工艺验证　产品验证指在特定监控条件下的试生产。试生产可分为模拟试生产和产品试生产两个步骤。产品验证前应进行原辅料验证、检验方法验证，然后按生产工艺规程进行试生产，这是验证工作的最后阶段也是对前面各项验证工作的各项考查。验证中应按已制订的验证方案，详细记录验证中工艺参数及条件，并进行半成品抽样检验，对成品不仅做规格检验还需做稳定性考查。验证进行时必须采用经过验证的原辅料和经过验证的生产处方。产品验证应至少进行 3 批，其间应验证生产处方和生产操作规程的可行性和重现性，并根据试生产情况调整工艺条件和参数，然后制定切实可行的生产处方和生产操作规程，并移交正式生产。

工艺验证指与加工产品有关的工艺过程的验证。其目的是证实某一项工艺过程确实能始终如一地生产出符合预定规格及质量标准的产品。工艺验证是以工艺的可靠性和重现性为目标，即在实际的生产设备和工艺卫生条件下，用试验来证实所设定的工艺路线和控制参数能够确保产品的质量。

无菌药品生产验证中对一些设备常采用挑战性试验。挑战性试验是在确定某一个工艺过程或一个系统的一台设备、一个设施在设定的苛刻条件下能否达到预定的质量要求的试验。如在湿热灭菌中加入嗜热脂肪芽孢杆菌或梭状芽孢杆菌作为生物指示剂；在环氧乙烷或甲醛气体灭菌中采用枯草芽孢杆菌作为生物指示剂。又如，为了验证无菌液体滤过器的除菌效果，常以每平方厘米滤膜表面积能滤除 10^7 个缺陷假单胞菌液体进行微生物挑战性试验。

无菌产品验证的合格标准均采用无菌相对标准，如对最终灭菌产品要求灭菌 F_0 值不低于 8，但实际操作要达到 12。灭菌后产品中微生物存活的概率为 10^{-6}，即产品的无菌保证值为 6；对无菌灌装要求通过 3 000 瓶的无菌培养基灌装，每批低于 0.1% 的污染率，连续验证 3 次合格。

4. 再验证　再验证是在一项工艺、一个过程、一个系统、一个设备或一种材料已经经过验证并运行一个阶段后进行的，旨在证实已验证的状态没有产生漂移。关键工序特别需要定期验证。再验证可分为两种类型，一是生产条件（如原料、包装材料、工艺流程、设备、控制仪表、生产环境、辅助系统等）发生变化对产品质量可能产生影响所进行的再验证；另一种是在计划时间间隔内所进行的定期再验证。

所有剂型的关键工序均必须进行定期再验证，如灭菌产品的灭菌柜，正常情况下每年须作 1 次再验证；无菌药品的分装每年至少应作 2 次再验证。

六、制药设备的发展动态

中国的制药设备随着制药工艺的发展和剂型品种的日益增多而发展，从而促进了制药工业整体水平的提高。特别是受新冠疫情的影响，我国医药制造业强劲增长，为制药设备市场带来了增量，行业不断壮大，现有规模以上制药设备企业约 160 余家。中国的制药设备产品及技术也逐步从简单的仿制发展到自主研发创新。近年来制药设备新产品不断涌现，如高效混合制粒机、胶囊全自动灌装机、高速自动压片机、大输液生产线、CO₂超临界萃取设备、口服液自动灌装生产线、电子数控螺杆分装机、水浴式灭菌柜、双铝热封包装机、电磁感应封口机等。

国外的制药设备发展的特点是向密闭生产、高效、多功能化、提高连续化、自动化水平发展。制药设备的密闭生产和多功能化，除了提高生产效率、节省能源、节约投资外，更主要的是要符合《药品生产质量管理规范》要求，如防止生产过程对药物可能造成的各种污染，以及可能影响环境和对人体健康造成危害的因素。

多功能为一体的设备都是密闭条件下操作的，而且往往都是高效的。制剂设备的多功能化缩短了生产周期，减轻了生产人员的操作和物料输送，必然要与应用先进技术、提高自动化水平相适应，这些都是GMP实施中对制剂设备提出的内容，也是近些年来国外制剂设备发展的趋势。

固体制剂中混合、制粒、干燥是片剂压片之前的主要操作，围绕这个课题，国外近几十年来投入大量技术力量研究新工艺，开发新设备，使操作更能满足GMP的要求。虽然20世纪60—70年代开发的流动床喷雾制粒器和70—80年代开发的机械式混合制粒设备仍在发挥其作用，具有较广泛的使用价值和实用性。但是随着新工艺的开发和GMP的进一步实施，国外开发了大量的多功能混合、制粒、干燥为一体的高效设备。

20世纪70年代问世的离心式包衣制粒机已为制剂工艺提供了制作缓释颗粒剂或药丸的多层包衣需要，但随着制剂新工艺、新剂型的需要，国外又开发了一些新型包衣、制粒、干燥设备。有的设备适合于大批量全封闭自动化生产，生产效率高；有的无须溶剂即可进行连续化操作的熔融包衣，且无须再进行干燥（如多功能连续化熔融包衣装置），都是对颗粒进行包衣的先进装置。

在注射剂设备方面，国外把新一代的设备开发与工程设计中车间洁净要求密切结合起来，如在水针剂方面，出现了入墙层流式新型针剂灌装设备，机器与无菌室墙壁连接在一起，操作立面离墙壁仅500mm，当包装规格变动时更换模具和导轨只需30分钟。检修可在隔壁非无菌区进行，维修时不影响无菌环境。

在粉针剂方面可提供灌封机与无菌室为组合的整体净化层流装置。它能保证有效的无菌生产而且使用该装置的车间环境无须特殊设计，能实现自动化。把装备的更新、开发与工程设计更紧密地结合在一起，这样在总体工程中体现了综合效益，这些就是国外工业先进国家在制剂设备研制开发方面的新思路、新成果。

制药生产和药品包装线国外在向自动化、连续化发展。从片剂车间看，操作人员只需利用气流输送将原辅料加入料斗和管理压片操作，其余可在控制室经过一个管理的计算机和控制盘完成。药品包装生产线的特点是各单机既可独自运转又可成为自动生产线，主要是广泛采用了光电装置和先进的光纤等技术以及电脑控制，使生产线实现在线监控，自动剔除不合格产品，保持正常运行。

我国制药装备的发展方向是研制开发高效率、高收率、高自动化、多功能、连续密闭、符合GMP要求的各种制药装备。重点研制能简化生产工序又符合医药生产工艺和GMP要求的新型原料药和制剂设备；研制符合GMP要求的具有自动检测、自动计数、自动剔废、自动诊断功能及远程控制接口装置的高效率药品包装机械；研制高供氧率工业规模的节能发酵罐和细菌培养生物反应器；研制工业规模的蛋白质分离纯化系统；开发粉碎温度低、噪声小、颗粒度可调、高收率、低消耗，并且有在线清洗、在线灭菌功能的超微粉碎设备及超微粉碎质量检测设备；促进超微粉碎技术在制药工业,尤其是中药制药工业领域的应用;研制开发超低温冷冻干燥设备;研制开发中药动态逆流提取、超临界萃取、中药饮片浸润、大孔树脂分离技术、中药灭菌等有利于中药生产工艺提升、技术更新、产品升级的设备。

未来,我国制药装备行业将继续向高端领域发展,高端制药装备及复杂制药生产技术将成为行业发展重点,包括对于制药装备的集成化、连续化、自动化、信息化水平的提升,以及智能化生产体系的应用等。

七、制剂车间工艺设计

药厂的基本建设项目和技术改造项目都涉及车间设计问题。车间设计是一项综合性很强的工作,是由工艺设计和非工艺设计(包括土建、设备、安装、采暖、通风、电气、给排水、动力、自控、概预算、经济分析等专业)所组成。设计工作应委托经过资格认证并取得由主管部门颁发的设计证书、从事医药专业设计的设计单位进行,作为医药企业从事工艺生产的工程技术人员需要了解设计程序和标准规范,并具有丰富的生产实践和各专业知识,才能提供必要的设计条件和设计基础资料,协同设计单位完成符合标准规范要求并满足药品生产要求的设计工作。设计质量关系到项目投资、建设速度和使用效果,是一项政策性很强的工作。

无论是基本建设工程,还是技术改造工程,或其他固定资产投资工程,国家规定都必须严格按照相应的建设程序进行。设计工作仅仅是工程建设程序中诸多阶段工作中的一个阶段。设计阶段与其他各阶段有着密切的关系,要做好设计阶段工作必须了解全部建设程序,特别是设计阶段之前各阶段的内容和深度要求。作为建设单位的医药企业工程技术人员,在整个工程建设程序中,特别是各阶段转换的衔接和后期工作中,应起积极的协调与组织作用。

第一章　同步练习

（周长征）

第二章　药物的前处理设备

第一节　中药前处理设备

中药工业化生产包括中药材的前处理与炮制、中药饮片的提取、中药制剂的生产等部分。其中,中药材的前处理加工是中药生产的基础环节,是中药饮片及其产品质量控制的重要源头,中药材前处理加工设备必须适应时代的要求。

中药材前处理加工的目的是生产各种规格和要求的中药饮片,同时也可为中药有效成分的提取与中药浸膏的生产提供可靠的保证;根据原药材或饮片的具体性质,在选用优质药材的基础上对其进行适当的清洗、浸润、切制、炒制、干燥等,加工成具有一定质量规格的中药饮片。主要生产工艺包括净制、切制、炮制、干燥等过程。

一、净制工艺及设备

净制包括中药材的净选与清洗,目的是对药材进行选别和除去杂质,达到药用的净度标准和规格要求。主要操作有拣选、风选、筛选、洗净、漂净、刷净、刮除、剪切、沸焯、压碾、火燎、制霜等。中药品种繁多,不同中药材的性状、大小、硬度等多不尽相同,且不同产地采用的加工方法也不完全相同,这对设备的选用增加了难度。净选设备的使用以及型号选择也有一定的局限性,故目前一部分操作仍以手工为主。拣选药材应设工作台,工作台表面应平整,不易产生脱落物;操作开始检查需净选的中药材,并称量、记录;风选、筛选等粉尘较大的操作间应安装捕吸尘设施;经质量检验合格后交下道工序或入净材库。中药饮片生产过程中常采用水洗法去除中药材附着的泥土或不洁净物,水洗过程中常用的设备为洗药机。工作原理是利用清水通过翻滚、碰撞、喷射等方法清洗药材。目前洗药机有滚筒式、履带式和刮板式等。

图 2-1 所示为滚筒式洗药机,其工作原理是将药物从滚筒口送入后,启动机器同时放水,利用内部带有筛孔的圆筒在回转时与水形成相对运动和喷水作用,冲洗药材,冲洗水可以经水泵打起作第二次冲洗,药材洗净后在另一端排出。圆筒转速一般为 4~14r/min,药材洗涤时间为 60~100s。该洗药机适于洗涤直径 5~240mm 或长度短于 300mm 的大多数药材。

此种洗药机的特点:①结构简单,操作方便,使用广泛;②应用水泵可使水反复冲洗,节约用水;③利用导轮作用,噪音和振动较小;④圆筒内有内螺旋状导板以推进物料,实现连续加料。

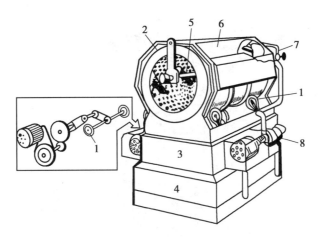

1—导轮；2—滚筒；3—水箱；4—水泥水箱；5—冲洗管；
6—防护罩；7—二次冲洗管；8—水泵。

● 图2-1 洗药机

履带式洗药机适用于长度较长的药材的清洗。其工作原理是：将药材置于移动的履带上，药材随履带移动的同时采用高压水喷射，以冲洗药材表面杂质。在使用过程中应注意，药材不能放置过多，并应勤加翻动，以保证药材表面冲洗完全。

刮板式洗药机与滚筒式洗药机工作原理相似，其利用三套旋转刮板搅拌和推进浸入水槽内弧形滤板上的药材，冲洗的杂质通滤过板筛孔落于槽底。刮板式洗药机的特点：①对药材适应性强；②能连续作业，生产能力较高；③因刮板弧形滤板之间有空隙，因此不适于清洗小于20mm的颗粒药材。

二、切制工艺及设备

将净选后的药材进行软化，再切成一定规格的片、丝、块、段等的工艺，称为饮片切制。药材经切制后能够进一步除杂，有利于有效成分的浸出，利于炮制、调配和制剂，便于鉴别和贮存。某些植物类中药材自古就有在产地趁鲜进行切制的习惯，但大多数天然植物药需经产地加工干燥成中药材方能作为中药饮片的生产原料，这类药材在切制前要经过水处理，待药材柔软后方可切制。水处理的原则是"少泡多润，药透水尽"。将药材浸润，使其软化的设备为润药机。将经水处理的中药材切制成饮片的设备为切药机。

在水处理过程中，应根据药材的质地情况选取不同的处理方法，一般分为冷浸软化法和蒸煮软化法，多数药材可采用前者，主要有水泡润软化法、水湿润软化法。水湿软化法又可分为洗润法、淋润法和浸润法。蒸煮软化法可用热水焯或蒸煮处理。为了加速浸润和提高药材质量，润药机常常配有加压或真空设备。润药机主要有卧式罐和立式罐两种，可分为真空喷淋冷润、真空蒸汽润化、真空冷浸、加压冷浸等。

图2-2所示为真空加温润药机，其操作方法为：药物经洗药机洗净后，投入圆柱形罐体内，打开真空泵，放入蒸汽，使温度逐步上升至规定的范围，保温15~20分钟，关闭蒸汽使药材软化。

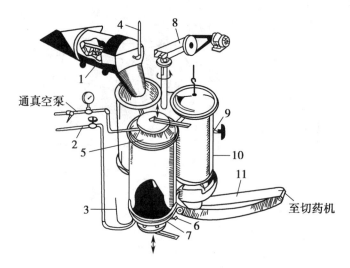

1—洗药机；2—蒸汽管；3—水银温度计；4—加水管；5—顶盖；6—放水阀门；7—底盖；8—减速器；9—定位钉；10—保温筒；11—输送带。

● 图 2-2　真空加温润药机

图 2-3 所示为减压冷浸润药机，其工作原理为：利用真空泵抽出药材组织间隙的气体，在接近真空时，维持原真空度不变，将水注入罐内，浸没药材，再恢复常压，使水迅速进入药材组织内部，达到与传统浸润方法相似的含水量，同时节约操作时间，提高软化效率。

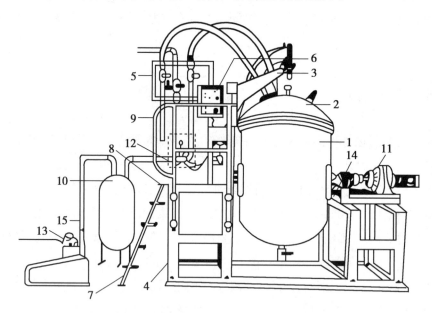

1—罐体；2—罐盖；3—移位架；4—机架；5—管线架；6—开关箱；7—梯子；8—工作台；9—扶手架；10—缓冲罐；11—减速机；12—液压动力站；13—真空泵；14—罐体定位螺；15—减震胶管。

● 图 2-3　减压冷浸式润药机

气相置换真空润药机综合了真空加温润药机和减压冷浸润药机的优点研制而成。在真空泵作用下，抽取药材内部空气，并维持高真空状态，充入蒸汽，受压差和气态分子具有良好渗透性，可使气态水迅速充满药材内部空隙，使药材快速均匀软化。气相置换真空润药机的优点在于：

①完全避免了药材在浸润时有效成分的流失;②可大幅缩短药材软化时间,提高生产效率;③避免液态水对药材的浸泡和污水排放,有利于环境保护;④可大幅降低药材含水量,提高药材切片的外观质量,且有利于后续干燥,节约能源。

中药饮片的类型可影响外观和调配,一般情况下,质地致密、坚实者,宜切薄片;质地松泡、粉性大者,宜切厚片;有时为突出鉴别特征或美观,可选择切成直片或斜片;叶类可切成宽丝,全草或细枝可切成小段,角类或木类可"镑"成薄片。目前,切药机种类较多,如剁刀式切药机、旋转式切药机、往复式切药机等,现将常用的几种切药机做简要介绍。

图2-4为旋转式切药机示意图,此类切药机由动力、推进、切片、调节四部分组成,其三片切刀固定在旋转圆形刀床内侧,切刀的前侧有一固定于机架的刀门,当药材由下履带输送至上下履带间,药材被压紧通过刀门被切刀切割,得到的成品落入护罩,由底部出料口排出。切片的长度由药材经履带前进的速度决定,可以调节六种履带输送速度,得到不同大小的中药切片。其特点是:使用范围较广,可以进行颗粒类药物的切制,且对根、茎、草、皮、块状及果实类药材有较好的适应性,但不宜用于坚硬、球状及黏性过大药材的切制。

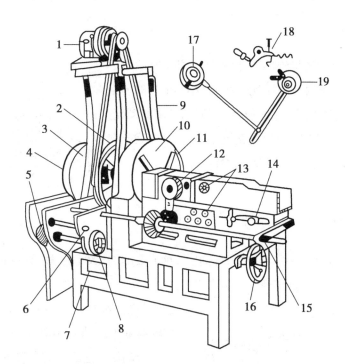

1—电动机;2—皮带轮;3—偏心轴(三套);4—安全罩;5—撑牙齿轮;6—撑牙齿轮轴;7—出料口;8—手扳轮;9—架子;10—刀床;11—刀;12—输送滚轮齿轮;13—输送滚轮轴;14—输送带松紧调节器;15—套轴;16—机身进退手扳轮;17—偏心轮;18—弹簧;19—撑牙。

● 图2-4 旋转式切药机

剁刀式切药机如图2-5所示,刀片通过导轨与偏心轮相连,当皮带轮旋转时带动偏心轮,偏心轮的转动使导轨和刀片做上下往复运动,药材通过输送带推送至刀床处被压紧时即受到刀片截切。切段长度由传送带的推进速度决定。本机结构简单,适应性强,一般根、根茎、全草类药材均可切制,不适于颗粒状药材的切制。

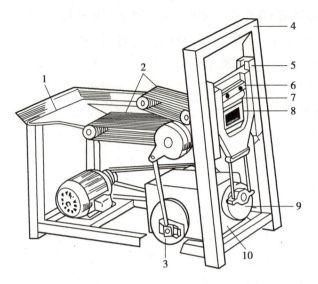

1—台面;2—输送带(无声链条组成);3—偏心调片子厚度部分;4—机身;5—导轨;6—压力板;7—刀片;8—出料口;9—偏心轮;10—减速器。

● 图2-5 剁刀式切药机

图2-6为多功能切药机外形图,这种切药机主要适用于根茎、块状及果实类中药材,圆片以及多种规格斜形片的加工切制。此种切药机结构特点:①体积小,重量轻,效率高,噪音低,操作维修方便;②药物切制过程无机械输送;③根据药物形状、直径选择不同的进药口,以保证饮片质量。

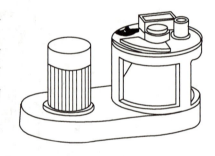

● 图2-6 多功能切药机

三、炮制工艺及设备

中药炮制是指药物在应用或制成各种剂型以前必要的加工处理过程,其目的主要是消除或降低药物的毒副作用,保证用药安全。常用的炮制方法有炒、炙、煅、煮等。炒法是指将净制或切制过的药物,筛去灰屑,大小分档,置炒制容器内,加辅料或不加辅料,用不同火力加热,并不断翻动或转动使之达到一定程度的炮制方法。将净选或切制后的药物,加入一定量的液体辅料拌炒,使辅料逐渐渗入药物组织内部的炮制方法称为炙法,如蜜炙、酒炙、盐炙等。煅法是将药物直接放于无烟炉中或适当耐火容器内煅烧的一种方法。炮制工序大多为传统技艺,除炒药机外多为手工操作。

炒药机分为卧式滚筒炒药机和立式平底搅拌拌炒机,均可用于药物的炒法和炙法等操作。图2-7为滚筒式炒药机,将中药饮片投入附有抄

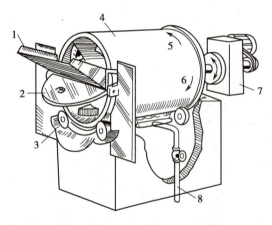

1—上料口;2—盖板;3—导轮;4—炒药筒;5—出料;6—炒药;7—加速器;8—煤气。

● 图2-7 滚筒式炒药机

板的滚筒内,筒外采用煤气等加热,同时转动滚筒,炒毕,反向转动滚筒,由于抄板作用,饮片即能排出。一般炒药筒体积为 0.2m³,每小时处理饮片 50~180kg。目前还有智能化环保型炒药机组,该机组由自动控温炒药机、自动上料机、智能化控制系统、定量罐、除尘装置、废气处理装置等组成。其中,智能化控制系统可以设置和储存炒药程序,如自动上料、温度控制、炒制时间、自动出料、变温控制等。除了自身具备控制功能外,还可对每批炒制的饮片进行数量和湿度控制,因为只有在相同的时间、热能、饮片的数量和湿度条件下,才能保证每批炒制具有相同的品质。

四、干燥设备

药材经切制后的饮片应及时进行干燥,干燥温度应根据药物性质灵活掌握,一般药物以不超过 80℃为宜,含芳香挥发性成分的饮片以不超过 50℃为宜。干燥后饮片的含水量应控制在7%~13%,且应放凉后贮存,以防饮片回潮、发霉。中药饮片宜采用远红外辐射干燥、微波干燥或带式干燥等。

第二节 粉碎机械

粉碎是借助于外力将大块固体物料制成适宜粒度的碎块或细粉的操作过程,它是固体药物生产中的基本单元操作之一,在药品生产中具有重要的意义。药物粉碎的目的:①增加药物的表面积,有利于提高难溶性药物的溶出度,提高其生物利用度;②便于调剂和服用,有利于制备各种药物剂型;③便于物料的干燥和贮存。但不适当的粉碎也会产生不良后果,如药物晶型改变、热分解、黏附、凝聚性增大、密度减小、毒性增大等。因此,在粉碎药物时,应经过全面考虑后,最终确定粉碎粒度和粉碎方法。

一、粉碎的基本原理

固体物料的粉碎过程,一般是利用外加机械力如冲击力、压缩力、研磨力和剪切力等,部分地破坏物质分子间的内聚力,使大颗粒变成小颗粒,表面积增大,将机械能转变为物料破碎前的变形能、物料粉碎新增的表面能、晶体结构或表面结构发生变化所消耗的能量以及设备转动过程中的能耗。药物的性质是影响粉碎效率和决定粉碎方法的主要因素。其主要的物理性质如下。

1. 硬度 一般采用摩氏指数来表示物料的坚硬程度,从软到硬规定:滑石粉的硬度为 1,金刚石的硬度为 10。一般硬质物料的硬度为 7~10,中等硬质物料的硬度为 4~6,软质物料的硬度为 1~3。中药饮片的硬度多属软质,但骨甲类药物较硬且韧,需经过砂烫或炒制加工以利于粉碎。

2. 脆性 脆性是指物料在外力作用下易于破碎成小颗粒的性质。极性晶体物料,具有一定的晶格,因而有一定的脆性,易于粉碎。粉碎时一般沿晶体的结合面碎裂成小晶体,如生石膏、硼砂等矿物类药材;非极性晶体物料脆性较弱,当施加一定的机械力时,易产生变形,阻碍它们的粉碎,此时可加入少量挥发性液体,当液体渗入固体分子的裂隙时,由于降低了分子间的内聚力,使晶体易从裂隙处开裂,从而利于粉碎。

3. 弹性 固体物料受力后其内部质点之间产生相对运动,物料因此而发生变形,若外加载荷消除后,变形随之消失,物料的这种特性称为弹性。非晶体药物其分子呈不规则排列,具有一定的弹性,粉碎时一部分机械能用于引起弹性形变,最后转化为热能,降低粉碎效率,此时可采用降低温度以减小弹性变形,增加脆性,以利其粉碎,如乳香、没药等。

4. 水分 一般情况下,物料的水分越少越有利于粉碎,如药物含水量为 3.3%~4% 时,较容易被粉碎,且不易引起粉尘飞扬。当水分超过 4% 时,会引起黏着而阻碍粉碎,降低粉碎效率。当水分超过 9% 时脆性减弱难以粉碎。

5. 温度 粉碎过程中会有部分机械能转化为热能,温度升高造成挥发性成分的损失或分解,物料变软、变黏,此时可以采用低温粉碎。

6. 重聚性 药物经粉碎后表面积增大,表面能增加,形成不稳定状态,已粉碎的粉末有重新结聚的倾向,这种现象称为重聚性。当不同药物混合粉碎时,一种药物适度地掺入到另一种药物中,粉末表面能降低而减少粉末的再结聚。如黏性与粉性药物混合粉碎,粉性药物使分子内聚力减少,能缓解黏性药物的黏性,有利于粉碎。

粉碎过程中,物料在机械力的作用下产生应力,当应力超过物料本身分子间内聚力时,物料被粉碎。一般情况下,外力主要作用在物料的突出部位,产生很大的局部应力,局部温度升高产生局部膨胀,物料出现小裂纹。随着不断施加外力,在裂纹处产生的应力集中,裂纹迅速延伸和扩散,使物料破碎。细粉的研磨需要较多的能量,这是因为需要在较小颗粒上产生许多裂纹,磨碎后产生大量的表面,表面能骤增。如果物料内部存在结构上的缺陷、裂纹,则受力时在缺陷、裂纹处产生的应力集中,可使物料沿着这些脆弱面破碎。物料破碎时实际的破坏强度仅是理论破坏强度的 1/1 000~1/100,因此粉碎机的效率仅有 0.1%~3%。实践证明,粉碎操作中,增加新的表面积而消耗的能量只占全部消耗能量的一小部分,除机械运转消耗的能量,绝大部分主要消耗在粒子的弹性形变、粒子与粒子以及粒子与器壁的摩擦,物料受力在粉碎室内的快速运动,以及粉碎时产生的振动、噪音、热量和机械自身的损耗等。

通常把粉碎前、后颗粒的平均粒径之比称为粉碎度,又称粉碎比,即:

$$i = \frac{D_1}{D_2} \qquad\qquad 式(2\text{-}1)$$

式中,i 是粉碎比;D_1 是粉碎前固体药物颗粒的粒径,单位为 mm 或 μm;D_2 是粉碎后固体药物颗粒的粒径,单位为 mm 或 μm。

由式(2-1)可知,粉碎比越大,所得药物颗粒的粒径就越小。可见,粉碎比是衡量粉碎效果的一个重要指标,也是选择粉碎设备的重要依据。根据粉碎度,可将粉碎分为四个等级:粗碎、中碎、细碎和超细碎。粗碎的粉碎度为 3~7,产物颗粒的平均粒径在数十毫米至数毫米之间;中碎的粉碎度为 20~60,D_2 在数毫米至数百微米之间;细碎的粉碎度在 100 以上,D_2 在数百微米至数十微米之间;超细碎的粉碎度可达 200~1 000,平均直径 D_2 在数十微米至数微米以下,其中粉碎后粒径在 1~100nm 之间的又称为纳米粉碎。

二、粉碎方法

1. 自由粉碎和缓冲粉碎 在粉碎过程中,若将达到规定粒度的细粉及时移出,则称这种粉碎为自由粉碎。反之,若细粉始终保持在粉碎系统中,则称这种粉碎为缓冲粉碎或闭塞粉碎。在自由粉碎过程中,细粉的及时移出可使粗粒有充分的机会接受机械能,因而粉碎设备所提供的机械能可有效地作用于粉碎过程,故粉碎效率较高,适用于连续操作。而在缓冲粉碎过程中,由于细粉始终保持在系统中,并在粗粒间起到缓冲作用,因而要消耗大量的机械能,导致粉碎效率下降,同时产生大量的过细粉末,因此缓冲粉碎适用于小规模间歇操作。

2. 开路粉碎和循环粉碎 在粉碎过程中,若药物仅通过粉碎设备一次即获得所需的粉体产品,则称这种粉碎为开路粉碎,开路粉碎适用于粗碎或用作细碎的预粉碎。若粉体产品中含有尚未达到规定粒度的粗颗粒,则可通过筛分设备将粗颗粒分离出来,再将其重新送回粉碎设备中粉碎,这种粉碎称为循环粉碎或闭路粉碎,如图2-8所示。循环粉碎适用于细碎或对粒度范围要求较严的粉碎。

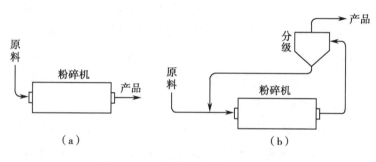

● 图2-8 开路粉碎(a)与循环粉碎(b)

3. 干法粉碎和湿法粉碎 干法粉碎是通过干燥处理使药物中的含水量达到一定要求后再进行粉碎的方法。粉碎固体药物时,应根据药物的性质选用适宜的干燥方法,干燥温度一般不宜超过80℃。药物的适宜含水量与药物的性质及粉碎机械的性能有关。例如,采用万能粉碎机时药物的含水量应降至10%左右,而采用球磨机时药物的含水量则应降至5%以下。

湿法粉碎系指向药物中加入适量水或其他液体并与之一起研磨粉碎的方法,也称加液研磨法。通常选用的液体以"不引起药物膨胀,不发生化学变化,不影响药效"为原则,通常采用水或乙醇。加入液体的目的是将小分子液体渗入药物颗粒的裂隙中,以减少分子间的引力而利于粉碎,同时可避免粉尘飞扬,特别适合毒性或刺激性较强药物的粉碎。传统粉碎方法水飞法属于湿法粉碎,即将药物先打成碎块,除去杂质,放入研钵或电动研钵中,加适量水,用研锤重力研磨。当有部分细粉研成时,应倾泻出来,余下的药物再加水反复研磨,倾泻,直至全部研细为止,再将研得的混悬液合并,将沉淀得到的湿粉干燥即得。

4. 单独粉碎和混合粉碎 单独粉碎是将处方中的某种药物单独进行粉碎的方法。一般药物需单独粉碎,此时可以依据药物的性质针对性地选择粉碎方法和设备,同时可以避免粉碎过程中不同物料损耗不同而引起含量的不准,也便于在不同制剂中的应用。单独粉碎过程中已粉碎的粉末有重新结聚的趋向,应采取适当措施避免。对于氧化性、还原性较强的药物应进行单独粉碎,避免在粉碎过程中两者反应引起爆炸。毒性药物以及后期需要特殊处理的药物也应单独粉碎。

混合粉碎是将处方中两种或两种以上的药物一起粉碎的方法。这种粉碎方法可以将一种物料粉末渗入到另一种粉末中,降低分子间的内聚力和表面能,防止粉末重新聚集。混合粉碎可避免黏性物料或油性物料单独粉碎的困难,又可使粉碎和混合同时进行,提高生产效率。

5. 低温粉碎　低温粉碎是利用药物在低温下脆性较大的特点进行粉碎的方法,其产品粒度较细,并能较好地保持药物有效成分的原有特性。对于常温下粉碎有困难的药物,如软化点和熔点较低的药物、热可塑性药物以及某些热敏性药物等,均可采用低温粉碎方法。一般的方法有:先将物料冷却,迅速通过高速锤击粉碎机粉碎;粉碎机壳通入低温冷却水,物料在冷却状态下粉碎;将物料与干冰或液氮混合后粉碎或上述方法组合粉碎。低温粉碎适用于热塑性、强韧性、热敏性、挥发性及熔点低的药物。该粉碎方法不仅可提高粉碎效率和产品细度,同时也可较好地保护药物的有效成分,且能降低粉碎机的能量消耗。低温粉碎过程中,空气中的水分会在粉碎机及物料表面冷凝或结霜,从而增加物料中的含水量,因此低温粉碎不宜在潮湿环境中进行,粉碎后的产品也应及时置于防潮容器内,以免因长时间暴露于空气中而使含水量增加。

6. 超微粉碎　超微粉碎技术是 20 世纪 70 年代后发展起来的一种物料加工高新技术。超微粉碎又称超细粉碎,是指将物料磨碎到粒径为微米级以下的操作。超微粉体通常可分为微米级、亚微米级以及纳米级粉体。粉体粒径在 $1\sim100nm$ 的称为纳米粉体;粒径为 $0.1\sim1\mu m$ 的称为亚微米粉体;粒径大于 $1\mu m$ 的称为微米粉体。超微粉碎的关键是方法、设备以及粉碎后粉体分级。对超微粉体不仅要求粒度,而且粒径分布要窄。

药物经超微粉碎后,可以增加药物吸收率,提高药物生物利用度,有利于提高药效,也为制剂生产创造条件。但应注意到超微粉碎对药物毒副作用以及毒性药物产生的影响。

三、常用的粉碎机械

粉碎机械的种类很多,可按不同的方法进行分类。按照 GB/T 15692—2008 分类,粉碎机可分为机械式、气流式、研磨式和低温式。按所施加作用力的不同,粉碎设备可分为剪切式、撞击式、研磨式、挤压式和锉削式等类型。按作用部件运动方式的不同,粉碎设备可分为旋转式、振动式、滚动式以及流体作用式等类型。按操作方式的不同,粉碎设备可分为干磨、湿磨、间歇式和连续式等类型。第一节介绍的切药机也是粉碎设备之一,下面介绍几种药品生产中常用的粉碎机械。

1. 锤击式粉碎机　如图 2-9 所示,锤击式粉碎机主要由带有内齿形衬板的机壳、高速旋转的旋转圆盘、安装在圆盘上的自由摆动的"T"形锤、加料斗、螺旋加料器、筛板以及产品出口等组成,结构紧凑、简单,操作安全方便,生产能力大,能耗小,粉碎粒径比较均匀,其粒度可以由锤头的形状、大小、转速以及筛网的目数来调节。其缺点是锤头磨损较快,过度粉碎的粉尘较多,筛板容易堵塞,以 30~200 目为宜。

固体物料经加料斗有螺旋加料器连续地定量进入到粉碎室,粉碎室上部装有内齿形衬板,下部有筛板,物料受到高速旋转锤的强大冲击作用、剪切作用和被抛向衬板的撞击等作用而被粉碎,

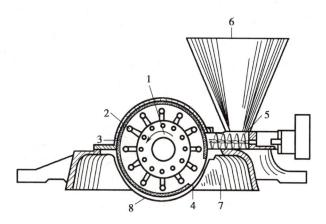

1—圆盘；2—T形锤；3—内齿形衬板；4—筛板；5—螺旋加
料器；6—加料斗；7—产品排出口；8—机壳。

● 图2-9 锤击式粉碎机示意图

细料通过筛板排出为成品，粗料继续被粉碎。此种粉碎机可满足干燥、性脆易碎、韧性物料以及中碎、细碎、超细碎等的粉碎要求，粉碎比一般为20~70。不适于粉碎黏性物料，因黏性物料容易堵塞筛板及黏附在粉碎室内。

2. 冲击柱式粉碎机 如图2-10所示，也称为万能磨粉机，其主要结构是两个带钢齿（冲击柱）圆盘和环形筛板，两个钢齿盘分别为定子和转子，钢齿相互交错。粉碎时，物料由加料斗加入，由定子中心轴向进入粉碎机，由于转子的离心作用，物料从中心部位被抛向外壁的过程中物料在钢齿间粉碎。由于转子外圈速度大于内圈速度，因此，物料越靠近外壁所受冲击力越大，粉碎得越来越细，最后物料达到外壁透过筛孔即得成品。在应用时，先打开机器空转，待高速转动再加入药料，以免阻塞钢齿而增加电动机启动时的负荷；加入的物料需大小合适，必要时应预先粗碎。

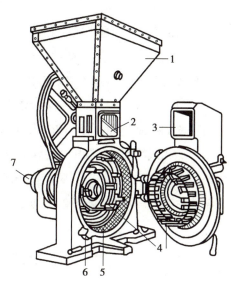

1—加料斗；2—抖动装置；3—加料口；4—钢齿；5—环状筛板；6—出粉口；7—水平轴。

● 图2-10 冲击柱式粉碎机

粉末的粗细主要由筛板的筛孔大小控制。由于转子的转速很快，产生强烈气流，促使细粉通过筛板，细粉容易飞扬，故需要安装集尘排气装置，以利安全和收集粉末。

冲击柱式粉碎机因转子高速旋转，零部件容易磨损，产热也较多，其钢齿采用45号钢或其他硬质金属制备。同时应保证整个机器处于良好的润滑状态。

万能磨粉机使用范围广泛，适于粉碎干燥、非组织性药物，不宜粉碎腐蚀性药物、毒剧药物及贵重药物，避免粉尘飞扬造成中毒或浪费；由于转子高速旋转产生热量，因此，对于含挥发性成分、热敏性成分和黏性药物不宜采用万能磨粉机。

3. 双辊破碎机 如图2-11所示，图2-11（a）为双辊破碎机工作原理图，图2-11（b）为结构示意图。其主要部件为两个平行的辊子，辊面可以是光滑的也可是带齿的。一个辊子安装在固定轴承上,另一个在活动轴承上,活动轴承和辊子通过弹簧与挡板相连。两个辊子由电动机带动且运动速度相同但方向相反。物料进入两个辊子之间,物料被辊子夹住受挤压而破碎,破碎的物料由下部排出。两个辊子之间的最小间隙为排料口宽度,排料口宽度的调节是通过改变挡板位置,从而调节活动轴承的极限位置及排料口宽度的方法达到的。

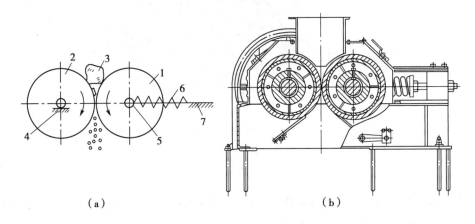

（a）　　　　　　　　　　（b）

1,2—辊子;3—物料;4—固定轴承;5—活动轴承;6—弹簧;7—机架。
● 图 2-11　双辊破碎机的工作原理及结构示意图

活动轴承的作用是当坚硬杂质进入两辊之间时,活动辊子受力增加,迫使活动轴承压迫弹簧向右移动,使排料口间隙增加,排出杂物,可以起到保险装置的作用。

光滑辊面磨损低,适于坚硬的磨蚀性强和软质物料,破碎比为6~8,且粒度较小;根据物料性质、粒度要求以及工作条件可以设计选择不同齿形和排列位置的辊面,破碎效果好但抗磨损性差,不适于破碎磨蚀性强的物料,破碎比为10~15,可破碎颗粒大的黏性物料。

4. 柴田式粉碎机　柴田式粉碎机也称为万能粉碎机,在各类粉碎机中它的粉碎能力较大,是中药厂普遍使用的粉碎机。其结构为在粉碎机的水平轴上装有甩盘,甩盘上有刀形的挡板和打板,在轴的后端装有风轮。如图 2-12 所示。粉碎时,药物由加料口进入机内,当转轴高速旋转时,药

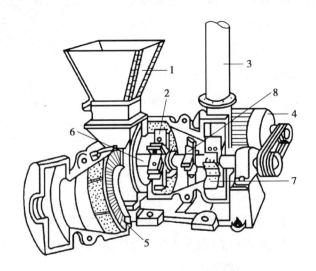

1—加料斗;2—打板;3—出粉风管;4—电机;5—机壳
内壁钢齿;6—动力轴;7—风扇;8—挡板。
● 图 2-12　柴田式粉碎机

物受到打板的打击、剪切和挡板的撞击作用而粉碎,通过风扇,细粉被空气带至出口排出。粉碎机的粉碎度是由挡板调节的。

柴田式粉碎机结构简单,使用方便,粉碎能力强,广泛应用于黏软性、纤维性及坚硬的动植物原料。操作时,必须先让机器空转,正常后方可加料粉碎,且要等机内物料排空并空转 1 分钟后停机。

5. 球磨机 球磨机是一种细碎设备,其主要组成部分为一个由铁、不锈钢或瓷制成的圆形球罐,球罐的轴固定在轴承上,罐内装有一定数量大小不同的钢球或瓷球和物料,如图 2-13 所示。当罐体转动时,由于离心力和罐壁摩擦力的作用球和物料被带到一定高度,物料借圆球落下时的撞击劈裂作用以及球与罐壁间、球与球之间的研磨作用而被粉碎,同时物料不断改变其相对位置可达到混合目的。粉碎效果与圆筒的转速、球与物料的装量、球的大小与重量等有关。

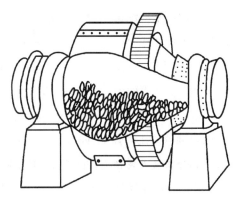

● 图 2-13 球磨机示意图

球磨机要有适当的转速才能达到良好的粉碎效果。当罐体的转速较小时,由于罐内壁与圆球间的摩擦作用,球和物料被带到混合物休止角所对应的高度后滑落,此时物料的粉碎主要依靠研磨作用,如图 2-14(a)所示。当罐体转速逐渐变大时,则离心力增大,圆球和物料上升高度随之增加,混合物呈抛物线轨迹下落,如图 2-14(b)所示,此时产生了圆球对物料的撞击作用。若再增大罐体的转速,则产生的离心力更大,甚至超过圆球和物料的重力,混合物将紧贴罐内壁旋转,从而失去粉碎和混合作用,如图 2-14(c)所示。为了有效地粉碎物料,球磨机的转速不能过大或过小,应使圆球从最高的位置以最大的转速下落,这一转速的极限值为临界转速,它与罐体的直径有关,可由下式表示:

$$n_{临} = \frac{42.3}{\sqrt{D}}(转/min)$$ 式(2-2)

式中,$n_{临}$ 为球罐的临界转速,D 为罐体直径(m)。在实际工作中,球磨机的转速一般采用临界转速的 75%~88%,即:

$$n_c = \frac{32}{\sqrt{D}} \sim \frac{37.2}{\sqrt{D}}(转/min)$$ 式(2-3)

(a) (b) (c)

● 图 2-14 球磨机内球的三种运动情况

除转速外,影响球磨机粉碎效果的因素还有圆球的大小、重量、数量、被粉碎药物的性质等。圆球必须有一定的重量和硬度,方能使其在一定高度落下,从而具有最大的击碎力。圆球的直径一般不应小于 65mm,其直径应大于被粉碎物料的 4~9 倍。由于圆球有磨损,为保证粉碎效果应及时更换新球。

圆球的数目不应过多,过多会造成运转时上升的球与下降的球发生碰撞。通常圆球的填装体积占球罐总体积的 30%~35%。

罐体的直径与长度应有一定比例,罐体过长,仅部分圆球起作用,实际操作中一般取长度和直径之比为 1.64：1.56 较为适宜。被粉碎物料不应超过球罐总容量的 1/2。

球磨机结构简单,密封操作粉尘少,对具有较大吸湿性物料可防止吸潮,常用于毒、剧、贵重物料及粘附性、凝结性粉状物料的粉碎和混合。可用于干法粉碎和湿法粉碎。

6. 振动磨 振动磨是利用研磨介质(球形、柱形或棒形)在振动磨筒体内做高频振动产生冲击、摩擦、剪切等作用,将物料磨细和混合均匀的一种粉碎设备。

如图 2-15 所示,振动磨槽形或管形筒体支撑于弹簧上,筒体中部有主轴,轴的两端有偏心块,主轴的轴承装在筒体上,通过挠性轴套与电动机连接。振动磨的工作原理如图 2-15 所示。物料与研磨介质装入弹簧支撑的筒体内,由偏心块激振装置驱动筒体做圆周运动,运动方向与主轴方向相反。例如主轴以顺时针方向旋转,则研磨介质按逆时针方向进行循环运动;研磨介质除了公转运动外,还进行自转运动。当振动频率高时,加速度增大,研磨介质运动较快,各层介质在径向运动速度依次减慢,形成速度差,介质之间产生冲击、摩擦、剪切等作用使物料粉碎。筒体的振动频率为 25~42Hz,振幅在 3~20mm 之间。

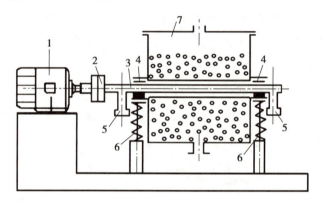

1—电机;2—联轴器;3—主轴;4—轴承;5—偏心重块;
6—弹簧;7—槽体。
● 图 2-15 间歇式振动磨示意图

振动磨可干法操作,也可湿法操作,适于物料的细碎,可将物料粉碎至数微米级,但不易对韧性物料进行粉碎。

振动磨的特点:①研磨效率高。与球磨机相比,振动磨研磨介质直径小,研磨表面积大,装填系数高(约 80%),冲击次数多;此外,研磨介质冲击力大,所以研磨效率比球磨机高几倍到十几倍。②成品粒径小,平均粒径可达 2~3μm 甚至更小,且粒径分布均匀。③粉碎可在密闭条件下连续操作。④外形尺寸比球磨机小,操作维修方便,但振动磨运转时产生噪声大(90~120dB),需要采取隔声和消声等措施。⑤粉碎过程中产热较多,需要采取冷却措施。

振动磨由于是高速工作,可以直接与电动机相连,设备重量及占地面积都小。由于介质填充率和振动频率都高,单位容积产量高,电耗低,粉磨适应性强,可用于各种物料的细磨和超细磨。但是振动磨对机械的要求高,特别是大规格振动磨中弹簧及轴承等零件易于损坏,喂料粒度不能过大,应小于 5mm;对某些物料(韧性或热敏性物料等)研磨困难,但采用超低温研磨技术,可得到解决;单机的生产能力低,不能满足大型企业的需要。

7. 气流粉碎机　气流粉碎机又称流能磨,是利用高速弹性气体(压缩空气或惰性气体)作为粉碎动力,在高速气流作用下,使药物颗粒之间以及颗粒与器壁之间发生激烈冲击、碰撞、摩擦,同时受到气流对物料剪切作用,达到超细粉碎的目的,同时还有分级和混合作用。

气流粉碎机形式较多,图 2-16 为立式环形喷射式气流粉碎机,其主要结构有粉碎室、分级器和加料管等。压缩空气(0.709~1.01MPa)自底部喷嘴进入粉碎室后立即膨胀变为超音速气流并在机内高速循环,物料经加料口、送料器输至环形粉碎室底部喷嘴上,被压

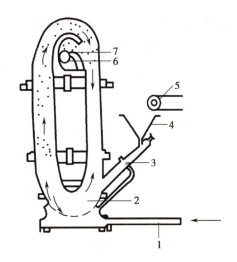

1—空气入口管;2—粉碎室;3—文丘里加料管;4—料斗;5—带式加料器;6—分级器;7—分级器入口。

● 图 2-16　立式环形喷射式气流粉碎机

缩空气引射进入粉碎室,迫使物料粒子之间、粒子与器壁之间发生高速碰撞、冲击、研磨以及受气流的剪切作用达到粉碎。粉碎后的细颗粒随气流上升,经产品出口被吸入分级器,再经捕集器得到成品,较粗的颗粒由于旋转气流的离心作用,沿环形粉碎室外侧下至底部,与新输入的物料一起重新粉碎。

图 2-17 所示为塔靶式气流粉碎机的结构示意图。这种塔靶式气流粉碎机兼有对喷式及流化床式流能磨的某些特点,结构独特。主要由给料机、喷射泵、塔靶及气室、喷嘴、反射靶、分级器、分级室、离心分离机、变频调速器等构成。其中"塔靶"位于多喷嘴对喷的中心位置,构成保持沸腾的气流粉碎室,物料在高速气流的对喷及反射靶的冲击力作用下被粉碎。粉碎后的物料经离心分

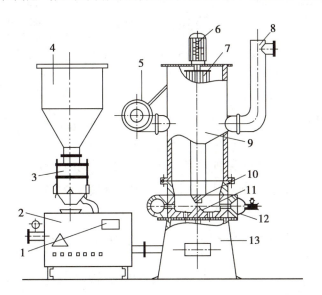

1—激振控制仪;2—喷射泵;3—给料斗;4—料斗;5—二次风机;6—电动机;7—分级转子;8—出料管;9—沉降室;10—反射靶;11—塔靶;12 气包;13—机座。

● 图 2-17　塔靶式气流粉碎机

离机控制排料的细度。这类粉碎机特别适于中药饮片的粉碎。固定靶一般用坚硬的耐磨材料制造并可以拆卸和更换。

气流粉碎机的特点:①所得成品为超细粉,平均粒径可达到 5μm 以下;②气流粉碎时,能自行分级,粗粉受离心力的作用不会混入成品中,因此成品粒度均匀;③流能磨粉碎过程,由于气体自喷嘴喷出膨胀时的冷却效应,故本法适用于低熔点或热敏感物料的粉碎;④对于易氧化药物,采用惰性气体进行粉碎,能避免降价失效;⑤易于对机器及压缩空气进行无菌处理,可在无菌条件下操作,特别适用于无菌粉末的粉碎;⑥可以实现联合操作,如可以利用热压缩气体同时进行粉碎和干燥处理;⑦设备结构紧凑、简单、磨损小,容易维修。但成本较高,一般仅适用于精细粉碎。

8. 粉碎机组　粉碎机组一般由粉碎机、风选器、旋风分离器、料仓、电控柜等组成。图 2-18 为粉碎机组示意图。粉碎机为内置风选器,粗料重回加料口,细料至旋风分离器分出为产品。粉碎机组是生产中药丸剂等常用的设备。

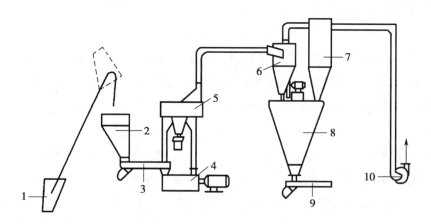

1—斗式提升机;2—储料斗;3—电磁振动给料器;4—粉碎机;5—圆盘筛;
6—旋风分离器;7—脉冲布袋除尘器;8—混合槽;9—电磁振动卸料器;
10—引风机。

● 图 2-18　粉碎机组示意图

四、粉碎机械的应用

制药过程中的粉碎作业,是把某种固体原料药在一定时间内粉碎成所需的粒径大小颗粒的过程。中药产品粒度一般为 50~200 目,有时要求更细的粉末。为了得到这样的产品,需要经过几段粉碎才能达到,将大颗粒原料经过一次粉碎作业就得到细粉产品并不合理,所以在粉碎作业时,各段分别选择适当的粉碎设备是必要的。当然,段数越小,粉碎机越少,生产投资费少且操作方便。

1. 粉碎设备选型原则

（1）根据粉碎设备的性质:通常把破碎过程的机械称为破碎机,磨粉过程的机械称为磨碎机。破碎机的产品粒径大于 5mm,磨碎机的产品粒度小于 5mm,超微粉碎的产品粒度在 1~100μm。辊式破碎机、腭式破碎机为破碎机;球磨机、振动磨和胶体磨等属于磨碎机;锤式粉碎机和冲击式粉碎机既有破碎作用,又有磨碎过程。中药生产工业最常用的是冲击式和锤式粉碎机。

（2）根据物料的性质：包括物料破碎性、硬度、密度、胶质性、表面摩擦系数等。原料的粉碎性与机器的处理能力和所需动力密切相关,对具有劈开性的矿物药,可采用颚式、辊式破碎机;对抗压缩和强冲击较弱的硬度中等以下的药物,可采用冲击式破碎机;对无劈开性的物料（如兽骨等）,可采用锤击式破碎机;对于易滑动的物料（如滑石）,一般用冲击式破碎机。

球磨机适用于中等硬度和磨蚀物料;射流磨适于中等硬度的脆性物料;锤式磨和万能磨粉机除黏性、纤维性、热敏性物料外适用范围很广;黏性、纤维性、油脂性和热敏性物料可采用冷却粉碎设备,如磨碎作业可用涡轮粉磨机。

（3）根据原料的状态：指根据物料的湿度、温度等,如水分吸附过多,可能引起堵塞现象,降低处理能力,严重时造成停车、损坏机械。在干式粉碎时,如湿度超过 3% 时则处理能力急剧下降,尤其是球磨机。为避免过高的湿含量,事先必须用干燥方法将湿分除掉,然后粉碎。

（4）根据原料的尺寸：对于粉磨设备,进料粒度小,则生产能力强。

（5）根据粉碎机的处理能力：处理能力是指一定尺寸的物料被粉碎至一定尺寸时,单位时间内的破碎量,是粉碎机的重要参数。

（6）根据粉碎机动力的消耗、占地面积、对粉尘的控制、环境卫生要求、粉碎机内部与物料直接接触的金属材料和粉碎机的温度等进行选型。

2. 粉碎机的操作方法和安全事项　在制药企业生产过程中,每个环节都有其独特的安全规则。对于高速运转的粉碎机,转速非常快,如稍有不慎就会产生各种损伤。同时,有时粉碎过程中会产生大量的超细粉尘,对于环境和操作者的人身安全都会造成影响。因此,掌握粉碎机应用的安全操作规程及安全注意事项,是学习粉碎设备时必须了解的和认真贯彻的内容,具体如下。

（1）粉碎机操作方法：①使用前检查,粉碎机机脚是否全部着地、平稳;锁紧螺栓是否锁紧;粉碎机的筛板是否完好;皮带防护罩等各连接部分是否紧固。经确认,全部正常后使用,否则应检修或上报。②启动,合上配电箱电源,指示灯亮,可按动按钮,粉碎机启动;观察粉碎机电流,运转声音,若出现异常应立即停机检修。③确认粉碎机正常运转后,方可进料;在粉碎过程中听见异常声音,应立即停机检修,排除异常后方可重新启动。④投料完毕后,转子应空转 2~3 分钟,以使残料全部粉碎筛出方可停机;清洗并确保烘干粉碎机,在下次使用前保持干燥。

（2）安全事项：①加粒、出料最好实现连续化、自动化。②有防止破碎机损坏的安全装置,如为防止金属物件落入粉碎装置内,必须设磁性分离器。注意设备润滑,防止摩擦发热。③尽可能避免粉尘的产生。④发生事故后能迅速停机。

3. 粉碎机的验证要点　粉碎机与物料接触部位需要用耐腐蚀和对产品无害的材料制造,方便清洁处理和维修保养,运转平稳,噪声低,操作时产生粉尘外泄少。

产品验证时应对加料速度进行确认,以达到物料在粉碎机内有适宜停留时间,粉碎出的粒径分布达到所规定的要求。通常用筛分来检验粉碎后物料粒度。

第三节　筛分设备

筛分是用筛网按所要求的颗粒粒径大小将物料分成各种粒度级别的单元操作。筛分是分离不同粒径颗粒较为简单的操作,经济且分离精度较高。筛分的目的是得到粒度均匀的物料,即筛除过粗和过细颗粒,去除杂质,并有整粒的作用。筛分过程可用于直接制成品,也可作为中间工序,对药品质量及制药生产的顺利进行都有重要意义。

根据药筛制作方法,可将药筛分为编织筛和冲眼筛。编织筛是利用具有一定强度的金属丝(如不锈钢丝、钢丝等)或非金属丝(如尼龙丝、绢丝等)编制而成。因其筛线容易移位致使筛孔变形,故常将金属丝交叉处压扁固定。编织筛适用于粗、细粉的筛分。冲眼筛系在金属板上冲制出一系列形状的筛孔而成,其筛孔坚固,孔径不易变形,但孔径不能太细,多用于高速旋转粉碎机的筛板及药丸的分档。

我国制药工业用筛的标准是泰勒标准和药典标准。符合药典规定标准的筛叫药典筛,也称标准筛,其孔径大小用筛号表示,见表 2-1。根据 GB/T 6003.1—2012,《中华人民共和国药典》(简称《中国药典》)(2020 年版)共规定了 9 种筛号,1 号筛孔径最大,9 号筛孔径最小。我国制药工业用筛采用泰勒标准筛,是以每吋(2.54cm)长度上含一个孔径与一个线径之和的个数(近似数)加目来表示。从 2.5 目到 400 目共分为 32 个等级,但还没有统一标准的规格。如筛网所用筛线材质不同或直径不同,目数虽然相同,实际筛孔大小是不一样的,因此必须注明孔径的具体大小。

表 2-1 《中国药典》(2020 年版)标准筛规格及粉末分等

筛号	筛孔内径(平均值)/μm	目	药粉等级	规格
1	2 000 ± 70	10	最粗粉	1 号 100%, 3 号 ≤20%
2	850 ± 29	24	粗粉	2 号 100%, 4 号 ≤40%
3	355 ± 13	50		
4	250 ± 9.9	65	中粉	4 号 100%, 5 号 ≤60%
5	180 ± 7.6	80	细粉	5 号 100%, 6 号 ≥95%
6	150 ± 6.6	100	最细粉	6 号 100%, 7 号 ≥95%
7	125 ± 5.8	120		
8	90 ± 4.6	150	极细粉	8 号 100%, 9 号 ≥95%
9	75 ± 4.1	200		

一、常用的筛分设备

1. 手摇筛　手摇筛为编织筛,呈圆形或方形。通常按筛号大小依次套叠,亦称套筛。最粗筛在顶部,其上加盖,最细筛在底部,套在接收器上。使用时取所需号数的药筛,套在接收器上,盖好

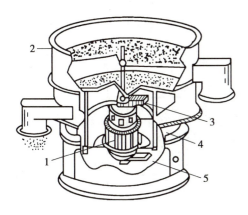

1—电机；2—筛网；3—上部重锤；4—弹簧；
5—下部重锤。

● 图2-19　圆形振荡筛粉机

盖子，用手摇动过筛，也可选用整套筛，将物料放在最上层，可完成对物料的分级，测定粒度分布。此筛适用于毒性、刺激性或质轻的药粉，可避免粉尘飞扬，但只能用于少量粉末的筛分。

2. 振荡筛　振荡筛是利用机械装置（如偏心轮、偏重轮等）或电磁装置（如电磁铁和弹簧接触器等）使筛产生振动将物料进行分离的设备。图2-19为圆形振荡筛粉机，电动机通轴上有两个不平衡锤，筛框以弹簧支撑于底座上，开动电机后上部重锤带动筛网做水平圆周运动，而下部重锤又使筛网做垂直方向运动，故筛网可在三维方向上发生振荡使物料筛分。筛分后粗料由上部出料口排出，细粉由下部出口排出。其筛网直径一般为0.4~1.5m，每台可由1~5层筛网组成。振荡筛能够连续进行筛分操作，具有分离效果好、单位筛面处理能力大、占地面积小、重量轻等优点。类似的设备还有旋动筛、滚动筛、多用振动筛等。

3. 悬挂式偏重筛分机　如图2-20所示，筛粉机悬挂于弓形铁架上，由偏重轮、筛子、接收器、主轴、电机等构件组成。工作时利用偏重轮转动时不平衡性产生振动、簸动，促使药物粉末进行筛分。为防止筛孔堵塞，筛内装有毛刷，随时刷过筛网。为防止粉尘飞扬，可以用布将整个筛粉机罩住。不通过的粗粉积多时应停机，取出粗料，再开动机器加入药粉。此种筛结构简单、造价低、占地小、效率高，适用于无显著黏性的药物粉末过筛。

4. 电磁簸动筛药机　如图2-21所示，电磁簸动筛药机由电磁铁、筛网架和弹簧接触器等组成，利用较高频率（200次/s以上）和较小振幅（其振动幅度在2mm以内）造成簸动。由于振幅小、频率高，可使药粉在筛网上跳动，故能使粉粒散离，易于通过筛网，加强其通过效率。簸动筛具有较强的振荡性能，因此适用于筛黏性较强的药粉，如含油或树脂的药物等。

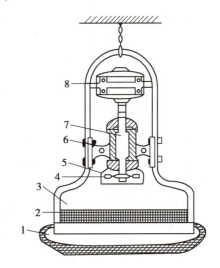

1—接受器；2—筛子；3—加粉口；4—偏重轮；5—保护罩；6—轴座；7—主轴；8—电机。

● 图2-20　悬挂式偏重筛粉机

5. 微细分级机　微细分级机为离心机械式气流分离筛分设备。工作原理是依靠轮叶高速旋转，使气流中夹带的粗、细微粒因产生的离心力大小不同而分开。图2-22为微细分级机的结构示意图。工作时待处理物料随气流经给料管和可调节的管进入机内，向上经过锥形体而进入分级区。由轴带动高速旋转的旋转叶轮进行分级，细物料随气流经过叶片之间的间隙，向上经排出口排出，粗粒被叶片所阻，沿中部机体的内壁向下滑动，经环形体自机体下部的排出口排出。冲洗气流（又称二次风）经气流入口送入机内，流过沿环形体下落的粗粒物料，并将其中夹杂的细物料分出，向上排送，以提高分级效率。

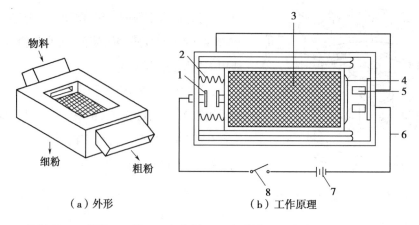

（a）外形　　　　　　　　　（b）工作原理

1—接触器；2—弹簧；3—筛网；4—衔铁；5—电磁铁；6—电路；7—电源；8—开关。

● 图2-21　电磁簸动筛药机

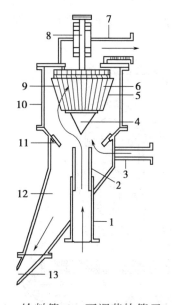

1—给料管；2—可调节的管子；3—气流入口；4—锥形体；5—旋转轮筐；6—叶片；7—细粒排出口；8—轴；9—叶片之间的间隙；10—中部机体；11—环形体；12—下部机体；13—粗粒排出口。

● 图2-22　轮筐式选粉机（微细分级机）

微细分级机可单独使用,也可用于干燥和粉碎的工艺流程中,安装在主机的顶部配套使用,此时流程中的引风机或鼓风机将气流及其夹带的细粉引入分级机分级后,细粉自排出口排出得到成品,而粗颗粒沿排出口回到粉碎机内重新粉碎。

微细分级机的特点是适用于各种物料的分级,分级范围广,纤维状、薄片状、近似球形、块状等各种形状的物料均可分级。成品粒度可在 5~150μm 任意选择;分级精度高,可提高成品质量和纯度;该机结构简单,维修、操作、调节容易;与各种粉碎机配套使用,可提高效率。

调节微细分级机的分离效果的措施:①调节叶轮转速;②调节气流速度;③调节二次风;④调节叶轮叶片数;⑤调节物料上升管出口位置高低;⑥调节空气环形体;⑦调节加料速度。

二、筛分效果的评价

对筛分机的筛分效果进行验证,采用筛分仪对通过筛网的细粉和未通过筛网的粗粉经粒径分布检验,验证筛分机的筛分效率,检查粗粉和细粉粒度能否满足生产要求。

物料进行筛分操作时,通过孔径为 D 的筛网将物料分为粒径大于 D 及小于 D 的两部分,理想的筛分操作时两部分粒径各不相混,但由于固体粒子形态不规则,表面状态、密度等也各不相同,实际粒径较大的物料中常常残留有小粒子,粒径较小的物料中也常混入较大粒子。可以采用牛顿分离效率、有效分离效率以及部分分离效率评价筛分效果。

1. 总分离效率(牛顿分离效率)　将质量为 m_F kg 的原料进行筛分得 m_R kg 成品(细粒)和

m_P kg 余料（粗粉）。则物料平衡式为式（2-4）。

$$m_F = m_R + m_P \qquad\qquad 式（2\text{-}4）$$

设大于设定分离粒径 d_o 的粗粉在 m_F、m_R、m_P 中所含质量分数分别为 X_F、X_R、X_P 则下列平衡式成立：

$$m_F X_F = m_R X_R + m_P X_P \qquad\qquad 式（2\text{-}5）$$

粒径大于 d_o 的粒子在筛上回收率

$$\eta_P = \frac{m_P X_P}{m_F X_F} = \frac{X_P(X_F - X_R)}{X_F(X_P - X_R)} \qquad\qquad 式（2\text{-}6）$$

粒径小于 d_o 的粒子在筛下回收率

$$\eta_R = \frac{m_R(1 - X_R)}{m_F(1 - X_F)} = \frac{(X_P - X_F)(1 - X_R)}{(X_P - X_R)(1 - X_F)} \qquad\qquad 式（2\text{-}7）$$

总分离效率常用牛顿分离效率 η_N 表示，即

$$\eta_N = \eta_P + \eta_R - 1 \qquad\qquad 式（2\text{-}8）$$

理想分离时，$\eta_P = 1$，$\eta_R = 1$，$\eta_N = 1$；

实际分离时 $0 < \eta_P < 1$，$0 < \eta_R < 1$，$0 < \eta_N < 1$

2. 部分分离效率　在物料筛分时，常需考察物料中某粒度范围粒子的分离程度，设物粒中某粒径范围（$d_i + \Delta d_i$）的粒子重量为 m_F kg，筛分后，筛上该粒径范围的粒子重量为 m_P kg，筛下该粒径范围的粒子重量为 m_R kg。则有

筛上产品部分分离效率 $\qquad\qquad \Delta\eta_{上} = m_P / m_F \qquad\qquad 式（2\text{-}9）$

筛下产品部分分离效率 $\qquad\qquad \Delta\eta_{下} = m_R / m_F \qquad\qquad 式（2\text{-}10）$

部分分离效率是某粒度范围内该粒度粒子的筛分回收率。用同样的方法可求出其他粒径范围粒子的部分分离效率。如部分分离效率为 50%，表示该粒度的粒子过筛后正好一半在筛上，一半在筛下。如果某粒径范围的粒子完全被分离，该粒子的部分分离效率为 100%。

$$\Delta\eta_{上} = 1, \Delta\eta_{下} = 0 \ 或 \ \Delta\eta_{上} = 0, \Delta\eta_{下} = 1$$

影响分离效率的因素很多，主要是粒子的性质（如粒度、粒子形态、密度、电荷性、湿含量等）及筛分设备的参数（如振动方式、时间、速度，筛网孔径、面积等）。筛网的筛孔尺寸（边长为 L）规格应按物料粒径 d 来选取。当 $d/L<0.75$ 时，粉粒容易通过筛网，当 $0.75 \leqslant d/L<1$ 时颗粒难以过筛，当颗粒达到 $1 \leqslant d/L<1.5$ 时就更难通过筛网并易堵塞。

第四节　混合设备

混合是指采用机械方法将两种或两种以上物料相互分散而达到均匀状态的操作。制药企业中最常见的是固体微粉的混合操作，其目的在于使药物各组分在制剂中均匀一致，保证制剂的外观质量和内在质量。参与混合的物料相互不能发生化学反应，并保持各自原有的化学性质。

一、混合的原理和方法

1. 混合原理 药物固体物料混合过程中的原理有对流混合、剪切混合和扩散混合。

（1）对流混合：药物粒子在混合设备内翻转，或靠混合器内搅拌器的作用使粒子群产生大幅度位移，经过多次转移，物料在对流作用下达到混合。对流混合的效率取决于混合设备的类型和操作方法。

（2）剪切混合：由于粒子群内部力的作用，在不同组成的区域间可发生剪切作用，产生滑动面，破坏粒子群的凝聚状态从而进行局部混合，同时伴随粉碎作用。

（3）扩散混合：相邻粒子间发生紊乱运动相互交换位置而进行的局部混合。当粒子的形状、填充状态或流动速度不同时，可发生扩散混合。

一般在实际操作中，三种混合方式不是独立进行的，而是同时发生的，只不过所表现的程度随混合机的类型而异。例如水平转筒混合器内以对流混合为主，而搅拌混合器内以强制对流和剪切混合为主。一般来说在混合开始阶段以对流和剪切为主，随后扩散作用增加。

2. 混合方法 实验中少量物料的混合常常采用机械混合、过筛混合、研磨混合。生产中大量物料的混合一般采用机械搅拌或容器旋转使物料产生整体和局部的移动而达到混合目的。

（1）机械混合：通过机械设备将大量物料混合均匀的方法。

（2）过筛混合：选取适当的药筛，将物料一次或多次过筛达到均匀混合目的的方法。由于在过筛过程中较细或较重的粉末先通过药筛，故过筛后仍需加以适当的搅拌才能混合均匀。

（3）研磨混合：将不同固体物料放入容器中研磨使之混合均匀的方法。该方法适于少量物料的混合，不能用于具有吸湿性或爆炸性成分的混合。

二、混合程度的表示方法

混合程度是衡量混合过程中物料均一程度的指标。当物料在混合机内的位置达到随机分布时，则此时的混合达到完全均匀混合。由于粒子受其形状、粒径、密度等不均匀的影响，各组分粒子在混合的同时伴随着分离，因此不能达到完全均匀混合，只能说总体上较均匀。在实际工作中常常以统计混合限度作为完全混合状态，并以此为基准表示实际的混合程度。具体操作为粉粒状物料混合均匀后，在混合机内随机取样分析，计算统计参数和混合度。也可在混合过程中随机检测混合度，找到混合度随时间变化的关系，从而了解和研究各种混合操作的控制机理及混合速度等。

1. 标准偏差 σ 或方差 σ^2

$$\sigma = \left[\frac{1}{n-1}\sum_{i=1}^{n}(x_i - x)^2\right]^{1/2} \qquad\qquad 式（2\text{-}11）$$

$$\sigma^2 = \frac{1}{n-1}\sum_{i=1}^{n}(x_i - x)^2 \qquad\qquad 式（2\text{-}12）$$

式中，n 表示抽样次数，x_i 表示某一组分在第 i 次抽样中的分率（重量或个数），x 表示样品中某一组分的平均分率(重量或个数),以$x=(1/n)\sum x_i$代替某一组分的理论分率。计算结果,σ或σ^2值越小,越接近于平均分率,这些值为0时,此混合物即达到了完全混合。

2. 混合度 M

$$\sigma_t^2 = \sum (x_i - x)/N$$

$$M = \frac{\sigma_0^2 - \sigma_t^2}{\sigma_0^2 - \sigma_\infty^2} \qquad \text{式}(2\text{-}13)$$

$$\sigma_0^2 = x(1-x)$$

$$\sigma_\infty^2 = x(1-x)/n$$

式中,σ_0^2为两组分完全分离状态下的方差;σ_∞^2为两组分完全均匀混合状态下的方差,n为样品中固体粒子的总数;σ_t^2为混合时间为t时的方差,即N为样品数。

完全分离状态时 $\qquad M_0 = \lim_{t \to 0} \frac{\sigma_0^2 - \sigma_t^2}{\sigma_0^2 - \sigma_\infty^2} = \frac{\sigma_0^2 - \sigma_0^2}{\sigma_0^2 - \sigma_\infty^2} = 0 \qquad \text{式}(2\text{-}14)$

完全混合状态时 $\qquad M_\infty = \lim_{t \to \infty} \frac{\sigma_0^2 - \sigma_t}{\sigma_0^2 - \sigma_\infty^2} = \frac{\sigma_0^2 - \sigma_\infty^2}{\sigma_0^2 - \sigma_\infty^2} = 1 \qquad \text{式}(2\text{-}15)$

混合度 M 一般介于 0~1 之间。

3. 混合指数 I 混合指数法是取适量的混合样品,测定含量与规定含量相比较,计算出混合指数为

$$I = \frac{X_1 + X_2 + \cdots + X_n}{n} \times 100\% \qquad \text{式}(2\text{-}16)$$

式中 n 为同一时刻不同位置所取样本数;X 为混合物含量。当测定含量 x_w(质量分数)大于规定含量 x_{w_0},则:

$$X = (1 - x_w)/(1 - x_{w_0}) \qquad \text{式}(2\text{-}17)$$

当 $x_w < x_{w_0}$,则:

$$X = x_w/x_{w_0} \qquad \text{式}(2\text{-}18)$$

混合指数一般在 0~100%。混合指数与前述混合度非常相似,混合指数愈大,混合均匀程度也愈高,而以 100% 为极限。该法适用于已知成分的混合。成分复杂、含量难以测定的样品(如中药粉末)应用较困难。

三、常用的混合设备

1. 搅拌槽型混合机 如图 2-23 所示,该混合机是由槽型容器和其内部的螺旋状搅拌桨(有单桨、双桨两种)组成。搅拌时可将物料由外向中心集结,又将中心物料推向两端,以达到均匀混合的目的。混合时主要以剪切混合为主,槽内装料约占槽容积的 80%。混合槽可绕水平轴转动以便于卸料。这种混合设备特别适用于制粒前的捏合(制软材)操作,但槽型混合机效率较低,混合所需时间较长,另外,搅拌轴两端的密封件容易漏粉,影响产品质量和成品率。但由于它价格低廉、操作简便、易于维修,对均匀度要求不高的药物,仍得到广泛应用。

2. 锥形垂直螺旋混合机 如图 2-24 所示,锥形垂直螺旋混合机是一种新型混合装置,由锥形

容器和内装的螺旋推进器、摆动臂和传动部件等组成。螺旋推进器在容器内既有自转又有公转,自转的速度约为60r/min,公转的速度约为2r/min,容器的圆锥角约为35°,充填量约为30%。在混合的过程中,物料在推进器的作用下自底部上升,同时在公转作用下,物料靠其自重从容器上部落入底部,在两种运动作用下不断改变空间位置,逐渐达到随机分布混合的目的。

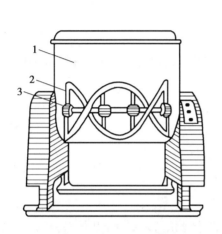

1—混合槽;2—搅拌桨;3—固定轴。
● 图 2-23　搅拌槽型混合机

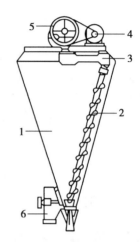

1—锥型筒体;2—螺旋桨;3—摆动臂;
4—电机;5—减速器;6—出料。
● 图 2-24　锥形垂直螺旋混合机

有的混合机容器内是双螺旋推进器,工作时,螺旋推进器自转带动物料向上运动,在容器内形成两股沿器壁对称上升的螺旋柱物料流,同时在螺旋推进器公转作用下,螺旋柱体外的物料混入螺旋柱体物料内。整个椎体内的物料不断错位混掺,在短时间内达到均匀混合,进一步提高了混合效率。

锥形垂直螺旋混合机的特点:混合速度快,混合度高,混合量比较大时也能达到均匀混合,可用于固体间或固体与液体间的混合,而且动力消耗较其他混合机少,操作时锥体密闭,有利于生产流程安排和改善劳动环境。

3. V 型混合机　如图 2-25 所示。V 型混合机由两个圆筒成 "V" 形交叉结合状。交叉角为 80°~81°,直径与长度之比为 0.8~0.9。工作时,"V" 形混合筒旋转时物料分成两部分,再使两部分物料重新汇合在一起,经过反复循环,在短时间内能混合均匀。在 V 型混合机固定轴上加上耙式搅拌装置,改进为 V 型强制搅拌型混合机,混合效果更好,可用于较细粉粒、凝块后或两种以上的粉体、含有一定水分的物料混合。如果在圆筒末端连接真空机,V 型混合机也可用于真空作业。

V 型混合机以对流混合为主,混合速度快、无死角、混合均匀、效果好,应用广泛。操作中最适宜的转速一般为临界转速的 30%~40%。

4. 多向运动混合机　又称为三维运动混合机。如图 2-26 所示。该机由机座、传动装置、电器控制系统、多向

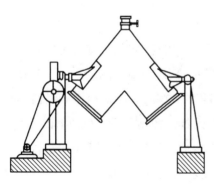

● 图 2-25　V 型混合机

运动机构、混合筒等组成,混合筒两端呈锥形,筒身连接带有万向节的轴,其中一个为主动轴,另一个为从动轴,主动轴转动时带动混合筒运动。该机利用三维摆动、平移转动和摇滚原理,产生强力的交替脉动,并且混合时产生的涡流具有变化的能量梯度,使物料在混合过程中加速流动和扩散。同时避免了一般混合机因离心力作用所产生的物料比重偏析和积聚现象,混合无死角,能有效确保不同密度和不同粒度的几种物料均匀混合。

多向运动混合机的混合均匀度可达99.9%以上,最佳填充率为80%左右,最大填充率为90%,明显高于一般混合机。混合时间短,混合时无升温现象,但该机只能间歇式工作。

5. 圆盘形混合机 如图2-27所示,物料由加料口分别加到高速旋转的环形圆盘(转速为1 500~5 400r/min)和下部圆盘中,由于惯性离心作用,物料粉粒被散开,在散开的过程中粒子相互混合,混合后的物料受到挡板阻挡由排料口排出。该混合机混合量由圆盘的大小决定,可连续操作,混合时间短,混合程度与加料是否均匀有关,物料混合比可通过加料器进行调节。

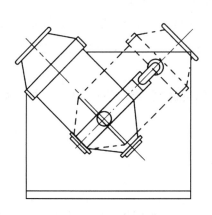

● 图2-26 多向运动混合机

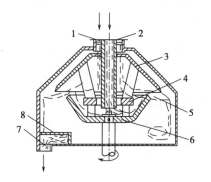

1,2—加料口;3—上锥形板;4—环形圆盘;5—混合区;6—下部圆盘;7—出料口;8—出料挡板。

● 图2-27 回转圆盘形混合机

四、混合的影响因素

固体物料在混合的过程中往往存在离析现象。离析是与粒子混合相反的过程,妨碍良好的混合,也可使已混合好的物料重新分离,降低混合程度。由此也可说混合状态是分离与混合之间的平衡,平衡的建立基于一定的条件,适当地改变这些条件,可使平衡向着有利于混合的方面转化,从而改善混合作业,防止离析。影响混合的因素有以下几点。

1. 组分药物比例量 组分药物比例量相差悬殊时,难以混合均匀。此时可采用"等量递增法"混合。具体操作是,取量小的组分与等量的量大组分,同时置于混合器中混匀,再加入与混合物等量的量大组分稀释均匀,如此倍量增加至加完量大的组分为止,混匀。实践表明,粒径相同的两种粒子混合时,比例量对混合程度影响不大,当粒径相差悬殊时,药物比例量对混合程度影响显著。

2. 组分药物的密度 粒径相同密度不同的粒子,由于流动速度的差异在混合时可产生分离作用;粒径和密度都不同的粒子,由于粒径和流速的双重差异在混合时产生的分离作用更大。组分药物密度相差悬殊时,一般应将密度小(质轻)者先放入混合容器中,再放入密度大(质重)者,并选择适宜的混合时间,这样可以避免质轻者浮于上部或飞扬,而质重者沉于底部难以混匀。

3. 物料的粒径　在混合操作中,各组分粒子的粒径相近时,物料容易混合均匀。如果物料粒径相差悬殊,由于存在粒子间的分离作用,则混合程度较低,此时应在混合之前进行预粉碎处理,使各组分的粒子直径基本一致,然后再进行混合,可得到较好的混合效果。

4. 物料色泽　物料的色泽深浅相差悬殊时,会对物料混合的均匀程度产生影响,此时可以采用打底套色法混合物料,该方法是对药粉混合的一种经验方法。所谓"打底"系指将量少的、色深的药粉先放入研钵中(混合之前应先用量多的药粉饱和研钵内壁)作为基础。然后将量多的、色浅的药粉逐渐分次加入研钵中,经研磨混匀,即为"套色"。此方法侧重色泽,而忽略了粉体粒子等比例量对混合的影响,因此可以将等量递增法和打底套色法结合使用,即将色深的组分放入研钵中,再加入等量色浅的组分混匀,如此重复直至完成物料混合。

5. 操作条件的影响　物料的填充量、装填方式等都能影响物料的混合。物料的装填方式有三种,第一种是分层加料,两种粒子上下对流混合;第二种是左右加料,两种粒子横向扩散混合;第三种是分层和左右加料,两种粒子开始以对流混合为主,然后转变为以扩散混合为主。实验表明,第一种加料方式优于其他两种加料方式。

6. 设备的影响　混合机的形态及尺寸,搅拌物料的内插物(挡板、强制搅拌等)材质和表面情况等都会影响混合效果。

五、混合设备的选择与应用

1. 混合设备的选型原则　应考虑以下原则:给定过程要求和操作目的,固体物料的物性,混合机的操作条件,操作的可靠性,经济上是否合理。

2. 混合设备的验证要点　将不同物料进行一定时间(如 10 分钟)混合后,在混合机内均匀布点采样分析,检验混合均匀性。当混合性质差别较大的物料(如粒径、粒子状态、粒子密度等)时,需验证混合机转速和混合时间。

本章思考题

1. 简述球磨机的粉碎原理、适用范围及影响其粉碎效果的因素。
2. 简述流能磨粉碎的动力来源及该法的主要特点。
3. 低温粉碎的特点与方法有哪些?
4. 粉碎机的选型原则和操作方法有哪些?
5. 药筛的类型及规格有哪些?
6. 筛分效率及影响筛分的因素有哪些?
7. 混合机制都有哪些?

8. 混合程度的表示方法及影响混合的因素有哪些?

9. 简述 V 型混合机结构、工作原理。

10. 简述三维运动混合机的组成和特点。

第二章　同步练习

（谢爱华）

第三章　中药提取流程与设备

中药饮片主要来源于植物、动物和矿物等,其化学成分结构复杂,数量多,如生物碱、苷类、黄酮类、蒽醌类、木质素、挥发油、氨基酸、蛋白质、多糖、鞣质、黏液质、油脂、色素及无机成分等。中药饮片中除各种有效成分外,还含有很多无效成分及杂质,如原药材直接粉碎制成的中药制剂,包括部分丸剂、散剂、全粉末压片剂等,服用后药效浓度低,服用量大且疗效不稳定。

为确保中药制剂的质量和疗效、增强服用的方便性,利用合适溶剂提取中药饮片的有效成分,并进行分离和纯化,再结合给药途径,制成给药方便、疗效确切的制剂,是中药制剂研究的重点。中药饮片的提取以固液萃取技术为基础,因影响因素复杂,中药饮片的提取有许多问题尚待解决。

第一节　概述

中药饮片的浸出在工业上称为提取,根据溶剂种类、饮片性质、剂型及生产规模等选择不同的提取方法。按照溶剂的种类可分为水提取、醇提取和有机溶剂提取(三氯甲烷、乙酸乙酯、丙酮和乙醚等);按提取的温度可分为冷浸(常温)、温浸(40~50℃)和热回流(沸腾);按溶剂和中药饮片接触方式可分为单罐浸出(平衡接触)、多罐串联(多级接触)和渗漉(微分接触);按中药饮片在设备内加入方式可分为间歇式、半连续式和连续式;按中药饮片在设备内处理方式可分为静态(固定床)、动态(分散接触式)和移动床(连续浸出)。

中药饮片的主要提取方法有煎煮法、渗漉法、浸渍法、加热回流法、水蒸气蒸馏法等方法。药厂中以重浸渍和加热回流法常用,如静态提取、冷浸、温浸、热回流及罐组串联等。

一、重浸渍

将中药饮片投入提取罐内,加入溶剂,用间接蒸汽(或同时用直接蒸汽)加热至沸,保持回流一定时间,而后排出浸出液,再加溶剂重复上述操作,这种在静态罐内数次加入溶剂进行浸渍以提高有效成分浸出率的方法称为重浸渍,只加入一次溶剂称为单次浸渍。

浸出是可溶解物质与溶剂相互作用及扩散的过程,一般中药饮片浸出过程包括以下几个阶段。①浸润和渗透阶段:溶剂湿润饮片表面,然后通过毛细管和细胞间隙向饮片内部渗透浸润;②解吸和溶解阶段:溶剂与浸出物质之间较强的亲和力解除了浸出物质与组织细胞的吸附,解吸后溶剂溶解饮片浸出的物质;③扩散阶段:浸出物质顺着细胞内外的浓度差和渗透压差,向细胞外和溶液中扩散;④平衡阶段:浸出物质自饮片中扩散入溶液的量与自溶液扩散至饮片的量相平衡,此时溶液的浓度即为平衡浓度。

浸出率 E 表示固体饮片中可溶物质被浸出的百分率,可用饮片被浸渍后所放出的浸出液中所含浸出物质量与饮片中所含浸出物质总量的比值表示。如浸渍后饮片(药渣)中所含溶液剂量设为1,此时所加入浸渍设备中溶剂量设为 M,则所放出的浸出液的溶剂量为 $a=M-1$。在平衡条件下浸渍1次的浸出率 E_1 为:

$$E_1 = \frac{M-1}{M}$$

由浸出定义可知:($1-E_1$)为浸渍1次后饮片中所剩浸出物质的百分率。

如以重浸渍法对该饮片浸渍第2次,则第2次浸渍后所放出浸出液中被浸出物质的浸出率 E_2 为:

$$E_2 = \frac{M-1}{M}(1-E_1) = \frac{M-1}{M^2}$$

浸渍2次后,浸出液中总浸出率 E 为:

$$E = E_1 + E_2 = \frac{M^2-1}{M^2}$$

依此类推,经 n 次浸渍后总浸出率为:

$$E = \frac{M^n-1}{M^n} \qquad\qquad 式(3-1)$$

第 n 次浸渍的意单次浸出率 E_n 为:

$$E_n = \frac{M-1}{M^n} \qquad\qquad 式(3-2)$$

由式(3-1)和式(3-2)可以看出,每次浸渍的单次浸出率与浸渍次数指数成反比关系。过多增加浸渍次数,单次浸出率增加很少,浸出液量增加很多,后部的蒸发、浓缩能量消耗可能超过提高单次浸出率的经济效益。一般重浸渍次数是4~5次,若溶剂量较大,浸渍次数可在3~4次。

$M<2$ 时,溶剂量的少许变化对总浸出率影响较大。一般 $M>5$ 时,经3次浸渍即可将绝大部分溶质浸出。

二、多级逆流浸出

以罐组串联进行的半连续提取,纯溶剂加入到一级浸出罐中,最大限度地将溶质浸出,最后的溶剂对原饮片进行浸出,以得到溶质较浓的浸出液。这种数罐串联称为多级逆流浸出。新鲜溶剂加入的罐称第一级,最末级罐是原饮片。如图3-1所示为五级逆流浸出流程示意图。

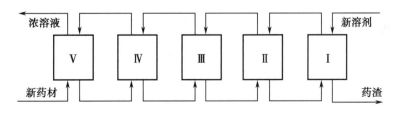

● 图3-1　多级逆流浸出

三、提取工艺参数

1. 饮片粉碎度　被提取中药饮片的粉碎度越高,与溶剂的接触面积越大,其溶质从饮片内部扩散到表面所通过距离越短,提取速率越快。实际生产中粉碎过细,则阻碍溶剂润湿和向内部扩散的速度,增加提取液分离难度。同时细胞破碎,细胞黏液和高分子物质的溶出,无效成分增加,影响提取液质量。

2. 提取温度　大多数溶质在溶剂中的溶解度随温度升高而增加,同时扩散系数亦随温度升高而增大,使提取速率和提取收率均提高。但温度升高,提取液中杂质混入增多,热敏性成分可能被分解破坏,易挥发性成分损失增加,因此提取操作应控制温度在沸点以下为宜。

3. 溶剂的用量、提取次数和 pH　不同饮片的溶剂用量和提取次数都需通过实验来确定,一般溶剂用量为原料的 6~10 倍,溶剂用量和提取次数直接影响到提取效果,若其他操作条件不变,溶剂量越大,提取次数可以减少,提取速率可以提高。但加大溶剂用量可使提取液变稀,这将给提取液中溶质的回收带来困难,所以溶剂用量要适宜。

在中药提取过程中,调节溶剂 pH 可改变某些有效成分在溶剂中的存在状态,改变其极性,有利于该成分的提取。例如,用酸性溶剂提取生物碱,用碱性溶剂提取皂苷等。

4. 浸提时间　在一定条件下,提取时间延长,有效成分的提取率增加,直到饮片细胞内外有效成分浓度达到平衡。但是提取时间过长会浪费能源,同时使无效成分增多,影响产品纯度。

5. 浓度差　饮片内部与其外周溶液中溶质的浓度差是影响饮片提取效率的关键因素。浓度差越大,提取速率越高。因此在优选提取工艺和设备时,运用和扩大浓度差有助于提高提取效率。在浸出过程中,搅拌、更换溶剂或连续逆流提取,能保持浓度差,有利于提取。

6. 压力　对于质地坚实、难浸润的饮片,提高提取压力有利于加速浸润过程。提高压力可使中药饮片组织内更快地充满溶剂和形成浓溶液,从而使开始发生溶质扩散过程所需时间缩短。但对质地松软、容易湿润的饮片提取影响不显著。

7. 新技术的应用　目前采用一些提取新技术如超声协助提取、微波辅助提取、电场强化浸出和脉冲强化浸出等,可提高有效成分的提取率,减少提取时间和溶剂用量。

综合上述,各类参数的相互影响比较复杂,应根据饮片的特性和提取液的工艺要求,经过实验选择最适宜的提取条件。

第二节　提取流程及设备

一、提取流程

中药的提取流程与中药饮片在设备内处理方式(静态、动态)、溶剂种类(极性)、操作参数(温度、压力等)、产物性质(浸出物、挥发油、油脂等)、溶剂与饮片接触方式(浸渍、渗漉)等条件有关。

1. 多功能提取流程　多功能提取流程如图 3-2 所示,由提取罐、冷凝器、冷却器、油水分离器、滤渣器、循环泵等组成。由提取罐夹套或者罐内直接通入蒸汽加热,提取罐内产生的的二次蒸汽经冷凝、冷却、油水分离器可分离挥发油,溶剂回流入罐,或者不通过油水分离器直接流回提取罐。可以进行浸渍、温浸、热回流等操作,还可采用循环泵进行循环提取。该流程可进行水提、醇提(不用油水分离器)。热回流浸取液澄明度较差,由于高温等因素使得非有效成分也易被浸出,一般用于生产固体口服制剂或外用药。

2. 渗漉流程　渗漉是一种常用的动态浸出有效成分的提取方法,其工艺流程如图 3-3 所示,将饮片粉碎至一定程度后加入溶剂(多为乙醇)浸润,然后装入渗漉罐中,加入溶剂,浸渍一定时间后定速放出渗漉液,同时缓慢加入溶剂,使罐中保持一定液位,当规定量溶剂加完后,渗漉液也全部漉出。

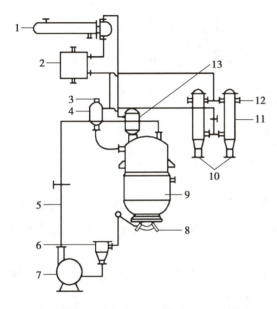

1—冷凝器;2—冷却器;3—放空;4—气液分离器;5—至浓缩工段;6—管道过滤器;7—水泵;8—排液口;9—提取罐;10—放水口;11—油水分离器;12—芳香水出口;13—泡沫分离器。

● 图 3-2　多功能提取流程

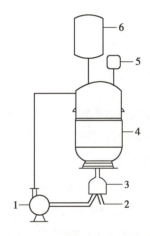

1—水泵;2—排液口;3—缓冲罐;4—渗漉罐;5—冷凝器;6—计量罐。

● 图 3-3　渗漉流程图

渗漉常在常温下操作,所得浸出液澄明度好,但周期长。为缩短渗漉时间,常采用温浸法,即将提取温度控制在 40~50℃,此时罐上部需设冷凝器回流,但药液澄明度和醇耗不及常温渗漉。

此法对饮片的粉碎粒度及工艺条件的要求比较高,操作不当可影响渗漉效率甚至影响正常操作。为缩短渗漉时间,提高渗漉液浓度,可流程采用循环渗漉、加压渗漉、超声或振动渗漉及逆流渗漉等强化装置。

3. 索氏提取流程　索氏提取也称热回流循环提取。如图 3-4 所示,将中药饮片置于提取罐内,加饮片 5~10 倍量的适宜溶剂。开启提取罐和夹套的蒸汽阀,加热至沸腾 20~30 分钟后,用泵将浸出液不断泵入浓缩蒸发器。关闭夹套的蒸汽阀,开启浓缩加热器蒸汽阀,使浸出液进行浓缩。浓缩时产生的二次蒸汽,通过浓缩蒸发器经冷凝后直接送入提取罐作为提取的溶剂。

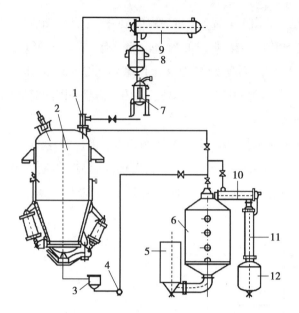

1—泡沫分离器;2—提取罐;3—过滤器;4—泵;5—浓缩加热器;6—浓缩蒸发器;7—油水分离器;8—提取罐冷却器;9—提取罐冷凝器;10—浓缩冷凝器;11—浓缩冷却器;12—蒸发液料罐。

● 图 3-4　索氏提取流程

索氏提取的特点是中药饮片不断与新鲜溶剂接触,从而加快浸出速率并提高了浸出率,但中药饮片和浸出液受热时间很长,使得非有效成分浸出量增加,所得浸出液澄明度较差,也不适于热敏性物料的浸出。

4. 加压提取　提高浸取压力可加速中药饮片的浸润过程,对坚实难浸润的饮片可加速浸取过程。加压方法有二种,一种是用泵加压,另一种是用蒸汽升温升压。

5. 罐组逆流提取流程　罐组逆流提取是将一定数量提取罐串联,溶剂依次通过各罐。提取流程如图 3-5 所示,溶剂从第 1 罐流向最末罐,第 1 罐经过多次浸出后排出药渣,再装入新饮片成为最末罐,原第 2 罐成为第 1 罐,以此类推,整个提取过程一般由 5~10 个罐组成。浸出液从最后罐流出达到最大浓度。浸出液澄明度较好,并具有可节省溶剂、减少后续蒸发浓缩能耗、提取条件温和等优点,特别适合大批量中药饮片的提取。

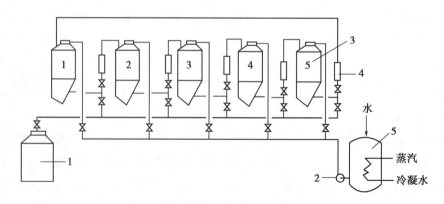

1—贮液罐;2—泵;3—渗漉罐;4—加热器;5—溶剂罐。

● 图 3-5　罐组逆流提取流程

6. 动态提取流程　动态提取是将药物粉碎成粗粉,加入动态提取罐中,按料液比1:10加入溶剂,通过加热搅拌的提取过程。提取后,料液经螺杆泵打入卸料离心机分渣,为提高澄明度,药液经振动筛、经超速离心机分离或板框压滤机得浸出液。由于中药饮片粒径较小,搅拌使液固接触良好,大大缩短了提取时间。动态提取一般对中药饮片提取1次,由于提取得比较完全,且药渣中含液量很少,对有效成分的浸出率相当于3次左右的重浸渍。

二、提取设备

1. 多功能提取罐　多功能提取罐是最常用的中药浸出设备,由如图3-6所示,由罐体、出渣门、提升气缸、加料口、夹套、气缸等组成。出渣门上有直接蒸汽进口,可通直接蒸汽以加速水提的加热时间。罐内有三叉式提升破拱装置,通过气缸带动,以利出渣。出渣门由2个气缸分别带动开合轴完成门的启闭和带动斜面摩擦自锁机构将出渣门锁紧。大容积提取罐的加料口也采用气动锁紧机构,密封加料口采用四连杆锁紧机构提高了安全性。多功能提取罐规格为0.5~10m³,小容积罐的下部采用正锥形,大容积罐采用斜锥形以利出渣。

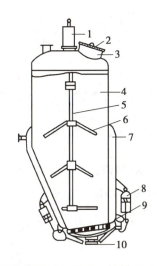

1—上气动装置;2—盖;3—加料口;4—罐体;5—上下移动轴;6—料叉;7—夹层;8—下气动装置;9—带滤板的活底;10—出渣门。

● 图3-6　多功能提取罐

多功能提取罐具有水提、醇提、热回流提取、循环提取、提挥发油、回收药渣中有机溶剂等一罐多用的特点。多功能提取罐的另一特色是它的密闭设计和冷凝系统可以在提取的同时回收饮片中的挥发油,这对饮片加工是很有意义的。

多功能提取罐的罐内操作压力为0.15MPa,夹层为0.3MPa,属于压力容器。为防止误操作快开门引起跑料和人身安全,对快开门需设安全保险装置,快开门锁紧后方能通汽升压,罐内卸压后方能打开锁紧装置,并可显示各动作的操作和报警功能。

2. 直筒形和微倒锥形多能提取罐　直筒形多能提取罐如图3-7所示,罐体较高,一般在2.5m以上,罐体内容积为0.5~2m³,常用于渗漉、罐组逆流提取、醇提、药酒等,也可用于水提取。

微倒锥形提取罐,如图3-8所示,其下部筒身为具有0° 23′的倒锥形筒体。微倒锥形提取罐可有效提升中药饮片尤其是根、枝、茎和叶类出渣速率,缩短了出渣时间。

3. 翻转式提取罐　翻转式提取罐如图3-9所示,罐身通过齿条、齿轮机构可倾斜125°,罐盖利用液压升降,可加压煎煮。翻转式提取罐可用于中药饮片的煎煮、热回流提取和挥发油提取等。本设备特点是罐口直径大,容易加料与出料,适合于质轻、权多、块大、品种杂等饮片的提取。

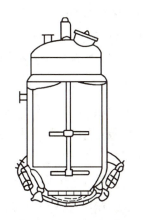

● 图3-7　直筒形多能提取罐

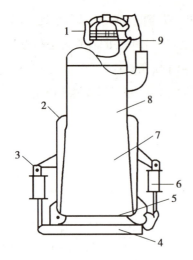

1—加料门;2—夹套;3—启闭气缸;4—排渣门;5—假底;6—锁紧气缸;7—倒锥形筒体;8—圆柱筒体;9—加料门气缸。

● 图3-8 微倒锥形多能提取罐

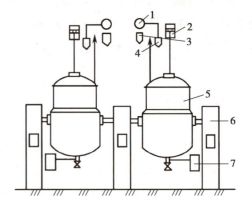

1—冷凝器;2—液压缸;3—油水分离器;4—分离器;5—提取罐;6—支座;7—滤渣器。

● 图3-9 翻转式提取罐

4. **动态提取罐** 动态提取罐是由带搅拌和加热夹套构成的,常用容积有 2m³、3m³、5m³ 等。提取过程中,因固液接触面积大,搅拌提供扩散推动力,加热增加溶解度、降低黏度、增大扩散系数等,动态提取罐可促进浸提速度、缩短提取时间,具有生产效率高、节能、工艺设计更加合理、中药资源得到最大化利用等特点,但提取液后处理较复杂。

5. **移动床连续提取器** 移动床连续提取器一般有浸渍式、喷淋渗漉式和混合式 3 种,其特点是提取过程包括加料和排渣都是连续进行的,适用于大批量生产。

"U"形螺旋式提取器属于浸渍式连续逆流提取器的一种,如图 3-10 所示。其主要结构由进料管、出料管、水平管及螺旋输送器组成,各管均有蒸汽夹层。饮片自左侧螺旋器上部加料斗进入进料管,由水平螺旋输送器经水平管推向出料管,溶剂由右侧螺旋器上部加入,并沿相反方向逆流。"U"形螺旋式提取器是一种密闭系统,适用于易挥发性物质及有机溶剂的提取操作。加料卸料均为自动连续操作,劳动强度降低,且浸出效率高。

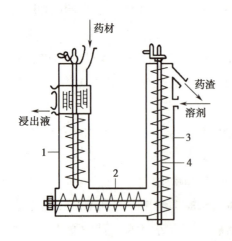

1—进料管;2—水平管;3—出料管;4—螺旋输送器。

● 图3-10 "U"形螺旋式提取器示意图

平转式连续提取器属于喷淋渗漉式连续提取器的一种,如图 3-11 所示。其结构为在旋转的圆环形容器内间隔有 12~18 个回转料格,每个扇形格的底为带孔的活底,借助活底下的滚轮支撑在轨道上。中药饮片从提取器上部加入到料格内,每格由喷淋管将循环溶剂喷淋到饮片上以进行提取。淋下的浸出液用泵打入前一格内,如此反复逆流浸出,最后收集到的是浓度很高的浸出液。浸完饮片的格子转到出渣处,此格下部的轨道断开,滚轮失去支撑,活底开启出渣。提取器转过一定角度后,滚轮随上坡轨上升,活底关闭,重新加料进行浸出操作。平转式提取器在油脂行业使用广泛,也用于从栲胶提取单宁等。

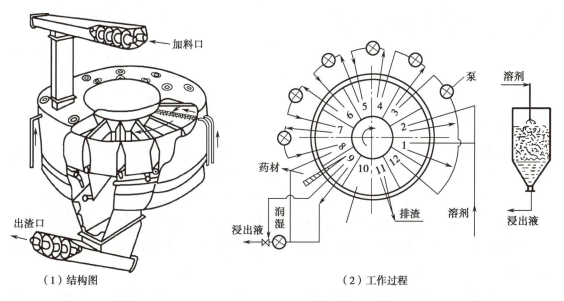

（1）结构图　　　　　　　　（2）工作过程

● 图 3-11　平转式连续提取器

三、多功能提取罐的验证要点

多功能提取罐制造技术应符合 GB150—2011《钢制压力容器》所规定的设计、制造、试验及验收条件。多功能提取罐作为压力容器在管理上应符合国家劳动总局颁布的《压力容器安全监察规程》所规定的条款。

设备外观良好、备件、部件齐全,关键部件材质符合 GMP 要求,安装条件与设备要求相符。除门密封圈是硅橡胶外,提取罐与药液接触表面均应使用不锈钢材质制造,应确认罐的内表面是否抛光、焊缝是否平滑、凹陷深度是否小于最大值。

提取罐安装后必须进行试运转,首先空载试验加料门,观察排渣门启闭情况和安全保险装置操作情况,再加水进行加热、冷却试验,观察加热时间、热分布均匀性、回流量、回流温度、冷却时间。如有必要,对提取罐的罐内和夹层按使用压力的 1.5 倍进行水压试验。

与多功能提取罐配套的冷凝器也需进行确认,检查是否能满足生产要求。一般将提取罐加热至回流,测定上冷凝器、出冷却器的温度及回流液量,同时测定冷却水进出口温度和冷却水消耗量。回流液量与提取罐夹层的蒸气压力有关,确认操作过程中,设备稳定运行,罐内压力 ≤0.1MPa,确保上盖及各阀门处无泄漏。

产品验证期间应对提取罐的浸出效果进行验证。检验每次浸出液中有效成分的含量,确定浸出量可达到预期要求;检验药渣中有效成分含量是否低于设定标准。

针对该设备的使用情况,为保证工艺质量,需要对设备进行必要的再验证。设备使用满一年后,必须进行再验证;设备进行重大维修后,必须及时进行再验证;设备连续停用一年以上,重新投产前必须进行再验证;更改工艺以后,必须及时进行再验证。

第三节　中药浸提新技术

一、超声辅助浸提技术

1. 超声辅助浸提原理　超声波是指振动频率大于 20kHz,超出人耳听觉一般上限的声波。中药饮片超声波提取,可产生空化效应、机械效应和热效应,加快分子运动速度,增大物质穿透力,减少目标萃取物与样品基体之间的作用力从而提高中药有效成分的提取率。

（1）空化效应:超声波在液体介质中传播时,不断产生无数内部压力,产生上千个大气压的微气泡,并不断"爆破"产生微观上的强大微激波作用在中药饮片表面,使其成分物质被"轰击"逸出,并使得饮片基体被不断剥蚀,其中不属于植物结构的药效成分不断被分离出来,加速植物有效成分的浸提溶出。

（2）机械效应:超声波在连续介质中传播时,介质质点将超声波能量传递到饮片中的有效成分质点上,药效分子获得巨大的加速度和动能,迅速逸出基体而游离于介质溶液中。

（3）热效应:超声波在液体中传播时,声能被介质质点吸收而转换为热能,使介质自身和饮片组织温度升高,提高药物有效成分的溶解速度。需要注意的是,这种吸收超声波能量引起的药物组织内部温度升高的现象是瞬间的,利于被提取成分生物活性以及结构的稳定。

2. 超声辅助浸提设备　超声辅助浸提设备主要分为外置式超声提取器和内置式超声提取器两类。外置式超声提取器分为槽式超声提取器、罐式超声提取器(图 3-12)、管式超声提取器和多面体式超声提取器;内置式超声提取器分为板式超声提取器、棒状超声提取器、探头式超声提取器和多面体式超声提取器。

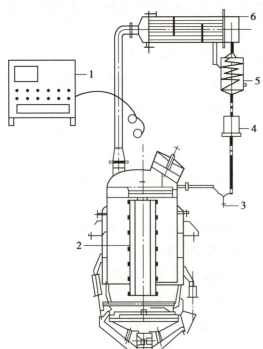

1—超声波发生器;2—超声波振荡器;3—排水口;
4—油水分离器;5—冷却器;6—冷凝器。

● 图 3-12　罐式超声提取器

3. 超声辅助浸提优点

（1）超声辅助浸提技术显著提高浸取率,通常在 20~40 分钟即可获得最佳提取率,提取温度较低,一般在 40~60℃,适用于遇热不稳定、易水解或氧化的有效成分的浸取。

（2）超声辅助浸提技术适应性广,不受饮片成分极性、相对分子量大小的限制,适用于绝大多数种类中药和各类成分的浸取提取。

（3）超声辅助浸提工艺运行成本低,综合经济效益显著;操作简单易行,设备维护、保养方便。

4. 超声辅助浸提技术在中药提取中的应用　超声辅助浸提技术所需设备简单、操作方便、提取时间短、提取效率高、无须加热、成本低廉等特点,在中药有效成分提取方面的应用日益广泛,特别是在多糖、生物碱、黄酮、蒽醌、萜类、皂苷、色素等有效物质的提取方面发挥显著优势。

二、微波协助浸提技术

1. 微波协助浸提原理　微波是指波长介于 1mm~1m（频率在 $3 \times 10^8 \sim 3 \times 10^{11}$Hz）的电磁波,它介于红外辐射和无线电波之间,是一种通过离子迁移和偶极子转动引起分子运动,但不引起分子结构改变和非离子化的电磁辐射能。

微波协助浸提技术是将被提取的原料浸于选定的溶剂中,通过微波反应器发射微波能,使原料中的化学成分迅速溶出的技术。其主要原理包括热效应、溶剂界面的扩散效应和溶剂的激活效应。

（1）热效应:微波能作用于分子,促进分子的转动运动。物料中的极性分子在微波电磁场作用下产生瞬时极化,并以数十亿次的速度做极性变换运动,致使键的振动和粒子间的相互摩擦、碰撞而产生了大量的摩擦热,导致物料在短时间内温度迅速升高。从而使被提取物质理化性质（如分子结构、黏度等）发生改变,使其迅速溶入溶剂中。

（2）溶剂界面的扩散效应:微波所产生的电磁场可加速萃取溶剂界面的扩散速率,使溶剂和被萃取物质充分接触,从而提高萃取效率。

（3）溶剂的激活效应:极性溶剂具有永久偶极矩,在交变场能可发生偶极弛豫,所以对微波有着强烈的吸收,从而提高溶剂的活性,使溶剂和样品间的相互作用更高效。

2. 微波协助浸提设备与工艺　微波提取装置如图 3-13 所示,一般由磁控管、炉腔、提取罐、压力和温度监控装置及其他电子元件组成。主要设备分为两类,一类是微波提取罐,另一类为连续微波提取线。

在我国,目前应用于工业的微波频率为 2 450MHz 和 915MHz。使用时,可根据被加热材料的形状、大小、均匀性和含水量及对物料的穿透深度来选择。

3. 微波协助浸提特点　与传统热提取相比,微波协助浸提具有以下特点。

（1）选择性好:由于不同物质对微波的敏感性有所差异,用微波技术进行提取可对提取体系中的一种或多种目标成分进行选择性作用,从而使目标成分直接从被提取物中分离出来。

（2）穿透力强:由于微波提取往往是直接将被提取的中药饮片放在透明且是热不良导体的容器中,因此其不需要加热容器而是直接加热样品,使样品温度迅速升高,饮片细胞壁和细胞膜快速破裂,加速了化学成分的溶解而被提取出来。

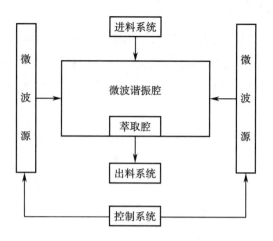

● 图 3-13　微波协助浸提装置工作示意图

（3）加热均匀、时间短、效率高：微波提取可以短时间使样品温度升高，避免长时间高温引起的样品分解，有利于提取热不稳定化学成分。

4. 微波协助浸提技术的影响因素　影响微波协助浸取提取效果的主要工艺参数包括提取溶剂、微波功率、提取时间、微波压力及溶液 pH 等，其中提取溶剂的选择对微波提取结果的影响至关重要。

（1）溶剂：微波提取的溶剂必须满足两个条件。一是溶剂的极性不能太低，因为极性溶剂对微波有较强的吸收能力；二是溶剂要对被提取的物质有较强的溶解性，以"相似相溶"方式进行选择。微波提取的溶剂有甲醇、丙酮、乙酸、二氯甲烷、正己烷、乙腈、苯和甲苯等有机溶剂及硝酸、盐酸、氢氟酸和磷酸等无机试剂，以及己烷 - 丙酮、二氯甲烷 - 甲醇和水 - 甲苯等混合溶剂。

（2）温度：不高于溶剂沸点。

（3）时间：随着微波提取时间的增长提取效率增加，但不宜过长，一般 10~15 分钟。

（4）pH：溶剂的 pH 也会对微波提取率有影响，针对不同的样品，要选用适当的 pH。当提取有机酸时，选用不同强度的碱水进行提取；提取生物碱时，选用不同强度的酸水提取。

5. 微波协助浸提技术在中药提取中的应用　目前，微波协助浸提技术在提取中药有效成分方面包括提取油脂、色素、多糖、黄酮、氨基酸和萜类等。

微波协助浸提技术已成为当前和今后新型提取技术研究的热点之一。但由于受到设备的限制，目前此技术还局限于实验室小规模样品的提取分析研究，如何扩大其工业生产规模将成为未来研究的方向。

三、超临界流体浸提技术

1. 超临界流体浸提　超临界流体浸提是利用超临界状态下的流体作为浸提溶剂，从液体或固体物料中提取出某种组分的一种新型分离技术。超临界流体是处于临界温度和临界压力以上，介于气体和液体之间的流体，超临界流体有以下特性。

（1）超临界流体扩散系数介于气体和液体之间，黏度接近于气体，具有类似气体的传递性质，物质在超临界流体中的传递速率远大于在液态中的传递速率。

（2）超临界流体密度和溶剂化能力与液体接近,超临界流体的溶解能力与液体溶剂相当。

（3）临界点附近压力和温度的微小变化都会导致流体密度相当大的改变,流体中溶质的溶解度也产生巨大的变化。

（4）流体接近临界区域时,蒸发热急剧下降,至临界点则两相界面消失,蒸发焓为零,比热容变为无限大。在临界点附近进行的分离操作更有利于传热和节能。

按照极性不同,超临界流体主要有非极性溶剂如二氧化碳、乙烯、丙烯、乙烷等,极性溶剂如甲醇、乙醇、异丙醇、丙酮、水等。二氧化碳是首选溶剂。

2. 超临界流体浸提技术的工艺流程　超临界流体浸提的工艺流程如图 3-14 所示,超临界状态下,临界流体选择性地依次将溶解度大小、沸点高低、分子量大小不同的成分提取分离出来,超临界流体的密度和介电常数将随着密闭体系压力的增加而增加,利用程序升压可将不同极性的分子逐步提取。再借助减压、升温等方法使超临界流体转变为普通气体,被提取物质成分则自动析出从而实现分离提纯。

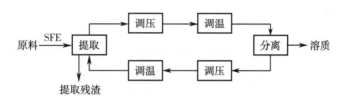

（a）超临界流体浸提简图

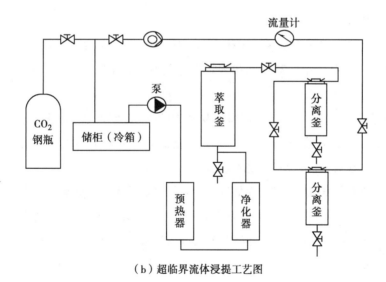

（b）超临界流体浸提工艺图

● 图 3-14　超临界流体浸提的工艺流程

3. 超临界流体浸提技术的特点

（1）提取的选择性:通过调节温度或压力来改变成分在超临界流体中的溶解度,实现选择性地提取有效成分或去除有害物质。

（2）物质的稳定性:超临界流体主要使用 CO_2 等惰性气体作为溶剂,同时在较低温度下进行提取、分离、纯化,保持热敏物质、易氧化物质、蛋白质等的理化和生物特性。

（3）易分离、节能：通过调节温度或压力改变超临界相的密度,使溶剂与提取成分分离,无溶剂污染,且能耗低。

4. 超临界流体浸提技术在中药提取中的应用　利用超临界二氧化碳浸提技术提取植物中的挥发油、生物碱、黄酮、蒽醌、皂苷等有效成分时,能提高有效成分的提取效率,避免有效成分的氧化分解。超临界二氧化碳浸提技术提取极性较大等成分时,需增加提取压力,加入夹带剂如乙醇、丙酮、水等。

第四节　浸出液处理设备

根据生产要求的不同,中药提取物可制成浸膏、流浸膏、干粉等产品。浸出液需进行浓缩、醇沉、干燥等操作。

一、蒸发浓缩设备

气化溶液,使不挥发性溶质浓度提高的操作为蒸发浓缩,所用的设备称为蒸发器。中药生产中蒸发器有多种形式,其主要由加热室及分离器组成。按照加热器以及操作溶液的流动状况的不同可分为循环型蒸发器和单程型蒸发器。

（一）循环型蒸发器

循环型蒸发器是溶液在蒸发器中循环流动,以提高传热效率,缓和溶液结垢的蒸发器。按照循环的原因可分为自然循环蒸发器和强制循环蒸发器。常用的循环型蒸发器主要有以下几种。

1. 水平列管式蒸发器　为自然循环型蒸发器,如图 3-15 所示,加热管浸没在溶液中,管内通蒸汽以加热溶液,溶液在列管外沸腾并自然对流。溶液的自然循环受横管阻拦,适用于无结晶析出、黏度低、蒸发不起泡沫的溶液的蒸发浓缩。

2. 垂直短管式（中央循环管式）蒸发器　属于自然循环型的蒸发器,其结构如图 3-16 所示,由加热室、蒸发室、中央循环管、除沫器等组成。加热室由直径 25~75mm,长度 1~2m（长径比为 20~40）的垂直管束组成,管束中央安装直径较大的中央循环管（中央循环管截面积为加热管束总截面积的 40%~100%）。

加热管束内单位体积溶液的受热面积大于中央循环管内溶液的受热面积,即管束内溶液受热好、气化率高、气液混合密度低,促使混合液在管束中上升、在中央循环管中下降,进行循环运动。混合液的循环速度与密度差和管长有关。

中央循环管式蒸发器在制药工业中广泛使用,具有传

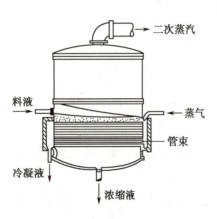

● 图 3-15　水平列管式蒸发器

二次蒸汽

料液
蒸气
管束
冷凝液
浓缩液

热效率高、循环好、制造方便、操作可靠等优点。适用于蒸发结垢不严重、有少量结晶析出、腐蚀性较小溶液的处理。

3. 外加热式蒸发器　外加热式蒸发器如图3-17所示,加热室与分离室分开,加热室具有加长的加热管,加热室在分离室外部,这样易于加热室的清洗、更换,有利于降低蒸发器的总高度。同时循环管未受到蒸汽加热,可加快自然循环速度(循环速度可达1.5m/s),减轻结垢。

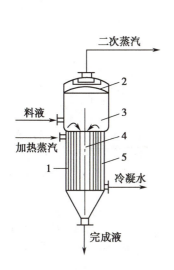

1—加热室;2—除沫器;3—蒸发室;
4—中央循环管;5—加热管。

● 图3-16　中央循环蒸发器

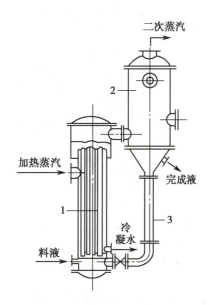

1—加热管;2—蒸发室;3—循环管。

● 图3-17　外加热式蒸发器

外加热式蒸发器应用于稠厚和易生成泡沫的溶液,黏度大于50cP、易结垢、易结晶及浓度过大的溶液不适合。

4. 列文蒸发器　列文蒸发器具有粗而长的循环管(7~8m),加热室上端增设2.7~5m的沸腾室,加热室受液柱较大静压作用,溶液上升到沸腾室才能沸腾气化,可避免加热室内结垢和晶体析出。沸腾室中段有纵向挡板,以防止大气泡形成,可达到较大的循环速度。

列文蒸发器传热效果好,循环速度快(2~3m/s),可避免加热管的堵塞,适用于处理有结晶析出或易结垢的溶液。列文蒸发器设备庞大,需一定高度的厂房,对加热蒸汽的压力有较高的要求。

5. 强制循环蒸发器　强制循环蒸发器如图3-18所示,具有提供外动力的循环泵,循环速度为1.5~3.5m/s,最高可达5m/s,适用于黏度大、易结垢及有结晶析出的溶液。

(二) 单程型蒸发器

加热管内液体呈膜状流动,根据溶液在器内的流动方向和成膜原因,膜式蒸发器可分为以下几种。

1. 升膜式蒸发器　升膜式蒸发器如图3-19所示,加热室有垂直直管组成,管长3~10m,直径25~50mm,长径比为100~150。经预热的原料液从加热管底部通入,加热管中的溶液受热后迅速气化,生产二次蒸汽在管内高速上升,溶液被拉成环状薄膜状蒸发至分离室,浓缩液由分离室底部排出。

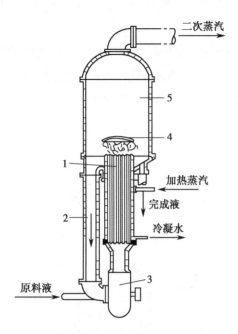

二次蒸汽

加热蒸汽

完成液

冷凝水

原料液

1—加热管;2—循环管;3—循环泵;4—除
沫器;5—蒸发器。

● 图 3-18 强制循环蒸发器

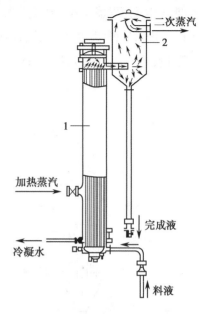

二次蒸汽

加热蒸汽

完成液

冷凝水

料液

1—加热室;2—分离室。

● 图 3-19 升膜式蒸发器

升膜式蒸发器中溶液只通过一次加热管即可达到要求浓度,管内上升的二次蒸汽具有较高速度(常压不低于 10m/s,20~50m/s 为宜)。

降膜式蒸发
器(动画)

升膜式蒸发器适于稀溶液、热敏性及易生成泡沫溶液的处理,不适于处理较浓溶液、黏度大于 0.05Pa·s、易结晶、易结垢的溶液。中药浸出液可采用此蒸发器将溶液浓缩到相对密度为 1.05~1.10。

2. 降膜式蒸发器　如图 3-20 所示,原料液由加热室顶部加入,经降膜分布器分布后,在重力作用下呈膜状下流并进行蒸发,气液混合物由加热管下端进入分离室,完成液从分离室底部排出。为使溶液分布均匀,避免二次蒸汽由加热管上端窜出,加热管顶部必须设置良好的液体分布装置。

降膜式蒸发器适用于处理热敏,黏度较大(0.05~0.45Pa·s)的物料,但不适合处理易结晶、易结垢、不易形成均匀液膜、传热系数低的物料。

3. 刮板式蒸发器　如图 3-21 所示刮板式蒸发器主要由加热夹套和刮板组成,刮板和加热夹套内壁保持 0.5~1.5mm 的间隙。料液经预热后由蒸发器上部加入,在重力和旋转刮板作用下,分布在内壁并呈膜状旋转向下流动,浓缩液由底部排出。

刮板式蒸发器是借助外力强制将料液成膜状流动,适用于高黏度、易结晶、易结垢的浓缩液的蒸发,在某些情况下可将溶

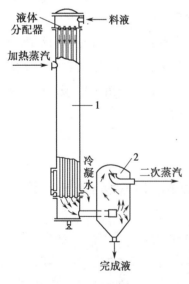

液体分配器

料液

加热蒸汽

冷凝水

二次蒸汽

完成液

1—加热室;2—分离室。

● 图 3-20 降膜式蒸发器

液蒸干,获得固体产品。

4. 离心薄膜蒸发器　利用离心力将液体分散成均匀薄膜进行蒸发的一种高效蒸发器。原料液从上部进入,由分配管均匀喷至锥形盘蒸发面上,在离心力作用下原料液迅速分散在加热面上形成薄膜(厚度小于0.1mm)并甩至锥形盘边缘,经锥形盘的轴向孔向上流入完成液汇集槽中,通过出料管将完成液排出。蒸发器内还设置了清洗装置,可用热水或冷水冲洗蒸发器各部位。

离心薄膜蒸发器具有离心分离和薄膜蒸发的优点,传热系数高、浓缩比高(10~20倍)、浓缩时间短、不易产生气泡和结垢等特点。

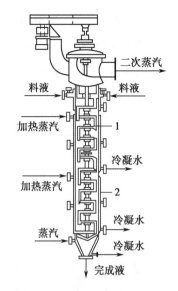

1—刮板;2—加热夹套。
● 图 3-21　刮板式蒸发器

(三)蒸发器的选择

1. 蒸发器的选型　蒸发器的结构形式多,选用和设计时要满足生产任务要求,保证产品的质量的前提下,兼顾生产能力大、经济性好、结构简单、安装维修便捷等方面。在选用和设计蒸发设备时应考虑以下几点:保证一定的传热系数;适合溶液的特性,如黏度、起泡性、热敏性、溶解度及腐蚀性等;能完善地分离液沫;减慢和避免加热面上污垢的生成;析出结晶体的排出;设备方便清洗等。

2. 中药浸出液的性质与蒸发器选型的关系　中药浸出液的共性为浓度低、蒸发量大,有固体悬浮物且不希望在加热表面沉积,浸出液与完成液的物性(如黏度、密度等)差异大。

(1)中药浸出液与完成液的黏度:浸出液稀,蒸发量大,浸出液与完成液的物性差异大,选型时要考虑完成液的物性。

(2)中药浸出液浸膏的热稳定性:应选用减压蒸发操作降低蒸发温度,使药液在蒸发器中停留时间短,避免中药液的固体物质在加热面上的沉积。

(3)中药液的发泡:应用单程型或强制循环型,降低操作真空度,并适当减小加热速率,也可以加消泡剂。

(4)中药液中含固体悬浮物:如果在加热面上沉积,将影响传热和清洗。可加大蒸发器的强制对流速度;分级浓缩,使浓度较低的药液不易在蒸发器上结垢;改变工艺,降低蒸发完成液的浓度,阻止结垢;选用易拆卸的蒸发器。

二、醇沉设备

醇沉法是利用物质在醇中溶解度的差异,饮片先经水提取,提取液浓缩一定程度并冷却至室温后,再加入乙醇,有效成分转溶于乙醇,而提取液中的淀粉、树胶、多糖、蛋白质、黏液质、色素等醇不溶性杂质被沉淀的过程。

浓缩液体积为 V, C 为混合后醇沉液的醇浓度, C_E 为原醇浓度,则需加入的醇量 V_E 为:

$$V_E = \frac{CV}{C_E - C}$$

式(3-3)

醇沉法是常用的中药水提液的纯化精制方法,通常当含醇量为50%~60%可除去淀粉等杂质;含醇量达60%时,无机盐开始沉淀;含醇量达75%以上时,可除去蛋白质等杂质;当含醇量达80%时,几乎可除去全部淀粉、多糖、蛋白质、无机盐类杂质。醇沉法一般宜用90%左右的乙醇,沉淀后醇含量应在60%~75%之间。

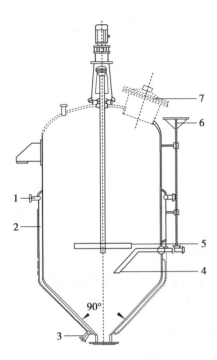

1—冷却水出口;2—夹套;3—冷却水入口;4—清液出口;5—搅拌器;6—调节手柄;7—加料口。

● 图 3-22 醇沉罐示意图

为了保证醇沉时尽量除去杂质,同时减少有效成分损失和乙醇耗量,一般要将饮片水提取液密度控制在 $1.15\sim1.25\mathrm{g/cm^3}$ 之间最为合适。醇沉时间与罐内温度成反比,如常温下需 24 小时以上,5℃时需 8 小时左右,醇沉一般在 0~4℃进行为宜。以防局部醇浓度过高使沉淀包裹浓缩液,造成有效成分损失,在醇沉工艺中,应缓缓加入乙醇,选择合适的搅拌速度。搅拌速度过快则会生成较小颗粒沉淀,影响滤过;搅拌速度过慢则有效成分被沉析物包裹而损失,也会造成沉淀物黏连,难以滤过分离。

醇沉罐如图 3-22 所示,锥底有 60°~90°的倾斜,醇沉后杂质沉于锥底,上清液从上部吸出。主要有两种,机械搅拌醇沉罐和空气搅拌醇沉罐,前者较为常用。机械搅拌醇沉罐的组成有上椭圆形封头、锥底带夹套的圆筒体、搅拌器、电机、减速机以及特殊的微调旋转出液管、气动出渣口(A 型)或罐底直接装置球阀(B 型)等。A 型用于渣状沉淀物,B 型用于浆状或絮状沉淀物。

三、蒸馏与精馏设备

蒸馏是利用混合液体中各种组分沸点不同而实现各组分的分离。中药有机溶剂提取液回收有机溶剂,可用蒸馏操作。易挥发组分的纯化精制可采用精馏操作。蒸馏前需了解蒸馏物质的沸点及饱和蒸气压,确定蒸馏温度和收集组分的温度。

蒸馏按照操作的连续性分为连续蒸馏和间歇蒸馏,生产中以连续蒸馏为主。按操作方式可分为简单蒸馏、精馏及特殊精馏,工业中以精馏的应用最为广泛。按照分离混合物中所含组分数目可分为双组分蒸馏和多组分蒸馏。按操作压力可分为常压蒸馏、加压蒸馏及减压蒸馏,一般采用常压蒸馏。对常压下为气体的混合物,可采用加压蒸馏。对热敏性、高沸点混合组分则可采用减压蒸馏。

精馏是利用混合物各组分的挥发性差异,通过多次气液分离(连续的气化和冷凝),使混合物完全分离的操作,是制药工业中最为常用的蒸馏方式。其主要设备由蒸馏塔、冷凝器、加热器、回流泵等部件组成。按照蒸馏塔的结构主要分为板式塔和填料塔。

1. 板式塔　板式塔如图 3-23 所示,由一个圆筒形壳体和其中的水平塔板构成。塔板通过气道通道、溢流堰、降液管等结构特征来行使分离功能,使气液两相保持密切而充分的接触,为传质过程提供足够大的接触面积,减少传质阻力。

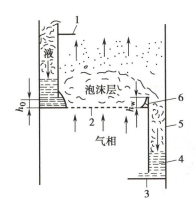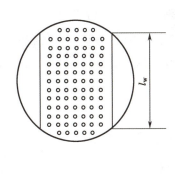

1—上层筛板;2—筛板;3—下层筛板;4—清液层;5—降液管;6—溢流堰。

● 图 3-23　筛板塔板示意图

2. 填料塔　填料塔是以塔内的填料、连续接触式气液两相的传质设备。与板式塔相比,其结构简单、压力小、填料容易,用耐腐蚀的材料制造,因此填料塔适合于处理易起气泡的组分、腐蚀性组分、热敏性组分的蒸馏分离及真空蒸馏操作。但填料价格昂贵。当液体的负荷小时,无法有效充分地润湿填料表面,降低了传质效率;液体负荷大时容易产生液泛。

填料塔如图 3-24 所示,塔身是一个直立式圆筒,底部装有填料支承板,填料以乱堆或整砌的方式放置在支承板上。填料的上方安装了填料压板,以防止上升的气流将其吹动。工作时,液体从上往下淋洒到填料上,气体从下往上与液体在填料的空隙中密切接触传质。目前精馏塔所用的塔填料多用高效的规整填料,已经代替了传统的拉西环填料。新型填料如压延刺孔波纹填料、孔板波纹填料等在中药生产中广泛被采用,具有通量大、阻力小、效率高、价格适中、抗污染能力较强等优点。

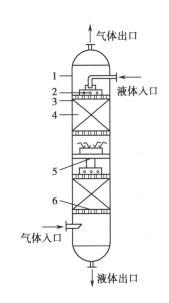

1—塔壳体;2—液体发布器;3—填料压板;4—填料;5—液体再发布器;6—填料支承板。

● 图 3-24　填料塔结构示意图

本章思考题

1. 简述中药饮片的浸出过程。
2. 简述中药提取的工艺参数。
3. 简述多功能提取流程。
4. 简述索氏提取流程。

5. 简述罐组逆流提取流程。

6. 简述多功能提取罐的组成。

7. 简述微波协助浸提的特点。

8. 简述超临界流体浸提的特点。

9. 简述中药浸出液的性质与蒸发器选型的关系。

第三章　同步练习

（谢红军）

第四章　干燥设备

　　干燥是制药生产过程中最基本的单元操作之一。固体湿物料经干燥过程,便于进一步进行制剂工艺过程,并且可减轻原料或成品的重量,缩小体积,便于运输和贮存。物料经干燥后,其水分含量减少,脆性增加,便于粉碎加工,且其物理和化学稳定性更加增加,霉菌、细菌的繁殖能力降低。易于保存。干燥与制药生产关系密切,干燥的质量直接影响药品的质量、外观和使用等。

　　按操作方式不同,干燥可分为连续式和间歇式;按操作压力不同,干燥可分为减压干燥(真空干燥)和常压干燥;按热量传递方式不同,干燥可分为传导干燥、对流干燥、辐射干燥、介电加热干燥及由几种方式结合的组合干燥等,干燥设备通常就是根据这种分类方法进行设计制造的。

　　(1)传导干燥:使湿物料与设备的加热表面直接接触,热量通过加热壁以热传导的方式直接加热湿物料,使物料中湿分气化,同时产生的湿分由干燥介质带走或被真空抽吸,干燥时设备的加热面是载热体,干燥介质是载湿体,传导干燥的优点是热能利用程度高,湿分蒸发量大,干燥速度快;缺点是当温度较高时,物料易因过热而变质。典型的传导型干燥设备有转鼓干燥器、真空耙式干燥器、真空干燥器、冷冻干燥设备等。

　　(2)对流干燥:利用加热后的干燥介质,常用的是热空气,进入干燥器直接与湿物料接触,热空气将热量以热对流的方式传给湿物料,使物料中的湿分气化,形成的湿气同时被空气带走。对流干燥方式是利用对流传热的方式向湿物料供热,又以对流方式带走湿分,空气既是载热体,也是载湿体。此类干燥方式应用较广泛,其优点是干燥温度易于调节控制,物料不易过热变质,处理量大;缺点是热能利用效率较低。典型的热风循环干燥、气流干燥、带式干燥、流化干燥、喷雾干燥等都属于这类干燥方法。

　　(3)辐射干燥:利用红外线或远红外线辐射作为热源,向湿物料辐射供热,湿分气化并由干燥介质带走,这种干燥方式用电磁辐射波作为热源,干燥介质作为载湿体,其优点是安全、卫生、效率较高;缺点是耗电量较大、设备投入高,如红外线辐射干燥、远红外带式干燥等。

　　(4)介电加热干燥:将需要干燥的物料放在高频电场内,在微波或高频电磁场的作用下,湿物料中的极性分子(如水分子)及离子产生偶极子转动和离子传导等为主的能量转换效应,利用高频电场的交变作用,将湿物料加热并使其湿分气化,同时由干燥介质带走汽化的湿分,最终达到干燥的目的。介电加热干燥的加热方式不是由外而内,而是内外同时加热,物料内部温度高于表面温度,从而使物料中温度梯度和湿分扩散方向一致,可以加快湿分的气化,缩短干燥时间,如微波干燥。

　　(5)组合干燥:有些物料的特性较为复杂,用单一的干燥方法往往达不到工艺要求,若将上述两种或两种以上的干燥方法适当的串联组合在一起,则有可能满足生产的要求,这就是组合干燥,对流干燥及传导干燥经常同时存在,如喷雾和流化床组合干燥、喷雾和辐射组合干燥、对流干燥和辐射干燥的组合等。

将上述这些干燥方式应用在实际生产中,结合被干燥物料的特点,将干燥设备做如下分类:①按操作压力不同可分为常压干燥设备和减压(真空)干燥设备。减压(真空)干燥可降低湿分的气化温度,提高干燥速度,改善干燥产品的质量,尤其适用于热敏性、易氧化或终态含水量极低物料的干燥。②按操作方式不同可分为连续操作干燥设备和间歇操作干燥设备,前者适用于大规模生产,后者适合小批量、多品种的间歇生产,间歇干燥设备是药品干燥过程经常采用的设备。③按被干燥物料的形态不同可分为块状、带状、粒状、溶液或浆状物料干燥器等。④按传热方式不同分为传导干燥设备、对流干燥设备、辐射干燥设备、介电加热干燥设备以及由上述两种或三种方式组成的联合干燥器。

第一节　概述

一、物料中所含水分的性质

湿固体物料中所含的全部水分称为总水分。根据水分与固体物料的结合方式,可将其分为结合水分和非结合水分;根据能否在一定的干燥条件下被除去,可将其分为平衡水分和自由水分。

(一)结合水分与非结合水分

根据水分与固体物料的结合方式不同,物料中的总水分可分为结合水分和非结合水分。

1. 结合水分　通过化学力或物理化学力与固体物料相结合的水分称为结合水分,如结晶水、毛细管中的水及细胞中溶胀的水分。结合水分与物料间结合力较强,其蒸气压低于同温度下纯水的饱和蒸气压,致使干燥过程的传质推动力降低,故除去结合水分较困难。

2. 非结合水分　机械地附着在固体物料上的水分,如存在于物料表面的润湿水分、粗大毛细管中的水分和物料孔隙中的水分,此类水分称为非结合水分。由于非结合水分的蒸气压等于同温下纯水的饱和蒸气压,故易于去除。

物料所含结合水分与非结合水分的量仅取决于物料本身的性质,而与干燥介质状况无关。

(二)平衡水分与自由水分

根据水分能否在一定的干燥条件下被除去,物料所含总水分又可分为平衡水分与自由水分。

1. 平衡水分　在一定的干燥条件下,物料中不能除去的水分为平衡水分。当一定温度、相对湿度的不饱和空气流过某湿物料表面时,由于湿物料表面水蒸气压大于空气中水蒸气分压,则湿物料的水分向空气中汽化,直到物料表面水蒸气压与空气中水蒸气分压相等时为止,即物料中的

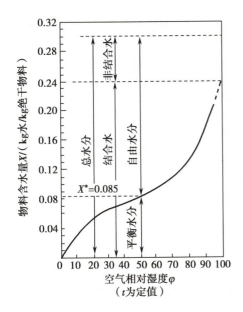

● 图 4-1　固体物料（丝）中所含水分的性质

水分与该空气中水蒸气达到平衡状态,此时物料所含水分称为该空气条件下物料的平衡水分,用 X^* 表示。平衡水分是湿物料在一定空气状态下干燥的极限。平衡水分随物料的种类及空气的状态不同而异。物料不同,在同一空气状态下的平衡水分不同;同一种物料,在不同空气状态下的平衡水分也不同。

2. 自由水分　物料中超过平衡水分的那一部分水分,称为自由水分。干燥过程中可除去的水分只能是自由水分（包括全部非结合水和部分结合水）,而平衡水分不能除去。自由水分和平衡水分,结合水分和非结合水分以及它们与物料的总水分之间的关系见图 4-1。

二、干燥特性曲线

干燥速率不仅取决于干燥条件,而且也与物料含水性质有关。干燥速率的测定是在恒定干燥条件下进行的,即干燥介质（不饱和湿空气）的温度、湿度、流速以及与物料接触的状况均不变,例如用大量的空气干燥少量的湿物料就接近于恒定干燥条件。

（一）干燥曲线

由于干燥机理及过程很复杂,目前研究的尚不够充分,所以干燥速率的数据多取自实验测定值。在一定干燥条件下干燥某一物料,记录不同时间下湿物料的质量,直到物料质量不再变化为止,此时物料中所含水分即为平衡水分。然后,取出物料,测量物料与空气接触表面积,再将物料放入烘箱内烘干到恒重为止,此即绝干物料质量。根据以上数据计算出每一时刻物料的干基含水量为:

$$X = \frac{G' - G'_c}{G'_c} \qquad 式（4-1）$$

式中,G' 为某一时刻湿物料的质量,kg;G'_c 为绝干物料质量,kg。

将湿物料每一时刻的干基含水量 X 与干燥时间 t 标绘在坐标纸上,即得到干燥曲线,如图 4-2 所示。由图 4-2 可以直接读出,在一定干燥条件下,将某物料干燥至某一干基含水量所需的时间。

干燥速率为单位时间内在单位干燥面积上气化的水分量 W',如用微分式表示,得:

$$U = \frac{dW'}{Adt} \qquad 式（4-2）$$

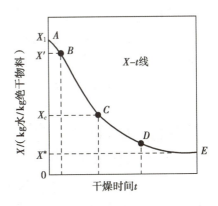

● 图 4-2　恒定干燥条件下物料的干燥实验曲线

式中，U 为干燥速率，$kg/m^2 \cdot s$；W' 为气化水分量，kg；A 为干燥面积，m^2；t 为干燥时间，s；$dW'=-G_c'dX$。

故式（4-2）可写成

$$U = \frac{dW'}{Adt} = -\frac{G_c'dX}{Adt} = \frac{G_c'\Delta X}{A\Delta t}$$ 式（4-3）

上式中的负号表示物料含水量随着干燥时间的增加而减少。

利用不同干燥时间下的干基含水量 X，计算相邻两个时间点 Δt 下的 ΔX，再利用式（4-3）可计算出干燥速率 U，按照上述方法，测得一系列的 X 和 U，标绘成曲线，即为干燥速率曲线，如图4-3 所示。

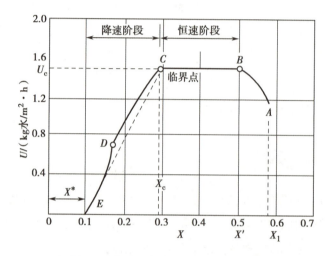

● 图4-3　恒定干燥条件下的干燥速率曲线

曲线 AB 段，物料含水量降至 X'，为升速阶段，时间较短，物料预热到湿球温度时，即进入恒速干燥阶段，此段称为预热阶段，时间不长，一般可忽略不计。

曲线 BC 段，物料含水量从 X' 到 X_c 的范围内，物料的干燥速率保持恒定，其值不随物料含水量而变，称为恒速干燥阶段。

曲线 CE 段，物料的含水量低于 X_c，直至达到平衡水分 X^* 为止。在此段内，干燥速率随物料含水量的减少而降低，称为降速干燥阶段。曲线 CE 在 D 点有转折，这是由物料性质决定的，有的平滑，有的有转折。

图中 C 点为恒速与降速段之分界点，称为临界点。该点的干燥速率仍为恒速阶段的干燥速率，与该点对应的物料含水量 X_c 称为临界含水量。只要湿物料中含有非结合水分，一般总存在恒速与降速两个不同的阶段。

图中 E 点为达到平衡含水量 X^*，干燥速率为零。

（二）恒速干燥阶段

在此阶段，整个物料表面都有充分的非结合水分，物料表面的蒸气压与同温下水的蒸气压相同，所以在恒定干燥条件下，物料表面与空气间的传热和传质过程与测定湿球温度的情况类似。此时物料内部水分扩散速率大于表面水分气化速率，故属于表面气化控制阶段。空气传给物料的热量等于水分气化所需的热量，物料表面的温度始终保持为空气的湿球温度。该阶段干燥速率的大小主要取决于空气的性质,而与湿物料性质关系很小。

(三)降速干燥阶段

当物料含水量降至临界含水量 X_c 以后,干燥速率随含水量的减少而降低。这是由于热量向物料内部传热的方式为热传导,固体物料为热的不良导体,热阻较大,导热速率较小,水分由物料内部向物料表面迁移的速率低于湿物料表面水分气化的速率,在物料表面出现干燥区域,表面温度逐渐升高。随着干燥的进行,干燥区域逐渐增大,而干燥速率的计算是以总表面积为基准的,所以干燥速率下降。此为降速干燥阶段的第一部分,称为不饱和表面干燥,又称为第一降速阶段,如 CD 段所示,除去的为非结合水。后来物料表面的水分完全气化,水分的气化平面由物料表面移向内部。随着干燥的进行,水分的气化平面继续内移,干燥速率进一步下降,此段称为第二降速阶段,如 DE 段所示,从 D 点开始除去结合水。直至物料的含水量降至平衡含水量 X^* 时,干燥即行停止,如图中 E 点所示。

在降速干燥阶段,干燥速率主要取决于水分在物料内部的迁移速率,所以又称为内部迁移控制阶段。这时外界空气条件不是影响干燥速率的主要因素,主要因素是物料的结构、形状和大小等。

所以,当物料中含水量大于临界含水量时,属于表面气化控制阶段,即等速阶段;当物料含水量小于临界含水量时,属内部扩散控制阶段,即降速阶段;而当达到平衡含水量时,则干燥速率为零。实际上,在工业生产中,物料不会被干燥到平衡含水量,而是在临界含水量和平衡含水量之间,这要根据产品要求和经济核算决定。

三、干燥速率的影响因素

1. 恒速干燥阶段的影响因素 在恒速干燥阶段,物料表面完全润湿,由于其表面状况与湿球温度计的感温球所包裹的湿纱布的状况十分相似,两者的传热传质机理基本相同。提高空气温度、降低空气湿度、增大空气流速,使对流传热系数及传质系数增大,均能够提高恒速阶段的干燥速率。

恒速干燥阶段的干燥速率的大小不仅决定于干燥介质的变化而且还决定于物料表面水分的气化速率。气化速率和空气与物料接触方式有关。若气流平行流过物料层的表面,则干燥速率较低;若气流穿过物料层,由于物料的大部分表面用作干燥面积,因此干燥速率比前者高;若物料悬浮于气流之中,不仅对流传热系数与传质系数值最大,而且单位质量物料的干燥面积也最大,故干燥速率很大。

干燥操作中不仅要考虑提高干燥速率的问题,而且还要考虑其他因素,如物料的热敏性、被粉碎程度、变形、空气消耗量、流体阻力以及粉状物料的带出量等,因此在选择干燥条件时,需全面考虑,以确定适宜的温度、湿度和流速等。

2. 降速干燥阶段的影响因素 在降速干燥阶段中,由于水分自物料内部向表面气化的速率低于物料表面上水分的气化速率,因此,其干燥速率取决于水分的迁移速率。影响干燥速率的主要因素有物料本身的结构、性质、形状和大小等。提高物料的温度、加大物料与干燥介质的接触面积均能提高降速阶段的干燥速率。

物料的性质不同,其降速阶段干燥速率曲线形状则不同。另外采用不同的干燥方法对降速干燥速率的影响也较显著。根据物料的不同性质,采取不同的适宜的干燥方法,如对流干燥、传导干燥、真空干燥及辐射干燥等,也能有效提高降速阶段的干燥速率。

第二节　对流型干燥器

对流型干燥器主要是利用热对流的加热方式将热空气带来的热量直接传给湿物料,物料中湿分受热气化后再由空气带走的干燥设备,对流干燥设备是在制药工业中应用广泛、种类较多的干燥设备。本节主要介绍热风循环厢式干燥器、带式干燥器、转筒干燥器、流化床干燥器、喷雾干燥器、气流干燥器等。

一、热风循环厢式干燥器

厢式干燥器是一种间歇、对流式干燥器,一般小型的称为烘箱,大型的称为烘房。根据热气流与物料的接触方式不同可分为水平气流及穿流气流厢式干燥器。

图4-4为制药生产中常用的水平气流热风循环厢式干燥器,属于常压间歇式干燥器。该干燥器主要结构包括装在小车上的许多长方形的不锈钢浅盘、带保温层的箱体、蒸汽加热系统、通风系统(包括风机、空气过滤净化装置、分风板和风管)等。干燥的热源多为饱和蒸汽,干燥介质为自然空气及部分循环热风,小车上的不锈钢浅盘(烘盘)上装载需被干燥的物料,物料尽量摊平,物料层铺装厚度一般为10~100mm,厚薄均匀。经过滤净化的新鲜空气由风机吸入,经加热管内饱

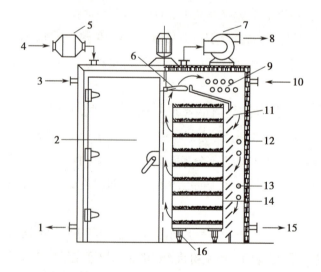

1, 15— 冷凝水;2— 干燥器门;3, 10— 加热蒸汽;4— 空气;
5— 袋滤器;6— 循环风扇;7— 抽风机;8— 尾气;9— 上部
加热管;11— 气流导向板;12— 隔热器壁;13— 下部加热管;
14— 干燥物料;16— 载料小车。
● 图4-4　水平气流厢式干燥器

和蒸汽预热后沿挡板均匀地进入各层挡板之间,在物料上方水平掠过而起到干燥作用。干燥时热空气以热对流的方式将热量传给湿物料,使物料中湿分气化,气化的湿分进入空气中,部分废气经排出管排出,余下的可循环使用,以提高热利用率。废气循环量可以用吸入口及排出口的挡板进行调节。空气的速度由物料的粒度而定,应使物料不被带走为宜。此种干燥器结构简单,热效率低,干燥时间较长。

对于颗粒状物料的干燥,可采用穿流气流厢式干燥器,如图4-5所示,将物料平铺在多孔细网格状的浅盘上,铺成均匀的薄薄一层,气流垂直地穿过物料层,以提高干燥速率,强化干燥效果。由图4-5可知,两层物料之间装有倾斜的挡板,从一层物料中吹出的湿空气被挡住而不致再吹入另一层,气流穿过网状盘的流速一般为 0.3~1.2m/s,穿流气流干燥的速率比水平气流干燥的速率约快 3~10 倍,但功率消耗较高。

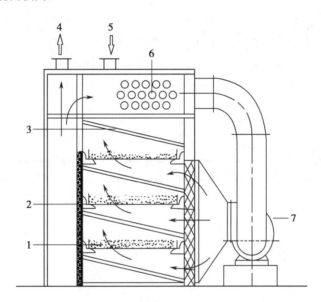

1— 干燥物料;2— 网状料盘;3— 气流挡板;4— 尾气排放口;5— 空气进口;6— 列管加热器;7— 风机。

● 图 4-5 穿流气流厢式干燥器

热风循环厢式干燥器的优点是适应性强,同一设备可适用于干燥多种状态的物料;每批物料可以单独处理,并能适当改变温度;该干燥器结构简单;物料损耗低;颗粒破损少;粉尘少等,适合制药工业中小批量多品种干燥的特点。热风循环厢式干燥器主要缺点是物料不能很好地分散,产品质量不稳定;能耗较高,热效率较低;生产效率低;干燥时间较长;设备体积大;不能连续操作;翻动物料或装卸物料的劳动条件差,劳动强度大;物料在装卸、翻动时易扬尘,环境污染严重等。

二、带式干燥器

带式干燥器是在制药生产中一类常用的连续式干燥设备,简称带干机。其基本工作原理是将湿物料置于连续传动的输送带上,用红外线、热空气、微波辐射等加热方式对运动的物料进行加热,使物料温度升高,其中的水分气化而被干燥。根据被干燥物料的性质不同,传送带可用帆布、橡胶、涂胶布或金属丝网制成。根据结构的不同,带式干燥器可分为单级带式干燥机、多级带式干燥机、多层带式干燥机等。制药行业中主要使用的是单级带式干燥机和多层带式干燥机。

带式干燥器的干燥室（隧道）的横截面多为长方形，里面安装有带式输送设备，输送带多为网格状，物料均匀平铺在输送带上，热空气在网格空隙与颗粒之间穿过，气流与物料成错流状态运动，传送带在前移过程中，物料不断地与热空气进行接触而被干燥。传送带带宽一般 1~3m，长度一般 4~50m，干燥时间约为 5~120 分钟。

图 4-6 是典型的单级带式干燥器示意图。一定粒度的湿物料从进料端由加料装置被连续均匀地分布到传送带上，传送带为不锈钢丝网或筛孔状的不锈钢薄板结构，以一定速度传动；空气经过滤净化、加热后，垂直穿过物料层和传送带，完成传热传质过程，物料被干燥后传送至卸料端，循环运行的传送带将干燥物料自动卸下。

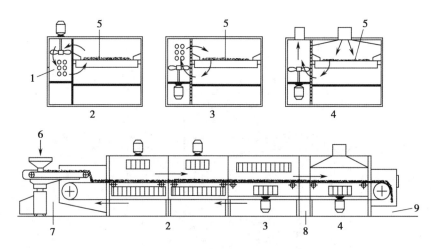

1— 加热器；2— 上吹；3— 下吹；4— 冷却；5— 传送网带；6— 加料端；7— 摆动加料装置；8— 隔离段；9— 卸料端。

● 图 4-6　单级带式干燥器

由于干燥有不同阶段，干燥室往往被分隔成几个区间，每个区间都可装有风机和加热器，因此，每个区间都可以独立控制温度、风速、风向及湿度等运行参数。例如，在进料口湿含量较高区间，可选用温度及气流速度都较高的操作参数；中段可适当降低温度及气流速度；末端气流不加热，用于冷却物料。这样不但能使干燥过程有效均衡地进行，而且还能节约能源，降低设备运行费用。

多层带式干燥器的传送带层数通常为 3~5 层，多的可达 15 层，上下相邻两层的传送方向相反。传送带的运行速度由物料性质、空气状态参数和生产要求决定，上下层速度可以相同，也可以不相同，一般最后一层或几层的传送带运行速度适当降低，从而可以调节物料层厚度，更合理地利用热能。多层带式干燥器工作时，热空气也以穿流流动进入干燥室。对于简单结构的多层带式干燥机，只有单一流向的热空气由下而上依次穿过各层输送带，物料自上而下依次由各层传送带传送，并在传送中被热空气干燥，如图 4-7 所示。

多层带式干燥器的优点：①物料与传送带一起传动，同一输送带上物料的相对位置固定，都具有相同的干燥时间，产品质量比较均匀；②物料在不同层传送带上转动时，可以使物料翻动，而受振动或冲击不大，物料形状基本不受影响，但能更新物料与热空气的接触表面，保证物料干燥质量的均衡；③带式干燥器的结构可根据干燥过程的特点分段进行设计，既能优化操作环境，又能使干

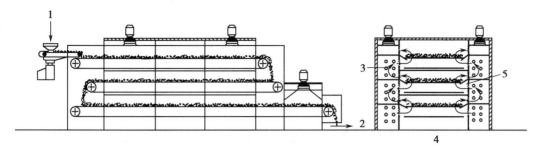

1—加料端；2—卸料端；3—列管加热器；4—断面图；5—热气流。

● 图4-7　多层带式干燥器结构图及断面图

燥过程更加合理；④带式干燥器可以使用多种能源进行加热干燥，如红外线辐射和微波辐射、电加热器、燃气等；⑤物料在带式干燥器内翻动较少，故可保持物料的形状，也可同时连续干燥多种固体物料，但要求输送带上的堆积厚度、装载密度均匀一致，否则通风不均匀，使干燥产品质量下降。

　　带干机的缺点是被干燥物料状态的选择性范围较窄，只适合干燥具有一定粒度、没有黏性的固态物料，且生产效率和热效率较低，热效率约在40%以下，占地面积较大，噪声也较大。带式干燥器适用于干燥颗粒状、块状和纤维状的物料。

三、转筒式干燥器

　　图4-8所示为用热空气直接加热的逆流操作转筒式干燥器，其主要结构为与水平线略呈倾斜的旋转圆筒。物料从转筒较高的一端送入，与由另一端进入的热空气逆流接触，物料与热气流间充分接触并进行传热传质，湿分气化后进入空气，尾气从转筒的高端排出，随着圆筒的旋转，物料在重力作用下流向较低的一端时即被干燥完毕而送出。圆筒内壁上装有若干块抄板，其作用是将物料抄起后再撒下，翻新物料表面，以增大干燥表面积，提高干燥速率，同时还可推动物料向前运行。当圆筒旋转一周时，物料被抄起和撒下一次，物料前进的距离等于其落下的高度乘以圆筒的倾斜率。常用抄板的型式如图4-9所示，其中直立式抄板适用于处理黏性或较湿的物料；45°抄板和90°抄板适用于处理散粒状或较干的物料。抄板基本上纵贯整个圆筒，均布在圆筒内壁上，在物料入口端的抄板也可制成螺旋形的，以促进物料的初始运动并导入物料。

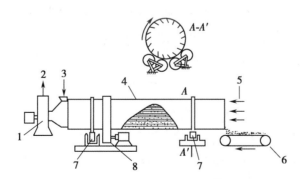

1—鼓风机；2—废气排出口；3—进料口；4—转筒；5—热空气；6—带式输送器；7—支承装置；8—驱动齿轮。

● 图4-8　热空气直接加热的逆流操作转筒干燥器

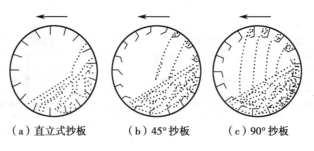

| （a）直立式抄板 | （b）45°抄板 | （c）90°抄板 |

● 图 4-9　常用的抄板型式

圆筒内的空气与物料间的流向可采用逆流、并流或并逆流相结合的操作。通常在处理含水量较高、允许快速干燥而不致发生裂纹或焦化、产品不耐高温而吸水性又较低的物料时,宜采用并流干燥;当处理不允许快速干燥而产品能耐高温的物料时,宜采用逆流干燥。

为了减少粉尘飞扬,气体在干燥器内的速度不宜过高,对粒径为 1mm 左右的物料,气体速度为 0.3~1.0m/s;对粒径为 5mm 左右的物料,气体速度应控制在 3m/s 以下。有时为防止转筒中粉尘外流,可采用真空操作。目前采用的转筒式干燥器的直径为 0.6~2.5m,长度为 2~27m,处理物料的含水量为 3%~50%,物料在转筒内的停留时间为几分钟到 2 小时。

转筒干燥器的优点是机械化程度高,生产能力大,流动阻力小,容易调节控制,产品质量均匀、含水量较低。此外,转筒干燥器对物料的适应性较强,不仅适用于处理散粒状物料,当处理黏性膏状物料或含水量较高的物料时,可向其中掺入部分干物料以降低黏性。转筒干燥器的缺点是设备笨重,金属材料耗量多,热效率低(约为 50%),结构复杂,占地面积大,传动部件需经常维修等。

四、喷雾干燥器

喷雾干燥器是将流化技术应用到液态物料干燥中的一种干燥设备,近几十年来发展迅速,在医药、食品、塑料、化肥及染料等工业中被广泛应用。

(一)喷雾干燥器的工作原理

喷雾干燥器的基本原理是利用雾化器将液态物料分散成粒径为 5~60μm 的雾滴,将雾滴抛掷于温度为 120~300℃的热气流中,由于高度分散,这些雾滴具有很大的比表面积和表面自由能,其表面的湿分蒸气压比相同条件下平面液态湿分的蒸气压要大得多。热气流与物料以逆流、并流或混合流的方式充分接触,利用雾滴运动时与热气流之间的速度差,在几秒至几十秒的时间内快速完成传热传质过程,通过快速的热量交换和质量交换,空气中的热量以热对流的方式传给雾滴,使湿物料中的水分迅速气化而达到干燥的目的,干燥后产品的粒度一般为 30~50μm。例如将 1cm³ 体积的液体雾化成直径为 10μm 的球形雾滴,其表面积将增加数千倍,这样可以显著地加大水分的蒸发面积,提高干燥速率,缩短干燥时间。喷雾干燥的物料可以是溶液、乳浊液、混悬液或是黏糊状的浓稠液。干燥产品可根据工艺要求制成粉状、颗粒状、团粒状甚至空心球状。由于喷雾干燥时间短,通常为 5~30 秒,所以尤其适用于热敏性物料的干燥。

喷雾干燥的设备有多种结构和型号,但工艺流程基本类似,主要由空气加热系统、物料雾化系统、干燥系统、气固分离系统和控制系统等组成。不同型号的设备,其空气加热系统、气固分离系统和控制系统区别不大,但雾化系统和干燥系统则有多种配置。干燥系统的喷雾干燥室有塔式及厢式两种类型,塔式应用较广泛。

喷雾干燥装置示意图如 4-10 所示,其干燥的工艺流程如下。干燥介质空气由空气过滤器过滤净化后经送风机输送到加热器,加热到一定温度后,由喷雾干燥塔的顶部沿切线方向进入干燥室,料液滤过后,经加压泵加压,然后由压力喷嘴喷出,在高压高速下形成薄膜、细丝或液滴,同时又受到周围高速气流的摩擦与撕裂等作用,喷洒成大小均匀的雾滴,细小的雾滴均匀分散在高速热气流中,雾滴中湿分被迅速汽化形成固体颗粒,大的颗粒受重力作用落于干燥室的锥形底部,由排料阀排出,尾气夹带细小颗粒经旋风分离器进行气固分离后经抽风机排出。为了达到气固分离的最佳效果,有时需要两台旋风分离器串联操作,或者旋风分离器后再接袋滤器以收集细小粉尘,回收有用物质,减少环境污染。

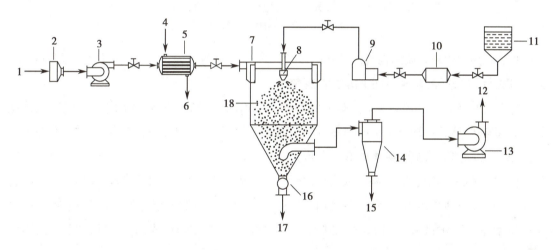

1—空气;2—空气过滤器;3—送风机;4—加热蒸汽;5—加热器;6—冷凝水;7—热空气分布器;8—压力喷嘴;9—高压液泵;10—无菌过滤器;11—贮液罐;12—尾气;13—抽风机;14—旋风分离器;15—粉尘回收;16—星形卸料器;17—干燥成品;18—喷雾干燥室。

● 图 4-10　喷雾干燥装置示意图

(二)喷雾干燥的雾化系统

一般喷雾干燥操作中雾滴的平均直径为 5~60μm,使料浆雾化所用的雾化器(又称喷雾器)是喷雾干燥器的关键元件。雾化系统对生产能力、产品质量、干燥器的尺寸及干燥过程的能量消耗影响都很大,对雾化器的一般要求为:所产生的雾滴均匀,结构简单,生产能力大,能量消耗低及操作简便等。常用的雾化器有三种基本类型,如图 4-11 所示。

1. 气流喷雾法　此法是将压力为 150~700kPa 的压缩空气从环形喷嘴喷出,利用高速气流产生的负压,将液体物料从中心喷嘴以膜状吸出,再以 200~300m/s 的速度(有时甚至达到超声速)从喷嘴喷出,液膜与高速高压气流间会产生巨大的摩擦力,使得液膜被分散成雾滴。气流式雾化器动能消耗较大,每千克料液需要消耗 0.4~0.8kg 的压缩空气(100~700kPa 表压),图 4-11 中 A 图为外混式二流体喷嘴的结构,θ 为雾化角。气流式喷嘴结构简单,制造容易,磨损小,对高、低黏

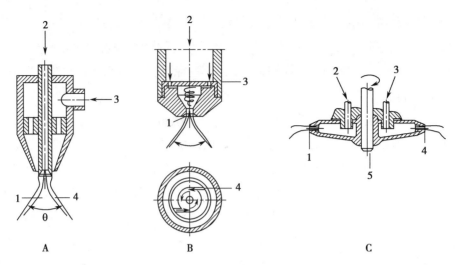

A：气流式喷嘴　1—空气心；2—原料液；3—压缩空气；4—喷雾锥；θ—雾化角。
B：压力式喷嘴　1—喷嘴口；2—高压原料液；3—旋转室；4—切线入口。
C：离心式喷嘴　1，4—喷嘴；2，3—原料液；5—旋转轴。

● 图 4-11　常用雾化系统

度的物料甚至含少量杂质的物料都可雾化，处理物料量弹性也较大，调节气液量之比可控制雾滴大小，也控制了成品的粒度，但它的动力消耗较大。

2. 压力喷雾法　利用高压泵使料液在高压（2~20MPa）下通入喷嘴，喷嘴内有螺旋室，液体在其中高速旋转，然后从直径为 0.5~1.5mm 的小孔处加压喷出，将静压能变成动能，使物料分散成雾滴，压力式喷嘴的结构如图 4-11 中 B 图所示。

压力式喷嘴结构更简单，制造成本低，操作、检修和更换方便，动力消耗较气流式喷嘴要低。但应用压力式喷嘴需要配置高压泵，料液黏度不能太大，而且要严格滤过，否则会因喷嘴出口小产生堵塞；喷嘴的磨损也较大，往往要用耐磨材料制作，操作弹性较小，产量可调节的范围窄一些。

3. 离心喷雾法　该法是将料液从高速旋转的离心盘中部输入，料液进入高速旋转的圆盘中部，圆盘上有放射形叶片，一般圆盘转速为 4 000~20 000r/min，圆周速度为 100~160m/s，液体在离心转盘中受惯性离心力的作用而被加速，到达周边时呈雾状被甩出，形成薄膜、细丝或液滴，同时受周围热气流的摩擦、阻碍与撕裂等作用而形成雾滴，离心式喷嘴的结构如图 4-11C 所示。

离心式喷嘴操作简便，适用范围广，料液通道不易堵塞，动力消耗小，多用于大型喷雾干燥；由于其转盘没有小孔，因此适用于高黏度（9Pa·s）或带固体的料液，操作弹性大，可以在设计生产能力的 ±25% 范围内调节流量，对产品粒度的影响并不大，但离心式雾化器的结构较复杂，机械加工要求严格，制造费用较高，制造和安装技术要求高，检修不便，润滑剂可能会污染物料。离心式喷嘴喷出的雾滴较粗，喷距（雾滴飞行的径向距离）较大，因此干燥器的直径较大，常用于中药提取液的干燥。

喷雾干燥要求达到的雾滴平均直径一般为 5~60μm，它是喷雾干燥的一个关键参数，对技术指标和产品质量均有很大的影响，对热敏性物料的干燥更为重要。

中药提取液的喷雾干燥常采用气流式雾化器和离心式雾化器。气流式雾化器能生产出粒度较小而均匀的雾滴,对溶液黏度的变化不敏感,但其压缩空气费用高、效率低,故多用于中小型规模喷雾干燥。另外,气流式雾化器的喷射角较小,最大喷射角在70°~80°,故其干燥器直径较小,但安装高度较高。离心式雾化器操作可靠,进料量变化时不影响其操作,雾化的液滴直径可由其转速调节,操作具有较大的灵活性,其干燥器直径较大,但注意防止物料被润滑油污染的问题。

(三)气流与雾滴的流动方向

喷雾干燥器生产能力以其水分蒸发量(kg/h)表示,离心式为5~1 500kg/h,气流式为5~100kg/h。制药用喷雾干燥器进入干燥器的热风温度≤200℃,进入干燥器的热风和进气流式雾化器的气体均应符合GMP所规定的洁净度。喷雾干燥室内热气流与雾滴的流动方向,直接关系到产品质量以及粉末回收装置的负荷等问题。各种类型喷雾干燥设备中,热气流与雾滴的流动方向有并流、逆流及混合流三类,每种流向又可分为直线流动和螺旋流动等。

并流操作时,热空气与雾滴以相同的方向运动,即自干燥室顶部进入,同向运动,热空气与干粉接触时的温度最低,粉末沉降于干燥器的底部,而废气则夹带细小粉末从靠近底部的排风管一起排至集粉装置中。可采用较高的热风温度,适于热敏性物料的干燥。并流流程的设计有利于微粒的干燥及制品的卸出,缺点是会加重回收装置的负担。

直线流动的并流,即液滴随高速气流直行下降,这样可减少液滴流向器壁的机会,适合于易黏壁的物料,其缺点是雾滴在干燥器中的停留时间较短。螺旋流动的并流,物料在干燥器内的停留时间较长,但由于离心力可将粒子甩向器壁,因而物料黏壁的机会增多。

逆流时热风自干燥室的底部上升,料液从顶部喷洒而下。在逆流操作中,已干燥的制品与高温气体相接触,物料在器内的停留时间也较长,适用于干燥较大颗粒或较难干燥的物料,不适用于热敏性物料的干燥。由于废气由顶部排出,为了减少未干雾滴被废气带走,必须控制气体速度保持在适宜的水平。在给定的生产能力下,采用逆流操作的干燥器的直径就较大,但因其传热、传质的推动力都较大,故热能利用率较高。

混合流操作时,热空气与料液先逆流流动,然后并流流动,干燥特性介于并流、逆流之间,综合了并流和逆流的优点,削弱了两者明显的弊端,且有搅动作用,所以干燥效率较高,但设备结构复杂,操作更复杂一些,适用于不易干燥的料液。

(四)喷雾干燥的黏壁现象

喷雾干燥过程中,容易出现的异常情况就是黏壁现象。当喷嘴喷出的雾滴还未完全干燥且带有黏性时,一旦和干燥塔的塔壁接触,就会黏附在塔壁上,积累多了就结成块,累积一段时间以后,料块就可能脱落进入干燥产品中,这种情况将严重影响产品的粒度和质量。黏壁现象严重时,干燥过程甚至无法正常进行。防止产生黏壁现象的方法主要有以下三种:①选用结构合理的喷雾干燥塔。干燥塔的结构取决于气固流动方式和雾化器的种类。比如,并流气流式喷雾干燥塔需要设计得较为细长,逆流和混合流干燥塔需要制造得比较低矮而粗大一些。②雾化器的选择、安装、操控。质量好的雾化器喷出的雾滴应呈锥形分布,垂线应该是和喷嘴的轴线完全重合,喷出的雾滴大小和方向才能一致;雾化器安装如果偏离干燥塔中心或发生倾斜,雾滴就会喷射到附近或对面的塔壁上造成黏壁现象;喷嘴工作时振动也会引起黏壁现象,防止的方法是控制好料液和压缩空气的供给,保证雾化器安装在干燥塔轴线的中心位置,保证供给压力恒定。③改进热风进入塔内的方式。一种有效的途径是让热空气进入干燥塔时,采用"旋转风"和"顺壁风"相结合的方法,这样在热空气流的作用下,可防止雾滴接触器壁。

(五)喷雾干燥的特点

喷雾干燥器的特点主要有以下几点。

1. 物料干燥时间短,一般为几秒到几十秒钟,物料的温度不超过热空气的湿球温度,不会产生过热现象,物料有效成分损失少,因此特别适用于干燥热敏性物料。

2. 改变操作条件即可控制或调节产品指标,例如颗粒直径、粒度分布、物料最终湿含量等,或者可以直接得到类球形颗粒。

3. 根据工艺需要,可将产品制成粉末状或空心球体,干燥的产品疏松、易溶,含水量较低。

4. 可以省去一般操作中在干燥前要进行蒸发、结晶、滤过等过程及在干燥后需要进行粉碎与筛分等过程,流程较采用其他干燥器要简化一些。

5. 采用喷雾干燥时,在干燥器内可以直接将溶液干燥成粉末状产品,缩短了工艺流程,容易实现机械化、大型化,控制方便,生产连续化好,自动化程度高。

6. 操作环境粉尘少,降低了劳动强度,改善了劳动条件。

7. 经常发生黏壁现象,影响了产品质量。

8. 单位产品耗能大,热效率和传热系数都较低,设备体积大,结构较为复杂,一次性投资较大。

9. 对气体的分离要求较高,对于微小粉末状产品应选择可靠的气 - 固分离装置,避免产品的损失及污染周围环境。

喷雾干燥器在制药工业中主要用于以下几方面:热敏性物料或易氧化的物料干燥;喷雾干燥在数秒内完成,使产品不致过热,宜用于片剂和胶囊剂的造粒过程;可用于固体颗粒和液体包衣及包囊。

(六)离心式喷雾干燥器的验证

喷雾干燥是通过干燥介质(热空气)将热量传递到雾滴,使其中的湿分气化,并传递到气相的传热、传质过程,所以应对干燥介质进行验证。进入干燥器的热空气必须保证其洁净度,应检测其尘埃粒子数,检查过滤器是否完好;对风机进行确认,检查风量、风速、风压等是否满足要求;对加热器进行确认,检查能否将空气加热到所设定的温度;对空气分布进行确认,检查热空气能否均匀进入干燥器。干燥器内部应抛光,无焊痕、砂眼,干燥器侧面应设清洗口。离心式喷雾器运转应平稳、无振动、无噪声,雾化器转速应平稳可调,雾化出的液滴大小均匀,四周液体分布均匀,无流涎。喷雾干燥器产品验证时确定风温、雾化器转速、风量、加料速度等的最合适参数值,使干燥出的颗粒大小均匀,含水量达到要求,而干燥器内无黏壁等现象。还需对干粉中有效成分经干燥后有无分解或氧化等进行稳定性试验。

五、流化床干燥器

流化床干燥器又称沸腾床干燥器,是流态化技术在干燥过程中的应用。其基本工作原理是利用被加热的空气从下向上流动,穿过干燥室底部的气体分布板,分布板上面加有湿物料,在分布板上热气流与物料充分接触。当气流速度较低时,颗粒层是不动的,气体在颗粒层的空隙中通过,干燥原理与穿流厢式干燥器原理类似,这样的颗粒床层通常称为固定床。当气流速度继续增加后,颗粒开始松动,床层略有膨胀,且颗粒也会在一定区间变换位置。当气流速度再增大时,颗粒即悬浮在上升的气流中,此时形成的床层称为流化床。由上,当气流速度被控制在某一区间值时,床板上的湿物料颗粒就会被吹起来,但又不会被吹走,处于类似沸腾的悬浮状态,即流化状态。处于流化状态时,热气流在湿物料颗粒间流过,于动态下与物料进行对流传热和传质过程,湿物料最终被干燥。气流速度区间的下限值称为临界流化速度,上限值称为带出速度。流态化技术对干燥颗粒状物料十分有益,因为在流态化状态时,每个颗粒都能完全被热空气所包围,这样不仅可达到干燥的目的,同时还可获得制造片剂所需的颗粒形状和大小。

各种流化床干燥器的基本结构类似,都是由原料输入系统、热空气供给系统、干燥室及空气分布板、气 - 固分离系统、产品回收系统和控制系统等几部分组成,常用的干燥室有立式及卧式两种类型。

流化床干燥器的特点如下。

(1)在流化床干燥器中,气 - 固态间高度混合,由于物料和干燥介质接触面积大,同时物料在床层中不断进行激烈搅动,表面更新机会多,传热及传质效果都较好,传热系数可达 2 000~7 000W/($m^2 \cdot$ ℃)。

(2)流化床内纵向返混激烈,颗粒处于沸腾状态,整个流化床层内温度分布均匀,无局部过热现象,对含表面水分的物料,可以使用比较高的热风温度。

(3)流化干燥器内物料干燥速度大,物料在设备中停留时间短,适用于干燥某些热敏性物料。

(4)流化床干燥设备结构简单,生产能力大;由于物料颗粒的剧烈跳动,表面的气膜阻力小,热效率可高达 60%~80%,对结合水分干燥时也达 30%~40%。

(5)干燥室密封性好,物料不与其他机件接触,不会有杂质混入,适宜制药产品的干燥。

(6)物料在流化床中的停留时间,与流化床的结构有关,如设计合理,可延长停留时间。

(7)在同一个设备中,可以进行连续操作,也可以进行间歇操作。

(8)热空气通过分布板和物料层的阻力较大,一般约为 490~1 470Pa,鼓风机的能量消耗大,设备体积较大,震动噪音较大。

(9)因流化干燥器中的物料纵向返混剧烈,对单级连续式流化床干燥器,物料在设备中停留时间有时不均匀,有可能发生未经干燥的物料随着产品一起排出的现象,使产品质量不均匀。

(10)当物料的湿含量高而且黏度大时,一般不适用;对易黏壁和结块的物料,容易发生黏壁和堵床等不正常操作现象,造成产品质量不均匀。

(11)适合于制药产品的干燥,适合于无凝聚作用的散粒状物料的干燥,颗粒直径为 30μm~

6mm,颗粒太小或太大不适用。

制药行业使用的流化床干燥装置,从其类型来看,主要分为单层圆筒流化床干燥器、多层圆筒流化床干燥器、卧式多室流化床干燥器、振动流化床干燥器、塞流式流化床干燥器、闭路循环流化床干燥器等。

(一)单层圆筒流化床干燥器

单层圆筒流化床干燥器是最简单的流化床干燥设备,多为上大下小的圆筒型,该干燥器的基本结构如图 4-12 所示。干燥器工作时,空气经空气过滤器过滤,由鼓风机送入加热器加热至所需温度,从干燥室底部自下而上经气体分布板喷入流化干燥室,由螺旋加料器抛在气体分布板上的物料吹起,控制合适的气速及加料速度,使其形成流化工作状态。物料悬浮在流化干燥室内,经过一定时间的停留而被干燥,大部分干燥后的物料从干燥室旁侧卸料口排出,部分随尾气从干燥室顶部排出,经旋风分离器和袋滤器回收细小粉尘,尾气由抽风机抽出。

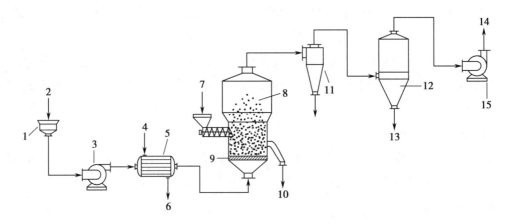

1—空气过滤器;2—空气;3—鼓风机;4—加热蒸汽;5—加热器;6—冷凝水;7—加料斗;8—流化干燥室;9—气体分布板;10—干燥产品;11—旋风分离器;12—袋滤器;13—细粉回收;14—尾气;15—抽风机。

● 图 4-12　单层流化床干燥器

流化床干燥器内部的温度分布一般为如下状态:经加热器加热后的空气温度可达 110℃左右。当物料加入后沸腾器内的温度在 40~45℃范围内,容器顶部出口的温度约为 30~35℃。

从安全角度考虑,在干燥设备上部气室应设置一个泄爆口,如果操作时,沸腾器内发生粉尘爆炸,会从泄爆口冲出,不会造成较大的危险。另外,设备要有可靠的接地,防止聚集静电。

流化床干燥器能否正常工作很大程度上取决于流化床的流化质量,影响流化质量的因素主要有流化气速、物料粒度大小、粒径分布、物料的物性、床层构造、分布板结构与内部构件设置等。

确定流化床的操作流化速度的一个简单方法是先通过流态化试验,测得被干燥物料的临界流化速率和带出速率,一般适宜的流化速率为临界速率的 3~6 倍及带出速率的 0.2~0.6 倍。

流化床中的不正常现象主要有沟流、死床和腾涌,如图 4-13 所示。干燥物料的粒度最好选择在 30μm~6mm 范围内,颗粒太小易产生沟流,太大又需要较高的流化速度,从而使动力消耗和物料磨损都会加大。

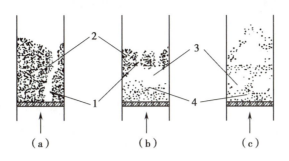

1— 沟流；2— 死床；3— 气泡；4— 流化床。

● 图 4-13　流化床的不正常操作现象

1. 沟流和死床　气流速率已经大于临界速率而床层仍不流化，物料某些部分被吹出一道沟，而部分物料则处于静止状态。这类情况可有两种形式，如图 4-13（a）（b）所示。一旦产生这类情况，干燥将无法继续进行。消除沟流和死床的办法：加大气速，对物料进行预干燥，通过试验选择适合的气体分布板。

2. 腾涌　腾涌又称为活塞流。当上升气流在流化床内会合，可形成气泡，受物料性质和干燥器等因素的影响，当气泡汇集过大，直径接近床层直径时，物料将如活塞一样被抛起，到达一定高度后崩裂，物料颗粒被抛向上一段距离后再纷纷落下即形成腾涌现象，如图 4-13（c）所示。出现腾涌时，物料干燥将出现严重不均匀的现象，继而可使干燥过程无法正常进行。调节进料量，选用床高与床径之比相对小一点的床层，适当对物料进行预处理均可防止腾涌产生。

单层圆筒流化床干燥器操作方便，生产能力大。但由于流化床层内粒子接近于完全混合，物料在流化床停留时间不均匀，所以干燥后所得产品的湿度也不均匀。如果限制未干燥颗粒由出料口带出，则需延长颗粒在床内的平均停留时间，解决办法是提高流化层高度，但是压力损失也会随之增大。因此，单层圆筒流化床干燥器适用于处理量大、较易干燥或干燥程度要求不高的粒状物料。单层流化床干燥器主要适合于易干燥而又不易结块的物料，特别是物料表面水分的干燥。干燥粉状物料其含水量一般不超过 5%，颗粒状物料含水量不超过 15%，否则物料会因流动性差而易于结块，且干燥程度不均匀，甚至出现无法正常工作的情况。

（二）多层圆筒流化床干燥器

由于单层沸腾干燥器可能引起物料的返混和短路，使颗粒在干燥器中的停留时间不同，部分物料未经完全干燥就离开了干燥器，而另一部分物料因停留时间过长而产生干燥过度的现象。为了保证物料能均匀地进行干燥，操作稳定可靠，而流体阻力又较小，可采用多层圆筒流化床干燥器。

图 4-14 所示的为两层的流化床干燥器。多层流化床可改善单层流化床的操作状况，物料加入第一层，经溢流管流到第二层，然后由出料口排出。热气体由干燥器的底部送入，经第二层及第一层与物料接触后从器顶排出。物料与气体逆向流动，虽

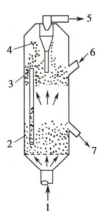

1—热空气；2—第二层；3—溢流管；4—第一层；5—气体出口；6—加料口；7—出料口。

● 图 4-14　多层流化床干燥器

然上一层与下一层之间的颗粒没有混合,但每一层内的颗粒可以互相混合,所以停留时间分布均匀,物料停留时间长,可实现物料的均匀干燥,同时可以降低产品含水量。气体与物料的多次逆流接触,提高了废气中水蒸气的饱和度,因此热利用率较高。

多层圆筒流化床干燥器适合于对产品含水量及湿度均匀有较高要求的情况。其缺点是设备结构复杂,操作不易控制,难以保证各层流化稳定及定量地将物料送入下一层,并且床层阻力较大,气体流动阻力大,能耗较高。

(三)卧式多室流化床干燥器

卧式多室流化床干燥器的结构示意如图4-15所示。工作时,空气经过滤器过滤净化后,经风机输送进入加热器,用高效列管式加热器加热到一定温度,热空气从干燥器的底部左侧进入干燥器,经由支管分别送入各相邻的分配小室,各小室可按物料在不同位置的干燥要求通过可调风门对热空气流量、温度进行适当调节。另外,在负压的作用下,在干燥器底部右侧导入一定量的冷空气,经过滤的空气送入最后一室,用于冷却产品,部分冷空气也可用于其他小室调节温度和湿度。进入各小室的热、冷空气向上穿过气体分布板,物料从干燥室的进料口进入流化干燥室,在穿过分布板的热、冷空气的吹动下,物料形成流化状态,以沸腾状横向移至干燥室的另一端,完成传热、传质的干燥过程,最后由出料口排出。

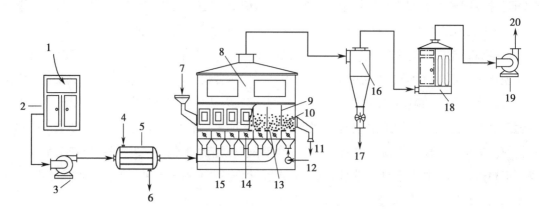

1—空气;2—空气过滤器;3—鼓风机;4—加热蒸汽;5—空气加热器;6—冷凝水;7—加料器;8—多室流化干燥室;9—挡板;10—流化床;11—干燥产品;12—冷空气;13—气体分布板;14—可调风门;15—热空气分配管;16—旋风分离器;17—粗粉回收;18—细粉回收室;19—抽风机;20—尾气。
● 图4-15　卧式多室流化床干燥器

由于干燥的不同阶段对热空气的流量和温度的要求不同,为了在干燥过程中能合理地利用热空气来干燥物料,以及物料颗粒能够均匀通过流化床的床层,在干燥室内,通常用垂直室间挡板将流化床分隔成多个小室(一般4~8室),挡板下端与分布板之间的距离可以调节,使物料能逐室通过。干燥室的上部有扩大段,流化床若向上延伸到这部分,则横截面扩大,空气流速降低,物料不能被吹起,大部分物料受重力作用得以和空气分离,部分细小物料随分离的空气被抽离干燥室,用旋风分离器进行回收,极少量的细小粉尘由细粉回收室回收,尾气由抽风机抽出。

卧式多室流化床干燥器结构简单,操作方便,易于控制,且适应性广,在制药行业中应用较多。卧式多室流化床干燥器不但可用于干燥各种难以干燥的粒状物料和热敏性物料,也可用于干燥粉状及片状物料。干燥产品湿度均匀,压力损失也比多层床多层圆筒流化床干燥器小,不足的是热效率要比多层圆筒流化床干燥器低。

(四) 振动流化床干燥器

为避免普通流化床的沟流、死床、团聚及腾涌等不正常情况的发生,将机械振动施加于流化床上,即形成振动流化床干燥器,见图4-16。振动能使物料流化形成振动流化态,可以降低临界流化气速,使流化床层的压降减小。调整振动参数,可以使普通流化床的返混基本消除,形成较理想的定向塞流。振动流化床干燥器的不足是噪音大,设备磨损较大,对湿含量大、团聚性较大的物料干燥不是很理想。

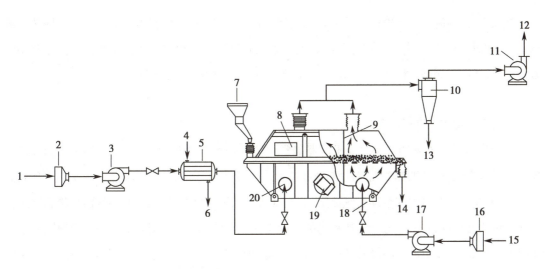

1,15— 空气;2,16— 空气过滤器;3,17— 送风机;4— 加热蒸汽;5— 加热器;6— 冷凝水;7— 加料机;8— 观察窗;9— 挡板;10— 旋风分离器;11— 抽风机;12— 尾气;13— 粉尘回收;14— 干燥产品;18— 隔振簧;19— 振动电机;20—空气进口。

● 图 4-16　振动流化床干燥器

(五) 塞流式流化床干燥器

图4-17为塞流式流化床干燥器。这种干燥器从气体分布板的中心进料,在分布板边缘出料,进、出料口之间设有一道螺旋形的塞流挡板。物料从中心进料导管输入后即被热空气流化,并被强制沿着螺旋形塞流式挡板的通道移动,一直到达边缘的溢流堰出料口卸出。

由于连续的物料流动和窄的通道限制了物料的返混,停留时间得到很好的控制,因此,在多种复杂的操作中能够保持颗粒停留时间基本一致,产品湿含量低,与热空气接触均衡,且无过热现象。

(六) 闭路循环流化床干燥器

闭路循环流化床干燥器是采用低含湿量(0.01%)

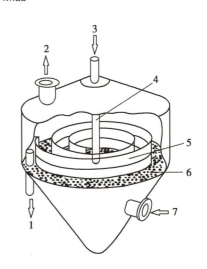

1— 出料口;2— 排气口;3— 进料口;4— 进料导管;5— 塞流挡板;6— 气体分布板;7— 进气口。

● 图 4-17　塞流式流化床干燥器

的气体作为干燥介质。通常,湿分为有机溶剂时,一般可采用氮气作为干燥介质;湿分为水时,则采用空气。在闭路循环干燥过程中,蒸发出来的湿分可被连续冷凝成液体而去除,使介质湿分的含量降低。干燥介质经加热后重新循环利用,其相对湿度进一步降低,又拥有较大的载湿能力,为深度干燥创造条件,成品的湿含量可达 0.02%~0.1%。

采用氮气作为干燥介质时,产品稳定性好,并消除了爆炸、燃烧等危险;干燥速度快,生产能力较高;不污染环境,生产环境好,劳动强度低。

六、气流干燥器

气流干燥是将湿态时为泥状、粉粒状或块状的物料,在热气流中分散成粉粒状,一边随热气流输送,一边进行干燥。对于能在气体中自由流动的颗粒物料,均可采用气流干燥方法除去其中湿分。可见,气流干燥是一种热空气与湿物料直接接触进行对流干燥的方法。

(一)气流干燥装置及其工艺流程

一级直管式气流干燥器是气流干燥器最常用的一种类型,如图 4-18 所示。湿物料通过螺旋加料器进入干燥器,经加热器加热的洁净热空气,与湿物料在干燥管内互相接触,由于热气体做高速运动,使物料颗粒分散并悬浮在气流中,热空气将热能传递给湿物料表面,热气流与物料间进行传热和传质,湿物料中的水分从湿物料内部以液态或气态扩散到湿物料表面,并扩散到热空气中,物料得以干燥,干燥后的物料经并联的旋风分离器回收产品,细小粉尘经袋滤器除尘后,尾气由抽风机排出。

气流干燥器中气体的流速较高,通常为 20~40m/s,被干燥的物料颗粒被高速气流吹起并悬浮其中,能最大限度地与热空气接触,气-固间的接触面积大,且由于气流速度高达 20~40m/s,空气涡流的高速搅动,使气-固边界层的气膜不断更新,减小了传热和传质的阻力,因此气-固间的

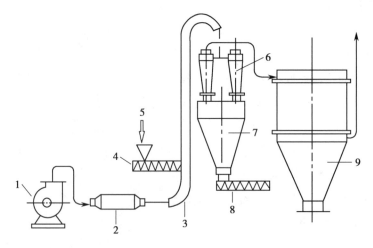

1—风机;2—加热器;3—干燥管;4—螺旋加料器;5—湿物料;6—旋风除尘器;7—储料斗;8—螺旋出料器;9—袋式除尘器。

● 图 4-18 一级直管式气流干燥器

传热系数和传热面积都很大,传热系数可达 2 300~7 000W/(m²·℃)。同时,由于气流干燥器中的物料被气流吹散,同时在干燥过程中被高速气流进一步粉碎,颗粒的直径较小,物料的临界含水量可以降得很低,从而缩短了干燥时间,故可采用较高的气体温度,以提高气 - 固间的传热温度差。

(二)气流干燥器的特点

气流干燥器适用于干燥非结合水分及结团不严重又不怕磨损的颗粒状物料,尤其适用于干燥热敏性物料或临界含水量低的细粒或粉末物料。气流干燥器的主要特点如下。

(1)气流干燥器的传热速率高、干燥速率快、干燥效率高、生产能力强,所需干燥器的体积也可小一些,能实现小设备大生产的目标。

(2)对于大多数的物料只需 0.5~2 秒,最长不超过 5 秒,因为是并流操作,当干燥介质温度较高时,物料温度也不会升得太高,所以特别适宜于热敏性物料的干燥。

(3)由于干燥器散热面积小,所以热损失小,最多不超过 5%。因而干燥非结合水时热效率可达 60% 左右,干燥结合水时的热效率可达 20% 左右。

(4)气流干燥器结构简单、造价低、活动部件少,易于建制造和维修,操作稳定,便于控制。

(5)固体物料在流化床中具有"流体"性质,所以运输方便,操作稳定,成品质量稳定,装置无活动部分,但对所处理物料的粒度有一定的限制。

(6)对除尘设备要求严格,且不适合干燥有毒的物料,系统的流动阻力较大,动力消耗高。

(7)物料在运动过程中相互摩擦并与壁面碰撞,对物料有破碎作用,因此气流干燥器不适于干燥易碎的物料。

(8)干燥管有效长度为 10m 以上,有时高达 30m,故要求厂房具有一定的高度。

气流干燥器是目前制药工业中应用较广泛的一种干燥设备。

(三)气流干燥器的改进

鉴于气流干燥器的干燥管较高,给安装和维修带来的不便,气流干燥器有如下几种改进方式。

1. 多级气流干燥器　用多段短的干燥管串联起来替代原来较高的气流干燥管,物料从第一级出口经分离后,再投入第二级、第三级……,最后从最末一级出来。干燥管改为多级后,在增加了加速段的数目的同时,又降低了干燥管的总高度。但该法需增加气体输送及分离设备。目前多用 2~3 级气流干燥设备。

2. 脉冲式气流干燥器　采用直径交替缩小和扩大的脉冲管代替直干燥管,物料首先进入管径小的干燥管中,气流速度较高,且颗粒产生加速运动,当加速运动结束时,干燥管直径突然扩大,由于惯性作用,该段内颗粒速度大于气流速度;当颗粒在运动过程中逐渐减速后,干燥管直径又突然缩小,便又被气流加速。如此交替地进行上述过程,从而使气体与颗粒间的相对速度及传热面积都较大,提高了传热和传质速率。

3. 倒锥形气流干燥器　将干燥管做成上大下小的倒锥形,使气流速度由下而上地逐渐降低,不同粒度的颗粒分别在管内不同的高度中悬浮,互相撞击直至干燥程度达到要求时被气流带出干燥器,虽然颗粒在管内停留时间较长,但可降低干燥管的高度。

4. 旋风式干燥器 利用旋风分离器作为干燥器,气流夹带着物料以切线方向进入旋风气流干燥器时,由于颗粒沿器壁产生旋转运动,而使颗粒处于悬浮和旋转运动的状态。由于离心加速作用,使颗粒与空气间的相对速度增大,同时在旋转运动中颗粒易被粉碎,增大了干燥面积,从而强化了干燥过程。此类干燥器适用于耐磨损的热敏性散粒状物料,不适用于含水量高、黏性大、熔点低、易爆炸及易产生静电效应的物料,目前旋风式干燥器常采用的直径为300~500mm,最大的为900mm,有时也采用二级串联或与直管气流干燥器串联操作。

第三节 传导型干燥器

传导干燥是湿物料与设备的加热表面直接接触,热量通过加热壁面以热传导的方式直接加热湿物料,使物料中湿分气化,同时产生的湿分由干燥介质带走或被真空抽吸的干燥过程,干燥时设备的加热面是载热体,空气是载湿体。传导干燥的优点是热能利用程度高,湿分蒸发量大,干燥速度快;缺点是当温度较高时易使物料过热而变质。典型干燥设备有箱式真空干燥器、转鼓干燥器、真空耙式干燥器、冷冻干燥设备等。

一、厢式真空干燥器

厢式干燥器可在真空下操作,称为厢式真空干燥器,如图4-19所示。其干燥室为密封的钢制外壳,内部安装有多层空心隔板,湿物料平铺在隔板上,加热蒸汽分别通入各层隔板夹层,通过热传导的方式间接加热物料,各层冷凝水汇集后经疏水器排出。干燥时用真空泵抽走由物料中气化的水汽或其他蒸气,经过冷凝及气液分离后排出,从而维持干燥器中的真空度,使物料在一定的真空度下达到干燥的目的。

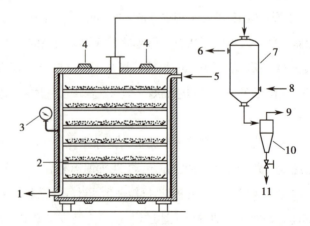

1,11—冷凝水;2—真空隔板;3—真空表;4—加强筋;
5—加热蒸汽;6,8—冷却剂;7—冷凝器;9—抽真空;
10—气液分离器。

● 图4-19 厢式真空干燥器

厢式真空干燥器在干燥过程中,初期干燥速度很快,但当物料脱水收缩后,则由于物料与料盘的接触逐渐变差,传热速率也逐渐下降。操作过程中,加热壁面温度需要严格控制,以免与料盘接触的物料局部过热,导致物料焦化。厢式真空干燥器的热源为低压蒸汽或热水,热效率较高,被干燥药物不受污染;厢式真空干燥器结构和生产操作都较为复杂,相应的费用也较高。真空干燥适宜处理热敏性、易氧化及易燃烧的物料,或用于所排出的蒸汽需要回收及防止污染环境的场合。厢式真空干燥器特别适合中药浸膏的干燥。

二、转鼓干燥器

转鼓干燥器是一种间接加热、连续干燥的热传导类干燥器,主要用于溶液、悬浮液、胶体溶液等流动性物料的干燥。

转鼓干燥器分为单转鼓干燥器和双转鼓干燥器,如图 4-20 所示。浸液进料单鼓干燥器的转鼓在贮液槽中转过时,从贮液槽中转出来的部分表面沾上了厚度约为 0.3~5mm 的薄层料浆。加热蒸汽通入圆形转鼓内部,通过转鼓壁面以热传导的加热方式使物料中的水分汽化,水汽与其夹带的粉尘由空气携带并由转鼓上方的排气罩排出。转鼓转动一周,物料即被干燥并由转鼓壁上的刮刀刮下,经螺旋输送器送出。中心进料双鼓干燥器的二转鼓转动方向相反,由二转鼓中间加料,黏在转鼓上的物料由鼓内饱和蒸汽加热而干燥,旋转一圈完成一个干燥过程。对易沉淀的料浆也可将原料向两个转鼓间的缝隙处撒下而干燥。转鼓干燥器都是以热传导方式传热的,湿物料中的水分先被加热到沸点,干物料则被加热到接近于转鼓表面的温度。

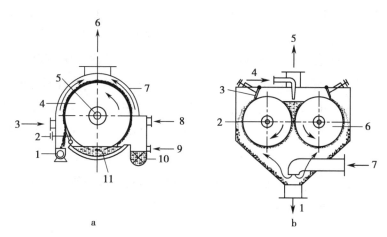

a: 浸液进料单转鼓干燥器 1—螺旋输送器;2—刮刀调节柄;3,8—空气进口;4—转鼓;5—加热蒸汽导管;6—尾气出口;7—机壳;9—原料液;10,11—贮液槽。
b: 中心进料双转鼓干燥器 1—产品;2—空心转轴;3—刮刀;4—原料液;5—尾气出口;6—转鼓;7—空气进口。

● 图 4-20 转鼓干燥器示意图

转鼓的直径一般为 0.5~1.5m,长度为 1~3m,转速为 1~3r/min。可处理含水量为 10%~80% 的物料,一般干燥产品含水量约为 3%~4%,最低为 0.5% 左右。由于干燥时可直接利用蒸汽潜热,故热效率较高,可达 70%~90%。单位加热蒸汽消耗量为 1.2~1.5kg 蒸气 /kg 水。总传热系数为

180~240W/（$m^2 \cdot K$）。

转鼓干燥器与喷雾干燥器相比,具有动力消耗低、投资少、维修费用低、干燥温度和时间容易调节等优点,但是在生产能力、劳动强度和劳动条件等方面不如喷雾干燥器。

三、真空耙式干燥器

真空耙式干燥器是一种间歇式操作的传导型干燥器。如图4-21所示。

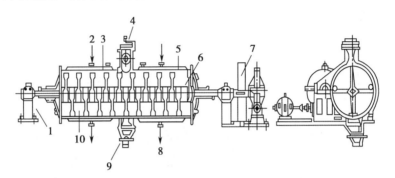

1—轴承座；2—蒸汽入口；3—外壳；4—加料口；5—蒸汽夹层；6—水平搅拌轴；7—传动装置；8—冷凝水出口；9—卸料口；10—搅拌桨叶。

● 图4-21　真空耙式干燥器

干燥器的筒体是由金属制成的带有蒸汽夹套的圆筒,筒内装有水平搅拌轴,轴上装有可转动的"十"字形分布的耙式搅拌器。水平耙式搅拌器的叶片由不锈钢材质制造,有多种形状,呈"十"字状安装在方形轴上,一半叶片向左,另一半叶片向右,转速为7~8r/min,由带减速箱的电动机带动,有自动转向装置,每隔5~8分钟,搅拌器的转动方向可以改变一次。操作时,先启动搅拌器,湿物料从壳体上方加入并将出料口关闭,圆筒夹层通入饱和蒸汽,通过热传导方式间接加热湿物料,干燥一段时间后干燥产品从底部卸料口排出。耙式搅拌器的不断转动,使物料不断地与热的器壁接触并均匀地被干燥。物料由间接蒸汽加热,干燥器处于完全密闭状态,气化后的水气由真空泵抽走,经旋风分离器后,再经冷凝器将水蒸气冷凝而排除或回收溶剂,不凝性气体由真空泵抽出放空。

真空耙式干燥器中物料与热源接触面不断更新,传热速率快,与厢式干燥器相比,劳动条件好、劳动强度低、适应性较强、不需空气作为干燥介质、干燥速率较快、处理量大、适应性广。其缺点是干燥时间较长、生产能力低、设备结构复杂、搅拌桨叶易损坏、需经常更换维修、卸料不易卸尽等。

耙式干燥器适用于干燥小批量的浆状、膏状、粒状和粉状物料,尤其对膏状物料的干燥应用较多。适用于在空气中易氧化、燃烧、热敏性的物料;或用于要求产品含水量低。常压下难以蒸发的物料,以及需要回收溶剂、防止污染环境的场合。

四、冷冻干燥技术与设备

冷冻干燥是将含水物料冷冻至固态,在低温及真空条件下,利用冰的升华性能使物料低温脱水,从而达到干燥物料的一种真空低温干燥方法。因干燥过程利用了升华原理达到去除水分的目的,故又称为升华干燥。在冷冻干燥过程中,冰升华所需的热量主要是依靠固体的热传导,即热能通过与物料接触的壁面以传导方式传给物料,使物料中的湿分升华气化并由空气气流带走而达到干燥目的。

冷冻干燥技术已经广泛应用在食品、医药、化工、建材等行业,在医药生产方面主要应用在冻干粉针剂、中药饮片贮存、生物制品、医学制品等方面。由于计算机和传感测量技术在冷冻干燥过程中的深入应用,冷冻干燥器的应用将更加广泛。

(一)冷冻干燥的原理

冷冻干燥过程是先将湿物料(溶液或混悬液)降温冻结到其共熔点温度以下(通常为 $-40\sim$ $-10℃$),得到固态的冰,同时溶质被冻结在冰晶中,然后在适当的真空度下逐渐升温,使冰直接升华为水蒸气并排至水气凝结器,再用真空系统中的水气凝结器(捕水器)将水蒸气冻结成冰,使物料在低温低压下脱水,从而获得干燥产品。冷冻干燥过程是在低温低压下水的相态变化和移动的过程,实际上也是冰的升华和凝华过程,属于低温低压下的传质传热过程,总之,冷冻干燥是基于升华原理的干燥过程。

1. 升华与凝华　物质发生形态变化时往往伴随着热量的变化。如冰融化成水及水变成水蒸气都需要加热,冰的升华过程属于吸热过程;相反,水蒸气变成水及水结成冰需要释放热量。

固相不经过液相而直接变为气相的相变化过程称为升华过程,升华是固体直接气化过程,属于吸热过程。当某种蒸气遇到比该蒸气凝固温度低的物体时,则蒸气可不经过液体直接凝固成固体从而附着在低温物体的表面,这一过程叫逆向升华,也称凝华过程。例如,水蒸气遇到比水的冰点还低的物体时,它就在低温物体的表面凝结成冰霜,这是升华的逆过程,也是放热过程。

2. 水的三相变化　物质的状态是由温度和压力所决定的,根据冰、水、水蒸气的压力和温度变化关系可以构成水的状态相图,冷冻干燥的原理可以由水的相图(图 4-22)来说明。图中 OA 线是固液平衡曲线,表示冰的熔点与压力的关系,当压力增加时冰点反而下降;OB 线是固气平衡曲线(即冰的升华曲线),表示冰的蒸气压曲线,冰的蒸气压随温度的升高而上升;OC 线是液气平衡曲线,表示水在不同温度下的蒸气压曲线,蒸气压随温度升高而上升;O 点为三相点,即冰、水、气的平衡点,在水的三相点的温度和压力下,冰、水、气可以同时共存,三相点的温度为 0.01℃,压力为 610.38Pa。由图 4-22 可知,凡是在三相点 O 以上的压力和温度下,物质可由固相变为液相,最后变为气相;在三相点以下的压力和温度下,物质可由固相不经过液相直接变成气相,气相遇冷后仍变为固相,这个过程即为升华和凝华过程。例如冰的蒸气压在 -40℃时为 13.33Pa(0.1mmHg),在 -60℃时变为 1.33Pa(0.01mmHg),若将 -40℃的冰面上的压力降低至 1.33Pa(0.01mmHg),则固态的冰直接变为水蒸气,并在 -60℃的冷却面上复结为冰。同理,如果将 -40℃的冰在 13.33Pa(0.1mmHg)时加热至 -20℃,也能发生升华现象,升华时所需的热称

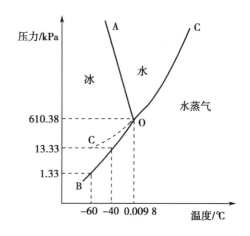

● 图 4-22　水的三相点相图

为升华热。

3. 基于升华的冻干过程　冷冻干燥即基于升华原理的干燥技术,将含有大量水分的物质(例如溶液),预先降温冻结成固体,然后在真空条件下逐渐升温使水蒸气直接从固体中升华出来,水蒸气在真空低温的捕水器中凝结为冰,而被干燥的物质本身则保留在冻结时由冰晶固定位置的骨架里,形成块状干燥制品。制品干燥后只含微量的水分,表现为疏松、多孔。

干燥过程中的温度和压力会直接影响到真空冷冻干燥的速率及产品质量,因此应选择适宜的干燥温度及压力。

4. 冻干曲线和共熔点的概念　冻干曲线和共熔点是冷冻干燥工艺设计中的两个非常重要的概念。

(1)冻干曲线:为了获得良好的冻干产品,在冻干时应根据每种冷冻干燥机的性能和产品的特点,在试验的基础上制订出一条冷冻干燥曲线,然后控制冻干机的各项操作参数,使得冻干过程的各阶段的温度变化符合预先制订的冻干曲线,也可以通过一个程序控制系统,让冻干机自动地按照预先设定的冻干曲线来工作,从而得到合乎质量标准的产品。

用同一台机器干燥不同的产品,以及同一产品用不同的机器干燥时其冻干曲线不一定相同,这样就需要制订出一系列的冻干曲线,而且在制订冻干曲线时往往需留有一定的保险系数。例如为了防止产品冻不结实而导致在抽真空时产品产生膨胀发泡的现象,预冻温度可能比实际所需的温度要低一些;或是为了防止产品干缩起泡,升华加热时,往往需要慢慢地升高温度等,这样可延长整个冻干过程的时间。

(2)共熔点:共熔点也称共晶点,是产品真正全部冻结的温度,也相当于已经冻结的产品开始熔化的温度。经过试验可以获得产品的共熔点,在预冻阶段只要使产品温度降到低于共熔点以下几摄氏度,并保持1~2小时,产品就能完全冻结,此后才开始进行抽真空升华干燥。在升华干燥时,只要控制产品本身的温度不高于共熔点的温度,产品就不会发生熔化现象。待产品内冻结的冰全部升华之后,再把产品加热到出箱时所允许承受的最高温度,然后在此温度下保持2~3小时,冻干过程就可以结束了。因此,冷冻干燥时首先需要确定产品的共熔点。

(二)冷冻干燥设备

产品的冷冻干燥需要在一定装置中进行,这个装置就是真空冷冻干燥机(冷冻干燥机组),简称冻干机。

冷冻干燥器
(动画)

1. 按结构来分,冻干机由干燥箱、冷凝器(捕水器)、制冷机、真空泵、各种阀门、电气控制元件等组成。如图4-23所示。

干燥箱是冻干机的主要组成部分,干燥箱能够制冷到-60℃左右,能够加热到70℃左右(蒸汽灭菌时能达到121℃),也是能抽成真空的密闭容器。需要冻干的产品放在干燥箱内分层的金属搁板层上,对产品进行冻结,并在真空下升温,使产品内的水分升华而干燥。

捕水器(又称为水汽凝华器或冷凝器)也是真空密闭容器,在它的内部有一个较大表面积的金属吸附面,吸附面的温度能降到-40℃或更低(最低可达-80℃),并且能恒定地维持这个低温。捕水器的作用是把干燥箱内产品升华出来的水蒸气冻结吸附在其金属表面上,冻干结束后再加热使冰融化为水并排出。

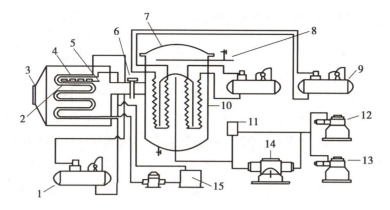

1、9—冷冻机；2—油加温管；3—干燥箱；4—冷冻管；5—隔板；6—大蝶阀；7—冷凝捕水器；8—化霜喷水器；10—冷凝管；11—电磁阀；12、13—旋转真空泵；14—罗茨真空泵；15—油箱。

● 图 4-23　冷冻干燥机组示意图

2. 按系统来分,冻干机由制冷系统、真空系统、换热系统、液压系统、蒸汽灭菌系统、控制系统等组成。

制冷系统由制冷机与干燥箱、捕水器内部的管道与换热器等组成。制冷机可以是互相独立的数套,也可以只有一套。制冷机的功能是对干燥箱和捕水器进行制冷,以产生和维持它们工作时所需要的低温,制冷系统有直接制冷和间接制冷两种方式。

冻干机的真空系统由干燥箱、捕水器、真空泵、真空管道和阀门等构成,真空泵是真空系统建立真空的重要设备。真空系统对产品的迅速升华干燥起着必不可少的作用,必须保证该系统没有漏气现象。

换热系统由换热器、电加热器、循环泵、制冷机、硅油及相关管道等组成。对干燥箱采用间接制冷和间接加热的方式,目的是使干燥箱内温度均匀一致(1℃),从而使制品品质一致。在干燥箱制冷时,启动制冷机,制冷剂使换热器内的传热介质硅油降温,降温后的硅油通过循环泵送到干燥箱搁板夹层中,从而达到使干燥箱搁板降温的目的,制冷时电加热应关闭。在干燥箱需要加热时,启动电加热器,电加热器使换热器中的传热介质硅油升温,升温后的硅油通过循环泵送至干燥箱搁板夹层中从而达到使干燥箱搁板加热的目的(加热时,制冷机不对换热器制冷)。对捕水器采用直接制冷的方式,即从制冷机出来的低温制冷剂直接对捕水器内盘管进行制冷,使其降温。

液压系统由液压顶杆(包括液压站)和可上下移动的搁板组成。它的功能是在干燥箱冻干制品瓶冻干结束时,对半加塞的制品瓶进行液压加塞,由于在箱内真空条件下加塞,制品瓶出箱后,可避免外界空气中的水分、尘埃粒子、微生物等对制品的影响。

蒸汽灭菌系统由干燥箱、大蝶阀、捕水器、真空管道、小蝶阀(包括外界蒸汽源)组成,它的作用是在整个冻干过程结束、制品出箱后,对干燥箱、捕水器等进行高温灭菌处理,灭菌温度为121℃,压力为 0.11MPa,时间为 0.5 小时。

控制系统一般由人机界面(或计算机)、可编程控制器(programmable logical controller,PLC)、指示调节仪表及其他装置等组成。冻干机的控制方式有手动控制和自动控制两种方式。在对冻干工艺进行摸索试验时,多采用手动控制方式;在工艺条件成熟的条件下,可采用自动控制方式。

两种控制方式的目的均是冻干出合格的冻干制品。

（三）冷冻干燥流程

冷冻干燥过程主要由预冻过程、升华干燥和解吸附干燥三个阶段组成。在冻干过程中把被干燥的液体物料预先降温冻结的过程称为预冻,在一定真空条件下使水蒸气直接从固体中升华出来的过程又分为一级干燥和二级干燥两个阶段。冻干过程三个主要阶段的处理步骤彼此独立,各具主旨又相互依赖,相互影响。预冻使制品成固体形状;一级干燥即真空升华干燥,可升华去除大部分溶剂水分;二级干燥即真空解吸附干燥,可解吸附去除制品中的结合水分。冷冻干燥阶段划分见图4-24。

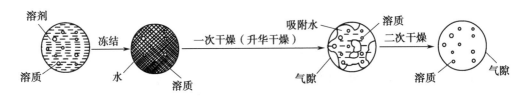

● 图 4-24　冻干工艺流程阶段示意图

1. 预冻过程　冻干工艺过程的第一步为预冻,即将药液在低温下完全冻结,使药液成为冰晶和分散的溶质。预冻结过程能保护药物的活性在冻干过程中稳定不变,冻结后制品具有合理的结构且利于水分的升华。在预冻阶段,影响冻干产品品质的因素主要有原药液的浓度及装量、预冻速率及预冻温度等,在预冻之前一定要确定制品的共熔点温度。

（1）原药液的浓度及装量:将原药液冷冻干燥时,需装入适当的容器中才能预冻结成一定形状并进行冷冻干燥。为保证冷冻干燥后的制品具有一定的形状,原药液溶质浓度应该在4%~25%之间,以10%~15%为最佳浓度。一般原药液在容器中的分装厚度不宜超过15mm,并应有恰当的表面积和厚度之比,表面积应大而厚度要小。容量较大的制品需要大瓶作为容器,可采用旋冻的方法将制品冻成壳状,也可将容器倾斜,将制品冻成斜面,以增大制品升华的表面积,减小厚度,提高干燥速度。

（2）预冻温度:溶液的结冰过程与纯液体不同,如水在0℃时结冰,水的温度并不下降,直到全部水凝结成冰后温度才进一步下降,这说明纯液体水的结冰点与共熔点是固定一致的。而溶液不是在某一固定温度下完全凝结成固体,而是在某一温度时开始析出晶体,随着温度的下降,晶体的数量不断增加,直到全部凝结,即溶液并不是在某一固定温度下凝结,而是在某一温度范围内凝结。冷却时,开始析出晶体的温度称为溶液的冰点,溶液真正全部凝结成固体的温度才是溶液的共熔点,溶液的冰点与共熔点是不相同的。

为避免抽真空时制品沸腾并溢出瓶外,预冻时要求将制品冻实。但冻结温度过低会浪费能源和时间,甚至还会降低某些制品有效成分的活性。因预冻结时制品处于静止状态,而冻结过程常会出现过冷现象,即制品温度虽已达到溶液的共晶点(共熔点),但溶质仍不结晶的现象。为克服冻结过程中的过冷现象,应在预冻之前测定制品的共熔点温度,制品预冻结的温度应低于共熔点以下一个范围,并保持一段时间,使制品完全冻结成冰晶。

（3）制品的预冻结速率:制品预冻结速率的快慢是影响制品质量的重要因素。在预冻过程中,冰的晶体逐步长大,溶质逐渐结晶析出。一般溶液速冻时(每分钟降温 10~50℃),会形成在显微镜下可见的晶粒,而溶液慢冻时(每分钟降温 1℃),其结晶肉眼就可见到。速冻生成的结晶在升华后留下的间隙较小,蒸汽流动的空隙小,使下层升华受阻,但速冻的成品粒子细腻,外观均匀,比表面积大,制品多孔结构好,溶解速度快,引湿性相对强于慢冻成品。慢冻形成的粗晶在升华后留下较大的空隙,可提高冻干效率,适用于抗生素类制品的生产。

因此,溶液预冻所形成的冰晶的形态、大小、分布等情况直接影响成品的活性、构成、色泽以及溶解性能等。采用何种预冻结方式进行冷冻干燥需根据制品的特点来决定。

2. 升华干燥　升华干燥又称一级干燥或一次干燥,制品冻结的温度如为 –25℃与 –50℃,冰在该温度下的饱和蒸气压力分别为 63.3Pa 与 1.1Pa,真空中升华面与冷凝面之间产生了相当大的压差,如忽略系统内的不凝性气体分压,该压差将使升华的水蒸气以一定的流速定向地抵达凝结器表面结成冰霜。

(1)升华热的提供:冰的升华热约为 2 822kJ/kg,制品中的冰晶在升华时需要吸收大量热量,如果升华过程不供给热量,制品便需降低自身的内能来补偿升华热,直至其温度与凝结器温度平衡,升华过程即停止了。为了保持升华表面与冷凝器的温度差,冻干过程中必须为制品提供足够的热量,但要有一定限度,不能使制品温度超过制品自身的共熔点温度,否则会出现制品熔化、干燥后制品体积缩小、颜色加深、溶解困难等问题。如果为制品提供的热量太少,则升华的速率就会很慢,使升华干燥时间延长。

升华干燥过程中,传热和传质沿同一途径进行但方向相反,冻结层的加热是通过干燥层的辐射和导热来进行的,而冻结层的温度则由传热和传质的平衡条件来决定。干燥过程中的传热、传质过程互相影响,随着升华的不断进行和多孔干燥层的增厚,热阻不断增加。

(2)导热搁板的温度控制:在升温的第一阶段(水分大量升华阶段),制品温度要低于其共晶点一定范围,因此要控制导热搁板的温度。若制品已经部分干燥,但温度却超过了制品的共晶点温度,将发生制品的熔化现象。此时熔化的液体对冰是饱和的,对溶质却未饱和,干燥的溶质将迅速溶解进去,最后浓缩成一个薄僵块,外观极为不佳,溶解速度很差。若制品的熔化发生在大量升华的后期,由于熔化的液体数量较少,有可能被干燥的多孔性固体所吸收,造成冻干后块状物有所缺损,加水溶解时溶解速度较慢。在大量升华过程中,虽然搁板温度和制品温度有很大差距,但由于搁板温度、凝结器温度和真空度基本不变,因而升华吸热比较稳定,制品温度相对恒定。随着制品自上而下进行干燥,冰层升华的阻力逐渐增大,制品温度相应也有小幅上升。直至用肉眼已见不到冰晶的存在,此时 90% 以上的水分已被除去。

(3)箱体内的压力控制范围:在冻干过程中,冻干箱体内的压力应控制在一定的压力范围内。箱体内压力降低虽有利于制品内冰的升华,但压力低于 10Pa 时,气体的对流传热效果会小到可以忽略不计,此时制品不易获得推动冰快速升华所需的热量,升华的速率反而会因传热不利而降低。压力大于 10Pa 时,气体的对流传热明显增加。为了改变传热不良的情况,在制品升华干燥的初期阶段,可采用导入气体的方法来改善热量的传导。对生物制品而言,理想的压力控制范围应在20~40Pa 之间。

(4)箱体内的压力控制方式:通常在冻干过程的一级干燥阶段,采用周期性地提高和降低干燥箱内部压力的方法,可有效缩短冻干时间。在干燥的前半个周期适当地提高干燥箱内的压力而后再降低,增加干燥箱内的压力可增加箱体内气体的对流,优化制品干燥层的导热效果,加速药品中水蒸气的排出。而降低箱内的压力会使制品干燥层的外表面压力降低,制品所处的升华界面与其外表面之间形成较大的压差,从而有利于水蒸气的排出。此时,水蒸气的排出主要是依赖水力流动,而不是扩散。这种压力的交替变化,构成了循环压力冻干的过程,在循环压力冻干过程中,周期性压力高低的选择,应随制品种类、充气成分的不同而不同。低压程度应使之能在低压期间完成水蒸气的排出,从而引起升华界面再一次降低;高压数值的选择应以最小压力差能获得干燥层的最大导热效果为原则。在一个循环压力冻干的周期中,高压维持的时间应比低压的时间适当延长,并可提高制品的温度达到它所允许的最高值。低压时间应相应缩短到只需足以完成水蒸气的快速排出即可。

(5)升华过渡层:在实际的升华干燥过程中,介于干燥层和冻结层之间,存在着一个升华过渡层。在升华过渡层的外侧,绝大部分水分已经过升华,物料已被干燥,而升华过渡层内部仍为冻结层,升华尚未进行。升华过渡层没有明显的界面,水分含量介于干燥层和冻结层之间,随着升华干燥过程的进行,升华过渡层不断向中心推进,直到升华干燥结束,升华过渡层和冻结层消失。

(6)玻璃化状态:在一级干燥过程中,如果热量控制不当,当制品温度高于制品的共熔点时,可能会出现部分熔化,这种现象称为回熔。当出现回熔现象时,制品块的局部晶体结构被破坏,生成无定型体(玻璃化),冻结体会发生收缩或膨胀,这种现象不仅影响升华的继续进行,而且会影响制品贮存的稳定性。因此,在温度尚不到升华所必需的低温时,不能抽真空,否则,没有完全冻结的浓缩液体会产生"沸腾",容易使一些具有较低共熔点温度的制品出现"难以干燥"的玻璃化状态。

(7)崩解温度:在干燥工艺设计时,应注意的另一个温度称为崩解温度(倒塌温度),高于这个温度时进行冻干,冻结体就会局部出现"塌方"现象,影响正常工艺过程的进行。崩解温度对一些制品而言,有时会高于制品的三相点温度,对另一些制品而言,则可能低于其三相点温度,这些重要数据需在制品开发过程中弄清楚,并在工艺验证中予以确认。

3. 解吸附干燥 解吸附干燥又称二级干燥或二次干燥。制品在一级升华干燥过程中虽已去除了绝大部分水分,但如将制品置于室温下,残留的水分(吸附水)仍足以使制品分解。因此,有必要对制品继续进行真空解吸附干燥,即二级干燥过程,以去除制品中以吸附方式存在的残留水分。通常冻干药品的水分含量低于或接近于2%较好,原则上最高不应超过3%。二级干燥过程所需要的时间由制品中水分的残留量来决定。

(1)吸附水分:制品中残留水分的理化性质与常态水不同,残余水分包括化学结合水与物理结合水,如化合物的结晶水、蛋白质通过氢键结合的水以及固体表面或毛细管中吸附的水等。由于残余水分受到溶质分子多种作用力的束缚,其饱和蒸气压有不同程度的降低,其干燥速度也明显下降。

(2)解吸附干燥过程的温度控制:在解吸附干燥过程中应尽量提高制品的温度,降低干燥箱内的压力,以提高干燥效率。一般先由实验确定保证制品安全的最高干燥温度,以避免出现制品玻璃化及受热降解等问题。操作时可使制品温度迅速上升到其最高许可温度,并将该温度维持到冻干结束,这样有利于降低制品中残余水分的含量和缩短解吸附干燥的时间。

一级干燥阶段结束后,制品的温度已达到 0℃以上,90% 左右的水分都已排除(通过箱体视镜可观察到块状物上的水迹印消除),冷凝器负载已降低。由于已干燥的制品导热系数较低,且干燥箱内压力下降,干燥箱内压力与冷凝器间的压差增大,干燥箱体内的真空度升高后,热量传递到制品上就更加困难。此时,可以直接加大供热量,将温度升高至制品的最高可耐温度,以加快干燥速度。

　　制品的最高许可温度视制品的品种而定,一般为 25~40℃。如病毒性产品的最高许可温度为 25℃,细菌性产品的最高许可温度为 30℃,血清、抗生素等的最高许可温度可提高至 40℃甚至更高。在解吸附干燥阶段初期,因搁板温度升高,残余水分少又不易气化,制品温度上升较快,在此阶段将搁板温度设置在 30℃左右,并保持恒定干燥效果更佳。

　　(3)解吸附的干燥时间:随着制品温度向搁板温度靠拢,热传导逐渐变缓,残余水分干燥速度缓慢,制品内溢出水分减少,冷凝器附着的水蒸气量也减少。冷凝器由于负荷减少、温度下降,又引起系统内水蒸气压力的下降,这种情况常使干燥箱体总压力下降到 10Pa 以下,从而导致箱体内对流传递几乎消失,因此即使导热搁板的温度已加热到制品的最高许可温度,但由于传热不良,制品的温度上升仍然很缓慢。解吸附干燥阶段需要的时间几乎等于或超过大量升华的干燥时间。

　　在解吸附干燥过程中,制品温度已达到最高许可温度,并保持 2 小时以上。此时,可通过关闭干燥箱体和冷凝器之间的阀门,观察干燥箱体内的压力升高情况(这时关闭的时间应长些,约 1~3 分钟)来判断箱内制品的干燥情况。测试时关闭干燥箱体和冷凝器之间的真空隔阀门,切断箱体内的真空排气,观察 1 分钟左右,如果箱体内的压力无明显升高,例如,压力变化小于 1Pa,则冻干制品的残余水分约在 1% 以内。如果压力明显上升,标志着制品内还有水分溢出,需要延长干燥时间,直到关闭干燥箱体与冷凝器之间的阀门之后压力上升在许可范围内为止。

(四)冷冻干燥技术的特点

　　干燥是保持物质不致腐败变质的方法之一,普通的干燥方法都是在 0℃以上或更高的温度下进行的,干燥所得的产品一般体积会缩小,质地变硬,有些物质还会发生氧化反应,一些容易挥发的成分会损失,有些热敏性的物质如蛋白质、维生素等会发生变性,微生物会失去生物活力,干燥后的物质不容易在水中溶解等。因此,与干燥前相比,普通干燥后的产品在性状上有很大差别。由于低温低压的干燥过程使冷冻干燥方法在制药特别是生物制药领域应用广泛。

　　真空冷冻干燥方法与其他干燥方法相比,其优点如下。

　　(1)物料在低温低压下进行干燥,可避免药品中热敏性成分分解变质,同时由于低压缺氧又可使物料中的易氧化成分不致氧化变质,尤其适用于热敏性高、极易氧化的物料干燥,如蛋白质、微生物之类不会发生变性或失去生物活力,因此冻干在医药产品及保健品生产上应用广泛。

　　(2)由于物料在升华脱水以前先经预冻结,形成稳定的固体骨架,所以水分升华以后,固体骨架的体积和形状基本保持不变,所得的制品质地疏松,成海绵状,无干缩现象,这种多孔结构使其具有很理想的速溶性和快速复水性,加水后迅速溶解并恢复药液原有特性。

　　(3)由于物料中水分在预冻以后以冰晶的形态存在,原来溶在水中的无机盐类的溶解物质被均匀分配在物料之中。升华时溶解物质不易析出,避免了一般干燥方法中因物料内部水分向表面迁移所携带的无机盐在表面析出而造成表面硬化的现象。

（4）脱水彻底（可除去 95%~99% 的水分）,冻干制品含水量低,一般为 1%~3%,产品重量轻,适于易水解的药物,适合长途运输和长期储存。在常温下,采用真空包装,可延长保质期。

（5）在低温干燥时,一些挥发性成分的损失较小,适合一些化学产品、药品和食品干燥。

（6）由于冷冻干燥过程污染的机会相对减少,故产品中的异物较常规方法产生得少,临床效果好,过敏现象及副作用少。

（7）冻干设备可封闭操作,洁净度高,减少杂菌和微粒的污染,低压缺氧的条件下,还能灭菌或抑制某些细菌的活力。

（8）药液在冻干前进行分装,方便、剂量准确、可实现连续化生产,且由于低温冻干过程中微生物和酶的作用几乎不进行,所以可较好地保持被冻干物质的性状,故冻干制品外观优良,容易实现无菌操作,药液采用无菌水溶液调配,且通过除菌滤过、灌装,同时可在线灭菌。

真空冷冻干燥的主要缺点包括以下几个方面。

（1）由于溶剂不能随意选择,所以对于制备某种特殊的晶型存在困难。

（2）某些产品复溶时可能会出现混浊现象。

（3）设备的投资和运转费用高,操作复杂,能耗高,冻干过程时间长（典型的冻干周期至少为 20 小时）,产品成本高。

（五）冷冻干燥设备验证

冷冻干燥系统是由冻干箱、真空冷凝器、制冷系统、真空系统、热交换系统和仪表控制系统等组成。冻干产品多数价格高昂,冷冻干燥操作较复杂,设备涉及工程技术范围比较宽,冷冻干燥设备验证应从每个组成部分的确认做起,确认每个组成部分都达到良好状态,性能可满足操作要求。

1. 冷冻机性能确认　冷冻干燥过程中,冷冻机中冻干箱、真空冷凝器提供冷量,其冷却能力、控温精度对冻干操作影响很大。

（1）冻干箱无负荷状态冷却能力确认:冻干箱内空载时通入导热液,启动冷冻机,导热液的平均降温速度 >1.5℃/min,从 10℃降至 –50℃不超过 90 分钟。冷凝器温度 <–70℃。

（2）冻干箱的水负荷状态冷却能力确认:冻干箱内满载蒸馏水的托盘,启动冷冻机,导热液温度从 10℃降至 –45℃所用时间不超过 120 分钟。此时真空冷凝器温度 <–55℃。

（3）真空冷凝器的控温精度确认:真空冷凝器的温度变化将影响系统真空度,一般温度波动应在 ±3℃之内。

（4）真空冷凝器的最大的捕水能力确认:确认实际最大捕水能力,并以此作为生产操作的依据。

2. 导热液加热器性能确认　冻干产品在第一阶段干燥和第二阶段干燥需不断补充热量,这部分热量是由电加热器通过导热液传递到搁板。加热器对导热液加热的升温速度需进行无负荷和水负荷运转确认。

3. 真空系统性能确认

（1）真空系统性能:冻干箱无负荷下初期排气应在 20 分钟内达到 13.3Pa（0.1mmHg）,6 分钟内系统极限真空度达到 1.33Pa（0.01mmHg）。

（2）冻干系统泄漏量确认：冻干箱在无负荷下达到极限真空度后关闭真空系统阀门，在 3 分钟之内记录冻干系统真空度变化，从而确认泄漏量。

（3）真空度控制能力确认：冻干过程中要求真空度恒定，控制方法有两种，一是控制系统真空阀的开度来维持冻干箱内压力恒定，另一个是在冻干箱中导入适量气体来平衡真空系统的排气能力。一般真空度控制精度应在 ±3Pa 之内。

（4）自控系统模拟试验认证：按照所拟采取的冻干曲线在不运行冻干机下进行自控系统虚拟运行，以检查输入的参数在模拟运行自控系统的运行控制是否吻合。

（5）冻干箱在线清洗的确认：冻干箱运行间隙时需进行清洗，首先用洗涤液粗洗箱内表面，再通过清洗装置以加压喷洒蒸馏水，对冻干箱、真空冷凝器和其间的主真空阀进行清洗。清洗后用灭菌压缩空气吹干，再喷洒定量乙醇，最后去除乙醇待用。清洗后取水样以对清洗表面进行清洗效果确认。

（6）冻干箱的在线灭菌确认：冻干箱灭菌时，将饱和蒸汽通入冻干系统，对冻干箱、真空冷凝器和其间的主真空阀进行 121℃、30 分钟的灭菌。为确认灭菌效果，应进行热分布试验和生物指示剂验证试验。

第四节　其他类型干燥器

干燥的加热方式除了传导干燥和对流干燥以外，还有辐射加热干燥及介电加热干燥等，红外线干燥器就是辐射加热干燥的典型设备，而微波干燥器是介电加热干燥的典型设备。此外，将两种及两种以上加热方式同时作用在一套干燥设备中就构成了复合干燥设备。

一、红外线干燥器

红外线是一种看不见的电磁波，波长范围为 0.80~1 000μm。将波长在 5.6μm 以下的区域，称为近红外线；波长在 5.6~1 000μm 之间的区域称为远红外线。被干燥物料受到红外线能量的辐射后，由辐射能变成热能，使物料中的水分气化而干燥，所以红外干燥亦称为红外辐射加热干燥。由于物料对红外辐射的吸收波段大部分在远红外区域内，如水、有机物及高分子化合物等在远红外区域内具有很宽的吸收带，故采用远红外干燥要优于近红外辐射干燥。

（一）红外干燥器的组成

红外干燥装置由红外辐射源、干燥室、排气系统及机械传动系统等组成。

1. 红外辐射源　红外线灯是一种简单的红外辐射源，另外一种是将金属氧化物、氢氧化铁等混合制成涂料涂覆在管状表面上，可以提高辐射能力，达到高效的加热干燥的目的。

红外辐射加热器的结构主要由三部分组成，涂层是加热器的关键部分，其功能是在一定温度下能发射具有所需波段、频谱宽度和较大辐射功率的红外辐射线，涂层多用烧结的方式涂布在基体上；热源的功能是向涂层提供足够的能量，以保证辐射涂层正常发射辐射线时具有必需的工作温度，常用的热源有电阻发热体、燃烧气体、蒸汽和烟道气等；基体的作用是安装和固定热源或涂层，多用耐温、绝缘、导热性能良好、具有一定强度的材料组成。

常用的红外线辐射加热器的加热方式有直热式和间热式二种。直热式的基体本身就是电热元件，通电后可直接将电能转变为热能，再将热能转变为辐射能；间热式中作为热源的发热体，不是将热直接传给辐射涂层而是先传给基体，基体再传给辐射涂层。

制药生产中常用的红外辐射加热器主要有如下几种。①石英红外辐射加热器。这是一种间热式红外辐射加热器。在透明石英玻璃中充入 0.03~0.08mm 的氢气泡，制成乳白石英，再做成不同外形的辐射层面。图 4-25 为管状石英红外辐射加热器，管式的往往要加反射罩，使红外辐射均能朝物料定向辐射。石英辐射器的特点是升降温度快速，热惯性小，能量转换率较高；缺点是易被损坏。②碳化硅红外辐射加热器，有间热式和直热式两种类型。这种加热器有直热式的碳化硅棒，或者埋入结构里的间热式碳化硅管、板、筒等。图 4-26 是一种间热式的板式结构碳化硅红外辐射加热器。制造时将一定粒度的碳化硅磨料和陶瓷结合剂等材料混合，压制成所需要的形状，并在辐射面涂上一些强化辐射的材料，再经烧结而成。这种加热器有较好的机械强度，但过于笨重，热响应和其他材料相比也比较慢，热惯性大。③电阻带式红外辐射加热器，是一种直热式辐射加热器。以铁铬铝合金或镍铬合金电阻带为电热体，表面喷涂烧结铁锰酸稀土钙或其他高发射率的涂料，按一定的要求组合装配，为了使辐射定向传播，常配置反射罩。④集成式电阻膜红外辐射加热器。集成式电阻膜红外辐射加热器是将多种氧化物半导体材料的混合物喷熔在以高铝质为基体的陶瓷管、板材上作为发热层，并在该层的两端引出电极，再将红外辐射涂层喷熔在上面。此外还有陶瓷红外辐射加热器、燃气红外辐射加热器等。

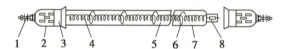

1—接线螺栓；2—金属卡套；3—金属卡环；4—电加热丝；5—惰性气体管腔；6—自支撑节；7—红外辐射石英管；8—密接口。

● 图 4-25 石英管红外辐射加热器结构示意图

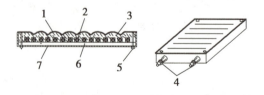

1—辐射材料涂层；2—电热丝；3—碳化硅板；4—接线柱；5—组装螺栓；6—石棉隔热板；7—金属框架。

● 图 4-26 板式碳化硅红外线辐射加热器结构示意图

2. 干燥室 根据远红外线辐射强度与距离的平方成反比的关系,干燥室应设有能升降的装置,通过远红外线辐射元件与被干燥物料之间的距离的自由调节,使被照射物料所受到的辐射能之强弱得以控制。另一方面,通过调节电压来调节红外线的波长,使之适合被干燥物料的吸收波长。在干燥室还应装有风机,使适量的热风循环流动,以提高干燥效率,同时,还可降低涂层的温度,防止涂层产生裂纹或被照射物体的变形。

3. 排气系统 排气系统主要是考虑到气体爆炸、防止环境污染以及促进干燥等因素,排气量借助于插板来调节。

4. 机械传动系统 被干燥的物料由传送带送入干燥器,以适当的速度通过干燥室干燥后送至出口。

从结构上看,红外辐射干燥设备和对流传热干燥设备有很大的相似之处,如果将前面所介绍的干燥器加以改造,都可以用于红外加热干燥,区别就在于热源的不同。常见的有带式红外线干燥器(见图4-27)和振动式远红外干燥器(见图4-28)。

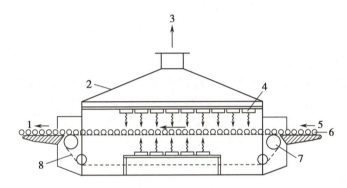

1—出料端;2—排风罩;3—尾气;4—红外辐射热器;5—进料端;6—物料;7—驱动链轮;8—网状链带。

● 图 4-27 带式红外线干燥器

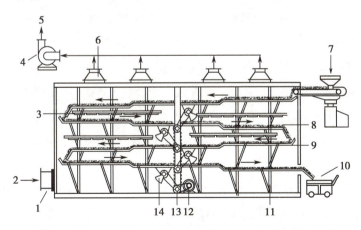

1—空气过滤器;2—进气;3—红外辐射加热器;4—抽风机;5—尾气;6—尾气排出口;7—加料器;8—物料层;9—振动料槽;10—卸料;11—弹簧连杆;12—电动机;13—链轮装置;14—振动偏心轮。

● 图 4-28 振动式远红外干燥器

红外干燥器有间歇式和连续式,间歇式可随时启闭辐射源;连续式可用运输带连续地移动物料。

(二)红外干燥器的特点

红外干燥器的优点有以下几点。①设备简单,操作方便灵活,可在短时间内调节温度,不必中断生产;干燥速率快,干燥时间短,与热风干燥器相比,干燥时间可缩短 1/3 左右。②干燥过程不需要干燥介质加热,蒸发水分的热量是物料吸收红外线辐射能后直接转变而来,由于物料表层和表层下均吸收红外线,能量热利用率高,干燥产品质量好,且能保证各种物料制成不同形状,产品的干燥效果相同。③系统密闭性好,可以避免干燥过程中的溶剂或其他有毒物的挥发,无环境污染。④灯泡寿命长,无泄波的危险,易于维修。⑤设备尺寸小,制造成本低。⑥能够与其他干燥方法组合使用,自动化程度高。

红外干燥器的缺点:①红外线辐射加热器多使用电能,电能费用较大;②因固体的热辐射频率高、波长短,透入物料深度浅,只限于薄层物料的干燥。

理论上已经证明红外辐射加热干燥的节能效果和干燥环境要优于对流传热干燥,但必须设计完善,否则还不如对流传热干燥器。

远红外干燥器适用于热敏性大的物料的干燥,尤适用于多孔性薄层物料,在中药生产中应用于湿颗粒干燥和中药水丸的干燥;安瓿的干燥灭菌可用连续隧道式远红外煤气烘箱或连续电热隧道灭菌烘箱。

二、微波干燥器

微波干燥属于介电加热干燥方式。微波加热干燥法是以电磁波代替热源,即微波干燥是利用电介质加热的原理。微波是指频率很高,波长很短,介于无线电波和光波之间的一种电磁波,制药行业常用的频率是 2 450Hz,微波兼具有两者的性质和特点,如直线传播、反射等。微波又称超高频电磁波,和其他电磁波相比,微波遇到金属时会全反射,遇到非金属却可以透射而过,而且能被小分子的电介质物质吸收。在以偶极子转动为主导效应的作用下,将微波能转化为热能,这种效应随物质分子的极性增加而增加,分子越小,热效应也越显著。物料中的水分子是一种极性很大的小分子物质,是一种典型的偶极子,介电常数很大,且基本不受物料中其他大分子的束缚,在微波的辐射作用下,极易发生取向转动,分子间产生摩擦,辐射能转化成热能,温度升高,水分气化,物料被干燥。

微波干燥过程是将湿物料置于高频电场内,湿物料中的水分子在微波电场作用下被极化并沿着微波电场的方向整齐排列,由于微波电场是一种高频交变电场,当电场不断交变时,水分子则会迅速随着电场方向的交互变化而转动并产生了剧烈的碰撞和摩擦,使一部分的微波能量转化为分子运动的能量,以热能的形式表现出来,使水的温度升高,从而达到干燥的效能。也就是说,微波被电介质吸收后,微波的能量在电介质内部转换成热能,因此,微波干燥就是利用被干燥物料本身是发热体的加热方式,这种加热方式称为内部加热方式。微波干燥器实质上是微波加热器在干燥操作中的应用。

（一）微波干燥系统的组成

微波干燥设备主要是由直流电源、微波发生器、波导装置、微波干燥器、传动系统、安全保护系统及控制系统组成,见图4-29。①直流电源。将普通交流电源经变压、整流成为直流高压电,根据微波发生器的要求不同,对电源的要求也不同,有单相和三相整流电源。②微波发生器。生产中使用的微波发生器主要有速调管和磁控管两种。高频率及大功率的场合常使用速调管,反之则使用磁控管。③波导装置。用以传送微波的装置,简称波导。一般采用空心的管状导电金属装置作为传送微波的波导,最常用的是矩形波导。④微波干燥器。这是对物料进行加热干燥的地方,也就是微波应用装置。现在应用较多的有多模微波干燥器、行波型干燥器和单模谐振腔。图4-30是一种箱式结构的多模微波干燥器,其工作原理和结构有点类似于家用微波炉,为了干燥均匀,干燥室内可配置搅拌装置,或料盘转动装置。⑤微波漏能保护装置。生命体对微波能量的吸收,根据微波频率和生命体的不同达20%~100%,对生命体产生一定的生理影响和伤害作用,因此,必须严格控制微波的泄漏,生产中多使用一种金属结构的电抗性微波漏能抑制器。

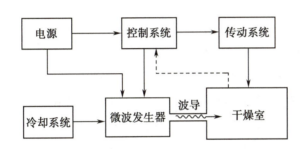

● 图4-29　微波干燥系统组成示意图

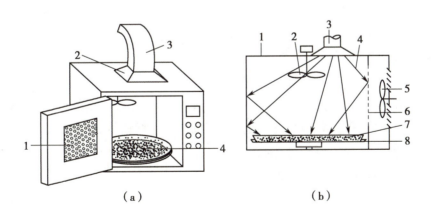

a: 结构示意图 1—带屏蔽网视窗；2—波导入口；3—波导管；4—非金属料盘。
b: 干燥工作原理图 1—金属反射腔体；2—金属模式搅拌器；3—微波输入；
4—辐射微波；5—排湿风扇；6—排湿孔；7—干燥物料；8—非金属旋转盘。

● 图4-30　箱式微波干燥器

（二）微波干燥器的特点

微波干燥器的优点主要有以下几点。①干燥速度快、干燥时间短。由于微波干燥依靠物料内部加热方式,微波干燥比普通干燥加热要快数十倍乃至上百倍,而且非常有针对性(量大的地方升温快、温度高),因此能量的有效利用率高,生产效率高。②干燥温度低。尽管物料中水分多的地方温度高,但再高也只有100℃左右,整个干燥环境的温度也不高,操作过程属于低温干燥,由于微波干燥设备壁面无热量辐射,炉壁是冷的,避免了高温,改善了劳动条件。③干燥均匀、产品质量好。由于微波能够透入物料内部,内外同时加热,干燥时很少发生结壳现象,即使形状较复杂的物料也能进行较均匀的干燥,对含水量分布不均匀的物料也可达到均匀干燥的要求,可避免常规干燥过程中的表面硬化和内外干燥不均匀现象,并能保留被干燥物料原有的色、香、味、营养成分和维生素等损失较小,产品质量高。④具有灭菌功能。微波能抑制或致死物料中的有害微生物,达到杀菌灭菌的效果。⑤过程控制及操作简单,调节灵敏,易于自动控制。能量的输入可以通过开关电源实现,且加热速度和强度可通过功率输入的大小调节实现,还可发展与计算机等组成遥控操作系统。⑥设备体积小。由于生产效率高,能量利用率高,热效率高,物料本身作为发热体,一般热效率在50%以上,加热系统体积小,因此整个干燥设备体积小,占地面积少。⑦具有自动平衡的性能。当处理含水量分布不均匀的物料时,微波加热正好集中于水分多的部位,吸收能量也多,水分蒸发就快,因此微波能量不会集中于干燥的物料,则可以避免干燥过程中的过热现象,此现象称为自动平衡性能。⑧穿透能力强。微波能对绝大多数的非金属材料具有一定的穿透能力,因此对干燥的物料表里一致,有利于微波加热广泛应用。

微波干燥的缺点有:微波干燥的设备投入费用较大,设备昂贵,耗电最大,产量小,质量不够稳定,微波发射器容易损坏,技术含量高,传热传质控制过程要求比较苛刻,而且微波对人体具有伤害作用,维护要求也比较高,其应用受到一定的限制。

微波干燥器的操作费用虽比其他干燥器要高,但从加热效率、安装面积、操作环境及环境保护等方面综合考虑后,微波干燥器的优点仍然是主要的。为了安全起见,在微波干燥器中对微波的泄漏量均有规定。

(三)微波干燥的应用

微波干燥的研究和实践都表明这种干燥方法有效而且节能,具有广阔发展前景,但在技术上和经济上还存在一些问题,现在较为普遍的应用方法是将微波干燥和普通干燥联合使用,例如先用热空气除去大部分水分后,再用微波干燥,既可缩短热空气的干燥时间,还可节约微波能耗。微波干燥与真空联合,用于物料的瞬间脱水,尤其适用于中药浸膏的干燥。

已经投入实际应用的有如下三种联合方式。

1. 热空气干燥与微波干燥联合　将隧道式或传送带式等干燥设备加以改进,分成不同的干燥区段,各干燥区域根据物料的性质和干燥的不同阶段,或采用微波加热干燥,或采用热气流加热干燥。比如物料在预热阶段使用微波加热,在恒速干燥阶段则使用热气流干燥,降速干燥阶段又可使用微波干燥。这样既可以保证物料干燥的质量,又可以加快干燥速度,降低能源消耗。

2. 喷雾干燥与微波干燥联合　利用微波辐射能快速加热干燥的特点取代喷雾干燥中的热空气加热干燥,这就是喷雾干燥与微波干燥联合应用于药物干燥的思路。现在已经有微波及红外线加热干燥与喷雾干燥联合应用的设备投入使用。

3. 真空冷冻与微波干燥联合　冷冻干燥是在真空条件下,通过热传导给热使冰升华,整个过程不仅时间长,而且不易控制。给热过多,易使物料崩解;给热慢,干燥更慢。使用微波辐射则可以直接对冰加热,大大加快了干燥速度。

微波加热干燥是一种很有潜力的干燥方法,尤其是在能源日趋紧张的现代社会,其节能效果使得人们正加大研究的力度,努力提高技术水平,降低设备生产成本。

三、组合干燥设备

生产中的干燥方式方法多种多样,不同的方法、不同的物料、不同的条件,将产生不同的产品质量或生产消耗。组合干燥是运用干燥技术、实验技术、制药工程与设备、系统工程和可行性论证,结合物料的特性进行干燥方法的选择与优化组合。由于涉及的内容较多,这里只列举几种组合方案供学习参考。

1. 真空组合干燥　制药生产中运用真空干燥和其他干燥方法相结合对物料进行干燥的例子是很多的,真空干燥的一大特点就是可以降低干燥时的温度,以保证药物中的有效成分不易分解、挥发而损失。但真空干燥的一大缺点是热量传递慢,干燥速度慢,时间长,生产效率低。如果用其他干燥方法和真空干燥组合来对物料进行干燥,则可以互相取长补短使物料的干燥更加合理。

常见的真空干燥组合方式早已投入应用,如真空转鼓干燥器、真空耙式干燥器、红外真空干燥器、微波真空干燥器、真空喷雾冻干器等。

2. 喷雾组合干燥　喷雾干燥是一种比较现代的干燥方法,但对一些难以干燥的物料,或含水过多,或喷雾颗粒过大的物料,则可能出现产品干燥不完全的情况。解决这一问题的方法,就是运用组合干燥来完善整个干燥过程,使产品物料含水量达标,如喷雾干燥与流化床干燥组合。

3. 辐射、介电加热组合干燥　辐射、介电加热干燥(红外和微波等)是快速、高效、节能、低噪音、清洁卫生的干燥方法。在红外辐射干燥和微波干燥中已经提及部分组合干燥方法。

4. 流化床组合干燥　运用流化技术对物料进行干燥在前面已经讨论过,一些改进的流化床干燥设备实际上就是流化床组合干燥。另外还有气流干燥和喷动床干燥。

组合干燥是一个综合性的课题,其宗旨和目的是在满足产品质量要求的同时,省时、节能和提高经济效益,其发展潜力是巨大的,前景也是非常广阔的。

第五节　干燥过程分析及干燥器的选择

一、干燥过程的影响因素分析

影响干燥过程的主要因素包括干燥介质空气的温度、湿度及流量等,物料的各种性质,干燥设备的类型,干燥过程的温度、压力及时间等过程参数的调节控制。在干燥过程中,物料的状态、物料的理化性质及物料中水分存在的状态等都会对干燥产生影响。

1. 物料的状态　物料的状态可以有如下类型,溶液及泥浆状物料,如工程废液及盐类溶液等;冻结物料,如食品、医药制品等;膏糊状物料,如活性污泥及压滤机滤饼等;粉粒状物料,如硫酸铵及树脂粉末等;块状物料,如焦炭及矿石等;棒状物料,如木材等;短纤维状物料,如人造纤维等;不规则形状的物料,如陶瓷制品等;连续的薄片状物料,如带状织物、纸张等;零件及设备的涂层,如机械产品的涂层等。

2. 物料的物理化学性质　物料的物理化学性质决定了干燥介质种类、干燥方法及干燥设备的类型、干燥过程的操作参数控制等。一般需要考虑的有以下几方面:①化学性质,如组成、热敏性(软化点、熔点或分解点)、毒性、可燃性、氧化性、酸碱性、摩擦带电性、吸水性等。②热物理性质,如物料含水率、假密度、真密度、比热容、热导率、粒度和粒度分布、浓度、黏度及表面张力等。③其他性质,如膏糊状物料的黏附性、触变性(即膏糊状物料在振动场中或在搅动条件下,物料可从塑性状态,过渡到具有一定流动性的性质)等。

3. 物料与水分结合的性质　根据固体中物料与水分是否有力的结合分为结合水分和非结合水分。机械地附着在物料表面的容易失去的为非结合水分,多孔性物料孔隙中滞留的水分、结晶水分、透入细胞内的溶胀水分等难于失去的为结合水分。

二、各类干燥装置的特性

干燥时除了要了解物料的各种特性外,也应熟悉各种干燥装置的特性,包括:干燥器对被干燥物料的适应能力,如能否达到物料要求的干燥程度,干燥产品的均匀程度;干燥器对产品的质量有无损害,有的产品要求保持结晶形状、色泽,有的产品要求在干燥中不能变形或龟裂等;干燥装置的热效率高低,干燥装置热利用好,则热效率高,相反,则热效率低;干燥器的处理能力;干燥设备的生产强度或干燥速率;干燥器附属设备等。

三、干燥器的选择原则

干燥器选择时受多种因素影响和制约,正确的步骤必须从被干燥物料的性质和产量,生产工艺要求和特点,设备的结构、型号及规格,环境保护等方面综合考虑,进行优化选择。根据物料中水分的结合性质,选择干燥方式;依据生产工艺要求,在实验基础上进行热量衡算及物料衡算,为选择预热器和干燥器的型号、规格及确定空气消耗量、干燥热效率等提供依据;计算得出物料在干燥器内的停留时间,确定干燥器的工艺尺寸。

1. 干燥器的基本要求和选用原则　干燥器的基本要求和选用原则包括:①保证产品质量要求,如湿含量、粒度分布、外表形状及光泽等。②干燥速率大,以缩短干燥时间,减小设备体积,提高设备的生产能力。③干燥器热效率高,干燥是能量消耗较大的单元操作之一,在干燥操作中能量的利用率是技术经济的一个重要指标。④干燥系统的流体阻力要小,以降低流体输送机械的能耗。⑤环境污染小,劳动条件好。⑥操作简便、安全、可靠,对于易燃、易爆、有毒物料,要采取特殊的技术措施。

2. 干燥器选择的影响因素

（1）选择干燥器前的试验：选择干燥器前首先要了解被干燥物料的性质特点，因此必须采用与工业设备相似的试验设备来做试验，以提供物料干燥特性的关键数据，并探测物料的干燥机制，为选择干燥器提供理论依据。通过经验和有针对性的试验，应了解以下内容，工艺流程参数；原料是否需要预脱水及将物料供给干燥器的方法；原料的化学性质；干燥产品的规格和性质等。

（2）物料形态：根据被干燥物料的物理形态，可以将物料分为液态料、滤饼料、固态可流动料和原药材等。

（3）物料处理方法：在制定药品生产工艺时，被干燥物料的处理方法对干燥器的选择是一个关键的因素。有些物料需要经过预处理或预成形，才能使其适合于在某种干燥器中干燥。如使用喷雾干燥就必须要将物料预先液态化，使用流化床干燥则最好将物料进行制粒处理；液态或膏状物料不必处理即可使用转鼓干燥器进行干燥，对温度敏感的生物制品则应设法使其处在活性状态时进行冷冻干燥。

（4）温度与时间：药物的有效成分大多数是有机物以及有生物活性的物质，它们的一个显著特点就是对温度比较敏感。高温会使有效成分发生分解、降活乃至完全失活；但低温又不利于干燥。所以，药品生产中的干燥温度和时间与干燥设备的选用关系密切。一般来说，对温度敏感的物料可以采用快速干燥、真空或真空冷冻干燥、低温慢速干燥、化学吸附干燥等。

（5）生产方式：若干燥前后的工艺均为连续操作，或虽不连续但处理量大时，则应选择连续式的干燥器；对数量少、品种多、连续加卸料有困难的物料干燥，则应选用间歇式干燥器。

（6）干燥量：干燥量包括干燥物料总量和湿分蒸发量，它们都是重要的生产指标，主要用于确定干燥设备的规格，而非干燥器的型号。但若多种类型的干燥器都能适用时，则可根据干燥器的生产能力来选择相应的干燥器。

干燥设备的最终确定通常是对设备价格、操作费用、产品质量、安全、环保、节能和便于控制、安装、维修等因素综合考虑后，提出一个合理化的方案，选择最佳的干燥器。

本章思考题

1. 干燥操作中物料中水分的性质是如何划分的？

2. 何谓恒定的干燥条件？实际工作中恒定的干燥条件存在吗？

3. 恒定的干燥条件下，干燥分为几个阶段？各有什么特点？

4. 厢式干燥器的类型和特点有哪些？

5. 卧式多室流化床干燥器主要由哪几部分构成？干燥的工艺流程及特点是什么？

6. 喷雾干燥的雾化系统有哪几种类型？如何克服喷雾干燥的黏壁现象？

7. 试述流化床干燥的原理、主要设备及流化床干燥的特点。

8. 试述喷雾干燥的原理、主要设备及喷雾干燥的特点。

9. 冷冻干燥分为哪几个阶段? 冷冻干燥的特点是什么?

10. 试述红外线干燥及微波干燥的特点。

11. 影响干燥过程的因素包括哪几方面? 其中物料的哪些性质会影响干燥过程?

第四章　同步练习

（王宝华　江汉美）

第五章 丸剂和颗粒剂机械

第一节 丸剂机械

丸剂是指原料药物与适宜的辅料制成的球形或类球形固体制剂,是我国最古老的传统剂型之一。

一、丸剂的特点和分类

1. 丸剂特点 丸剂作用缓和、持久,适用于缓效药物、调和气血用药物及剧毒药物的制备。古代医籍中有"丸者缓也"的记载,丸剂在胃肠道中缓慢崩解,逐渐释放药物,吸收显效迟缓,能减小毒性及不良反应。丸剂不仅能容纳固体、半固体药物,还可以较多地容纳黏稠性的液体药物,并可掩盖药物的不良臭味。此外,丸剂制作简便,适于药厂生产和基层医疗单位自制。

但是,一般丸剂的服用剂量大,儿童吞服困难。若制作技术不当,制品的崩解时间难控制。丸剂多由饮片粉碎加工而成,很易造成微生物污染和霉变,其有效成分的含量标准也难掌握。

随着制药技术和药用辅料的发展,丸剂也在不断地发展,如新型中药滴丸、微丸等。滴丸剂溶出快、奏效快,可用于急救,如苏冰滴丸、复方丹参滴丸。

2. 分类 按赋形剂的不同,丸剂又分为包括蜜丸、水蜜丸、水丸、糊丸、蜡丸、浓缩丸、滴丸和糖丸等。

水丸又称水泛丸,指饮片细粉以水(或根据制法用黄酒、醋、稀药汁、糖液、含5%以下炼蜜的水溶液等)为黏合剂制成的丸剂。

蜜丸指饮片细粉以炼蜜为黏合剂制成的丸剂。其中每丸重量在0.5g(含0.5g)以上的称大蜜丸,每丸重量在0.5g以下的称小蜜丸。

水蜜丸指饮片细粉以炼蜜和水为黏合剂制成的丸剂。

浓缩丸系指饮片或部分饮片提取浓缩后,与适宜的辅料或其余饮片细粉,以水、炼蜜或炼蜜和水等为黏合剂制成的丸剂。根据所用黏合剂的不同,分为浓缩水丸、浓缩蜜丸和浓缩水蜜丸等。

糊丸系指饮片细粉以米粉、米糊或面糊等为黏合剂制成的丸剂。

微丸系指直径小于2.5mm的各类丸剂。

滴丸指原料药物与适宜的基质加热熔融混匀,滴入不相混溶、互不作用的冷凝介质中制成的球形或类球形制剂。

常用的赋形剂有以下几种。

(1)黏合剂:指用于增加药物细粉的黏性、增加丸块的可塑性和帮助成形的附加剂。常用的有蜂蜜、米糊、面糊、糖液及饮片提取液或浸膏等。

(2)润湿剂:这类附加剂主要用于启发和增加药物的黏性,降低丸块的硬度,有利于加工成形。常用的有水、酒、米醋等。

(3)稀释剂或吸收剂:稀释剂及吸收剂的作用是使丸剂具有一定的重量和体积,便于成形。常用的有饮片细粉、氢氧化铝凝胶、碳酸钙、甘油、磷酸钙及可溶性糖粉等。

二、丸剂的生产及机械

丸剂的生产方法主要有塑制法和泛制法两种。滴丸采用滴制法生产。

(一)塑制法

塑制法又称为丸块制丸法,是由饮片细粉与适量的赋形剂混合,制成可塑性丸块,按剂量分制成丸剂的方法。其基本工艺流程如下。

1. 原材料的准备　按处方将饮片及赋形剂粉碎成细粉,并经过筛后再混合,所用赋形剂多为黏合剂。

2. 制丸块　将混合均匀的细粉加适量的黏合剂(如炼蜜等),充分捏合,制成可塑性团块。良好的团块黏度应适中,不易黏附器壁、不粘手、不松散,有一定弹性,受外力时能变形,通常用捏合机。

如图 5-1 所示为捏合机示意图,它是由金属槽及两组强力的"S"形桨叶构成,槽底成半圆形。两组桨叶的转速不同,并沿相对方向旋转,利用桨叶间的挤压、剪切、搓捏及桨与槽壁间的研磨制备丸块。

3. 制丸条　常用螺旋式出条机,如图 5-2 所示,将丸块分段,搓成长条,通过螺旋输送器在出口挤制成丸条,也可以用挤压式出条机制丸条。

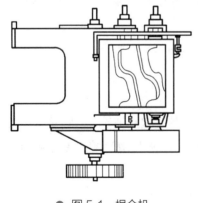

● 图 5-1　捏合机

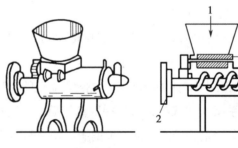

1—加料口;2—皮带轮;3—螺旋输送器;4—模口;5—挤压叶片。

● 图 5-2　螺旋式出条机

4. 分割、搓圆　用带有沟槽的切丸板或轧丸机,如图5-3示出的滚筒式轧丸机,两个滚筒上加工有半圆形的切丸槽,两滚筒以不同的速度作同向旋转,一快一慢,即将两筒间放置的丸条等量分割成段,再用如图5-4的搓丸板,将其手工搓圆成形。

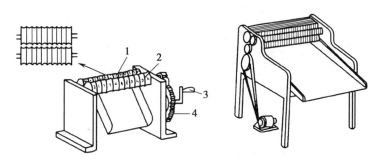

1— 切口;2— 滚筒;3— 手摇柄;4— 齿轮。
● 图5-3　轧丸机

5. 干燥整理　根据不同药物要求选择适当的干燥温度将搓圆后的丸剂进行干燥。一般在80℃以下干燥,对含有较多挥发性成分的药物应在60℃以下干燥。干燥方法也需根据干燥与灭菌的不同要求,选用干燥箱法、远红外辐射法或微波干燥等。其后再经筛丸机或人工挑选整理,获得大小均匀的丸剂成品,进行包装、贮存。此法适于中药蜜丸、糊丸等的生产。

目前规模性生产则采用联合制丸机,如图5-5所示的滚筒式制丸机,可在同一机器上完成制丸条和分割、搓圆等过程。相对旋转的带半圆槽的滚筒,将料斗中丸块引出并制成丸条。做往复运动(运动方向垂直于出条方向)的搓板将丸条分割并搓圆,并经溜板导入竹筛进行筛选。搓板的往复运动是通过偏心轮及连杆传动的,一般单机产量约500粒/min以上。

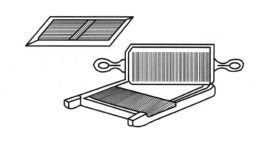

● 图5-4　搓丸板

中药厂广泛应用如图5-6所示的中药自动制丸机。它的工作原理是将制好的药团投入锥形料斗内,利用螺旋推进器将药团挤压并推出出条嘴。出条嘴根据产量要求可装置单条或多条的出条刀,药条经导轮引入制丸滚轮。制丸滚轮在回转的同时还利用其上的螺旋斜线使药条的切口被搓平,从而连续制成大小均匀的药丸。该机适于水丸、水蜜丸及蜜丸的生产,其结构简单、占地小,是目前较新型的自动制丸机械。

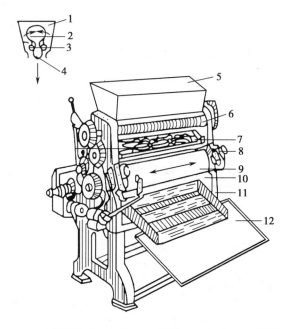

1、5—加料板;2—丸块;3—光辊;4—丸条;6—带槽滚筒;7—牙板;8—调节器;9—搓板;10—大滚筒;11—溜板;12—托盘。
● 图5-5　滚筒式制丸机

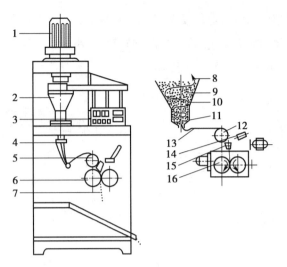

1—电机;2、10—料斗;3—控制器;4、11—出条嘴;
5、12—导轮;6、16—制丸滚轮;7—药丸;8—螺旋推
进器;9—药团;13—药条;14—喷头;15—导向架。

● 图5-6 ZW-80A 中药自动制丸机及原理

（二）泛制法

泛制法是指将药物细粉用水或其他液体黏合剂交替润湿,在容器中不断翻滚,逐层增大的一种制丸法。有传统的手工泛制及新型的机械泛制两种。

1. 手工泛制 取少量经 100 目筛筛过的药粉(约是药粉总量的 1%~4%),均匀撒在容器内预先用刷子涂布过水的部位,摇动容器使药粉黏附于器壁并被润湿,然后用刷子将药粉扫下,制成"丸核"。然后交替投入药粉及水,不断摇动容器,丸核似滚雪球一般逐渐长大和致密,成为光滑圆整、大小适当的丸剂。最后一次所加药粉应是极细粉,完成"盖面"使外形更加美观。最后再经筛选,剔除过大或过小的丸粒,再经低温(60~70℃)干燥即得。

2. 机械泛制 大生产中以包衣锅依手工泛制的程序,完成起模、成丸、盖面、干燥、筛选等过程。

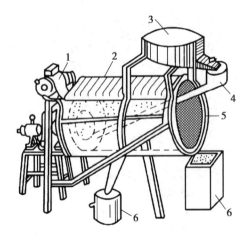

机械泛制丸剂是将药粉置于包衣锅中,用喷雾器将润湿剂如水等喷入转动着的包衣锅内的药粉上,使药粉均匀受水润湿,并形成细小颗粒。随着包衣锅不断转动,小颗粒逐渐致密、坚实。再撒布药粉、再喷水,如此反复直至成丸。泛制法生产的丸剂往往会出现粒度不匀和畸形,所以干燥后需经筛、拣,以确保临床使用方便和剂量准确。

另外还可以采用离心、流化等方法制丸。

丸剂筛选可使用滚筒筛、筛丸机、检丸器等,如图5-7及图5-8所示。

泛制法可用于制备水丸、水蜜丸、糊丸、浓缩丸及微丸等的生产。

1—电机;2—活络支架;3—贮丸器;4—漏斗;5—带筛孔的滚筒;6—接受器。

● 图5-7 筛丸机

（三）滴制法

滴制法是指中药饮片经适宜的方法提取、纯化、浓缩并与适宜的基质加热熔融混匀,保温（80~100℃）,经由一定大小管径的滴头,滴入不相混溶的冷凝介质中,收缩冷凝制形成球形或类球形丸粒,除去冷凝介质后即得。根据需要,滴丸制成后可以包衣。

滴丸生产采用由滴丸机（如图5-9）、集丸离心机和筛选干燥机组成的自动化生产线。

《中国药典》（2020年版）中对丸剂的检查项目包括外观、水分、重量差异,单剂量包装装量差异、溶散时限及微生物限度等。

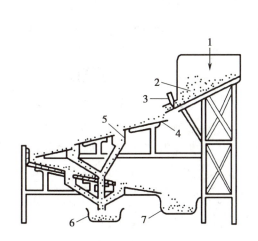

1—加丸漏斗;2—闸门;3—防阻塞隔板;
4—玻璃板;5—坏料漏斗;6—坏粒容器;
7—成品容器。

● 图5-8　检丸器

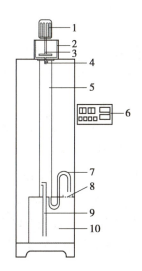

1—搅拌电机;2—夹套;3—搅拌器;4—滴头;5—玻璃管;6—控制器;7—回液管;8—滤网;9—升液管;10—冷凝液贮罐。

● 图5-9　滴丸机

第二节　制粒机械

制粒是把粉末、熔融液,水溶液等状态的物料经加工制成具有一定形状与大小粒状物的操作,是使细粒物料团聚为较大粒度产品的加工过程,它几乎与所有的固体制剂相关。制粒物可能是中间体也可能是最终产品,在混悬剂、颗粒剂、胶囊剂中的颗粒是产品,在片剂生产中颗粒是中间体。制粒的目的是:①改善物料的流动性,便于分装和压片;②防止粉尘飞扬和黏壁;③调整堆密度,改善溶解性能;④改善物料在压片过程中压力传递的均匀性;⑤防止各组分因粒度、密度差异而离析;⑥便于服用,方面携带,提高商品价值等。

制粒方法不同,即使是同样的处方,不仅所得颗粒的形状、大小强度不同,崩解性、溶解性也不同,从而会影响药效。因此,应根据物料的性质和所需颗粒的特性选择适宜的制粒方法。在医药生产中广泛应用的制粒方法可分为四大类。即湿法制粒、干法制粒、流化制粒和喷雾制粒。其中,以湿法制粒应用最为广泛。

将药物与适宜的药用辅料混合制成颗粒状制剂的机械及设备称为制粒机械,包括湿法制粒机、干法制粒机、流化制粒机、喷雾干燥制粒机。

一、湿法制粒及机械

湿法制粒是在药物粉末中加入黏合剂,依靠黏合剂的架桥或黏结作用使粉末聚结在一起而制备颗粒的方法。湿法制粒的主要方法有挤压制粒、转动制粒、高速搅拌制粒及流化制粒等。湿法制粒主要包括制软材、制湿颗粒、湿颗粒干燥及整粒等过程。其中,制软材和制湿颗粒有时可在同一台机器中完成。

1. 湿法制粒原理 湿法制粒首先是黏合剂中的液体将药物粉粒表面润湿,使粉粒间产生黏着力,然后在液体架桥与外加机械力作用下形成一定形状和大小的颗粒,经干燥后最终以固体桥的形式固结。

(1)液体的架桥原理:当把液体加到粉末中时,由于液体的加入量不同,液体在粉末颗粒间存在的状态也不同而产生不同的作用力。液体在粉粒间的存在状态分为以下几种。①悬摆状:液体加入的量很少时,颗粒内的空气为连续相,液体为分散相,粉粒间的作用力来自架桥液体的气液界面张力。②索带状:适当增加液体量时,空隙变小,空气成为分散相,液体为连续相,粉粒间的作用力取决于架桥液的界面张力与毛细管力。③毛细管状:当液体量增加刚好充满全部颗粒内部空隙,而颗粒表面没有润湿液体时,毛细管负压和界面张力产生强大的粉粒间的结合力。④泥浆状:当液体充满颗粒内部与表面时形成。此时,粉粒间的结合力消失,靠液体的表面张力来保持形态。

一般情况下,在颗粒内液体以悬摆状存在时颗粒松散,毛细管状存在时颗粒发黏,索带状存在时得到的颗粒较好。可见液体的加入量对湿法制粒起着决定性作用。

(2)从液体架桥到固体架桥的过渡:主要有以下三种形式。①部分溶解和固化。将亲水性药物粉末进行制粒时,粉粒之间架桥的液体将接触的表面部分溶解,在干燥过程中将部分溶解的物料析出而形成固体架桥。②黏合剂的固结。将水不溶性药物进行制粒时,加入的黏合剂溶液作架桥,靠黏性使粉末聚结成粒,干燥时,黏合剂中的溶剂蒸发,残留的黏合剂固结架桥。③药物溶质的析出。小剂量药物制粒时,常将药物溶解于适宜液体架桥剂中制粒以便药物能均匀混合在颗粒中,干燥时溶质析出而形成固体架桥。

2. 湿法制粒机

(1)摇摆式颗粒机:摇摆式颗粒机与搅拌槽型混合机配套使用。后者将原辅料制成软材后,经摇摆式颗粒机制成颗粒状。也可以用摇摆式颗粒机进行整粒,把块状或成圆团状的大块整成大小均匀的颗粒。

摇摆式颗粒机主要由动力部分、制粒部分和机座构成。如图 5-10 所示,动力部分包括电机、皮带传动装置、蜗轮蜗杆减速器、齿轮齿条传动结构等。制粒部分由料斗、七角滚轮、筛网和管夹等组成。

摇摆式颗粒机制粒的原理是强制挤出的机理,对物料的性能有一定要求,物料必须黏松恰当,即在混合机内制得的软材要适于制粒。太黏挤出的颗粒成条不易断开,甚至黏结成团;太松则制成粉末。

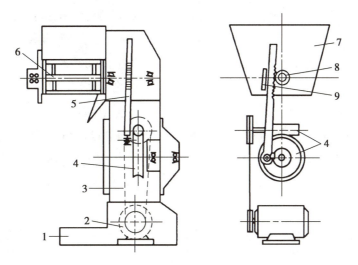

1—底座；2—电机；3—传动皮带；4—蜗轮蜗杆；5—齿条；6—七
角滚轮；7—料斗；8—转轴齿轮；9—挡块。
● 图5-10　YK160摇摆式颗粒机结构示意图

摇摆式颗粒机的挤压作用如图5-11所示。图中七角滚轮4由于受机械作用而进行正反转的
运动。当这种运动周而复始地进行时，受左右管夹3而夹紧的筛网5紧贴于滚轮的轮缘上，而此
时的轮缘点处，筛网孔内的软材成挤压状，轮缘将软材挤向筛孔而将原孔中的物料挤出。这种原
理正是模仿人工在筛网上用手搓压，而使软材通过筛孔而成颗粒的。

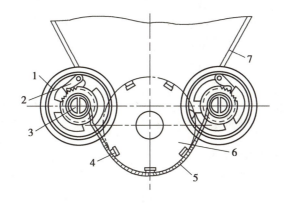

1—手柄；2—棘爪；3—管夹；4—七角滚轮；
5—筛网；6—软材；7—料斗。
● 图5-11　颗粒机挤压作用图

摇摆式颗粒机工作时，电机通过传动皮带将动力传到蜗杆和与蜗杆相啮合的蜗轮上。由于在
蜗轮的偏心位置安装一个轴，齿条一端的轴承孔套在该偏心轴上，因此，每当蜗轮旋转一周齿条则
上下移动一次。齿条的上下运动使得与之相啮合的滚轮转轴齿轮作正反相旋转，七角滚轮也随之
正反相旋转。

该机装有自动供给润滑油的系统，由润滑油泵的活塞通过蜗杆上偏心凸轮的压缩做往复运
动，将机油送到各轴承的部位，起润滑作用。

在制粒时，一般根据物料的性质、软材情况选用10~20目范围内的筛网，根据颗粒的色泽情况
有时需进行二次过筛以达到均匀的效果。

摇摆式颗粒机是国内医药生产中常用的制粒设备，具有结构简单，操作、装拆和清洗方便，所得颗粒的粒径分布均匀等优点。既适用于湿法制粒，又适用于干法制粒及整粒。

摇摆式制粒机属于挤压式制粒设备，其特点是：①颗粒的粒度由筛网的孔径大小调节，粒子形状为圆柱状，粒度分布较窄；②挤压压力不大，可制成松软颗粒，适合压片；③制粒过程工序多，时间长，对湿热敏感的药物不适合；④劳动强度大，不适合大批量生产。

（2）螺旋挤压式制粒机：螺旋挤压式制粒机由混合室和造粒室两部分组成，如图5-12所示。物料从混合室双螺杆上方的加料口加入。两个螺杆分别由齿轮带动相向旋转，借助螺杆上螺旋的推力，物料被挤进制粒室。物料在制粒室内被压出滚筒进一步挤压通过筛筒上的筛孔而成为颗粒。

螺旋挤压式制粒机也属于挤压式制粒，其特点是：①生产能力大；②制得的颗粒较结实，不易破碎。

（3）旋转挤压式制粒机：如图5-13所示，在旋转挤压式制粒机里面，由电机带动旋转的圆环形筛框内放置一个可更换的筛圈。筛圈内有一个可自由旋转或由另一个电机带动旋转的辊子。投入筛圈里的湿物料被同向旋转的辊子和筛圈挤压通过筛孔而形成颗粒。挤压的压力可由辊子和筛圈之间的距离调节，颗粒的粒度可由更换不同孔径的筛圈来调节。筛圈的转速约为100r/min。其生产能力决定于物料的流动性、粒度、水分含量、筛孔形状及筛圈的转速。

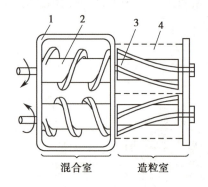

1— 外壳；2— 螺杆；3— 压出滚筒；4— 筛筒。
● 图5-12　螺旋挤压式制粒机示意图

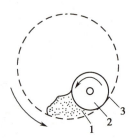

1— 湿物料；2— 挤压辊；3— 筛圈。
● 图5-13　旋转挤压式制粒机示意图

旋转挤压式制粒机的特点是：①产热较少；②处理能力大；③运转可靠。

（4）转动制粒机：药物粉末中加入黏合剂，在转动、摇动、搅拌等作用下使粉末结聚成球形粒子的方法。这类制粒机有圆筒旋转制粒机、倾斜转运锅等。这些转动制粒机多用于丸剂的生产，其液体喷入量、撒粉量等生产工序多凭经验控制。转动制粒过程分为母核形成，母核长大和压实三个阶段。

1）母核形成阶段：在少量粉末中喷入少量润湿剂使其润湿，在滚动和搓动作用下使粉末聚集在一起形成大量母核，在中药生产中称为起模。

2）母核长大阶段：母核在滚动时进一步压实，在药粉的不断撒入和液体的加入过程中，使其不断长大，如此反复，可得到一定大小的药丸，在中药生产中称为泛制。

3）压实阶段：此阶段不加料，在继续转动过程中多余的液体被挤出而吸收到未被充分润湿的层粒中，从而压实形成一定机械强度的微丸剂。

离心制粒机是容器底部旋转的圆盘带动物料做离心旋转运动,并在圆盘周边吹进的空气流作用下使物料向上运动,同时在重力作用下使物料层上部的粒子往下滑动落入圆盘中心,落下的粒子重新受到圆盘的离心旋转作用,从而使物料不停地旋转运动而形成球形颗粒。黏合剂向物料层斜面上部表面定量喷雾,使粒子表面润湿,并使撒布的药粉均匀附着在粒子表面层层包裹,反复操作,可得所大小的球粒,调整上升气流温度可进行干燥。

(5)快速混合制粒机:快速混合制粒机是由盛料器、搅拌轴、搅拌电机、制粒刀、制粒电机、电器控制器和机架等组成,其结构如图5-14所示。

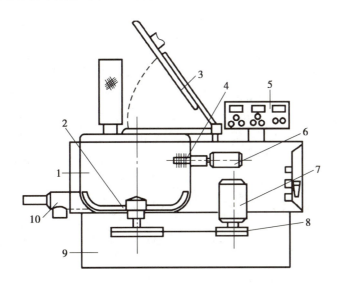

1—盛料器;2—搅拌桨;3—盖;4—制粒刀;5—控制器;
6—制粒电机;7—搅拌电机;8—传动皮带;9—机座;10—控
制出料门。

● 图5-14 快速混合制粒机结构简图

快速混合制粒机是通过搅拌器混合及高速旋转制粒刀切制,将物料制成湿颗粒的机器。具有混合与制粒的功能;同时机器操作时混合部分处于密闭状态,粉尘飞扬极少;输入的转轴部位,其缝隙有气流进行气密封,粉尘无外溢;对轴也不存在由于粉末而"咬死"的现象。设备比较符合GMP的生产要求。

机器在工作时需要0.5MPa以上的压缩空气,用于轴的密封和出料门的开闭,盖板上有视孔可以观察物料翻动情况。也有加料口,通过此口加入黏合剂。还有一个出气口,上面扎紧一个圆柱型尼龙布套,当物料激烈翻动时容器里的空气通过布套孔被排出。

机器上还有一个水管接口,结束后打开开关,水流会沿着轴的间隙进入容器内用于清洗。

操作时先将主、辅料按处方比例加入容器内,开动搅拌桨先将干粉混合1~2分钟,待均匀后加入黏合剂,物料在变湿的情况下再搅拌4~5分钟。此时物料已基本成软材状态,再开启快速制粒刀,将软材切割成颗粒状。由于容器内的物料快速地翻动和转动,使得每一部分的物料在短时间内都能经过制粒刀部位,也就都能被切成大小均匀的颗粒。

快速混合制粒机的混合制粒时间短(一般仅需8~10分钟),制成的颗粒大小均匀,质地结实,细粉少,压片时流动性好,压成片剂后硬度较高,崩解、溶出性能也较好。制粒时所消耗的黏合剂,比传统的槽型混合机要少,且槽型混合机所做的品种移到该机器上操作,其处方不需作多大改动

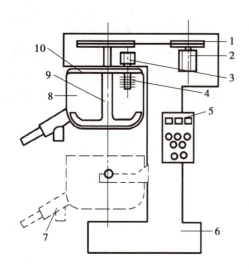

1—皮带轮;2—搅拌电机;3—制粒电机;
4—制粒刀;5—控制器;6—基座;7—出料
口;8—容器;9—搅拌器;10—盖。

● 图 5-15　立式快速混合制粒机

就可进行操作,成功的概率较大。工作时室内环境比较清洁,结束后,设备的清洗比较方便。正是由于如此多的优点,因而采用这种机器进行混合制粒的工序过程是比较理想的。

还有一种立式快速混合制粒机,其容积为 10~1 200L。这种机器与卧式机相比较,在相同容积的情况下体积大,分量重。其传动件在上部,容器可以上下移动,工作原理和实际效果基本与卧式机一样,其外型如图 5-15 所示。

立式机在结构上是从上部容器口输入搅拌器和制粒刀。操作前应将容器移至下部,投入原辅料后再移至上部,进行干粉混合。待混合均匀后再移至下部加入黏合剂,然后再上升到搅拌位置进行搅拌制软材和制粒,全部操作结束后,再移至下部进行出料。也可利用压缩泵将浆液打入容器内,可以减少容器的上下移动次数。

容器内放入物料上移时由于受到搅拌器的阻力,对容器上移到位有影响。因此在电器线路上安排了这样一个程序,即当容器上移到适当位置时,搅拌桨略动一下以让容器到位。

二、干法制粒及机械

干法制粒是直接将密度小、流动性差、易飞扬的粉状物料混匀后,用适宜的设备直接压成块或片,再破碎成所需大小颗粒的方法。该法不加入任何黏合剂,靠压缩力的作用使粒子间产生结合力。常用于热敏性物料、遇水不稳定的药物及压缩易成形的药物。其工艺流程如图 5-16 所示。

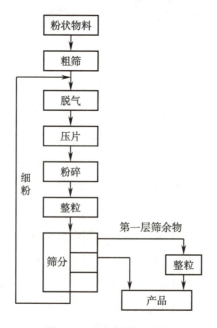

● 图 5-16　干法制粒工艺流程

图 5-17 所示干法造粒的工艺设备。原料粉料投入原料仓中,经螺旋输送机定量、连续地送入原料筛,在此筛除粗粒子,粉料进入脱气槽,在此脱除空气及其他惰性气体后,可使后面的压片致密。压片操作主要靠一对表面具有条形花纹的压辊滚压完成。连续压出来的薄片,在脱辊时形成大小不均匀的碎片,经粉碎、整粒后,再经筛分得到粒度均匀的、密度较大的粒状制品。由于粒度和密度增大,因而具有良好的流动性。筛出的细粉再返回去压片。这种工艺造粒均匀,质量好。干法辊压式造粒装置的操作过程全自动化,但结构复杂、转动部件多、维修护理工作量大、造价较高。

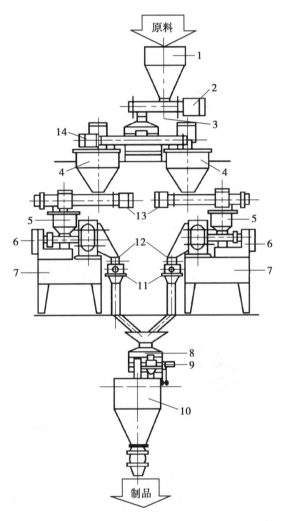

1—原料仓;2—原料输送机;3—原料筛;4—脱气槽;5—搅拌器;6—螺旋输送机;7—压片机;8—成品筛;9—二次整粒机;10—成品仓;11—一次整粒机;12—粉碎机;13—螺旋加料器;14—粗筛分料机。

● 图 5-17 干法造粒工艺设备

三、流化制粒及机械

流化制粒就是利用净化后经加热的气流使粉末物料悬浮呈沸腾状,再喷入雾状黏合剂使粉粒结合成粒,最后得到干燥的颗粒。在此过程中,物料的混合、制粒、干燥同时完成,所以又称一步制粒。它广泛应用于制药工业、食品工业、化学工业等造粒操作中。

1. 流化造粒机理与操作　流化造粒技术,根据处理量、用途等,可分为间歇操作和连续操作两种。对于医药制品,因其品种多而数量少的特点,多采用间歇流化造粒装置;而对于处理量大、品种较为单一的品种,多采用连续式造粒装置。下面仅介绍间歇流化造粒机理及过程。

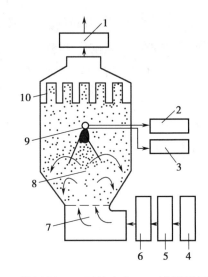

1—排风机;2—压缩空气;3—送液装置;
4—送风机;5—过滤器;6—加热器;7—流
化气体;8—循环性流化床;9—喷雾装置;
10—集尘装置。

● 图 5-18　流化造粒装置结构原理图

（1）流化造粒装置工艺流程:如图5-18所示,送风机吸入空气,经过空气过滤器,净化了的空气在加热器中加热到一定的温度后,由流化床底部进入流化床主体。热空气穿过气体分布板使床层内的粉粒体呈流化状态。液态的黏合剂由送液装置泵送至喷嘴管内,由压缩空气将黏合剂喷成雾状,散布在流态化的粉料体表面,使粉粒体相互接触凝集成颗粒。集尘装置可阻止未与雾滴接触的粉末被空气带出。尾气由流化床顶部排出,由排风机放空。

（2）造粒机理:流化造粒机理有三种情况。第一种情况是,以黏合剂溶液为媒体,以粉粒体为核心,粉体相互接触附着凝集形成颗粒;第二种情况是,用与粉体物料同质的溶液利用喷嘴喷射,在粉粒上凝集长大的造粒方法;第三种情况是,把熔融的液体在同质的粉粒流化床中进行喷雾,在粉体上发生凝固干燥的造粒过程。

● 图 5-19　粉体间的液体交联过程

在颗粒形成过程中,起作用的是黏合剂溶液与颗粒间的表面张力,以及负压吸力。在这些力的作用下形成如图5-19所示的交联过程,即在粉体间由液体交联架桥形成凝集现象。粉粒体经液体交联变成固态骨架,经干燥即得多孔的颗粒产品。

（3）黏合剂:如前所述,在流化造粒技术中,黏合剂的选择是十分重要的。从使用条件上考虑,要注意黏合剂的浓度、温度和黏度等。在造粒性能方面,则要考虑造粒时间长短,颗粒粒径大小等。在一般的流化床造粒操作中,黏合剂的黏度通常受泵送性能的限制,一般为 $0.3\sim0.5Pa\cdot s$。

（4）造粒操作过程:操作步骤一般如下。①把物料投入密闭的流化床内;②启动风机、加热器,将物料流化起来;③开动喷雾装置,使黏合剂在床层内形成雾状,在几十分钟的连续喷雾过程中,雾滴在粉体上发生凝集和长大过程,一直到所希望的颗粒大小后,停止喷雾;④继续在床层中进行流态化干燥,最终得造粒产品。

（5）流化床和喷嘴的组合方式:在粉末上凝集的造粒操作中,为了减少未被液体凝集的微粉末的数量,喷嘴多设在流化床的上部。对于在药片、颗粒上进行包衣过程,喷嘴多设在流化床层内部或粉体层下部,这样可减少雾化液的损失。对于后者,如果喷嘴位置安装得不当,则将使粉末向器壁运动,从而发生黏壁或者在喷嘴前端出现结块现象。因此,在流态化造粒装置中,喷嘴的位置是十分重要的。

（6）造粒产品的形状:由流化床造粒装置所得颗粒,多为带孔的不定形多面体,大部分近于球形。这是由于流化床内粒子的运动是回转循环的,即粒子由设备的中心向四壁运动,形成圆形的循环,使粒子间相互碰撞、粒子与壁面摩擦,结果使所得的颗粒近似球形。因此,床层内粒子运动得越激烈,所得颗粒产品的球形度越好。颗粒形状与物料、黏合剂的种类及特性、颗粒在床内的流动形态等有关。

2. 影响颗粒物性的因素　流态化造粒机理是相当复杂的,由于粉体的物性不同,黏合剂溶液的组成不同,所得颗粒性质也是千差万别的;即使是同一种物料和黏合剂,若操作条件不同,颗粒产品的物性差别也是相当大的。下面介绍几种参数的改变对颗粒物性影响的结果。

（1）空气温度的影响:在颗粒形成过程中,随气体温度的升高,颗粒假密度变小,生成脆性的小颗粒。当流化颗粒用的空气温度上升时,增加了水溶性黏合剂的蒸发量,因而使黏合剂润湿粉末的能力以及黏合剂的浸透百分率都降低了,在较高的温度下造粒时,则变成了黏合剂溶液的喷雾干燥,因而不能形成颗粒;另一种情况,在常温下造粒时,由于黏合剂溶液对于粉末的过度润湿,造成粉末的过早凝集,这就很难维持流化床的流动状态。有实验证明,当空气温度由 25℃ 升至 55℃ 时,粒子平均粒径将由 311μm 降到 235μm。

（2）黏合剂雾化速度的影响:随着喷雾速度的增加,颗粒脆性下降,而平均粒径却增大了。这是因为当喷雾速度增加时,黏合剂的润湿能力和浸透能力也增加的结果。而浸透能力的增加又促使颗粒的假密度增加。但粒子的密度、空隙率、流动率等却变化不大。

（3）喷雾液滴:喷雾装置一般是气流式喷嘴。利用喷嘴内空气压力以及气液比,来调节黏合剂溶液的雾化程度,控制雾滴大小。增加空气压力时,雾滴直径变小。增大气液比时,雾滴也变小。因为增大雾化空气压力以及气液比,都是增大雾化能量,使雾滴变小。当雾化空气压力由 0.05MPa 增大至 0.2MPa 时,颗粒产品的平均粒径由 438μm 降到 292μm。

在流态化造粒过程中,由于雾滴大小的不同,粒子生长过程也不同。当喷雾液滴较小时,蒸发进行很快,很难在粒子之间形成交联,因此,产品颗粒成长速度慢,而且粒子也不能生长成大颗粒。当雾滴较大时,颗粒生长速度加快;当雾滴进一步增大时,颗粒生长速度更快,颗粒直径也变得更大,但是颗粒大小会变得很不均匀,粒度分布相当宽。

（4）喷嘴位置:流态化造粒过程中,喷嘴的位置对所造颗粒的平均粒径及粒子的脆性都有影响;但是,对颗粒的流动性能及假密度则影响不大,喷嘴越靠近流化床层,雾化了的黏合剂溶液越能有效地增加对粉体的润湿与浸透能力,从而促进颗粒的形成。在设计喷嘴的位置时,必须考虑粉末的密度、黏合剂溶液的蒸发速度。当喷嘴的位置离流化床层过近时,有可能在喷嘴的前缘出现喷射障碍。反之,若喷嘴离流化床层过高,那将使黏合剂溶液在与粉体接触之前即已干燥,则不能得到颗粒产品。

（5）黏合剂及其浓度:黏合剂的种类及其浓度将决定其黏性,必对颗粒产品物性有影响,当黏合剂溶液的浓度增加时,颗粒的流动能力下降。对浓度相同的各黏合剂溶液,其黏性的差异也将引起颗粒直径和脆性的差异。

在流态化造粒过程中,由于粉体是处于悬浮状态下凝集成颗粒产品的,所以黏合剂的选择是十分重要的。不同的黏合剂溶液对粉末润湿浸透力的影响是很大的。

（6）造粒物料

1）吸湿性物料的造粒:当物料中含有 50% 以上的吸湿性物料时,易与喷雾液中的水亲和,发生团聚现象;当吸湿性物料比较少的情况下喷雾时,颗粒产品则与喷雾干燥类似。

2）亲水性物料:粉体与黏合剂溶液相互亲合易凝集形成颗粒。亲水性物料在流化床中是最容易造粒的,采用其他方法造粒也是比较容易的。

3）疏水性物料:此类物料的造粒,黏合剂的选择非常困难。黏合剂在粒子间形成液体交联现象,当其慢慢地蒸发后,则变成固体交联而形成颗粒。

3. 流化制粒设备（沸腾制粒机） 间歇式流化造粒机中,在主机上部安装有袋式过滤器,多用于医药及食品工业。由于设置有袋式过滤器,可保证物料不被气流夹带出去。在流化床层内的粉料可形成颗粒,产品粒度为 100~1 000μm,收率可达 70%~90%,近于球形,最适宜作为制剂生产使用。装置处理能力为 5~300kg/ 批,时间约为 1 小时。图 5-20 为间歇式流化造粒机的简图。

其特点为:①在同一装置内可实现混合、造粒、干燥等多种操作。②处理时间短,整个工序大约 30~60 分钟。③制得的颗粒粒度分布较窄、颗粒均匀、流动性及压缩成形性好,但颗粒强度小。④从原料加到产品颗粒输出,在同一密闭容器内进行,因此可防止杂质渗入。⑤操作简单,操作人员少;占地面积小;拆装清洗方便。

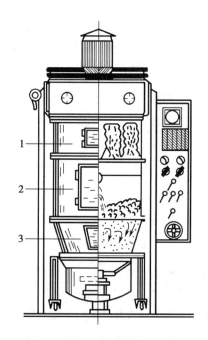

1—过滤室；2—喷雾室；3—原料容器。
● 图 5-20　间歇式流化造粒机

四、喷雾干燥制粒及机械

喷雾干燥制粒是将药物溶液或混悬液用雾化器喷雾于干燥室的热气流中,使水分迅速蒸发以直接制成干燥颗粒的方法。该法在数秒钟内即完成料液的浓缩、干燥、制粒过程,制成的颗粒呈球状。料液含水量可达 70%~80%。以干燥为目的过程称喷雾干燥;以制粒为目的的过程称喷雾制粒。

喷雾干燥制粒设备一般由空气过滤器、风机、空气加热器、喷嘴（雾化器）、干燥室、旋风分离器等设备组成。空气经加热后进入干燥室内,料液经喷嘴喷洒成液滴分散于热气流中,液滴中的水分迅速蒸发。液滴经干燥后形成固体小颗粒或粉末落入底部,废气由干燥室下方的出口流入旋风分离器,进一步分离固体粉末,然后经风机或袋滤器后放空。

喷雾干燥制粒的特点有:①由液体直接得到粉状固体颗粒;②热风温度高,但雾滴比表面积大,干燥速度快（通常需要数秒至数十秒）,物料的受热时间极短,干燥物料的温度相对低,适用于热敏性物料;③粒度范围约在 30 微米至数百微米,堆密度约在 200~600kg/m³ 的中空球状粒子较多,具有良好的溶解性、分散性和流动性。缺点是设备高大、汽化大量液体、设备费用高、能量消耗大、操作费用高;黏性较大料液容易黏壁而使用受到限制,且需用特殊喷雾干燥设备。这种设备在制药工业中得到广泛的应用与发展,如抗生素粉针的生产、微型胶囊的制备、固体分散体的研究以及中药提取液的干燥都利用了喷雾干燥制粒技术。

本章思考题

1. 简述中药自动制丸机的工作原理。

2. 简述液体的架桥原理。

3. 简述从液体架桥到固体架桥的过渡形式。

4. 简述摇摆式颗粒机的工作原理和特点。

5. 简述快速混合制粒机的工作原理和特点。

6. 简述流化造粒装置工艺流程。

7. 简述流化造粒影响颗粒物性的因素。

8. 简述流化制粒与喷雾干燥的异同点。

第五章　同步练习

（魏　莉　黄　莉）

第六章　片剂机械

片剂是指原料药物或与适宜的辅料制成的圆形或异形的片状固体制剂。中药还有浸膏片、半浸膏片和全粉片等。片剂按临床应用途径可分为口服片剂、口腔用片剂、外用片剂等类型。片剂以口服普通片为主,另有含片、舌下片、口腔贴片、咀嚼片、分散片、可溶片、泡腾片、阴道片、阴道泡腾片、缓释片、控释片、肠溶片与口崩片等。

第一节　片剂的特点及要求

一、片剂的特点及生产工序

片剂与其他口服剂型相比,其优点有:①剂量准确;②长期贮存物理性能稳定;③药物的化学性及生理活性稳定;④携带和服用方便;⑤适于机械化、大规模生产、成本低,生产效率高,因此深受欢迎。

根据需要,片剂可以制成素片、包衣片。片剂的主要生产工序包括:①制粒;②压片;③包衣;④包装。

二、片剂的赋形

片剂是用压片机压制成形的。片剂的形状是由不同形状的压模(也称冲模)所决定的。

每一片药应有相同的重量,成分的含量应在《中国药典》(2020年版)规定的一定范围内。为了保证片剂恒定的剂量,预先需得到成分分布均匀和能有效地防止成分的偏析或分离的粉粒,此工序即为造粒。将原料及辅料混匀造粒后,药物应具有以下几个特点。

（1）经过造粒后的药物流动性好,易于均匀地流入到冲模孔内并填充一定的质量。经造粒后的颗粒应接近于球形,使每次进入冲模孔中的药物量能够保证质量相同。

（2）药物具有可压性组分,物料加压后能形成稳定的,具有一定强度和形状的片剂。这些组分可能是有效成分(主药)本身,也可能是加入的辅料。当有效成分剂量较大时,药物对其物理性质起主要作用;在有效成分较少时,加入的辅料对颗粒的片剂的物理性质起决定作用。所以如何选择黏合剂和其他辅料,对于造粒和压片是非常关键的。

（3）颗粒的粒度范围分布应符合要求。在制成的颗粒中细颗粒含量较少,大颗粒较多,其颗粒分布范围较窄,这样细颗粒可充填大颗粒所形成的空隙,在片剂成形中大颗粒起"搭桥"作用。

（4）药物中所有成分都应混合均匀。保证颗粒中每一部分的含量和性质都相同,这样就会使制成的片剂也有相同质量。服用后在胃、肠道内能迅速崩解、溶解和吸收,产生预期疗效。

三、片剂的质量要求

为了保证药品的质量与用药安全有效,对片剂的一般要求是含量准确,重量差异小;崩解时间符合规定、硬度适当、色泽均匀、光洁美观;微生物控制在一定范围内。

第二节　压片机的工艺过程及原理

片剂生产的基本设备是压片机。压片机的结构类型很多,但其工艺过程及原理都相似。

一、冲模

冲模是压制药片的模具,上、下冲的工作端面形成片剂的表面形状,中模孔径即为药片的直径。

冲模如图6-1所示,是压片机的主要工作元件,各类压片机均要使用冲模,只是具体尺寸略有差异。通常一副冲模包括上冲、中模、下冲三个零件,上、下冲的结构相似,其冲头直径也相等,上、下冲的冲头直径和中模的模孔相配合,可以在中模孔中自由上下滑动,但不会存在可以泄漏药粉的间隙。

图示为最常用的单体、单孔式冲模,此外也还有由多个冲头装配在一个冲杆中和每个中模具有多个模孔的组合式冲模,以及压制环形片剂的复合式冲模。

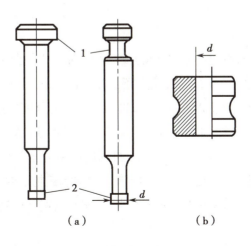

1—冲尾；2—冲头。
● 图6-1　冲模

按冲模结构形状可划分为圆形、异形（包括多边形及曲线形）。冲头端面的形状有平面形、斜面形、浅凹形、深凹形及综合形等，平面形、斜边形冲头用于压制扁平的圆柱体状片剂，浅凹形用于压制双凸面片剂，深凹形主要压制包衣片剂的片芯，综合形主要用于压制异形片剂。为了便于识别及服用药品，在冲模端面上也可以刻制出药品名称、剂量及纵横的线条等标志。压制不同剂量的片剂，应选择大小适宜的冲模。如表 6-1 所示。

表 6-1　不同剂量片剂冲模的选择

片重 /mg	筛目数		冲头直径 /mm
	湿粒	干粒	
50	18	16~20	5~5.5
100	16	14~20	6~6.5
150	16	14~20	7~8
200	14	12~16	8~8.5
300	12	10~16	9~10.5
500	10	10~12	12

二、压片机的工作过程

压片机的工作过程可以分为如下步骤。

（1）下冲的冲头部位（其工作位置朝上）由中模孔下端伸入中模孔中，封住中模孔底。

（2）利用加料器向中模孔中填充药物。

（3）上冲的冲头部位（其工作位置朝下）自中模孔上端落入中模孔，并下行一定行程，将药粉压制成片。

（4）上冲提升出孔，下冲上升将药片顶出中模孔，完成一次压片过程。

（5）下冲降到原位，准备下一次填充。

三、压片机制片原理

1. 剂量的控制　各种片剂有不同的剂量要求，大的剂量调节是通过选择不同冲头直径的冲模来实现的，如有 $\varphi6$、$\varphi8$、$\varphi11.5$、$\varphi12$ 等冲头直径。在选定冲模尺寸之后，微小的剂量调节是通过调节下冲伸入中模孔的深度，从而改变封底后的中模孔的实际长度，达到调节模孔中药物的填充体积的目的。因此，在压片机上应具有调节下冲在模孔中的原始位置的机构，以满足剂量调节要求。由于不同批号的药粉配制总有比容的差异，这种调节功能是十分必要的。

在剂量控制中，加料器的动作也有一定的影响，比如颗粒药物是靠自重，自由滚落入中模孔中时，其装填情况较为疏松。如果采用多次强迫性填入方式时，模孔中将会填入较多药物，装填情况则较为密实。

2. 药片厚度及压实程度控制　药物的剂量是根据处方及《中国药典》（2020 年版）来确定的，不可更改。为了贮运、保存和崩解时限要求，压片时对一定剂量的压力也是有要求的，它也将影响药片的实际厚度和外观。压片时的压力调节是必不可少的。这是通过调节上冲在模孔中的下行量来实现的。有的压片机在压片过程中不单有上冲下行动作,同时也可有下冲的上行动作,由上、下冲相对运动共同完成压片过程。但压力调节多是通过调节上冲下行量的机构来实现压力调节与控制的。

四、压片机的分类

依结构的繁简,压片机可分为单冲式压片机(图6-2)、旋转式压片机(图6-3)和高速旋转式压片机。近几年出现的包芯旋转式压片机是干性颗粒物料将片芯或芯料包裹后压制成片状的旋转式压片机,可以用于需要包芯处理的缓释片、易氧化或需避光处理的片剂。

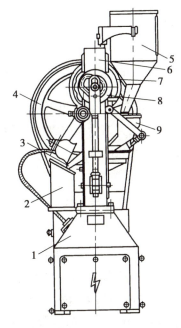 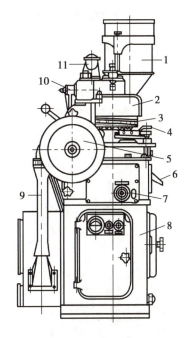

1—机座;2—药片盛器;3—出片溜道;4—皮带轮(兼飞轮);5—药粉桶;6—支架;7—上冲凸轮;8—下冲凸轮;9—靴形加料器。

● 图6-2　单冲式压片机

1—药粉桶;2—机架;3—工段转盘;4—刮料器;5—手(盘车)轮;6—出料盘;7—填充调节手轮;8—机座;9—清盘吸风系统;10—上压轮调节摆杆;11—上压轮罩。

● 图6-3　旋转式压片机

单冲式压片机是通过凸轮(或偏心轮)连杆机构(类似冲床的工作原理),使上、下冲产生相对运动而压制药片。单冲式并不一定只有一副冲模工作,也可以有两副或更多,但多副冲模同时冲压,由此引起机构的稳定性及可靠性要求严格,结构复杂,不多采用。

单冲式压片机是间歇式生产,间歇加料,间歇出片,生产效率较低,适用于试验室和大尺寸片剂生产。单冲式压片机根据机架及调节机构的结构不同,还可分有多种机型。

旋转式压片机是将多副冲模呈圆周状装置在工作转盘上,各上、下冲的尾部由固定不动的升降导轨控制。当上、下冲随工作转盘同步旋转时,又受导轨控制做轴向的升降运动,从而完成压片过程。这时压片机的工艺过程是连续的,连续加料、连续出片。就整机来看,受力较为均匀平稳,在正式生产中被广泛使用。多冲旋转式压片机多按冲模数目来编制机器型号,如俗称19冲、33

冲压片机等。

旋转式高速压片机用以将各种颗粒原料压制成圆片及异形片，是适合批量生产的基本设备。其结构为双压式，有两套加料装置和两套轮。压片时转盘的速度、物料的充填深度、压片厚度均可调节。机上的机械缓冲装置可避免因过载而引起的机件损坏，机内配有吸粉箱，通过吸嘴可吸取机器运转时所产生的粉尘，避免黏结堵塞，并可回收原料重新使用。

第三节 单冲式压片机

单冲式压片机主要由冲模、加料机构、充填调节机构、压力调节机构及出片控制机构组成。本节将主要介绍单冲压片机的加料机构、充填调节机构、压力调节机构。

一、加料机构

单冲式压片机的加料机构由料斗和加料器组成，二者由挠性导管连接，料斗中的颗粒药物通过导管进入加料器。由于单冲式压片机的冲模在机器上的位置不动，只有沿其轴线的往复冲压动作，而加料器有相对中模孔的位置移动，因此需采用挠性导管。常用的加料器有摆动式靴形加料器及往复式靴形加料器。

1. 摆动式靴形加料器 此加料器外形如靴子，如图 6-4 所示，由凸轮带动做左右摆动。加料器底面与中模上表面保持微小（约 0.1mm）间隙，当摆动中出料口对准中模孔时，药物借加料器的抖动自出料口填入中模孔，当加料器摆动幅度加大后，加料口离开了中模孔，其底面即将中模上表面的颗粒刮平。此后，中模孔露出，上冲开始下降进行压片，待片剂于中模内压制成型后，上冲上升脱离开中模模孔，同时下冲也上升，并将片剂顶出中模模孔；在加料器向回摆动时，将压制好的片剂拨到盛器中，并再次向中模模孔中填充药粉。这种加料器中的药粉随加料器同时不停摆动，由于药粉的颗粒不均匀及不同原料的比重差异等，易造成药粉分层现象。

2. 往复式靴形加料器 这种加料器的外形也如靴子，其加料和刮平、推片等动作原理和摆动式加料器一样，如图 6-5 所示。所不同的是加料器于往复运动中，完成向中模孔中填充药物过程。加料器前进时，加料器前端将前个往复过程中由下冲捅出中模孔的药片推到盛器之中；同时，加料器覆盖了中模模孔，出料口对准中模模孔，颗粒药物填满模孔；当加料器

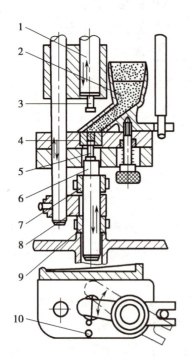

1—上冲套；2—靴形加料器；3—上冲；4—中模；5—下冲；6—下冲套；7—出片调节螺母；8—拨叉；9—填充调节螺母；10—药片。

● 图6-4 摆动式靴形加料器的压片机

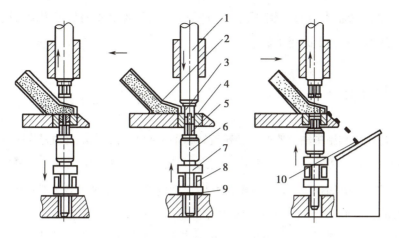

1—上冲套；2—加料器；3—上冲；4—中模；5—下冲；6—下冲套；7—出片
调节螺母；8—拨叉；9—填充调节螺母；10—药片。
● 图 6-5　往复式靴形加料器

后退时，加料器的底面将中模上表面的颗粒刮平；其后，模孔部位露出，上、下冲相对运动，将中模
孔中粉粒压成药片，此后上冲快速提升，下冲上升将药片顶出模孔，完成一次压片过程。

二、填充调节机构

在压片机上通过调节下冲在中模孔中的伸入深度来改变药物的填充容积。当下冲下移，模孔
内空容积增大，药物填充量增加，片剂剂量增大。相反，下冲上调时，模孔内容积减小，片剂剂量也
减少。如图6-6及图6-7所示，在下冲套上装有填充调节螺母，旋转螺母即可使下冲上升或下降。

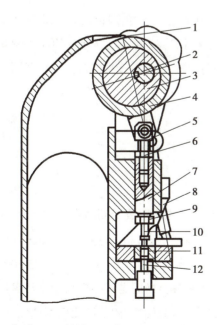

1—机身；2—主轴；3—偏心轮；4—偏心轮壳；
5—连杆；6—紧固螺母；7—上冲套；8—加料器；
9—锁紧螺母；10—上冲；11—中模；12—下冲。
● 图 6-6　螺旋式压力调节的压片机

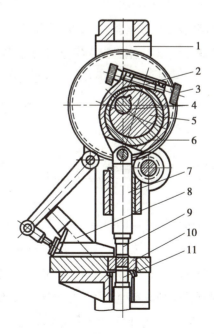

1—机身；2—调节蜗杆；3—偏心套；4—主轴；
5—偏心轮；6—偏心轮壳；7—上冲套；8—加料
器；9—上冲；10—中模；11—下冲。
● 图 6-7　偏心距式压力调节的压片机

当确认调节位置合适时,将螺母以销固定。这种填充调节机构又称为直接式调节机构,螺母的旋转量可直接反映中模孔容积的变化量。

三、压力调节机构

单冲式压片机是利用主轴上的偏心凸轮旋转带动上冲做上下往复运动完成压片过程的,通过调节上冲与曲柄相连的位置,从而改变冲程的起始位置,可以达到上冲对模孔中药物的压实程度。也可以通过复合偏心机构,改变总偏心距的方法,达到调节上冲对模孔中药物的冲击压力的目的。前一种称为螺旋式调节,后一种称为偏心距式调节。

1. 螺旋式压力调节机构 图 6-6 所示为螺旋式压力调节的压片机。当进行压力调节时,先松开螺母,旋转上冲套,上冲向上移时,片剂厚度加大,冲压压力减小;上冲下移时,可以减小片厚,增大冲压压力。调整达到要求时,紧固螺母即可。

2. 偏心距式压力调节机构 图 6-7 所示为通过调节偏心距调节压力的压片机。主轴上所装的偏心轮具有另一个偏心套,需要调节压力时,旋转调节蜗杆,使偏心套(其外缘加工有蜗轮齿)在偏心轮上旋转,从而使总偏心距增大或减小,可以达到调节压片压力的目的。

在单冲式压片机上,对药片施加的是瞬时冲击力,片剂中的空气难以排尽,影响片剂质量。

四、出片机构

在单冲式压片机上,利用凸轮带动拨叉(见图 6-4、图 6-5)上下往复运动,从而使下冲大幅度上升,而将压制成的药片从中模孔中顶出。下冲上升的最高位置也是需要调节的,如果下冲顶出过高,会发生加料器拨药片动作和下冲运动发生干涉,从而造成下冲损坏现象;如果下冲顶出过低,药片不能完全露出中模上表面,容易发生药片打碎现象。这个调节是通过螺母(见图 6-4、图 6-5)来完成的,旋转螺母可以改变它在下冲套上的轴向位置,从而改变拨叉对其作用时间的早晚和空程大小。当调节适当时,应将螺母用销锁固。

第四节　旋转式压片机

我国广泛使用的是旋转式压片机,大部分均以机器装有的冲模数量而命名。如装有 19 冲模的叫 ZP-19 旋转式压片机,装有 33 冲模的叫 ZP-33 型旋转式压片机(简称为 33 冲压片机),下面就 33 冲压片机作介绍。ZP-33 冲压片机主要用途是将含粉量在 100 目以上不超过 10% 的干燥颗粒压制成各种直径的普通圆片及单面、双面刻字的字片。当用键将冲模与工作转盘定位及导向时,亦可压制形状各异的异形药片。压片机除在制药行业使用外,还广泛应用在食品、化工、电子、冶金、日用等各工业部门压制片状及块状物品,具有操作简便、产量大、适用范围广等优点。

一、旋转式压片机各部件结构原理

旋转式压片机一般均设有一个铸铁的机座,用以支撑和连接各个工作机构。

1. 工作转盘 旋转式压片机有一个绕竖直轴线旋转的工作转盘,如图 6-8 所示,转盘外缘分为三层,在每层上均布加工有多个(与模具副数相同)同心的通孔。其上下两层的孔直径相同,尺寸与上下冲外径为间隙配合,如图中的上冲与下冲同心,可以在转盘的孔中上下滑动。中间一层孔的直径与中模外径配合。中模装入转盘中层的孔中,并利用中模顶丝将中模与工作转盘紧固一体。在工作转盘的下层外缘,有与其紧紧配合一体的蜗轮与主传动系统中的蜗杆相啮合,带动工作转盘做旋转运动。当工作转盘旋转时,也带动上、下冲及中模做旋转运动。在工作转盘旋转的同时,受各自导轨控制的上、下冲在转盘孔中做上下轴向运动,以完成压片及出片的工作。转盘旋转一周,拖带冲模经过加料机构、填充机构、压力机构、出片机构以完成连续压片的工艺流程。

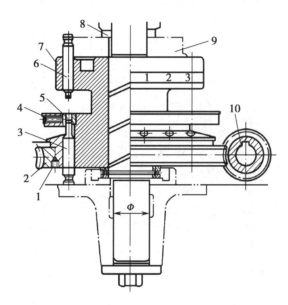

1—紧定螺钉;2—蜗轮;3—下冲;4—中模顶丝;
5—中模;6—上冲;7—转盘;8—立轴;9—上导轨
盘;10—蜗杆。

● 图 6-8 工作转盘

在各种单冲式压片机中,均无旋转工作转盘,中模是装置在一固定的中模台板上的。向中模孔中填充物料只能靠加料器与其相对运动来完成,由于填充物料是断续的,就决定了压片、出片也是断续的。

2. 加料机构 如 33 冲压片机的加料机构是月形栅式加料机构,如图 6-9 所示。月形栅式加料器固定在机架上,工作时它相对机架不动。其下底面与固定在工作转盘上的中模上表面保持一定间隙(约0.05~0.1mm),当旋转中的中模从加料器下方通过时,栅格中的药物颗粒落入模孔中,弯曲的栅格板造成药

● 图 6-9 月形栅式加料机构

物多次填充的形式。加料器的最末一个栅格上装有刮料板,它紧贴于转盘的工作平面,可将转盘
及中模上表面的多余药物刮平和带走。月形栅式加料器多用无毒塑料或铜材铸造而成。

　　加料过程可由图6-10看到,固定在机架上的料斗将随时向加料器布撒和补充药粉,填充轨的
作用是控制剂量,当下冲升至最高点时,使模孔对着刮料板后,下冲再有一次下降,以便在刮料板
刮料后,再次使模孔中的药粉震实。图6-11所示为装有强迫式加料器的旋转式压片机。这种是
近代发展的一种加料器,为密封型加料器,于出料口处装有两组旋转刮料叶,当中模随转盘进入加
料器的覆盖区域内时,刮料叶迫使药物颗粒多次填入中模模孔中。这种加料器适用于高速旋转式
压片机,尤其适于压制流动较差的颗粒物料,可提高剂量的精确度。

　　3. 填充调节机构　　在旋转式压片机上调节药物的填充剂量主要是靠填充轨,如图6-12所示。
转动刻度调节盘,即可带动轴转动,与其固联的蜗杆轴也转动。蜗轮转动时,其内部的螺纹孔使升
降杆产生轴向移动,与升降杆固联的填充轨也随之上下移动,即可调节下冲在中模孔中的位置,从
而达到调节填充量的要求。

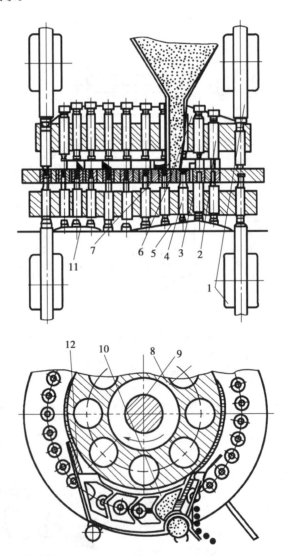

1—上、下压轮;2—上冲;3—中模;4—下冲;5—下冲导轨;6—上冲导轨;7—料斗;
8—转盘;9—中心竖轴;10—栅式加料器;11—填充轨;12—刮料板。

● 图6-10　月形栅式加料器的旋转式压片机

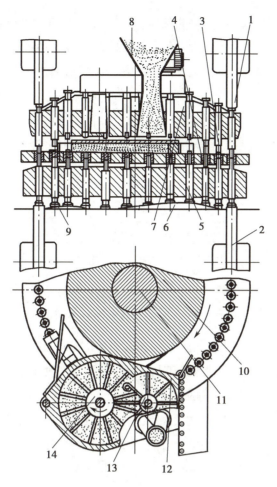

1—上压轮；2—下压轮；3—上冲；4—中模；5—下冲；6—下冲导轨；7—上冲导轨；8—料斗；9—填充轨道；10—转盘；11—中心竖轴；12—加料器；13—第一道刮叶；14—第二道刮叶。

● 图6-11　强迫式加料器的旋转式压片机

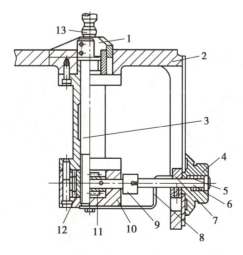

1—填充轨；2—机架体；3—升降杆；4—刻度调节盘；5—弹簧；6—轴；7—挡圈；8—指针；9—蜗杆轴；10—蜗轮罩；11—蜗杆；12—蜗轮；13—下冲。

● 图6-12　填充调节机构

4. 上下冲的导轨装置　旋转式压片机的压片、成型是靠上、下冲相向运动完成的。上、下冲的轴向移动则是靠上、下冲的导轨控制的。上冲导轨由多块导轨拼接而成一个回形导轨盘,其展开图形如图 6-13 所示,图中展开为 180°,表示该机是双出片的,另 180° 仍有相同的导轨,转盘一周产出两粒药片。导轨盘紧固于不转的芯轴上部,上冲的尾部缩径处与上冲导轨的曲线凸缘接触。上冲导轨的截面形状如图 6-13 中的折倒断面所示,凸缘的截面积形状将与上冲缩径的截面吻合,当上冲随工作转盘旋转时,将受制于导轨的控制而产生轴向运动。

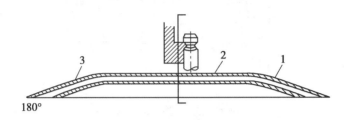

1—上冲上行轨;2—平行轨;3—上冲下行轨。
● 图 6-13　上冲导轨展开示意图

下冲的导轨较为简单,镶嵌于机架体上,下冲靠重量及上冲的压力压紧在下冲导轨面上。

根据冲模中物体的受力情况,上冲的下行导轨按余弦曲线设计,使上冲的始、末加速度为零,以减少冲击作用和提高冲模的使用寿命。当上冲在上行轨中行走时,压片刚刚结束,上冲由低向高慢慢提升,逐渐由中模孔中退出,并达最高点。当上冲在平行轨中开始行走时,下冲在下冲上行轨上提升,逐步达到最高点,顶出药片。当上冲于下行轨中保持在最高处时,下冲已开始下落,其后下冲于填充轨上运行,此间中模孔完全暴露在加料器的覆盖区,完成加料过程。当上冲达到下行轨的控制区,上冲逐渐下行进入中模孔,进行压片过程,此时下冲虽于最低处但始终没有脱离中模孔,故孔底始终是封住的。

5. 压力调节装置　在旋转式压片机上真正对药物实施压力并不是靠上冲导轨。上、下冲于加压阶段,正置于机架上的一对上、下压轮处(此时上冲尾部脱开上冲导轨),上、下压轮在压片机上的位置及工作原理示于图 6-14 及图 6-15。

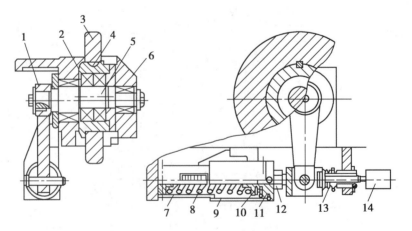

1—摇臂;2—轴承;3—上压轮;4—键;5—压轮轴(偏心轴);6—压轮架;7—罩壳;8—压缩弹簧;9—罩壳;10—弹簧座;11—轴承座;12—调节螺母;13—缓冲弹簧;14—微动开关。
● 图 6-14　上压轮压力调节机构

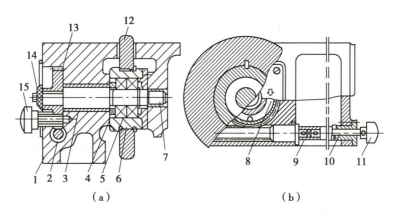

1—机体；2—蜗杆轴；3—轴套；4—轴承垫圈；5—轴承；6—压轮芯；7—下压轮轴（偏心轴）；8—厚度调节标牌；9—联轴节；10—接杆；11—梅花把手；12—下压轮；13—蜗轮；14—指示盘；15—紧定螺钉。

● 图6-15　下压轮压力调节机构

（1）偏心调节压力机构：图6-14所示为一种偏心调节压力机构，上压轮装在一个偏心轴上。通过调节螺母，改变压缩弹簧的压力，并同时改变摇臂的摆角，从而改变偏心轴的偏心方位，以达到调节上压轮的最低点位置，也就改变了上冲的最低点位置。当冲模所受压力过大时，缓冲弹簧受力过大，使微动开关动作，使机器停车，达到过载保护的作用。

图6-15为另一种下压轮偏心调节机构，当松开紧定螺钉，利用梅花把手旋动蜗杆轴，转动蜗轮，也可改变偏心轴的偏心方位，以达到改变下压轮最高点位置的目的，从而调节了压片时下冲上升的最高位置。

（2）杠杆调节压力机构：图6-16所示为杠杆调节压力机构，上、下压轮分别装在上、下压轮架上，菱形压轮架的一端分别与调节机构相连，另一端与固定支架连接。调节手轮，可改变上压轮架的上下位置，从而调节上冲进入中模孔的深度。调节片厚调节手柄使下压轮架上下运动，可以调节片剂厚度及硬度。压力由压力油缸控制。这种加压及压力调节机构可保证压力稳定增加，并在最大压力时可保持一定时间，对颗粒物料的压缩及空气的排出有一定的效果，因此适用于高速旋转式压片机。

此外还有一些常用的压力调节（上冲下压行程）和厚度调节（上冲入孔深度）机构，其原理相似，但结构不同。

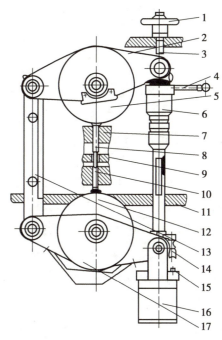

1—上冲进模量调节手轮；2—上压轮架；3—吊杆；4—片厚调节手柄；5—上压轮；6—片厚调节机构；7—转盘；8—上冲；9—中模；10—下冲；11—主体台面；12—下压轮；13—固定支架；14—超压开关；15—放气阀；16—压力油缸；17—下压轮架。

● 图6-16　旋转式压片机的杠杆式压力与片厚调节机构

二、旋转式压片机的传动系统

现有的各种旋转式压片机的传动机构大致相同,其共同点是都利用一个旋转的工作转盘,由工作转盘拖带着上、下冲,经过加料填充、压片、出片等动作机构,并靠上、下冲的导轨和压轮控制冲模作上下往复动作,从而压制出各种形状及大小的片剂药物。现以 ZP-33 型旋转式压片机为例说明其传动过程,ZP-33 型压片机的传动系统如图 6-17 所示。工作转盘传动由二级皮带和一级蜗轮蜗杆组成。电动机带动无级变速转盘转动,由皮带将动力传递给无级变速盘,再带动同轴的小皮带轮转动。大小皮带轮之间使用三角皮带连接,可获得较大速比。大皮带轮通过摩擦离合器使传动轴旋转。传动轴装在轴承托架内,一端装有试车手轮供手动盘车之用,另一端装有圆锥形摩擦离合器,并设有开关手柄控制开车和停车。当摘开离合器时,皮带轮将空转,工作转盘脱离开传动系统静止不动。当需要手动盘车时亦可摘开离合器,利用试车手轮转动工作转盘,可用来安装冲模,检查压片机各部运转情况和排除故障。需要特别指出旋转式压片机上无级变速盘及摩擦离合器的正常工作均由弹簧压力来保证,当机器某个部位发生故障,使其负载超过弹簧压力时,就会发生打滑,避免机器受到严重损坏。

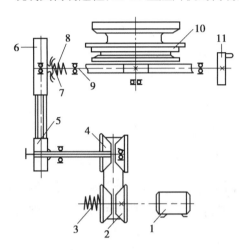

1—电动机;2—变速盘;3—弹簧;4—变速盘;5—小皮带轮;6—大皮带轮;7—摩擦离合器;8—弹簧;9—传动轴;10—工作转盘;11—手轮。

● 图 6-17 旋转式压片机的传动示意图

三、压片机的操作

1. 冲模的安装 因压制的片型不同,所使用的冲模就需要经常更换。在更换冲模前应认真检查冲模有无磕边、裂缝,是否有混冲(不同规格混在一起)现象。将各安装件表面擦洗干净,并将中模先落入中模孔,保证上平面不高出转盘平面,然后固紧。而后将上冲逐件插入转盘孔中,检查冲头进入中模是否能上下滑动灵活,有无擦边现象。当确认上冲全部装好后,将导轨盘的锁卡装置锁住。再依次由转盘下方将下冲逐个装入孔中。当全套冲模装完,旋转盘车手轮观察上下冲进入中模孔及在轨道上的运行情况,应滑动自如,无磕碰及擦边现象。下冲最高点应高出工作转盘表面不大于 0.7mm,以免损坏其他零件。手动转盘转动几周后,方可开动电机,运转平稳后方可投入生产。

2. 操作与调整 压片机的操作者应熟悉机器的技术性能、结构及工作原理。使用前应仔细检查机器各部分安装是否正确、完整,按要求向各润滑点加注润滑油。检查药物颗粒度、含粉量、干燥程度是否符合要求,以免影响机器的正常运转及寿命。根据原料特性(黏度、流动性)、片径大小、要求的压力大小等选择合适的运转速度。如片径大、压力大时选慢速;片径小、压力小时选快速度。

压力调试,利用图 6-14 及图 6-15、图 6-16 所示的压力调节机构,可以调节压制某种片型所需的压力,以保证压出的药片具有一定的硬度及崩解时限。在压制新的片型时,通常应先将压力调至最大值。当指示红灯亮时,说明压力超过机器负荷,应立即停车。此时,将压力缓慢减低,至红灯刚灭,压力表牌指示的刻度即为该片型的合适压力。

填充量调节,利用图 6-12 所示的填充调节机构,转动刻度调节盘,即可改变药粉在中模的填充量。当对试压出的药片称重及测量出片重误差后,即可进行填充调节,直到片重合格。注意药粉中细粉过多,粗细差过大以及过湿等均易造成片重不准和片重变化。

药片厚度调节,利用图 6-15 所示的下压轮调节机构,改变下压轮的偏心方位,也就改变了下冲的上升幅度,同时在指示盘上也有读数指示出药片的厚度值。由于颗粒的硬度及原料的可压缩性能不同,可能使压片压力发生变化,需注意片厚调节与压力调节的匹配。应通过对压出药片的厚度及硬度实测后,再做适当微调,直到合格。

加料器输粉量的调节,为保证运行中加料器向中模孔及时添加药粉,加料器需有适宜的输送流量。如图 6-10 所示,在转盘平面上,总应保证加料器后有少量回流药粉,以保证药粉的填充。为此调整加料器高度,调整加料器下口刮料板开度,以及保证加料器内的药物层高度等都是十分必要的。

第五节　高速压片机

高速压片机的特点是转速快、产量高、片剂质量好。压片时采用双压,它们都是由微机控制,能将颗粒状物料连续进行压片,除可压普通圆片外,还能压各种形状的异形片。具有全封闭、压力大、噪声低、生产效率高、润滑系统完善、操作自动化等特点。另外,机器在传动、加压、充填、加料、冲头导轨、控制系统等方面都明显优于普通压片机。

一、高速压片机的工作原理

压片机的主电机通过交流变频无级调速器,并经蜗轮减速后带动转台旋转。转台的转动使上、下冲头在导轨的作用下产生上、下相对运动。颗粒经充填、预压、主压、出片等工序被压成片剂。在整个压片过程中,控制系统通过对压力信号的检测、传输、计算、处理等实现对片重的自动控制,废片自动剔除,以及自动采样、故障显示和打印各种统计数据。

以高速压片机 GZPK37A 为例,机器由压片机、计算机控制系统、ZS9 真空上料器、ZWS137 筛片机和 XC320 吸尘机几个部分组成。

机器的顶部为 2 台真空上料器 ZS9,通过负压状态将颗料物料吸入,再加到压片机的加料器内。左右两边的 ZWS137 筛片机是将压出的片剂除去静电及表面粉尘,使片剂表面清洁,以利于包装。XC320 吸尘器的功能是将机器内和筛片机内的粉尘吸去,保持机器的清洁和防止室内粉尘的飞扬。

二、高速压片机的主要结构与特点

1. 传动部件　该部分由一台带制动的交流电机、皮带轮、蜗轮减速器及调节手轮等组成,电机的转速可由交流变频无级调速器调节,启动后通过一对带轮将动力传递到减速蜗轮上。而减速器的输出轴带动转台主轴旋转,电机的变速可使转台转速在 25~77r/min 之间变动,使压片产量由 11 万片/h 提高到 34 万片/h。

2. 转台、导轨部件　由上下轴承、主轴、转台等组成的转台部件和由上下导轨组成的导轨部件,构成了上下冲杆的运动轨迹,转台携带冲杆做圆周运动,导轨使冲杆做有规则的上下运动,冲杆的复合运动完成了颗粒的填料,压片(在压轮的作用下)、出片的工作过程。

3. 加料器部件　颗粒的加料用强迫加料器,由小型直流电机通过小蜗轮减速器将动力传递给加料器的齿轮并分别驱动计量、配料和加料叶轮,颗粒物料从料斗底部进入计量室经叶轮混合后压入配料室,再流向加料室并经叶轮通过出料口送入中模。加料器的加料速度可按情况不同由无级调速器调节。

4. 充填和出片部件　颗粒充填量的控制,从大的方面来讲,设计时已将下冲下行轨分成 A、B、C、D、E 五档,每档范围均为 4mm,极限量为 5.5mm,操作前按品种确定所压片重后,应选用某一档轨道。机器控制系统对充填调节的范围是 0~2mm,控制系统从压轮所承受的压力值取得检测信号,通过运算后发出指令,使步进电机旋转,步进电机通过齿轮带动充填调节手轮旋转,使充填深度发生变化。步进电机使手轮每旋转一格调节深度为 0.01mm,手轮的左右旋转使充填量深度增加或减少,万向联轴节带动蜗杆、蜗轮转动。蜗轮中心有可上下移动的丝杆,丝杆上端固定有充填轨。手动旋转手轮可使充填轨上下移动,每旋转一周充填深度变化 0.5mm。步进电机由控制系统发出脉冲信号而左右旋转,以此改变充填量。万向联轴节和蜗杆、蜗轮的作用是用来改变传动方向,蜗轮只能转动而上下不能移动,丝杆与蜗轮配合,所以丝杆只能上下移动而不能转动,有的高速压片机在丝杆下端连接液压提升油缸,液压提升油缸平时只起软连接支承作用,当设备出现故障时,油缸可泄压,起到保护机器作用。

机器的出片机构,是在出片槽中安装了两条通道,左通道是排除废片,右通道是正常工作时片子的通道,两通道的切换是通过槽底的旋转电磁铁加以控制。开机时废片通道打开,正常通道关闭,待机器压片稳定后,通道切换,正常片子通过筛片机进入筒内。

5. 压力部件　分预压和主压两部分,并有相对独立的调节机构和控制机构,压片时颗粒先经预压后再进行主压,这样能得到质量较好的片剂,预压和主压时冲杆的进模深度以及片厚可以通过手轮来进行调节,两个手轮各旋转一圈可使进模深度分别获得 0.16mm 和 0.1mm 的距离变化。两压轮的最大压力分别可达到 20kN 和 100kN。

压力部件中采用压力传感器,对预压和主压的微弱变化而产生的电信号进行采样、放大、运算并控制调节压力,使操作自动化。

上预压轮通过偏心轴支承在机架上,利用调节手柄可改变偏心距,从而改变上冲进入中模的位置,达到调节预压的作用。下预压轮支承在压轮支座上,压轮支座下部连有丝杆、蜗轮、蜗杆、万向联轴节和手柄。通过手柄可调节下冲进入中模的位置,达到预压力调节作用。压轮支座下的丝杆连在液压支承油缸上,当压片力超出给定预压力时,油缸可泄压,起到安全保护作用。预压的目的是使颗粒在压片过程中排除空气,对主压起到缓冲作用,提高质量和产量。

上压轮通过偏心轴支承在机架上,偏心轴一端连在上大臂的上端,上大臂的下端连在液压支承油缸的上端活塞杆上。液压支承油缸起软连接作用,并保护机器超压时不受损坏。下压轮也通过偏心轴支承在机架上,偏心轴一端连在下大臂的上端,下大臂的下端通过丝母、丝杆、螺旋齿轮副、万向联轴节等连在手柄上。通过手柄即可调节片厚。

片剂压片时,中模内孔受到很大的侧压力和摩擦力。侧压力和摩擦力均正比于压制的压力,即正压力。由于摩擦力随片剂厚度的增加而加大,故使正压力在片剂内逐层衰减。对旋转式压片机,中模受力最大处是片剂厚度的中间部位。为避免长期总在中模内一个位置压片,延长中模的使用寿命,在片剂厚度保持不变的条件下,应可以使上下冲头在中模孔内同时向上或向下移动,这就是冲头平移调节。冲头平移调节就是保持上下压轮距离不变条件下,同时使上下压轮向上或向下移动的调节。在上压轮的液压支承油缸下端活塞杆用连接块与下压轮的丝杆上端相连,此连接块通过丝母、丝杆、螺旋齿轮副、万向联轴节等连在手柄上。通过手柄可使上下压轮同时升降同样的距离。

6. 片剂计数与剔废部件　片剂自动计数是利用磁电式接近传感器来工作的。在传动部件的一个皮带轮外侧固定一个带齿的计数盘,其齿数与压片机转盘的冲头数相对应。在齿的下方有一个固定的磁电式接近传感器,传感器内有永久磁铁和线圈。当计数盘上的齿移过传感器时,永久磁铁周围的磁力线发生偏移,这样就相当于线圈切割了磁力线,在线圈中产生感应电流并将电信号传递至控制系统。这样,计数盘所转过的齿数就代表转盘上所压片的冲头数,也就是压出的片数。根据齿的顺序,通过控制系统就可以甄别出冲头所在的顺序号。

对同一规格的片剂,压片机生产之初通过手动将片重、硬度、崩解度调节至符合要求,然后转至电脑控制状态,所压制出的片厚是相同的,片重也是相同的。如果中模内颗粒充填得过松、过密,说明片重产生了差异,此时压片的冲杆反力也发生了变化。在上压轮的上大臂处装有压力应变片,检测第一次压片时的冲杆反力并输入电脑,冲杆反力在上下限内所压出的片剂为合格品,反之为不合格品并记下压制此片的冲杆序号。在转盘的出片处装有剔废器,剔废器有压缩空气的吹气孔对向出片通道,平时吹气孔是关闭的。当出现废片时,电脑根据产生废片的冲杆顺序号。输出电信号给吹气孔开关,压缩空气可将不合格片剔出。同时,电脑亦将电信号输出给出片机构,经放大使电磁装置通电,并迅速吸合出片挡板,挡住合格片通道,使废片进入废片通道收集。

7. 润滑系统　高速压片机对各零部件的润滑部位供给润滑油,以保证机器的正常运转是至关重要的,该机设计时已考虑了一套完善的润滑系统,机器开动后油路畅通,润滑油沿管路流经各润滑点。机器首次启用时应空转1小时,让油路充分流畅,然后再装冲模等部件,进行正常操作。

8. 液压系统　高速压片机中,上压轮、下预压轮和充填调节机构设有液压油缸,起软连接支承和安全保护作用。液压系统由液压泵、贮能器、液压油缸、溢流阀等组成。正常操作时,油缸内的液压油起支承作用。当支承压力超过所设定的压力时,液压油通过溢流阀泄压,从而起到安全保护作用。

9. 控制系统　GZPK37A 型全自动高速压片机有一套控制系统,能对整个压片过程进行自动检测和控制。系统的核心是可编程序器,其控制电路有 80 个输入、输出点。程序编制方便、可靠。

控制器根据压力检测信号,利用一套液压系统来调节预压力和主压力,并根据片重值相应调整填充量。当片重超过设定值的界限时,机器给予自动剔除,若出现异常情况,能自动停机。

控制器还有一套显示和打印功能,能将设定数据、实际工作数据、统计数据以及故障原因、操作环境等显示、打印出来。

10. 吸尘部件　在压片机有两个吸尘口,一个在中模上方的加料器旁,另一个在下层转盘的上方,通过底座后保护板与吸尘器相连,吸尘器独立于压片机之外。吸尘器与压片机同时起动,使中模所在的转盘上下方的粉尘吸出。

第六节　片剂包衣机

对片剂表面包裹介质,形成致密光滑包衣薄层的机械称为包衣机械。这种设备目前在国内大约有以下几类。

（1）用于手工操作的荸荠型糖衣机。锅的直径为 0.8m 和 1m 两种,可分别包制 80kg 和 100kg 左右的药片（包好后的质量）。

（2）经改造后采用喷雾包衣的荸荠型糖衣机。其锅的大小、包衣量、材料等均与手工的相同,只要加上一套喷雾系统就可以进行自动喷雾包衣的操作工作。

（3）采用引进或使用国产的高效包衣机,进行全封闭的喷雾包衣。

（4）采用引进或使用国产的沸腾喷雾包衣机,进行自动喷雾包衣。这一设备目前国内使用得还不多。

一、简单包衣机

在片剂生产中长期使用半手工操作的简单包衣机,如图 6-18 所示。状似荸荠的糖衣锅体安装在轴线空间位置可调的转轴上,当敞口的锅体随转轴旋转时,压制片在锅体内随之翻滚,由人工间歇地向锅内泼洒糖浆及滑石粉。在不断吹送的热风中,包裹在压制片上的糖浆被干燥。为了提高和保持锅体内的温度,必要时可打开辅助加热器。为了加快干燥和防止粉尘,有的糖衣锅还附有吸尘抽风系统,此时吸尘口与供热风口要配置

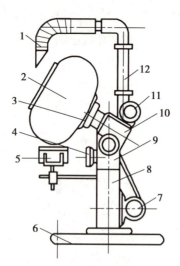

1—热风管;2—糖衣锅体;3—转轴;4—仰角调节轮;5—辅助加热器;6—底座;7—电机;8—机身;9—可动机架;10—减速箱;11—风机;12—电加热器。

● 图 6-18　简单包衣机

得当,以防热风短路被抽走。根据药片的尺寸及性质不同,可以调节转轴的转速及倾角,添加糖浆及色素靠人工凭经验,有一定环境污染,药品也易染菌,产品质量不稳定。

二、程序控制无气喷雾包衣装置

片剂包衣工艺采用手工操作存在着产品质量不稳定、粉尘飞扬严重、劳动强度大、个人技术要求高等问题。采用喷雾法包衣工艺进行药物的包衣能够克服手工操作的这些缺点。喷雾包衣可在国内经改造的荸荠型包衣锅上加以使用,投资费用不高,使用较多。

有气喷雾是包衣溶液随气流一起从喷枪口喷出。这种喷雾方法称为有气喷雾法。有气喷雾适用于溶液包衣。溶液中不含或含有极少的固态物质,溶液的黏度较小,一般可使用有机溶剂或水溶性的薄膜包衣材料。

无气喷雾则是包衣溶液或具有一定黏性的溶液、悬浮液在受到压力的情况下从喷枪口喷出。液体喷出时不带气体,这种喷雾方法称为无气喷雾法。无气喷雾由于压力较大,所以除可用于溶液包衣外,也可用于有一定黏度的液体包衣,这种液体可以含有一定比例的固态物质,例如用于含有不溶性固体材料的薄膜包衣以及含粉糖浆、糖浆等的包衣。

无气喷雾包衣装置主要由无气泵、液罐、程序控制器、自动喷枪及包衣机等组成。以现有包衣机进行粉糖包衣为例,操作过程如下。

(1)将糖浆和粉末按一定的比例配制成粉糖浆悬浮液,加适量黏合剂混合均匀后,经胶体磨磨细、磨匀,再加到液罐中。

(2)将液罐中的夹套水温调节到70~80℃,开启搅拌,使浆液均匀,不沉淀,并恒定在60~70℃。

(3)将包衣机内的喷枪放在适当的位置(一般喷嘴离片层约300mm距离),喷嘴角度调好(喷液扇面应垂直于片芯的运动方向)。

(4)调节压缩空气的减压阀,打开无气泵的气缸开关,并调节压力(以喷液压力为10MPa左右为准)。

(5)按产品要求编好程序控制器的输入数据。开启电源开关,控制器开始工作。

三、高效包衣机

高效包衣机的结构、原理与传统的敞口式包衣机完全不同。敞口式包衣机干燥时,热风仅吹在片芯层表面,并被返回吸出。热交换限于表面层,且部分热量由吸风口直接吸出而没有利用,浪费了部分热源。而高效包衣机干燥时热风是穿过片芯间隙,并与表面的水分或有机溶剂进行热交换。这样热源得到充分的利用,片芯表面的湿液充分挥发,因而干燥效率很高。高效包衣机工艺流程如图6-19所示。

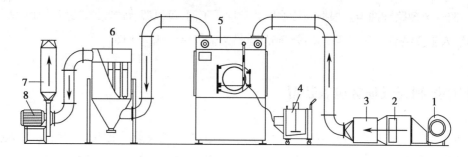

1—鼓风机;2—空气过滤器;3—加热器;4—配液桶;5—主机;6—出风除尘器;7—消
音器;8—引风机。

● 图6-19 高效包衣工艺流程

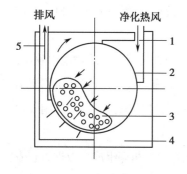

1—进气管;2—包衣锅;3—片
芯;4—外壳;5—排风管。

● 图6-20 网孔式高效包衣机

1. **锅型结构** 高效包衣机的锅型结构大致可以分成网孔式、间隔网孔式、无孔式三类。

（1）网孔式高效包衣机:包衣锅的整个圆周都带有 $\varphi 1.8 \sim 2.5mm$ 圆孔,如图6-20所示。经过滤并被加热的净化空气从锅的右上部通过网孔进入锅内,热空气穿过运动状态的片芯间隙,由锅底下部的网孔穿过再经排风管排出。由于整个锅体被包在一个封闭的金属外壳内。因而热气流不能从其他孔中排出。

热空气流动的途径可以是逆向的,也可以从锅底左下部网孔穿入,再经右上方风管排出。前一种称为直流式,后一种称为反流式。这两种方式使片芯分别处于"紧密"和"疏松"的状态,可根据品种的不同进行选择。

（2）间隔网孔式高效包衣机:间隔网孔式的开孔部分不是整个圆周,而按圆周的几个等分部位。一般是4个等分,也即圆周每隔90°开孔一个区域,并与4个风管联接,如图6-21所示。工作时4个风管与锅体一起转动。由于4个风管分别与4个风门连通,风门旋转时分别间隔地被出风口接通每一管道而达到排湿的效果。

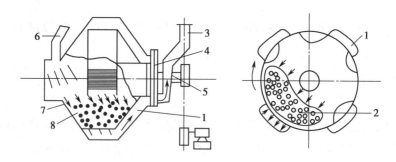

1—风管;2—网孔区;3—排风管;4—风门;5—旋转主轴;6—进风管;
7—锅体;8—片芯。

● 图6-21 间隔网孔式高效包衣机

旋转风门的4个圆孔与锅体4个管道相连,管道的圆口正好与固定风门的圆口对准,处于通风状态,如图6-22所示。

这种间隙的排湿结构使锅体减少了打孔的范围,减轻了加工量。同时热量也得到充分的利用,节约了能源,不足之处是风机负载不均匀,对风机有一定的影响。

（3）无孔式高效包衣机:无孔式高效包衣机是指锅的圆周没有圆孔,其热交换通过另外的形式进行。一般有两种类型,第一种如图 6-23 所示的将布满小孔的 2~3 个吸气浆叶浸没在片芯内,使加热空气穿过片芯层,再穿过浆叶小孔进入吸气管道内被排出。吸气管引入干净热空气,通过片芯层再穿过浆叶的网孔进入排风管并被排出机外。

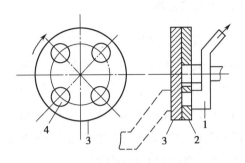

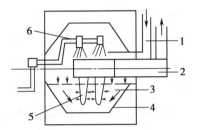

1—排风口;2—固定风门;3—旋转风门;4—锅体管道风口。

● 图 6-22　间隔网孔式高效包衣机风门结构图

1—进风管;2—排风管;3—片芯层;4—锅体;5—浆叶;6—喷枪。

● 图 6-23　无孔式高效包衣机

第二种如图 6-24 所示,采用了一种较新颖的锅型结构,其流通的热风是由旋转轴的部位进入锅内,然后穿过运动着的片芯层,通过锅的下部两侧而被排出锅外。

这种新颖的无孔式高效包衣机能实现一种独特的通风路线,是靠锅体前后两面的圆盖特殊的形状。在锅的内侧绕圆周方向设计了多层斜面结构。锅体旋转时带动圆盖一起转动,按照旋转的正反方向产生两种不同的作用,如图 6-25 所示。正转时(顺时针方向),锅体处于工作状态,其斜面不断阻挡片芯流入外部,而热风能从斜面处的空档中流出。反转时(逆时针方向)此时处于出料状态,这时由于斜面反向运动,使包好的药片沿切线方向排出。

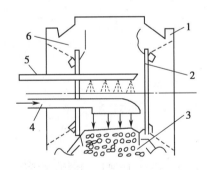

1—前盖;2—锅体;3—片芯层;4—进风管;5—液体管;6—后盖。

● 图 6-24　新颖无孔式高效包衣机

● 图 6-25　新颖无孔式高效包衣机结构简图

无孔式高效包衣机在设计上具有新的构思,设备除了能达到与有孔机同样的效果外,由于锅体内表面平整、光洁,对运动着的物料没有损伤,在加工时也省却了钻孔这一工序,而且设备除适用于片剂包衣外,也适用于微丸等小型药物的包衣。

2. 配套装置　高效包衣机是由多组装置配套而成整体。除主体包衣锅外,一般可分为四大部分,定量喷雾系统、供气系统、排气系统以及程序控制设备,如图 6-26 所示。

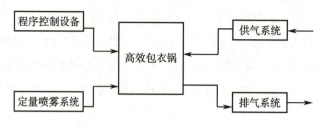

● 图6-26 高效包衣机的配套装置

定量喷雾系统是将包衣液按程序要求定量送入包衣锅,并通过喷枪口雾化喷到片芯表面。该系统由液缸、泵、计量器和喷枪组成。定量控制一般是采用活塞定量结构。它是利用活塞行程确定容积的方法来达到量的控制,也有利用计时器进行时间控制流量的方法。喷枪是由气动控制,按有气和无气喷雾两种不同方式选用不同喷枪,并按锅体大小和物料多少放入2~6只喷枪,以达到均匀喷洒的效果。另外根据包衣液的特性选用有气或无气喷雾,并相应选用高压无气泵或电动蠕动泵。而空气压缩机产生的压缩空气经空气处理后供给自动喷枪和无气泵。

供气系统是由中效和高效过滤器、热交换器组成。由于排风系统产生的锅体负压效应,使外界的空气通过过滤器,并经加热后到达锅体内部。热交换器有温度检测,操作者可根据情况选择适当的进气温度。

排气系统是由吸尘器、鼓风机组成。从锅体内排出的湿热空气经吸尘器后再由鼓风机排出。系统中可以安装空气过滤器,并将部分过滤后的热空气返回到送风系统中重新利用,以达到节约能源的目的。

供气和排气系统的管道中都装有风量调节器,可调节进、排风量的大小。

程序控制设备的核心是可编程序器或微处理机,一方面接受来自外部的各种检测信号,另一方面向各执行元件发出各种指令,以实现对锅体、喷枪、泵以及温度、湿度、风量等参数的控制。

第七节 压片机、包衣机的 GMP 验证

一、压片机的 GMP 验证要点

应考察的操作参数有压片机转速、冲模的配套性、片重调节装置,压制压力调节装置等。应验证的项目有外观、片重差异、片厚、硬度、溶出度(崩解时限)、含量、脆碎度。

二、包衣机的 GMP 验证要点

应考察的操作参数有锅的转速、进排风温度、风量、喷射速率、喷雾粒度、喷雾直径、包衣液用量、包衣液浓度等。应验证的项目有片面、片重差异、溶出度(崩解时限)。

全自动包衣机的 GMP 验证:

1. 安装确认 包衣机容量适应生产要求,材质为不锈钢,符合 GMP 要求,机器的结构适于清

洗,有自动控制系统,仪表符合计量要求且经过检验,安装地点和操作空间符合要求。有与包衣机所需要的公用工程与之配套,技术资料对操作方法有详尽的描述。

2. 运行确认　包衣机进行空载时,对以下参数和参数间的影响进行确认,温度、进风量、排风量、压差、喷液流量、喷射直径、雾化粒度等。

3. 性能确认　包衣机用空白片进行负载运转,对以下参数进行确认。例如,包衣机的物料填加量,锅的转速、空气流量、进风和出风温度、锅的内外压差、喷液流量和喷液直径、喷枪位置、包衣液的均匀度。

4. 工艺验证　制定对原辅料的要求,确定生处方和生产操作规程、质量标准、化验方法,并移交大生产。

本章思考题

1. 简述片剂的赋形。

2. 简述压片机的工作过程。

3. 简述压片机的制片原理。

4. 简述单冲式压片机的填充调节和压力调节。

5. 简述旋转式压片机各部件结构原理、片重和片厚调节。

6. 简述旋转式压片机操作与故障处理。

7. 简述高效包衣机的分类和工作原理。

8. 简述压片机、包衣机和自动包衣机的 GMP 验证要点。

第六章　同步练习

（康怀兴）

第七章　胶囊剂机械

　　胶囊剂系指原料药物或与适宜辅料充填于空心胶囊或密封于软质囊材中制成的固体制剂，可分为硬胶囊、软胶囊（胶丸）、缓释胶囊、控释胶囊和肠溶胶囊，主要供口服用。胶囊剂与片剂一样，具有剂量准确、质量稳定、产量大、成本低、有首过效应、有掩盖药物不良气味的功能和根据外表颜色易于区分药品的品种等特点。较之片剂，胶囊剂可不加或少加黏结剂或其他辅料，制备时也不需施加高的压力，因此服用后只要外囊溶解，药物即可以较快速度释放（一般 0.05~0.2 小时），药效快。因为囊壳的隔离作用，胶囊剂具有保护药物不受湿气、空气、光线的作用，从而保证了药物的稳定性。

　　硬胶囊（通称为胶囊）系指采用适宜的制剂技术，将原料药物或加适宜辅料制成的均匀粉末、颗粒、小片、小丸、半固体或液体等，充填于空心胶囊中的胶囊剂。其中空心胶囊是由食用明胶为主要原料的胶液制成的。软胶囊系指将一定量的液体原料药物直接包封，或将固体原料药物溶解或分散在适宜的辅料中制备成溶液、混悬液、乳状液或半固体，密封于软质囊材中的胶囊剂。可用滴制法或压制法制备，制备时在囊皮未干硬之前装填药物。软质囊材一般是明胶、甘油或其他适宜的药用辅料单独或混合制成。

　　药物制成胶囊时，可掩盖药物的不良气味和减少药物的刺激性，增加药物稳定性；提高药物在胃肠液中分散性和生物利用度。按比例填充不同释放度的薄膜包衣颗粒或小丸也可以制成缓释、控释或肠溶胶囊剂。具有颜色或印字的囊壳，不仅美观，而且便于识别。胶囊剂的生产关键是胶囊的制造质量及药物的充填技术。胶囊剂机械结构复杂，技术及质量要求严格。

　　胶囊剂的质量检查，其中水分检查除另有规定外，不得超过 9.0%。装量差异检查，0.30g 以下 ±10%，0.30g 及 0.30g 以上 ±7.5%（中药 ±10%），崩解时限和微生物限度检查，均应符合规定。

第一节　空心胶囊的制备

　　空心胶囊由胶囊体和胶囊帽两个部分套合而成，胶囊体的外径略小于胶囊帽的内径，二者可以套合，并通过局部的凹陷部位使二者锁紧，或用胶液将套口处黏合，以防止贮运中体与帽脱开和药物的散落。

　　空心胶囊的主要原料是明胶，其良好的可塑性等物理特性决定了它可成为空心胶囊的主要原料。为了增加其稳定性，生产空心胶囊还应添加适当的辅料。以下就空心胶囊的原料、辅料、主要生产工艺过程以及空心胶囊的质量和规格等方面进行相关叙述。

一、空心胶囊的原料

制备空心胶囊的主要原料是明胶。除了应该符合《中国药典》(2020年版)规定以外,还应具有一定的黏度、胶冻力和pH等。黏度能影响胶囊壁的厚度,胶冻力则决定空心胶囊的强度。明胶的来源不同,其物理性质也有较大的差别,如骨明胶,质地坚硬、性脆、透明度较差;皮明胶,则富有可塑性、透明度也好,两者混合使用较为理想。还有水解的方式不同,明胶的类型有A型和B型两种,A型明胶系用酸法处理得到的,等电点为pH 8.0~9.0;B型明胶系用碱法处理制得,等电点为pH 4.7~5.0。两种类型的明胶对空心胶囊的性质无明显影响,都可应用。在生产中多用A型和B型明胶混合后投料。

除了明胶以外,制备空心胶囊时还应添加适当的辅料,以保证其质量。适当加入一定量的甘油、羧甲基纤维素钠、羟丙基纤维素、油酸酰胺磺酸钠或山梨醇等,可增加空心胶囊的坚韧性与可塑性;适量的琼脂可增加胶液的凝结力,可以使蘸模后的明胶流动性减小;可以加入各种食用染料着色,可增加空心胶囊的美观度和便于成品的识别;如药物对光敏感,可加入2%~3%的二氧化钛,制成不透光的空心胶囊;为了防止空心胶囊在贮存中发生霉变,可加入对羟基苯甲酸酯类作防腐剂;为了增加空心胶囊的光泽,可加入少量的十二烷基磺酸钠。必要时也可加入芳香性矫味剂如0.1%乙基香草醛,或者不超过2%的香精油。

二、空心胶囊的生产工艺过程

一般的空心胶囊的生产工艺过程:溶胶→保温脱泡→蘸胶→整形→烘干→脱模→切口(定长度)→印字→套合→包装。

目前空心胶囊的生产普遍采用的方法是将不锈钢制的模具浸入明胶溶液形成囊壳的模具法。可分为溶胶、蘸胶制坯、干燥、拔壳、截割及整理等六个工序,亦可由自动化生产线来完成。操作环境的温度应为10~25℃,相对湿度为35%~45%,空气净化应达到D级。典型空心胶囊的制备机由蘸胶机、隧道式烘箱、脱模机、切断机、套合机、涂油机和成品输出部件等组成,生产空心胶可达36 000粒/h,效率高,成品质量好。

三、空心胶囊的质量和规格

空心胶囊的质量取决于胶囊制造机的质量和工艺水平,它是直接影响胶囊质量的因素,例如胶囊帽与体套合的尺寸精度,切口的光整度,锁扣的可靠性、胶囊的可塑性、吸湿性等。虽然空心胶囊制造商已经提供了合格的空心胶囊产品,但由于空心胶囊使用明胶原料的特性,其含水量的变化,依据环境的温度和湿度,在质量合格的范围内,水分的增减是可逆的,出厂时的含水量为13%~16%。如果运输及贮存得当,硬空心胶囊可贮存几年而不变形。最理想的贮存条件为相对湿度50%,温度21℃。如果包装箱未打开,而环境条件为相对湿度35%~65%、温度15~25℃,胶囊出厂后可保质9个月。假若环境超过上述条件,胶囊则易变形。变软时,帽体难分开;变脆时,易穿孔、破损。在使用时,会使机械无法正常工作。为了防止上述情况的发生,空心胶囊的运输和贮存要严格要求,即使包装时已有防潮措施,在夏天也要注意避免暴晒,贮存时不要将胶囊包装箱直接放在地板上,要远离辐射源和太阳直晒,更应避免水溅的情况。

空心胶囊除用各种颜色区别外,为便于识别胶囊品种,也可在每个空心胶囊上印字,国内外均有专门的胶囊印字机,一般每小时可印胶囊45 000~60 000粒。在印字用的食用油墨中添加8%~12%聚乙二醇-400或类似的高分子材料,能防止所印字迹磨损。

空心胶囊的尺寸规格已经国际标准化,我国药用明胶空心胶囊的型号由大到小分为000、00、0、1、2、3、4、5号共8种,号码越大,容积越小,其容积(ml±10%)分别为1.42、0.95、0.67、0.48、0.37、0.27、0.20、0.13。一般常用0~3号。

第二节　硬胶囊剂成型过程与设备

硬胶囊剂成型设备,一般是指将预套合的空心胶囊及药粉直接放入机器上的胶囊贮桶及药粉贮桶后,填充机即可自动完成填充药粉,制成胶囊制剂。此外机器上还带有剔除未拔开和未填充药粉的胶囊、清洁囊壳板等功能的辅助设施。完成整个生产过程的有全自动胶囊填充机和半自动胶囊填充机之分。

一、硬胶囊剂生产工艺流程

硬胶囊剂的生产工艺过程为:配料→制颗粒→充填→包装。

1. 配料与制粒　制颗粒的目的是保证装填于空心胶囊中的药物及辅料能混合均匀来保证准确的剂量。对于单一成分的细粉或虽为多成分但能确保均匀程度的粉体则可不必制粒而直接充填。以专门的微囊、微球的生产工艺和装备,将药物制成微囊、微球等,也可直接充填于硬胶囊中。有些硬胶囊填充机有2~3个充填工位,用来向同一粒硬胶囊充填不同成分的颗粒、微囊、小球等以实现胶囊剂的多种功能。

2. 充填　在填充机上首先要将杂乱无定向的空心胶囊按轴线方向排列一致,并保证胶囊帽在上、胶囊体在下。首先要完成空心胶囊的定向排列,并将排列好的胶囊落入囊壳板。然后将空心胶囊帽、体轴向分离,再将空心胶囊的帽、体轴线水平分离,以便于填充药粉。填充机上另一重要的功能是药粉的计量及填充。此外还有剔除未拔开的空心胶囊、空心胶囊的帽体对位并轴线闭合、成品胶囊移出及清洁空心胶囊板等功能。

二、硬胶囊生产设备

目前市场上现有的各种囊填充机,胶囊处理与填充机构基本是相同的,不同之处多是药粉的计量机构不同,有的是插管计量方式,有的是模板计量方式。从转台的运转形式上分有连续回转和间歇回转的两种形式。以下以间歇回转式胶囊填充机为例说明其主要结构和原理。

（一）全自动胶囊填充机

全自动胶囊填充机的主体结构包括空心胶囊斗、空心胶囊顺向器、转台、囊壳板、药料斗、计量转筒、填装转盘和电机传动机构等组成,如图 7-1 所示。

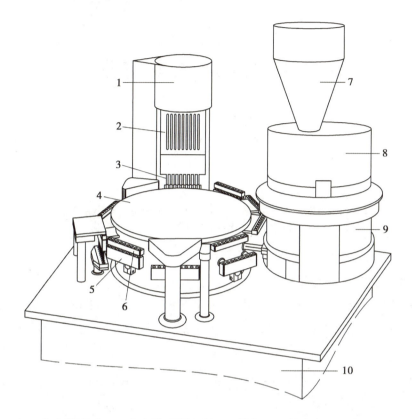

1—空心胶囊斗;2—空心胶囊顺向器;3—推杆;4—转台;5—下囊壳板;
6—上囊壳板;7—药料斗;8—计量转筒;9—填装转盘;10—电机传动机构
箱体。

● 图 7-1　全自动胶囊填充机主体结构

填充机上由转台为主体完成复杂结构,转台在电机传动机构的带动下,拖动空心胶囊板作周向旋转。围绕转台设置有计量装置、空心胶囊顺向器、空心胶囊帽体分离、剔除废囊、闭合、成品移出、清洁等工位。在工作台下边的机壳里装有传动系统,将运动传递给各装置及机构,以完成填充胶囊的工艺。胶囊填充机各工位功能如图 7-2 所示。

其各工位的作用如下,自囊壳料斗里的杂乱空心胶囊,经过工位 1 顺向器,使空心胶囊都排列成胶囊帽在上的状态,落入转台上的囊壳板孔中(每块囊壳板分上下两板)。在工位 2 上,利用上下囊壳板孔径的微小差异(胶囊帽直径大于胶囊体)和真空抽力,使胶囊帽留在上囊壳板,而胶囊体落入下囊壳板孔中。在工位 3 上,上囊壳板将胶囊帽移开,使胶囊体上口裸露出来,于工位 4 装置的下方进行计量填充。当遇有未拔开的胶囊时,整个胶囊始终悬吊在上囊壳板上,为了防止这类空心胶囊与装药的胶囊混合,在剔除废囊工位 5 上,将未拔开的空囊由上囊壳板中剔除,使其不与成品混淆。工位 6 是盖帽工位,使上下囊壳板孔轴线对位,利用外加压力将胶囊帽与装药后的胶囊体闭合。工位 7 是将闭合后的胶囊从上下囊壳板孔中顶出,完成成品移出的过程。工位 8 是清洁工位,利用吸尘系统将上下囊壳板孔中的药粉、碎胶囊皮等清除。

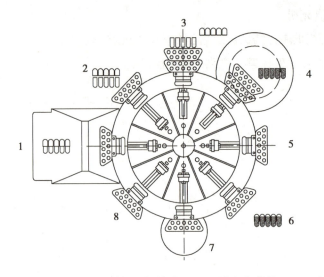

1—空心胶囊同向排列；2—帽体分开；3—露出胶囊体口；4—充
填药物；5—剔除废囊；6—盖帽；7—成品移出；8—清洁。

● 图7-2　全自动胶囊填充机各工位示意图

其主要部分的结构和工作原理如下。

1. 转台　根据上述各工位要求，在不同工位完成不同的如空心胶囊同向排列、帽体分开等动作，这是通过转台的结构及动作实现的。上、下囊壳板在转台上的结构如图7-3所示。

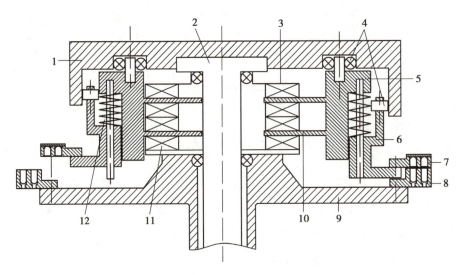

1—凸轮组；2—固定轴；3—轴承座；4—滚轮；5—滑块；6—滚轮架；7—上囊壳板；
8—下囊壳板；9—回转盘；10—滑杆；11—环形轴承；12—拉簧。

● 图7-3　全自动胶囊填充机转台结构

转台由固定不动的固定盘和进行间歇回转的回转盘9组成。固定盘由固定轴2和凸轮组1组成。转台主要有两个动作，一是带动上、下囊壳板转到不同工位；二是在不同工位移动上囊壳板做上移、内收的动作。在转台工作中，下囊壳板8直接固定在回转盘9上，其回转半径始终不变。上囊壳板7固定在做上下轴向滑动的滚轮架6上，滚轮架6的顶部装有能沿水平方向旋转的滚轮4，在拉簧12的作用下，滚轮4始终沿着固定在固定轴2上的凸轮组1（下端面上为圆柱凸轮曲线）滚动，滚轮轴线随着凸轮曲线的高低而上下，从而带动上囊壳板7沿高度线方向上离开或靠近下囊壳板8。与此同时,装有上囊壳板7的滚轮架6套在滑块5的两根导柱上,当滚轮架6上下运动时,不但受凸轮曲线导向,还受导柱导向作用,以确保囊壳板的囊孔轴线总是垂直的。滑块5的顶部装有轴线铅垂的滚轮4,当回转盘9回转时,滚轮4又受凸轮组1上的平面盘形凸轮曲线槽导向,从而拖动滑块5作径向辐射状的外伸或内缩运动。轴承座3是一个复合的滚动轴承座,在环形轴承11座上呈径向辐射状装有12对轴承。滑块5上的滑杆10就是在滚动轴承的导引下,控制上囊壳板7在沿凸轮组曲线运动时,始终保持与下囊壳板8在同一半径方向上。这样当回转盘9带动上、下囊壳板进行转位时,受到固定的组合轮导向,上囊壳板7将所带胶囊帽做相对下囊壳板8上的胶囊体完成如帽体分开,露出胶囊体口和盖帽等动作。

2. 填充计量装置　目前,常见的全自动胶囊填充机填充计量方式有插管式计量、模板式计量、真空吸附和滑块计量等方法,以下以插管式计量、模板式计量、真空吸附为例进行介绍。

（1）插管计量装置:插管计量装置原理如图7-4所示。

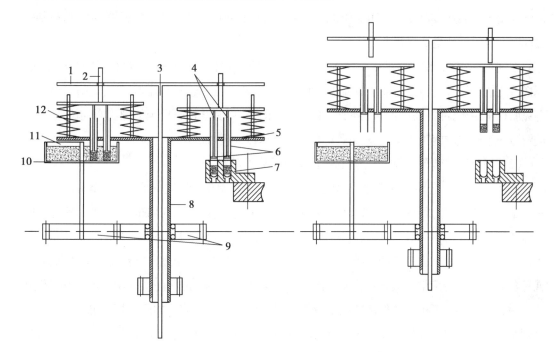

1—推杆架;2—调节杆;3—推杆;4—冲杆;5—插管架;6—插管;7—囊壳板;8—主轴;9—齿轮;
10—药粉盒;11—刮板;12—弹簧。

● 图7-4　插管计量装置

插管架5上装有若干对插管与冲杆,对称排列于推杆3的两侧。一侧对着药粉盒10,一侧对着囊壳板7。冲杆4套在插管6内,二者之间只有极小的配合间隙（0.1mm）。插管内径略小于胶囊体内径。冲杆与插管由主轴8拖动,同步间歇做180°回转。在回转的间歇时间内,推杆3被带槽的盘形凸轮控制做上下往复动作,它不回转。同时插管架5也受到盘形凸轮控制,形成上下往复动作。两个盘形凸轮的曲线保证了冲杆与插管在同步下移一段时间后,冲杆会有一段单独下行时间,之后二者同步上升归位。在冲杆及插管间歇时,通过齿轮9的带动药粉盒10也做间歇运动,固定不动的刮板11将药粉盒内的药粉刮平。在冲杆与插管做上下动作时,药粉盒保持不动。对着药粉盒上方的一组插管下行插入药粉盒,穿过粉层至粉盒底部,插管内就形成一定体积的药粉柱,同时冲杆相对插管进行下行运动将药粉柱压实,至此完成一次计量动作。当药粉柱随插管上行后间歇旋转180°处于囊壳板上方时,冲杆再次下行运动将药粉柱推出插管,落入胶囊体中,同时另一侧插管内形成药粉柱。图7-4右图所示的位置是推杆与插管上行到上限,并旋转的180°时的状态。转动调节杆2即可改变其下端的伸出长度,当推杆下行时,冲杆受压的下行幅度就得到调整,从而满足不同的药粉柱高度要求及推出药粉柱的动作幅度。

在插管计量中,药粉柱的重量决定于它的体积和比容。药粉柱的体积是由药粉盒内粉层高度、插管内径决定的。药粉柱的比容则由药粉柱的松实程度而定。因此要根据不同药粉的性质进行调节得到适当药粉柱质量。插管内径及冲杆的相对行程可通过结构设计及制造精度来保证。使用前精心调整推杆及主轴的两个凸轮曲线的相对位置,即可达到所要求的药粉柱质量。

生产时药粉柱质量主要是靠刮板进行调节的,刮板、耙料器等装置控制药粉盒内药粉层高度和药粉的松实程度。调节时要依药粉的性质而定,当药粉较黏、流动性较差、如羽毛状结晶或轻体药粉易结团块、架桥形成空穴等易使计量精度超差时,需将药粉耙松、翻匀、刮实后方能保证每次插管计量药粉质量符合要求。如果药粉黏度较低、流动性较好,则利用刮板将粉层刮平,控制药粉层厚度即可保证计量精度要求。

在使用插管式计量填充药粉时还应注意调节插管与冲杆的相对行程,避免药粉柱压不实,否则插管里的药粉柱在转位时会松散掉落。另一方面也应防止黏性药粉压得过实而粘在冲杆端部。为克服这个缺点,冲杆在插管内上下运动时,冲杆上有一销钉将沿管壁上的螺旋槽旋转,使冲杆与插管有一个微小的旋转动作,以避免药粉粘在插管壁或冲杆端部。

(2)模板计量装置:模板计量适合于流动性较好的药粉。

如图7-5所示,药粉盒底部是计量模板2,工作时药粉盒带着药粉做间歇回转运动。图7-5的左图是药粉盒的周向展开图,计量模板上开有6组贯通的模孔,呈周向均布。a~f代表各组冲杆3,各组冲杆3的数目与各组模孔的数目相同。各组冲杆安装在同一横梁上,并由凸轮机构带动做上下往复运动。在冲杆上升后的间歇时间内,药粉盒间歇回转一个角度。药粉盒每次的回转角度,就是各组模孔的分度值。故计量模孔中的药粉就会依次被各组冲杆压实一次。当冲杆自模孔中抬起时,粉盒转动,模板上边的药粉会滑落填满模孔中剩余的空间。如此反复地进行填充、压实,直到第f次时,第f组冲杆的位置最低,将模孔中的药粉柱推出计量模板,使其落入停在下边的空心胶囊体内,完成一次填充工作。在第f组冲杆位置上还一个不运动的刮粉器5,利用刮粉器与模板之间的相对运动,将模板表面上的多余药粉刮除,以保证f位不漏药粉。

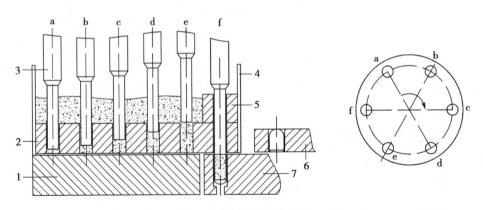

1—托板;2—计量模板;3—冲杆;4—药粉盒;5—刮粉器;6—上囊壳板;7—下囊壳板。

● 图7-5 模板计量装置

图 7-5 中各组冲杆的高度不同,其高度可调。当各组冲杆同时下压时,每个模孔内药粉的压实程度不同,通过调节冲杆高度可以对药粉柱的质量进行微调。当不同的药物需要大的计量调节范围时,则需要更换不同孔径及厚度的计量模板和更换相应尺寸的冲杆。模孔的孔径精度及相对位置精度和冲杆的安装位置精度都要求很高,否则会造成冲杆和模孔的摩擦。因此模板计量装置的制造、调试精度较高,其具有剂量调节范围较广、剂量精度高等优点,但其成本和维护费用也相对较高。生产中也发现这种计量装置对一些黏度大,相对密度小的药物较难控制计量精度,还会发生计量模板与托板相黏合的情况。

（3）真空吸附计量装置：真空吸附方式,主要是利用真空负压将微丸吸满一定体积后,通过主轴旋转至对侧,将小丸灌装到空心胶囊内,这样的填充方式对药物微丸表面没有伤害,适用于对颗粒表面完整要求较高的物料。图 7-6 真空吸附计量装置由计量管、计量杆、压出机构、传动机构、药料斗等组成,是一种目前较为理想的微丸计量及充填装置,其每套装置配有两组计量管,其工作过程是一组计量管插入药料斗内,经真空吸附一定容量的微丸,另一组计量管位于胶囊体正上方,计量管装置升高到一定高度,计量管装置旋转 180°,下降到原始高度,吸附微丸的一组计量管位于被灌注胶囊体的上方,解除负压,压出机构压出计量杆,将计量管内的微丸推出注入到下囊壳板。

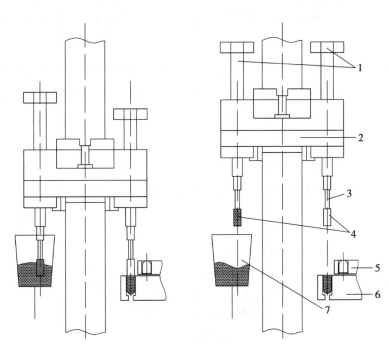

1—压出机构；2—传动机构；3—计量杆；4—计量管；5—上囊壳板；6—下囊壳板；7—药料斗。

● 图 7-6　真空吸附计量装置

3. 空心胶囊排列、定向装置

（1）空心胶囊斗和排列装置：为保证空心胶囊在储运中不变形,空心胶囊均是帽体套合在一起的。空心胶囊在填充药粉前必须使胶囊帽在上、胶囊体在下才能完成,所以胶囊填充机通常都有空心胶囊排列定向装置。空心胶囊斗多置于较高位置上,斗底连接一个贮囊盒。利用胶囊光滑的外形,空心胶囊自空心胶囊斗底部自由滑入贮囊盒中,贮囊盒由不锈钢制成,结构如图 7-7 所示。

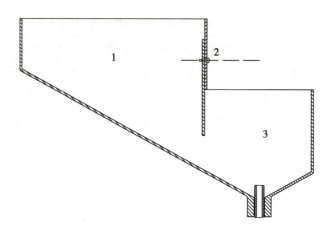

1—空心胶囊接囊部分；2—调节板；3—空心胶囊供囊部分。

● 图 7-7　空心胶囊贮囊盒

　　一块调节隔板将贮囊盒分成接囊和供囊两部分。接囊部分接受自贮桶内滑落的胶囊，供囊部分并联有几个落囊通道，其数目的多少应与囊壳板上的孔数相对应。调节隔板的作用是控制和保持各落囊通道端部有一定量的胶囊。胶囊太多，易被顶碎、卡住；胶囊太少，不能确保通道中落满胶囊。通道可以是弹簧钢丝螺旋绕制管、乳胶管等柔性的，也可以是用有机玻璃、铝合金等刚性的板材上加工有一组通孔。借助排囊壳板做上下往复运动，使表面光滑、易于滑动的空心胶囊自行进入通道。

　　图 7-8 所示为刚性通道，又称为排囊壳板的纵向剖视示意图，在垂直板面方向上，可以有若干平行的滑道。空心胶囊通过排囊壳板上下往复运动进入滑道。排囊壳板上端应避免尖锐边缘，以防止扎破胶囊，由于空心胶囊是靠重力和排囊壳板上下往复运动而引入通道中的，因此必须保持滑道清洁光滑，无阻碍物存在，方能使胶囊顺利下落。

　　排囊壳板 2 的每个通道出口均有一个压囊杆 4 能将胶囊卡住，压囊杆均紧固在压囊杆架 5 上，当排囊壳板在下行送囊时的同时压囊杆架 5 旋转一定角度，从而使压囊杆脱离开胶囊，释放一

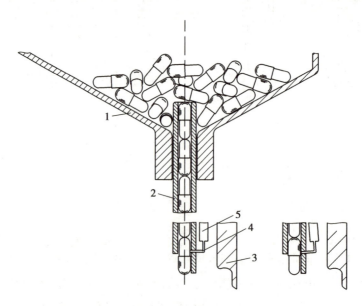

1—贮囊盒；2—排囊壳板；3—推爪；4—压囊杆；5—压囊杆架。

● 图 7-8　排列装置

粒空心胶囊;当排囊壳板上行时,压囊杆架 5 回到原来位置,压囊杆又将下一个空心胶囊压住,因此排囊壳板一次行程只能允许一粒空心胶囊的下落。

（2）空心胶囊定向装置:自由滑落的空心胶囊在排囊壳板通道中有两种状态,空心胶囊的帽在上和帽在下,当排囊壳板下降到最低处,同时压囊杆打开,胶囊停留在囊座滑槽中。为使其定向排列,水平往复动作的推爪使胶囊在定向囊座的滑槽内水平运动,如图 7-9 所示。

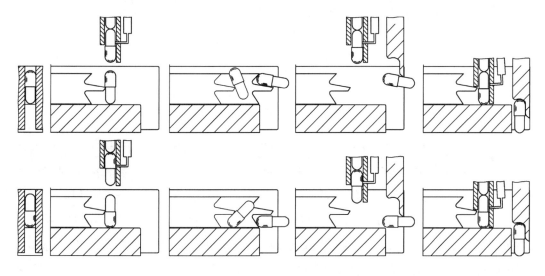

● 图 7-9　空心胶囊定向过程

由于胶囊帽直径大于胶囊体直径,定向囊座的滑槽宽度（如图 7-9 左起第一图所示）略大于胶囊体直径而略小于胶囊帽的直径,这样就形成滑槽对胶囊帽的一定摩擦阻力,而与胶囊体并不接触。虽然空心胶囊出厂时体帽是合在一起的,但并未锁紧,因此空心胶囊总是胶囊体长于帽。当推爪推空心胶囊时,无论是帽在上或帽在下的情况,推爪顶端都能顶在胶囊体上,因此,当推爪推动胶囊体运动时,推爪与滑槽对胶囊帽的摩擦阻力点之间形成一个力矩,这样随着推爪的运动,就发生了胶囊的调头运动,永远使胶囊体朝前地被水平推到定向囊座的右边缘,铅垂运动的压爪将胶囊再翻转 90°,垂直地推入到囊壳板孔中。图 7-9 是空心胶囊帽在上或帽在下的两种定向情况。

4. 帽体分开机构　帽体分开机构的作用是将套合着的空心胶囊帽体分离,如不能完全、有效地在此机构上使空心胶囊帽体分离,则直接影响填充药粉的工作。现有的机型多是利用真空吸力将套合的空心胶囊拔开,此机构中除真空系统（包括真空泵、真空管路、真空电磁阀等）,还有气体分配板等结构,可以保证囊壳板上欲同时分开的几个空心胶囊受到相同的真空吸力。如图 7-10 所示。

当转台的上囊壳板接住定向囊座送来的空心胶囊后,真空气体分配板 3 与下囊壳板的下表面贴严,此时由真空电磁阀控制,真空接通。和真空气体分配板同步上升的有一组顶杆 4 伸入到下囊壳板的孔中,使顶杆与气孔之间形成一个环隙,以减少真空空间。上下囊壳板孔径不同,且上下囊壳板设计有台阶孔,上囊壳板的台阶小孔尺寸小于囊帽直径,当真空吸囊时,此台阶可以挡住囊帽下行,囊体直径较小,就被吸落到下囊壳板孔中。下囊壳板的台阶小孔是保证囊体下落时到一定位置即自行停位,不会被顶杆顶破。至此完成了空心胶囊帽、体分离的过程。

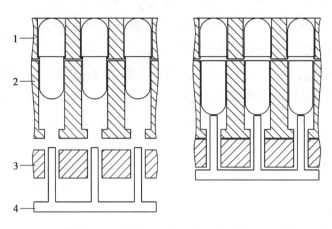

1—上囊板；2—下囊板；3—真空气体分配板；4—顶杆。

● 图7-10 帽体分离工位

5. 填充与送粉机构 在空心胶囊帽、体分离后，回转工作盘转位时，上囊壳板孔的轴线靠凸轮组拖动，与下囊壳板轴线错开，以便于药粉柱的填充。经计量装置制成的药粉柱被推出计量模板或插管时，药粉柱靠自重落入其下方的胶囊体中，从而完成向胶囊中填充药粉的动作。

为保证计量准确及药粉斗内粉层有一定高度，要不断地向药粉斗内补充所消耗的药粉。通常在填充机上亦设置有送粉机构。送粉机构由贮桶及输送器组成。药粉贮桶多置于机器的高位上，桶内设有低速回转的搅拌桨，以防桶内药粉搭桥而不能顺利供粉。贮桶底部开孔处设有一个螺旋输送器（俗称绞龙）。当药粉斗内粉层降低到一定高度后，电气系统将自动打开螺旋输送器电机，把药粉输送到粉盒内。待药粉斗内粉层达到需要高度后，电机自动关闭，停止送粉。这里还需要有一套精小的减速装置提供搅拌桨及输送器的动力。

有的机型则是采用电磁振荡机构，当药粉层低于规定的高度，电磁振荡自行开启，将药粉补充到药粉斗内，待达到需要的粉层高度后，振荡自行停止。

6. 剔除机构 在某些情况下会出现空心胶囊在帽体分开工位靠真空吸力无法使帽、体分开的情况，于是空心胶囊会一直拖在上囊壳板孔中，不能正常填充药粉，为防止这些空心胶囊与装粉的成品混淆，需要在帽、体闭合前，先从错开轴线的囊壳板孔中将空心胶囊剔除，此机构如图7-11所示。

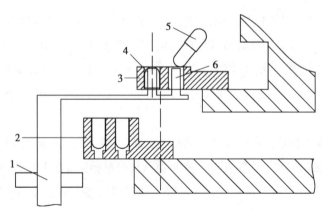

1—顶杆架；2—下囊壳板；3—上囊壳板；4—胶囊帽；5—未拔开胶囊；6—顶杆。

● 图7-11 剔除机构

在剔除工位上，一个可以上下往复运动的顶杆架 1 装置于上囊壳板 3 和下囊壳板 2 之间，当上、下囊壳板转动时，顶杆架停在下限位置上，顶杆 6 脱离开囊壳板孔。当囊壳板在此工位停位时，顶杆架上行，安装在顶杆架上的顶杆插入到上囊壳板孔中，如果囊壳板孔中存有已拔开的胶囊帽时，上行的顶杆与囊帽不发生干涉，如图 7-11 中胶囊帽 4 的状态；当囊壳板孔中存有未拔开的空心胶囊时（如图 7-11 中未拔开胶囊 5 的状态），就被上行的顶杆顶出上囊壳板，并借助压缩空气，将其吹入集囊袋中。

7. 胶囊闭合机构　经过剔除工位以后，在回转工作盘转位过程中，上囊壳板孔轴线在凸轮组控制下，沿回转工作盘半径外伸至与下囊壳板孔轴线重合，最终使置于上、下囊壳板孔中的空心胶囊帽、体轴线对中。当轴线对中的上、下囊壳板一同旋转到闭合工位时（如图 7-12 所示）。

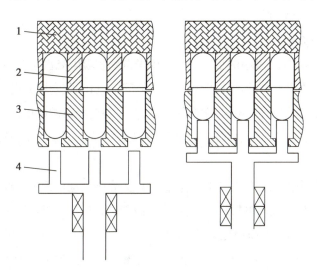

1—弹性压板；2—上囊板；3—下囊板；4—顶杆。

● 图 7-12　闭合机构

处在囊壳板上方的弹性压板 1 与下方的顶杆 4 开始相向运动。弹性压板向下行，将胶囊帽压住，顶杆开始上行，自下囊壳板孔中插入顶住胶囊体底部，随着顶杆的上升，胶囊帽、体被闭合，锁紧。调整弹性压板及顶杆相向运动的幅度，可以适应不同型号胶囊闭合的需要。

8. 成品移出机构　胶囊剂成品是利用出料顶杆自下囊壳板下端孔内由下而上将胶囊顶出囊壳板孔的，如图 7-13 所示。

当囊壳板孔轴线对中的上、下囊壳板携带闭合好的胶囊回转时，出料顶杆在下囊壳板下方。当转台停位时，出料顶杆靠凸轮控制上升，将胶囊顶出囊壳板孔。为使其排出顺畅，一般还在侧向辅助以压缩空气，利用风压将顶出囊壳板的胶囊吹到出料滑道中去，以备下道工序包装。

9. 清洁机构　上、下囊壳板在经过帽体分离工位、填充药粉、出料等工位后，难免有药粉散落及胶囊破碎等情况发

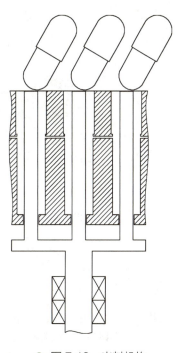

● 图 7-13　出料机构

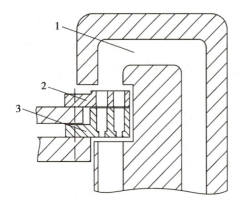

1—清洁室；2—上囊板；3—下囊板。

● 图 7-14　清洁机构

生，以至污染了囊壳板孔，这样就会影响下一周期的工作。为此在填充机上设置了清洁机构，如图 7-14 所示。

清洁室 1 上开有风道，可以接通压缩空气及吸尘系统。当囊孔轴线对中的上、下囊壳板在转台拖动下，停在清洁工位时，正好置于清洁室缺口处，这时压缩空气开通，将囊壳板孔中粉末、碎囊皮等由下囊壳板下方向上吹出囊孔。置于囊壳板孔上方的吸尘系统将其吸入吸尘器中，使囊壳板孔保证清洁，以利于下一周期排囊、填充药粉的工作。

（二）半自动胶囊填充机

对于药品生产品种多、批量小的生产则多采用半自动胶囊填充机。在半自动胶囊填充机中，由于加入的人工辅助动作不同，其结构形式也不尽相同，半自动胶囊填充机多是利用机械动作自动完成排囊、帽体分离工位、填充药物、闭合等功能，并且各功能分做成单机，而帽体分离、剔除废囊、顶出、清洁囊壳板以及各单机之间连续过程则由人工完成。各单机动作简单，结构简单、造价低廉、维修也方便。

常见的半自动胶囊填充机，如图 7-15 所示。空心胶囊杂乱地堆积于上部的空心胶囊斗中，随着排囊器的上下运动使空心胶囊进入平行的滑道，排成垂直列，然后借机器下部空心胶囊顺向器，使空心胶囊取向为胶囊体在下模板之中，帽在上模板之中。手工分开上下模板，将装有胶囊体的下模板移至充填器进行药粉充填。充填后的胶囊体下模板合上上模板并置于闭合推杆架上，合上闭合档板进行闭合，闭合后成品在闭合推杆进一步推动下推出模板，完成生产。本排囊机适用 0、1、2 号胶囊，模板上插胶囊孔数 1、2 号为 300 孔 / 板及 0 号 260 孔 / 板，生产能力为 20 000 粒 /h。

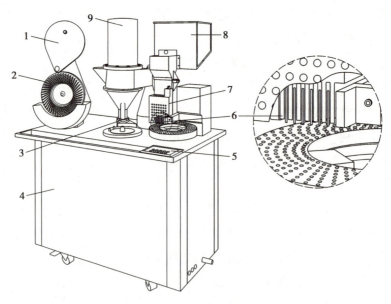

1—闭合档板；2—闭合推杆；3—填装转盘；4—电机传动机构箱体；5—控制按键；6—胶囊推杆；7—空心胶囊顺向器；8—空心胶囊斗；9—药料斗。

● 图 7-15　半自动胶囊填充机结构

插满空心胶囊的模板置于充填器上,将充填器左上方的翻板翻下与模板闭合,此时囊帽进入翻板之中,将翻板向左上方翻开时即将囊帽打开,模板上的囊身敞口处于等装料状态,将药粉在振荡下充填至定量,再将翻板翻下使囊身与帽结合,充填完成。TCH87-1 胶囊充填器同样适用于 0、1、2 号胶囊,生产能力为 5 000~10 000 粒 /h。

第三节　软胶囊剂成型过程与设备

软胶囊制剂与一些口服液相比,具有携带方便、易于服用等特点。

软胶囊剂和硬胶囊剂一样能掩盖药物的不良气味,减少刺激性,防止氧化分解以增加药物的稳定性。它是将油类或对明胶物无溶解作用的非水溶性的液体或混悬液等封闭于空心胶囊中而成的一种制剂。口服用时,当外壳溶解后液体或混悬液药物比较容易吸收。软胶囊的外壳形状种类很多,有球形、橄榄形等,球形、橄榄形常用于药物(如维生素 E、月见草油等);其他形状则多见于化妆品等外用的场合(如含维生素 E 的精华素等)。软胶囊也可制成栓剂供直肠用,比起固体栓剂可以不在低温下贮存。

制备软胶囊剂常用的设备有滴制式软胶囊机和滚模式软胶囊机等。

一、滴制式软胶囊机

1. 滴制式软胶囊机生产工艺流程　如图 7-16 所示,将明胶、甘油、水和其他添加剂(防腐剂、着色剂等)利用电加热器加热熔制成胶液,盛放在明胶液箱 1 内,并保持恒温,其底部有导管与定

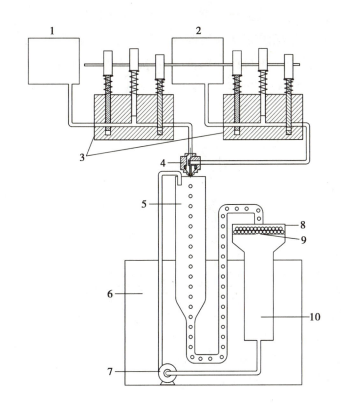

1—明胶液箱;2—药液箱;3—定量控制器;4—软胶囊成型装置;5—液体石蜡冷却筒;6—冷却箱;7—泵;8—成品箱;9—软胶囊滤过网;10—液体石蜡贮箱。

● 图 7-16　滴制式软胶囊机工艺流程

量控制器 3 相连接,定量控制器 3 内有定量柱塞泵,用柱塞泵将药液及胶液按比例定量地挤入软胶囊成型装置 4 内。在通过成型装置出口的瞬间,药液被包裹在胶液中。包裹着药液的胶丸滴入液体石蜡当中,胶液冷却固化形成一粒粒软胶囊。滴制出的软胶囊经酒精清洗,去除表面的液体石蜡,烘干后即成为合格的软胶囊制剂,鱼肝油丸、维生素胶丸等均属此类制剂。

滴制式软胶囊机上有个两层的框式机架,机架上层设隔板,板上用来安装动力减速系统,隔板的下方吊装有液体石蜡的循环系统;机架下层设有台面板,台面板上安装有明胶液箱、药液箱。泵的动力来自蜗轮减速器的移出轴,经热胶箱及药液箱上的传动轴,再通过凸轮传给胶液及药液定量柱塞泵。软胶囊成型装置设于台面板上,一台滴制式软胶囊机可设置有一个或两个软胶囊成型机构。

2. 滴制式软胶囊机简介

（1）软胶囊成型机构:如图 7-17 所示,它由主体 2、滴头 3、滴嘴 5 等零件组成。滴制式软胶囊机工作时由柱塞泵间歇地、定时地将热熔胶液经胶液进口注入到主体中心孔中。热熔胶液通过主体的通孔,流入到滴头 3 顶部的凹槽里,再通过与凹槽相通的两个较大通孔继续下流,流经滴头底部周围均布的 6 个小孔（图中只画出 2 个孔）。其后胶液沿滴头 3 与滴嘴 5 所形成的环隙滴出,此时胶液是个空心的环状滴。由于胶液的表面张力使其自然收缩闭合成球面。在胶液滴出的同时,药液通过连接管注入到滴头内孔之中,自滴头滴出的药液就被包裹在胶液里面,一起滴到冷凝器的液体石蜡之中。由于热胶液遇冷凝固而形成球形软胶囊。为保证液体石蜡不因软胶囊滴入而升温,在液体石蜡筒外周进入冷却水加以冷却。

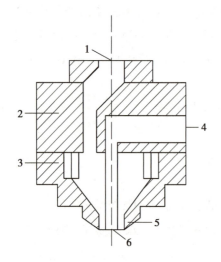

1—胶液进口;2—软胶囊成型装置体;
3—软胶囊成型装置滴头;4—药液进口;
5—滴嘴;6—药液出口。

● 图 7-17　滴制式软胶囊机成型机构

（2）软胶囊计量泵:对于合格的软胶囊丸,每次滴出的胶液和药液的质量各自应当恒定,并且两者之间比例应适当。准确的计量装置采用的是柱塞式计量泵,如图 7-18,浸在药液箱中的柱塞式计量泵的泵体上装有三个

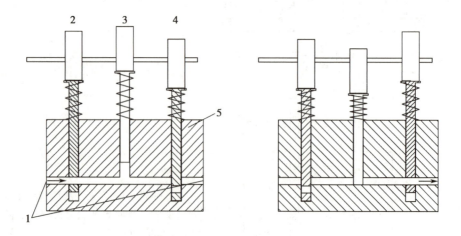

1—药液进出口;2、3、4—柱塞;5—泵体。
● 图 7-18　软胶囊计量泵

可以调节行程的柱塞。柱塞的外径与泵体 5 的通道配合严密,以保证密封。柱塞 2 和柱塞 4 具有启闭泵体通道的作用,当柱塞下端的环槽与泵体上的横孔对中时,药液可以通过,反之孔道关闭。中间的柱塞 3 没有横孔,在工作中起吸、推药液的作用。三个柱塞分别由三个凸轮控制其做往复升降动作,三个凸轮由同一根轴传动,当柱塞 3 受凸轮控制开始下降时,柱塞 2 先下行,将入口通道封闭,防止被吸到泵体中的药液倒流出去;此时柱塞 4 上升,其环槽与泵体通孔相对,通道打开,药液被推挤出泵体,如图 7-18 右图所示,其后,柱塞 4 下降,封住出口,柱塞 3 提升,药液吸入横孔,如图 7-18 左图所示,如此往复动作,通过计量柱塞每次均挤出定量的药液或明胶液。

滴制式软胶囊机生产中遇到外形不规则,如不圆或形如蝌蚪,多是明胶熔制不合格(浓度、黏度不合格)或是液体石蜡的温度过高,胶丸不能及时冷却固化所致;滴头与喷嘴间的间隙也将直接影响胶丸的成形质量。此外,有时胶液与药液的滴出时间不匹配,则需调整控制柱塞行程的凸轮在传动轴上的安装方位,使胶液与药液的滴出时间相匹配。

二、滚模式软胶囊机

1. 滚模式软胶囊机生产工艺流程　软胶囊剂的生产工艺流程大体可分为化胶、配料、充填、洗涤、干燥等工序。

(1)化胶:软胶囊壳比硬胶囊壳稍厚且弹性大、可塑性强,这取决于胶囊的配方,即干明胶、增塑剂(甘油、山梨醇或两者混合物)的适当比例。按一定配方的配料投入化胶罐。

(2)配料:配料包括胶料的配制与内容物的配制(如药物、植物油),后者称量混合均匀后放入料桶之中。

(3)充填:充填通常采用旋转模压法,目前使用的 RJNJ-2 机组如图 7-19 所示。该机组由主机与干燥机组成。主机用于软胶囊的成型,将溶解有主药的植物油或其他与明胶有溶解作用的液体、混悬液或糊状物定量喷注于两条连续生成的明胶带之间,经一对相向旋转的成囊模辊压制成一定形状、大小的密封软胶囊。

(4)洗涤、干燥:在主机中充填成囊时明胶带外表面因为机器的润滑使用了液体石蜡,软胶囊外表会附着的液体石蜡,需用乙醇洗涤除去。为了保证软胶囊形状外观,其干燥一般是置于转笼中的,在低温低湿度空气和转动的状态下进行。

2. 滚模式软胶囊机简介　滚模式软胶囊机由主机、软胶囊输送机、定型干燥机、电气控制柜、明胶贮桶和药液贮桶等多个单体设备组成。

图 7-19 所示为软胶囊机主机的外形图,内装的电动机是主机的动力源,机身内还装有主机的动力分配及传动机构,药液盒 7、明胶桶 6 置于高处,以一定流速向主机上的涂胶盒和供药斗内流入明胶和药液,其余各部分则直接安置在工作场地的地面上。机身的前部装有喷体 4 及一对滚模 5、一对导向筒 3 和剥丸器 11 等。供药泵 1 置于机身上方,其顶部有药液盒 7,供药泵的动力由机身中传出,供药泵是由两组共五个连动的柱塞组成的柱塞泵用来向喷体内定量喷送药液。机身两侧各配置有一个胶带鼓轮 10、一对涂胶盒 9,配制好的胶液由吊挂的明胶桶 6 靠自重沿明胶导管流入涂胶盒 9,通过涂胶盒下部开口将明胶涂布于胶带鼓轮 10 表面上。由于主机后方有冷风吹进,

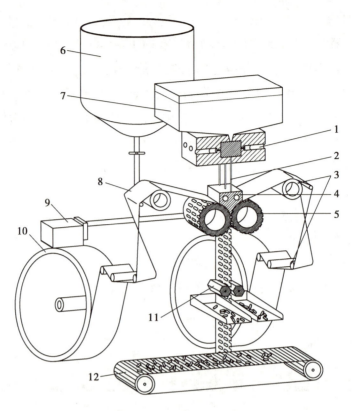

1—供药泵;2—输药管;3—导向筒;4—喷体;5—滚模;6—明胶桶;7—药液盒;8—胶带;9—涂胶盒;10—胶带鼓轮;11—剥丸器;12—传送带。

● 图 7-19　软胶囊机主机

使胶带鼓轮冷却,因此涂布于鼓轮上的胶液在胶带鼓轮表面上形成胶带,调节涂胶盒下部开口的大小就可以调节胶带的厚度,胶带经油辊系统及导向筒后被送入楔形喷体 4 和滚模 5 之间的间隙内。喷体上装有加热元件,使得胶带与喷体接触时被重新加热变软,以便于胶囊的喷挤成型及使两侧胶带能可靠地粘接一体,制成合格的胶囊。

配制好的药液从吊挂的药桶流入主机顶部的供药斗内,并由供药泵的五根供药管从喷体上的喷药孔定量喷出。

机头前面的剥丸器是用来将成型后的胶囊从胶带上剥落下来,机身的下部有一个拉网轴,用来将脱落完胶囊的网状废胶带垂直下拉,以便使胶带始终处于绷紧状态。

在机身及供药泵内各装有一个润滑泵,向润滑主机上相对运动的部位供油。

链带式输送机是用来将生产出来的软胶囊输送到定型干燥机内。定型干燥机是由数节可正、反转的转笼组成,转笼用不锈钢材料制成,转笼内壁上焊有螺旋片。当转笼正转时,转笼内的胶囊边滚动边被风机送来的清洁风所干燥,反转时则将初步干燥好的胶囊排出转笼。

主要机构的结构原理如下。

（1）胶带成型装置:由明胶、甘油、水及其他添加剂（如防腐剂、着色剂等）加热熔制成的胶液置于吊挂着的明胶桶内,温度控制在 60℃左右。通过保温导管,胶液靠自重流入到机身两侧的涂胶盒内。涂胶盒是长方体的,其纵剖面如图 7-20 所示。

涂胶盒内设置有电加热元件以使盒内明胶保持 36℃左右恒温,既可防止胶液冷却凝固,又能

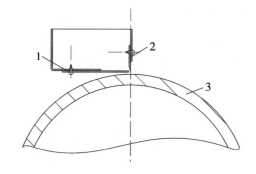

1—流量调节板；2—厚度调节板；3—胶带鼓轮。

● 图 7-20　涂胶盒示意图

保持胶的流动性，以利于胶带的生产。涂胶盒的底部及后面各有一块可以调节的活动板，调节这两块滑动板，可以使涂胶盒底部形成一个开口。流量调节板 1 的移动可加大或减小开口，使胶液流量增大或减少，厚度调节板 2 的移动，则可调节胶带成形的厚度。涂胶盒的开口位于旋转的胶带鼓轮的上方，随着胶带鼓轮的平稳转动，胶液通过涂胶盒下方的开口，靠自重涂布于胶带鼓轮的外表面上。鼓轮的宽度与滚模长度相同。胶带鼓轮外表面光滑，表面粗糙度 Ra 值不大于 $0.8\mu m$。胶带鼓轮的转动要求平稳，以保证胶带生成的均匀。由于主机后部有冷风吹入（冷风温度以 8~12℃为宜），使得涂布于胶带鼓轮上的胶液在鼓轮表面上冷却并形成胶带。为了能使胶带在机器中连续、顺畅地运行，在胶带成型过程中还设置了油辊系统，油辊系统是由上、下两个平行钢辊输引胶带行走，在两钢辊之间有个"海绵"辊，通过辊子中心供油，利用"海绵"的毛细作用吸饱食用油并涂敷于经过其表面的胶带上，使得胶带表面更加光滑。

（2）软胶囊成型装置：经胶带成型装置制成的连续胶带，经油辊系统和导向筒，被送入软胶囊机上的楔型喷体与两个滚模所形成的夹缝之间。如图 7-21 所示，胶带与喷体 2 的曲面能良好贴合，并形成密封状态，使空气不会进入成型的软胶囊之中。在运行中，喷体静止不动，一对滚模则按相反方向同步转动。

滚模的结构如图 7-21 所示，在其圆周表面均匀分布有许多凹槽（相当于半个胶囊的形状），在滚模轴向上凹槽的排数与喷体的喷药孔数相等，而滚模轴向上凹槽的个数又与供药泵的冲程次数及自身转数相匹配。当滚模转到凹槽与楔形喷体上的一排喷药孔对准时，供药泵即将药液通过喷体上的一排小孔喷出，这两个动作必须由传动机构保证协调。喷体上的加热元件使得与喷体接触的胶带变软，靠喷射压力使两条变软的胶带与滚模对应的部位产生变形，并挤胀到滚模凹槽底部，由于每个凹槽底都有小通气孔，利于胶带充满凹槽，不会因有空气，使软胶囊不饱满，当每个滚模凹槽内形成了注满药液的半个软胶囊时，凹槽周边的回形凸台（高度约为 0.1~0.3mm）随着两个滚模的相向运转，两凸台对合，形成胶囊周边上的压紧力，使胶带被挤压黏结，形成一粒粒软胶囊，并从胶带上脱落下来。

胶囊成型机构上的两个滚模主轴的平行度，是保证正常生产软胶囊的一个关键。若两轴不平行，则两个滚模上的凹槽及凸台就不能良好的对应，胶囊就不能可靠地被挤压黏合，并顺利地从胶带上脱落下来。通常滚模主轴的平行度要求在全长上不大于 0.05mm。在组装后利用标准滚模在主轴上进行漏光检查，以确保滚模能均匀接触。

滚模是软胶囊机的主要零件，它的设计及加工直

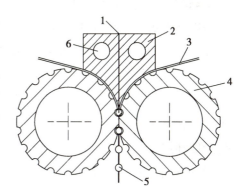

1—药液进口；2—喷体；3—胶带；4—滚模；
5—软胶囊；6—电热元件。

● 图 7-21　软胶囊成型装置

接影响着软胶囊的质量,尤其影响软胶囊的接缝黏合度。由于接缝处的胶带厚度小于其他部位,因此有时会造成经过贮存及运输等过程产生接缝开裂漏药现象,这是接缝处胶带太薄、黏合不牢所致。当一对滚模凹槽周边的凸台啮合时,大部分胶带被挤压到凸台的外部空间,就使接缝处变薄。当凸台高度适当时,如凸台高度值为 $t_{0.1}^{0.3}$(t 为胶带厚度),凸台外部空间基本被胶带所充满,当两滚模的对应凸台互相对合挤压胶带时,胶带向凸台外部空间扩展的余地很小,而大部分被挤压向凸台内的空间。接缝处将得到胶带的补充,此处胶带厚度可达到其他部位的 85% 以上较好。如果凸台过低,则会产生切不断胶带,软胶囊黏合不上等后果。

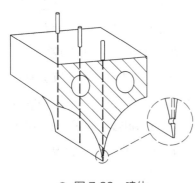

● 图 7-22　喷体

软胶囊成型装置的另一关键零件是楔形喷体,如图 7-22 所示,喷体曲面的形状将直接影响软胶囊质量。在软胶囊成型过程中,胶带局部被逐渐拉伸变薄,喷体曲面必须与滚模外径相吻合,否则胶带将不易与喷体曲面良好贴合,那样药液从喷体的喷药小孔喷出后就会沿喷体与胶带的缝隙外渗,既影响软胶囊的质量,又会降低软胶囊接缝处的黏合强度。

为保证喷体表面温度一致,在喷体内装有管状加热元件,并应使其与喷体均匀接触,方能使胶带受热变软的程度处处均匀一致,在其接受喷挤药液后,药液的压力使胶带完全地挤胀到滚模的凹槽中。滚模上凹槽的形状、大小不同,即可出产出形状、大小各异的软胶囊。因为软胶囊成型于滚模上的凹槽中,所以此类软胶囊机又称为滚模式软胶囊机。

(3)药液计量装置:药液计量装置差异大小是制成合格的软胶囊的又一项重要技术指标,要想得到较小的装量差异,第一要保证供药系统密封可靠,无漏药现象;其次还需要保证向胶囊中喷送的药液量可调。在软胶囊机上使用的药液计量装置是柱塞泵,如图 7-19 中供药泵 1,其利用凸轮带动的柱塞,在一个往复运动中向楔形喷体中供药两次,调节柱塞的行程,即可调节供药量的大小;由于柱塞可以提供较大的压力,当药液从喷体中喷出时,正对着滚模上具有凹槽的地方,使已被加热软化的胶带迅速变形,而构成半个胶囊的形状,并容有一定量的药液,经两滚模凸台的压合而制得合格的软胶囊。

(4)剥丸器:软胶囊经滚模压制成型后,一般都能被切压脱离胶带,但是也有个别胶囊未能完全脱离胶带,此时需加一外力将其从胶带上剥离下来,因此在软胶囊机中设置了剥丸器,如图 7-23 所示,可以转动的六角形滚轴,滚轴的长度大于胶带的宽度,利用控制机构调节两滚轴之间的缝隙,在生产中一般将两者之间缝隙调至大于胶带厚度,小于胶囊的外径,当胶带缝隙间通过时,靠固定板上方的滚轴将未能脱离胶带的软胶囊剥落下来。被剥落下来的胶囊即沿筛网轨道滑落到输送机上。

(5)拉网轴:在软胶囊产中,软胶囊不断地被从胶带上剥离下来,同时也不停地产生出网状的废胶带需要回收和重新熔制,为此在软囊机的剥丸器下方设置了拉网轴,用来将网状废胶带拉下,收集到胶桶内。

拉网轴结构如图 7-24 所示,两个滚轴与传动系统相连接,并能够相向的转动,两滚轴并送入下面的剩胶桶内回收。

(6)传送带:传送带结构如图 7-25 所示,其主要作用是将生产出来的软胶囊输送到定型干燥机内。

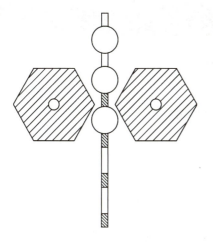

● 图 7-23　剥丸器

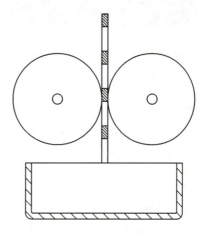

● 图 7-24　拉网轴

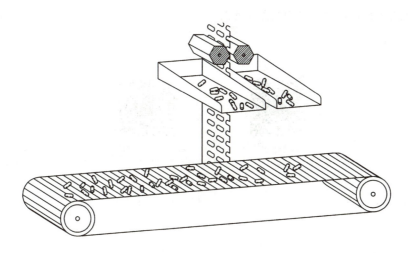

● 图 7-25　传送带

（7）氯化锂转轮除湿机和转笼：软胶囊的干燥不能在较高温度下进行，否则会造成变形和开裂现象，因此目前多采用低湿度空气对流常温下干燥。为获得低湿度空气。可使用氯化锂转轮除湿机。如图 7-26 所示。该机主要部件为除湿转轮，其上装有以氯化锂为主的共晶体。转轮截面圆的 3/4 区域为空气除湿区，待处理的湿空气通过时可获得低湿度的空气（如干球温度 22℃、湿球温度 10℃，相对湿达 16% 的空气），在此区域氯化锂吸走空气中的水分，所得低湿度空气可用于干燥机与干燥房。剩余的 1/4 区过湿的氯化锂为热空气所再生，氯化锂中的水分转移至热空气之中而获得再生并继续燥空气。

为了保证软胶囊干燥后的圆整度，软胶囊的干燥过程还要在转笼中完成，转笼转动进行干燥保证了干燥后的圆整度。

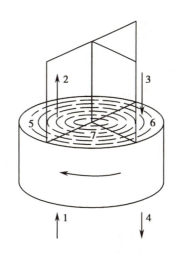

1—除湿前风；2—除湿后风；3—加热热风；4—加热后尾气；5—除湿区；6—再生区；7—冷却区。

● 图 7-26　氯化锂转轮除湿机原理

1. 胶囊剂的分类和硬胶囊、软胶囊的特点是什么？

2. 软胶囊的制法分为哪几种？

3. 制备空心胶囊的主要原料是什么？其应该具有哪些特点？

4. 评价空心胶囊的质量包括哪些方面？

5. 空心胶囊的规格型号有哪些？其容积各是多少？

6. 硬胶囊的计量机构有哪些？其工作方式是怎样的？

7. 空心胶囊定向装置是如何工作的？

8. 滴制式软胶囊在生产中出现外形不规则的主要原因是什么？

9. 软胶囊如何进行干燥？

10. 软胶囊药液计量装置是如何工作的？

知识拓展

第七章 同步练习

（李瑞海）

第一节　制药工艺用水生产设备

工艺用水是药品生产工艺中使用的水,包括饮用水、纯化水、注射用水和灭菌注射用水。

饮用水为天然水经净化处理得到的水,必须符合国家饮用水卫生标准。

纯化水为采用离子交换法、反渗透法、蒸馏法或其他适宜的方法制得的制药工艺用水,不含任何附加剂。

注射用水为纯化水经蒸馏所得的水,是不含热原的纯水,必须符合《中国药典》(2020年版)的要求。注射用水必须在防止内毒素产生的设计条件下生产、贮藏和分装。注射用水可用于注射剂的配置和稀释。目前大多采用离子交换、电渗析和反渗透等方法制备纯水,再经蒸馏制取注射用水。

制药工艺用水处理系统包括离子交换设备、电渗析设备、反渗透设备、电法去离子设备及蒸馏设备等。

一、离子交换设备

离子交换设备由多个离子交换柱组成,脱盐率高。根据填充的树脂不同,离子交换柱可分为阳柱、阴柱和混合柱。其中,阳柱填充阳离子交换树脂,阴柱填充阴离子交换树脂,混合柱中阴离子和阳离子交换树脂按照2∶1比例进行混合。阳柱和阴柱中树脂的填充量一般占柱高的2/3,混合柱中的填充量一般占柱高的3/5。利用离子交换树脂可将水中溶解的盐类、矿物质及溶解性气体等去除。

由于颗粒状的离子交换树脂多是装在有机玻璃管内使用,所以通常俗称为离子交换柱。产水量5m³/h以下常用有机玻璃制造,其柱高与柱径之比为5~10∶1。产水量较大时,材质多为钢衬胶或复合玻璃钢的有机玻璃,其高径比为2~5∶1。图8-1是离子交换柱的示意图。其中,上排污口工作期用以排空气,在再生和反洗时用以排污。下排污口在工作前用以通

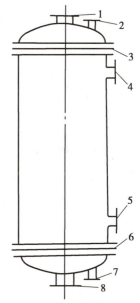

1—进水口;2—上排污口;3—上布水器;4—树脂进料口;5—树脂放出口;6—下布水器;7—下排污口;8—出水口。

● 图8-1　离子交换柱结构示意图

入压缩空气使树脂松动,正洗时用以排污。上布水器用于在反洗时,防止树脂溢出,并保质布水均匀。下布水器用于正常工作时,防止树脂漏出,保证出水均匀。

当树脂使用一段时间后,就会失去交换能力,这时需要活化再生处理。在树脂再生时,用的浓盐酸和氢氧化钠的量较大,造成制水成本提高及环境污染。此外,树脂床层可能有微生物生存,致使水中含有热原。特别是树脂本身可能释放有机物质,如低分子量的胺类物质及一些大分子有机物(腐殖土、鞣酸、木质素等)均可能被树脂吸附和截留,而使树脂毒化,这可能是去离子法进行水处理时引起水质下降的重要原因。

二、电渗析设备

电渗析法是指在外加直流电场作用下,利用离子交换膜对溶液中离子的选择透过性,使溶液中阴、阳离子发生离子迁移,分别通过阴、阳离子交换膜而达到除盐的目的,使原水净化。电渗析器的结构原理如图8-2所示。

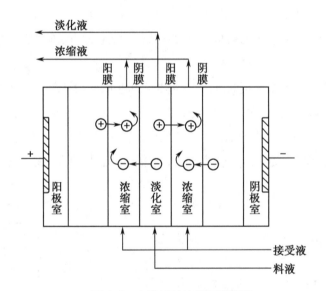

● 图8-2　电渗析结构原理示意图

按照膜的结构不同,离子交换膜可分为均相膜、半均相膜、异相膜3种。纯水制备都采用异相膜,膜厚0.5mm,它是将离子交换树脂粉末与尼龙网在一起热压,固定在聚乙烯膜上。阳膜是聚乙烯苯乙烯磺酸型,阴膜是聚乙烯苯乙烯季胺型,阳膜只允许通阳离子,阴膜只允许通过阴离子。电渗析器中交替排列着许多阳膜和阴膜,分隔成很多小室。当原水进入这些小室时,在直流电场的作用下,溶液中的离子就做定向迁移,阳膜只允许阳离子通过,阴膜只允许阴离子通过,从而某些小室中的阴、阳离子迁移到相邻的小室,形成了淡水室,而与淡水室相邻的小室则变成浓水室,从而达到除盐淡化目的。

在电渗析器通电后,阳极的极室中有初生态的氧和氯产生,对阴膜有毒害作用,故贴近阳极的第一张膜宜用阳膜。因在阴极的极室及阴膜的浓室侧易有沉淀,故电渗析每运行4~8小时需倒换电极,此时原浓室变为淡室,逐渐升到工作电压,以防离子迅速转移使膜生垢。电渗析器的组装方式是用"级"和"段"表示,一对电极为一级,水流方向相同的若干隔室为一段。增加段数可增加流程长度,所得水质较高。极数和段数的组合由产水量及水质确定。

三、反渗透设备

反渗透是用一定的大于渗透压的压力,使盐水经过反渗透装置,其中纯水透过反渗透膜,同时盐水得到浓缩,因为它和自然渗透相反,故称反渗透(reverse osmosis,RO)。

通常的渗透概念是指一种浓溶液向一种稀溶液的自然渗透,但是在这里是指靠外界压力使原水中的水透过膜,而杂质被膜阻挡下来,原水中的杂质浓度将越来越高,故称做反渗透。其原理如图 8-3。图中 π 为溶液渗透压,p 为所加外压。反渗透膜不仅可以阻挡截留住细菌、病毒、热原、高分子有机物,还可以阻挡盐类及糖类等小分子。反渗透法制纯水时没有相变,故能耗较低。反渗透膜能使水透过的机理有许多假说,一般认为是反渗透膜对水的溶解扩散过程,水被膜表面优先吸附溶解,在压力作用下水在膜内快速移动,溶质不易被膜溶解,而且其扩散系数也低于水分子,所以透过膜的水远多于溶质。

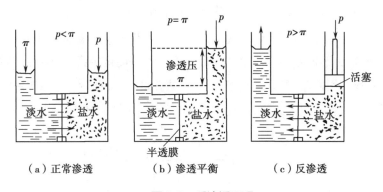

（a）正常渗透　　（b）渗透平衡　　（c）反渗透

● 图 8-3　反渗透原理

反渗透装置与一般微孔膜滤过装置的结构相似,只是由于它需要较高的压力(一般在2.5~7MPa),所以结构强度要求高。由于水透过膜的速率较低,故一般反渗透装置中单位体积的膜面积要大。工业中使用较多的反渗透膜组件是螺旋卷绕式及中空纤维式。

应用反渗透时需备有高压泵来提供原水的压力。目前主要采用柱塞泵。柱塞泵的扬程高、流量小,同时提供原水的流量总有起伏脉动,常用双柱塞或三柱塞式泵以减小流量脉动幅度。

反渗透膜使用条件较为苛刻,比如原水中悬浮物、有害化学元素、微生物等均会降低膜的使用效果,所以原水的预处理较为严格。

四、电法去离子设备

电法去离子(electrode ionization,简称 EDI)技术是离子交换和电渗析技术的结合。通过反渗透处理得到的纯水可作为 EDI 的给水,利用混合离子交换树脂吸附给水中的阴阳离子,同时被吸附的离子在直流电压的作用下,沿树脂表面运动,分别到达并透过阴阳离子交换膜而被除去的过程。在此过程中,离子交换树脂是电连续再生的,不需要使用酸和碱再生。一个 EDI 单元由一对阴阳离子交换膜之间充填混合离子交互树脂组成。离子交换膜可以选择性地透过离子,阴离子交换膜只允许阴离子透过,阳离子交换膜只允许阳离子透过。离子交换膜对放置在两个电极之间,在直流电场推动下,离子通过膜从淡水室迁移到浓水室,在淡水室内流动的水逐步达到无离子状态,即纯化水。

原水在经过预处理后,主要通过反渗透和 EDI 结合的方法进行纯化水的制备。其中预处理设备主要包括原水箱、多介质滤过器、活性炭滤过器及软化器等,可除去原水中的不溶性杂质、可溶性杂质、有机物、微生物等。反渗透装置主要包括高压泵、膜组件,流量计、压力表、进出水电导率仪等,可除去水中大部分的无机盐类和残留有机物。EDI 设备根据结构不同可分为板式和卷式,包括中间水泵、增效树脂柱、EDI 膜堆、直流电源、流量计、压力表等,主要去除反渗透产水中剩余的微量可溶性盐类及其他杂质。

五、蒸馏设备

蒸馏法是国际上通用的注射用水制备方法。获得的蒸馏水质量与水源、原水的处理、蒸馏器的材质结构以及水的贮存有密切的关系。蒸馏法常以纯化水作原水,如果以蒸馏水作原水,则可以生产出重蒸馏水。蒸馏器有塔式蒸馏器、气压式蒸馏水机及多效蒸馏水机等。利用多效(分三级、四级、五级)蒸馏设备不仅节省蒸气耗量,而且产量大,并能直接获得无热原注射用水。

1. 塔式蒸馏器　塔式蒸馏器是一类老式蒸馏水机,如图 8-4 所示。其原理是先将蒸发器内放入原水,加热蒸汽经除沫后进入蛇管,放出热量,大部分冷凝为回气水进入废气排出器中,废气从

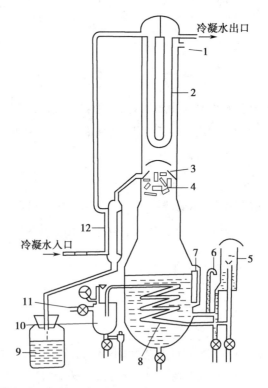

1—排气孔;2—第一冷凝器;3—收集器;4—隔沫装置;5—废气排出器;6—溢流管;7—水位管;8—加热蛇管;9—蒸馏水;10—蒸气选择器;11—蒸气进口;12—第二冷凝器。

● 图 8-4　塔式蒸馏器示意图

废气排出器上方排出,回气水流回蒸发器内,过量的则由溢流管排出。蒸发器内原水蒸发,二次蒸汽上升遇到捕沫器将雾滴捕集,蒸汽绕过挡水罩使液滴再一次被阻留分离后进入塔顶第一冷凝器("U"形冷凝器),冷凝水落于挡水罩上并汇集到挡水罩周围的凹槽,流入第二冷凝器,继续冷却成蒸馏水。不凝性气体从塔顶排出。

这种单效蒸馏水机结构简单,但效率低,出水量为50~400L/h,只用于小规模生产中,并且产品质量不稳定,有时会出现铵盐和热原未被除去的现象。

2. 气压式蒸馏水机　气压式蒸馏水机是将已达饮用水标准的原水进行处理,其原理如图8-5所示。原水自进水管引入预加热器预热后,由泵打入蒸发冷凝器的管内,受热蒸发。蒸汽自蒸发室上升,经捕雾器后引入压缩机。蒸汽被压缩成过热蒸汽(温度升至120℃),并送至蒸发冷凝器的管间,通过管壁与进水换热,使进水受热蒸发,自身放出潜热冷凝,再经泵打入换热器使新进原水预热,并将产品自蒸馏水出口引出。蒸发冷凝器下部设有蒸汽加热管及电加热器辅助加热。压缩机是该机的关键部件,过热蒸汽的加热保证了蒸馏水中无菌、无热原的质量要求。这种蒸馏水机的优点还在于运转费用低,仅是多效蒸馏水机的15%。

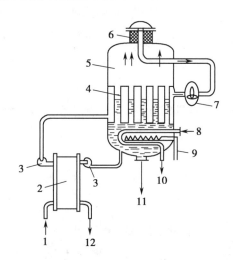

1—进水管;2—换热器(预加热器);3—泵;4—蒸发冷凝
器;5—蒸发室;6—捕雾器;7—压缩机;8—加热蒸汽进口;
9—电加热器;10—冷凝水出口;11—浓缩水出口;12—蒸馏
水出口。

● 图 8-5　气压式蒸馏水机原理示意图

3. 多效蒸馏水机　多效蒸馏水机由多个蒸发器串接而成。直接利用加热蒸汽的蒸发器称为第一效,利用第一效蒸发出的二次蒸汽作为热源的蒸发器为第二效,第一效的浓缩水作为第二效的原水再次被加热蒸发,依次类推,从而达到节约加热蒸汽和冷却水的目的。由于前一效的操作压力和温度均高于后一效,多效之间串联时,效间的流体流动不需要用泵输送。

第一效使用一次蒸汽作为热源,真空度最低,沸点最高;而末效真空度最高,沸点最低。各效的二次蒸汽都用于后一效的加热,所以蒸汽的利用率提高。如不计损失时,理论上可以认为蒸汽耗量与蒸发气量之比是效数的倒数。实际上会存在温差损失及设备热损失,经验上认为三效蒸馏时,其单位蒸汽耗量是单级蒸馏的0.4倍,四效时可达0.3倍。四效蒸馏水机的原理示意见图8-6。

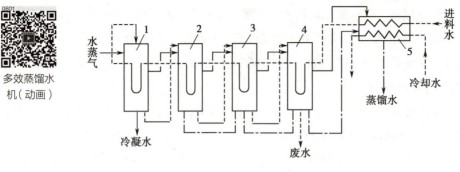

多效蒸馏水
机（动画）

1, 2, 3, 4—蒸发器；5—冷凝器。

● 图 8-6　列管式四效蒸馏水机

六、制水工艺的设计和水系统验证

我国《药品生产质量管理规范》规定,纯化水、注射用水的制备、贮存和分配应能防止微生物的滋生和污染。贮罐和输送管道所用材料应无毒、耐腐蚀。管道的设计和安装应避免死角、盲管。贮罐和管道要规定清洗、灭菌周期。注射用水贮罐的通气口应安装不脱落纤维的疏水性除菌滤器。工艺用水系统验证是所有药品生产过程必须包括的验证内容,有关注射用水系统验证的重点有以下 5 个方面内容。

1. 典型注射用水系统简介　如图 8-7 所示,注射用水系统包括纯化水贮罐、多效蒸馏水机、纯蒸汽发生器、注射用水贮罐、注射用水泵、换热器（一台加热器和一台冷却器）。

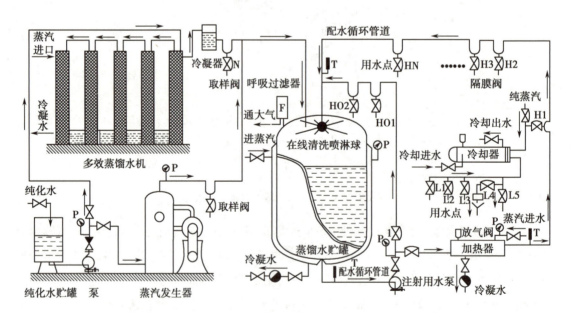

● 图 8-7　典型注射用水系统图

2. 纯化水与注射用水管路系统的要求

（1）采用低碳不锈钢,内壁抛光并作钝化处理。

（2）管路采用氩弧焊焊接或用卫生夹头连接。

（3）阀门采用不锈钢隔膜阀,卫生夹头连接。

（4）管路适度倾斜，以便排除积水。

（5）管路采用串联循环布置，经加热回流入贮罐。阀门盲管段长度对加热系统 <6d，对冷却系统 <4d，d 为管径。

（6）回路保持 70℃以上循环，用水点处冷却。

（7）系统能用纯蒸汽灭菌。

（8）管路安装完成后进行水压试验，不得有渗漏。

3. 注射用水贮罐的要求

（1）采用低碳不锈钢，内壁抛光并作纯化处理。

（2）罐外有夹层，外罩保温层，有水位自控系统。

（3）呼吸器装有小于 0.2μm 疏水性无菌滤过器。

4. 管路清洗、钝化和灭菌　管路清洗时，首先用纯化水循环预清洗，然后用碱液循环清洗，最后用纯化水直接排放清洗；系统纯化时，用酸液循环一定时间对内壁进行钝化，最后用高压蒸汽冲洗干净；管路灭菌时，将纯蒸汽通入整个不锈钢管路系统，每个使用点至少冲洗 15 分钟。每周灭菌 1 次。

5. 系统运行　开动整个系统，检查设备操作情况和性能，测试水质，连续测试 3 周。

6. 注射用水的日常监测　送回水总管和各使用点每日检测 1 次。监测标准如化学指标、微生物指标和细菌内毒素指标按有关药典规定，每周至少全面检查一次。

第二节　注射剂生产设备

注射剂可分为注射液、注射用无菌粉末与注射用浓溶液。其中注射液包括溶液型、乳状液型或混悬型注射液，可用于肌内注射、静脉注射等。注射液按容量可分为小容量注射液和大容量注射液。

一、小容量注射剂生产设备

小容量注射剂的容器是由硬质中性玻璃制成的安瓿。安瓿的式样为有颈安瓿与粉末安瓿两种，其容积通常为 1ml、2ml、5ml、10ml、20ml 等几种规格。安瓿多为无色，琥珀色安瓿可屏蔽紫外线，适用于对光敏感的药物，主要是由于氧化铁的存在，但痕量的氧化铁有可能浸入产品中，所以这种颜色的容器目前已很少使用。

GB/T 2637—2016 规定水针剂安瓿一律为曲颈易折安瓿，过去习惯使用的直颈安瓿、双联安瓿及不易折曲颈安瓿均已淘汰。

小容量注射液生产设备包括配液滤过设备、洗淋机械、干燥灭菌设备、灌封设备、灭菌检漏设备、灯检设备和安瓿印字包装设备。

（一）配液滤过设备

小容量注射剂配液滤过设备包括配置罐、储液罐、泵及滤过系统。溶液型注射剂的配置分为浓配合稀配两个步骤。配制罐一般为耐酸碱搪瓷罐或不锈钢罐，有夹层可加热或冷却，装有搅拌器。乳剂和悬浮剂型注射剂制备时,一般先对药物进行粉碎和搅拌,之后在均化设备中完成。均化设备有胶体磨、均质机等。药液配置完成后,要经过滤过系统过滤,去除杂质、热原后进行送灌。

1. 砂滤棒　砂滤棒是黏土、白陶土等材料经过 1 000℃以上的高温焙烧成空心的滤棒。配料的粒度越细,则砂滤棒的孔隙越小,滤速也越低,反之亦然。砂滤棒的微孔径约为 10μm,相同尺寸的砂滤棒按照微孔径不同,可分为细、中、粗号几种规格。目前市场销售的单支粗号砂滤棒其容积滤液流量可大于 500ml/min,细号的小于 300ml/min,中号的容积滤液流量则居中。将砂滤棒的接口以密封接头与真空系统连接时,置于药液中的砂滤棒即可完成滤过作用。滤液在真空作用下透过管壁,经管内空间汇集流出。当处理量较大时,可将多支砂滤棒并联于真空系统上即可。

采用砂滤棒的滤过方法一般只作为不精细的滤过使用,常用于药液的粗滤。

2. 垂熔玻璃滤过器　垂熔玻璃滤过器以均匀的中性硬质玻璃细粉高温熔合而成具有均匀孔径的滤板,再将此滤板粘于漏斗中即成为垂熔玻璃漏斗滤过器。如不做成滤板,可制成垂熔玻璃滤棒或垂熔玻璃滤球。

垂熔玻璃化学性能稳定,对药液无吸附作用,且与药液不起化学作用。在滤过过程中,无碎渣脱落,滞留的药液少,这种滤过器具还易于洗涤。使用新的器具时,需先用铬酸清洗液或硝酸钠液抽滤清洗后,再用清水(蒸馏水)及纯化水抽洗至中性。

这类滤过器的规格,以垂熔玻璃漏斗为例,依滤板微孔径的大小,分有 <2μm、2~5μm、5~15μm、15~40μm、40~80μm、80~120μm 六个级别。根据处理量的多少,漏斗及滤板的直径和漏斗的高度也有不同的规格。由于微孔径越小,则滤速越低,所以有时小孔径滤板的直径及漏斗的高度可以更大些。这类滤过器的总处理量较小,一般最大漏斗的容量也只有 5L。由于垂熔玻璃的孔径较为均匀,所以常作为注射剂精滤处理使用。

3. PE 管滤过器　PE 管是用聚乙烯高分子粉末烧结成的一端封死的管状滤材,其形状类似砂滤棒。当采用的原料粒径不同、烧结工艺不同时,PE 管将会具有不同的微孔径及孔隙度。

PE 管具有耐磨损、耐冲击、机械强度好、不易脱粒、不易破损的特点,所以使用寿命长。PE 管还具有耐酸、碱及大部分有机溶剂(如酯、酮、醚等)的腐蚀、无毒、无味等特点。也可以根据使用温度等特殊需要配以不同的添加剂和烧结工艺来满足要求。PE 管一般情况下使用温度在 80℃以下,对个别溶剂则应控制在 70℃以下方可保证其刚度。PE 管烧结成型后车、锯、刨、焊、黏结等的再加工性均良好。

PE 管的平均毛细管孔径可制作成 5~140μm 等不同尺寸,滤过管的内径有 6~140mm、壁厚有1~30mm 等不同规格。通常最大长度可达 1m,需要时可将数管接长。

PE 管经常用于医药、精细化工产品后处理中的滤过分离,更适用于经一般滤过后的精密复滤,如微量杂质的澄清滤过。其滤液清,滤过精度高。PE 管也可用于气体中灰尘、水滴、油滴等气固或气液的分离,也适于工业废水中油滴的去除等液 - 液分离操作。

在注射剂生产中,PE 管可用于药液的滤过及包装容器清洗水的滤过等方面。应用 PE 管制成的滤过器可实现密闭、连续操作,易于实现机械化、自动化控制。

4. 板框式压滤机　板框压滤机是一种具有较长历史但目前仍普遍使用的滤过机,它由多块带凹凸纹路的滤板和滤框交替排列组装在机架而构成,如图 8-8 所示。滤板和滤框的个数在机座长度范围内可自行调节,一般为 10~60 块不等,过滤面积为 2~80m²。

0802

板框压滤机
（动画）

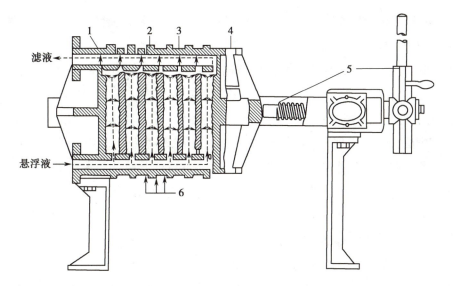

1—固定头；2—滤框；3—滤板；4—可动头；5—压紧装置；6—过滤介质。

● 图 8-8　板框压滤机

　　滤过操作开始前，先将四角开孔的滤布覆盖于板和框之间，借手动、电动或液压传动使螺旋杆传动压紧板和框。如图 8-9 和图 8-10 所示，滤过时悬浮液从悬浮液通道经滤框左上角暗孔进入滤框，滤液穿过框两边滤布，由滤板和洗涤板右下角滤液流出口排出机外。待框内充满滤饼即停止滤过。

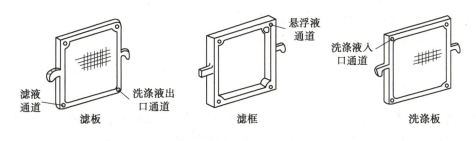

● 图 8-9　滤板和滤框

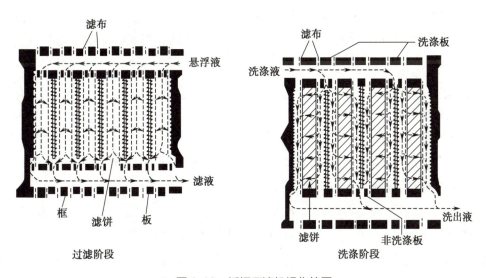

● 图 8-10　板框压滤机操作简图

若滤饼需要洗涤,应先关闭滤液流出口,再将洗涤水从洗涤水通道经洗涤板右上角暗孔进入洗涤板两侧,穿过整块板框内的滤饼,在滤过板左下角洗涤液出口排出。这种操作方式称为横穿洗涤法。洗涤结束后,旋开压紧装置将板与框拉开,卸出滤饼,清洗滤布,重新装合,进入下一个操作循环。

滤板和滤框构造如图 8-9 所示。板和框的四角开有圆孔,组装后构成悬浮液、滤液、洗涤液进出的通道,为了便于对板、框的区别,常在板框的外侧铸有小钮或其他标志,如 1 钮为非洗涤板,2 钮为框,3 钮为洗涤板,组装时按照钮数 1-2-3-2-1-2……的顺序排列。

板框压滤机多用于中药提取液的除杂,在注射剂生产过程中,也可用于黏性较大药液的粗滤。板框压滤机的优点是结构紧凑,滤过面积大,主要用于滤过含固量多的悬浮液。由于它可承受较高的压差,其操作压力一般为 0.3~1.0MPa,因此,可用以滤过细小颗粒或液体黏度较高的物料。它的缺点是装卸、清洗等步骤需要手工操作,劳动强度较大。近代各种自动操作板框压滤机的出现,使这一缺点在一定程度上得到了克服。

5. 微孔膜滤器　药用微孔膜滤器采用高分子材料(如醋酸纤维素等)制作的微孔滤膜置于滤网托板(网板或孔板)上,以获得承受滤过压差所需的足够刚度及强度。滤膜托板与上盖之间的空间构成滤室。经一段操作时间后,药液中所夹带的气体将汇集于滤室上部,故需定期使用排气嘴将气体排出,以防影响药液向滤室的输入和影响膜面的有效工作面积。托板与下滤盖间的空间用以收集滤液并集中由出液嘴将滤后的药液引走。

为了增大滤过器单位体积的滤过面积,常将高分子平板微孔膜折叠成手风琴状后,再围成圆筒形。加压的原药液自管外向管内滤过后,可作为成品药液去灌装。由于欲截留的杂质粒子量极少,所以一般使用周期较长。当操作一段时间后滤过阻力增大,则停止向管内供料,滤过器进行清洗再生。目前这类膜滤器尚未标准化,其清洗再生工艺也不相同。有的可以反冲洗,利用不大的压力自滤液侧通入清水或清洗剂,污水自供料端放出。有的则需拆开组件将波折管芯抽出进行冲洗后再复原。

膜滤器中使用的微孔滤膜的微孔直径在 0.2~1.2μm 范围内,滤膜微孔直径为 0.2~0.45μm 的用于滤除细菌,滤膜微孔直径为 0.45~1.2μm 的用于滤除不溶微粒。对 <0.1μm 的微粒如病毒和热原等则不能滤除,必要时则需使用孔经更小的超滤膜方能滤除。

微孔滤膜是作为注射剂灌封前精滤使用的滤过介质,所以对其前置的预滤过要求极为严格,否则极容易引起堵塞和截留淤积,导致滤过不能进行,甚至影响滤膜的寿命,从而影响注射剂的成品质量和产量。

(二)安瓿洗涤设备

安瓿作为盛放注射药品的容器,在其制造及运输过程中难免会有微生物及不溶性尘埃黏于瓶内,为此在灌装药液前必须进行洗涤,要求在最后一次清洗时,须采用经微孔滤膜精滤过的注射用水加压冲洗,然后再经灭菌干燥方能灌注药液。

超声安瓿清洗机是利用超声技术清洗安瓿的生产设备,能实现连续化生产。在超声振荡作用下,水与物体的接触表面将产生空化现象。所谓空化是在声波作用下,液体中产生微小气泡,小气泡在超声波作用下逐渐长大,当尺寸适当时产生共振而闭合。在小泡湮灭时自中心向外产生微驻波,随之产生高压、高温,小泡涨大时会摩擦生电,于湮灭时又中和,伴随有放电、发光现象,气泡附近的微冲流增强了流体搅拌及冲刷作用。超声波的清洗效果是其他清洗方法不能比拟的,当将安瓿浸没在超声波清洗槽中,它不仅可保证外壁洁净,也可保证安瓿内部无尘、无菌,而达到洁净指标。

超声波发生器发出的高频电振荡,通常频率在16~25kHz之间,加振荡于具有压电效应的压电陶瓷上(如锆钛酸铅),压电陶瓷将电振荡转化为机械振荡,再通过耦合振子将振动传导给清洗槽底部,以使清洗液产生超声空化现象。

进行超声清洗时,切忌将清洗件直接压在清洗槽底部,使超声振子无法振动。应将安瓿置于能透声的框架内,悬吊着浸入清洗液中,效果最佳。

一般安瓿清洗时以蒸馏水作为清洗液。清洗液温度越高,越易加速溶解污物。同时温度高,清洗液的黏度越小,振荡空化效果越好。但温度升高会影响压电陶瓷及振子的正常工作,易将超声能转化成热能,做无用功。所以通常将温度控制在60~70℃操作为宜。

工业上常用连续操作的机器来实现大规模处理安瓿的要求。应用针头单支清洗技术与超声技术相结合的原理就构成了连续回转超声清洗机,如CAZ-9Z型超声波安瓿洗瓶机,其原理如图8-11所示。

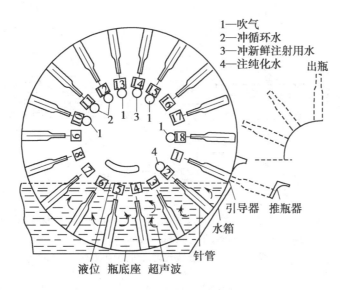

● 图8-11 CAZ-9Z型超声波安瓿洗瓶机工作原理

CAZ-9Z型超声波安瓿洗瓶机由18等分圆盘、18(排)×9(针)的针盘、上下瞄准器、装瓶斗、推瓶器、出瓶器、水箱等构件组成。输送带作间歇运动,每批送瓶9支。整个针盘有18个工位,每个工位有9针,可安排9支安瓿同时进行清洗。针盘由螺旋锥齿轮、螺杆—等分圆盘传动系统传动,当主轴转过一周则针盘转过1/18周,一个工位。

洗瓶时,将安瓿送入装瓶斗,由输送带送进的一排9支安瓿,经推瓶器依次推入针盘的第一个工位。当针盘被针管带动转至第2个工位时,瓶底紧靠圆盘底座,同时由针管注水。从第2工位至第7工位,安瓿在水箱内用纯化水进行超声波洗涤,水温控制在60~65℃,使玻璃安瓿表面上的污垢溶解,这一阶段称为粗洗。当安瓿转到第10工位,针管喷出净化压缩空气将安瓿内部污水吹净。在第11工位、第12工位,针管对安瓿冲注循环水(经过滤过的纯化水),对安瓿再次进行冲洗。第13工位重复第10工位送气将安瓿吹干。在第14工位针管喷出洁净的注射用水再次对安瓿内壁进行冲洗,第15工位送气将安瓿吹干。至此,安瓿已洗涤干净,这一阶段称为精洗。当安瓶转到第 18 工位时,针管再一次对安瓿送气并利用气压将安瓿从针管架上推离出来,再由出瓶器送入输送带。在整个超声波洗瓶过程中,应注意不断将污水排出并补充新鲜洁净的纯化水,严格执行操作规范。

(三)安瓿干燥灭菌设备

安瓿经淋洗只能去除稍大的菌体、尘埃及杂质粒子,还需通过干燥灭菌去除生物粒子的活性。常规工艺是将洗净的安瓿置于 350~450℃温度下,保温 6~10 分钟,即能达到杀灭细菌和热原的目的,也可使安瓿进行干燥。

干燥灭菌设备的类型较多,按生产连贯性分有间歇式(如烘箱)和连续式两大类。常用的有连续式远红外隧道烘箱、连续式电热隧道烘箱等。

1. 连续式远红外隧道烘箱　连续式远红外隧道烘箱采用波长大于 5.6μm 的红外线进行加热,加热快,热损小,能迅速实现干燥灭菌,主要由远红外发生器、传送带和保温排气罩组成,如图 8-12 所示。

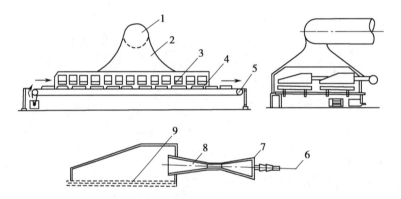

1—排风管;2—罩壳;3—远红外发生器;4—盘装安瓿;5—传送链;6—煤气管;7—通风板;8—喷射器;9—铁铬铝网。

● 图 8-12　连续式远红外隧道烘箱

在远红外隧道烘箱工作时,瓶口朝上将安瓿装于盘中,由隧道的一端用链条传送带送进烘箱。隧道加热分预热段、中间段及降温段,其中预热段内安瓿由室温升至 100℃,大部分水分在这里蒸发;中间段为高温干燥灭菌区,温度达 300~450℃,残余水分进一步蒸干,细菌及热原被杀灭;降温区是由高温降至 100℃左右,而后安瓿离开隧道。为保证烘箱内的干燥速率,在隧道顶部设有强制抽风系统,及时将湿热空气排出;在隧道上方的罩壳上部应保持 5~10Pa 的负压,以保证远红外发生器的燃烧稳定。

2. 连续式电热隧道烘箱　连续式电热隧道烘箱由传送带、加热器、层流箱、隔热机架构成,如图 8-13 所示。传送带由三条不锈钢丝编织网带构成;加热器由 12 根电加热管沿隧道长度方向安装,电热丝装在镀有反射层的石英管内。

在安瓿干燥灭菌过程中,首先用传送带将瓶口朝上的安瓿由隧道的一端用传送带送进烘箱,在烘箱的进出口提供 A 级洁净空气以垂直层流方式吹向安瓿,进而依次通过低温区、干燥灭菌区和冷却区,最后离开隧道,完成安瓿干燥灭菌操作。

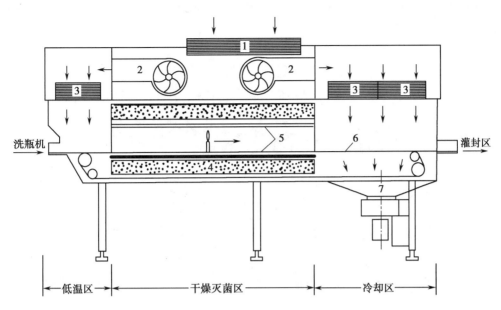

1—中效过滤器；2—风机；3—高效过滤器；4—隔热层；5—电热石英管；6—水平网带；7—排风。

● 图 8-13 连续式电热隧道烘箱

（四）安瓿灌封设备

将制备好的药液精滤后，定量地灌注到洗净并经干燥灭菌的安瓿内并加以封口的装置称为灌封机。由于安瓿有不同的尺寸规格，一般适当更换灌封机的某些附件，即可适应不同安瓿的要求，通常灌封机具有同时灌封 4~8 支安瓿的功能，以保证生产效率。为保证灌封过程中的洁净度，药液暴露部位均需在 A 级层流空气保护下操作，因此凡有灌封机操作的车间必有洁净供气设备配置。

1. 安瓿灌封的工艺过程 安瓿灌封的工艺过程一般包括安瓿的排整、灌注、充氮、封口等工序。

安瓿的排整是将密集堆排的灭菌安瓿依照灌封机的要求，即在一定的时间间隔（灌封机动作周期）内，将定量的（固定支数）安瓿按一定的距离间隔排放在灌封机的传送装置上。

灌注是将精制后的药液经计量，按一定体积注入安瓿中去。为适应不同规格、尺寸的安瓿要求，计量机构应便于调节。由于安瓿颈部尺寸较小，经计量后的药液需使用类似注射针头状的灌注针灌入安瓿。又因灌封是数支安瓿同时灌注，故灌封机相应地有数套计量机构和灌注针头。

充氮是为了防止药品氧化，需要向安瓿内药液上部的空间充填氮气以取代空气。此外，有时在灌注药液前还得预充氮，提前以氮置换空气。充氮的功能也是通过氮气管线端部的针头来完成的。

封口是用火焰加热将已灌注药液且充氮后的安瓿颈部熔融后使其密封的。加热时安瓿需自转，使颈部均匀受热熔化。为确保封口不留毛细孔隐患，现代的灌封机上均采用拉丝封口工艺。拉丝封口不仅是瓶颈玻璃自身的融合，而且用拉丝钳将瓶颈上部多余的玻璃靠机械动作强力拉走，加上安瓿自身的旋转动作，可以保证封口严密不漏，且使封口处玻璃薄厚均匀，而不易出现冷爆现象。

2.常用的安瓿灌封机　AG 型安瓿灌封机是我国常用的安瓿灌封机,其结构如图 8-14 所示。

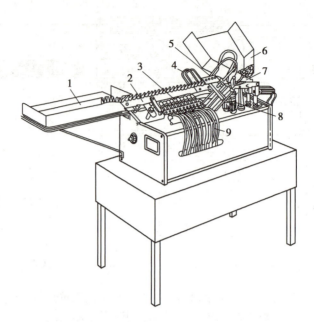

1—出瓶斗;2—传动齿板;3—火焰熔封灯头;4—止灌
装置;5—灌注针头;6—加瓶斗;7—进瓶转盘;8—灌注
器;9—燃气管道。
● 图 8-14　AG-2 型安瓿灌封机示意图

（1）排瓶机构:在灌封机上常用的排瓶机构有两种,一种是使用变距螺旋推进器,如图 8-15a;一种是梅花盘如图 8-15b。变距螺旋杆上具有与安瓿外径相吻合的半圆槽,与水平面有一定倾角（或是利用传送带输送）的安瓿盘前口紧贴在螺旋杆上,自然落入半圆槽的安瓿随着推进器的回转而被带动沿杆轴方向前进。由于螺旋杆的螺距逐渐加大,密集排列的安瓿则被拉开间距,该间距大小是依灌封机各工位上安瓿应保持的间距设计的。推进器的回转速度要与整机的移瓶速度相匹配。梅花盘机构是利用工作盘上开有的轴向直槽,槽的横截面尺寸与安瓿外径相当,在安瓿盘前端所开的前口只能漏出一支安瓿,一旦贴在瓶盘前口的梅花槽对准前口时,将有一支安瓿落入槽中,并被不停回转或间歇回转的梅花盘带走;当梅花盘外缘对着前口时,安瓿只能与盘缘相对摩擦滚动而不能被带走。梅花盘上直槽间的弦长与梅花盘的转速也需依整机动作节奏设计。梅

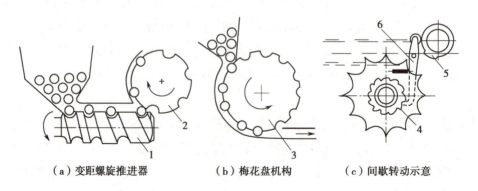

（a）变距螺旋推进器　　　（b）梅花盘机构　　　（c）间歇转动示意

1—变距螺杆;2—传送盘;3—梅花盘;4—棘轮;5—凸轮;6—棘爪杆。
● 图 8-15　排瓶结构原理

花盘的间歇转动常是利用棘轮带动,图8-15c为例,当梅花盘是间歇回转时,它只是在传送带上起着闸门的作用。传送带在连续移动,而梅花盘转过一齿即放行一支安瓿前进,梅花盘不转时,安瓿便被阻拦在传送带上不能前进;梅花盘的同一轴上固装着一个棘轮,当传动系统中保持凸轮连续回转时,棘爪杆受凸轮控制间歇动作,从而实现安瓿的间歇放行动作。不过这种定距分隔机构运行速度较低,多用于较大的瓶装药物的输送中。

（2）移瓶机构:将排瓶机构送出的具有一定间隔的一组安瓿相继送到灌封工位或封口工位的机构为移瓶机构,常用的移瓶机构分有两类。一类是利用安瓿传送带的大跨距(相当于一组安瓿的排列长度)间歇移动;一类是利用具有"V"形槽的移瓶板的间歇摆动。对于前者,如果安瓿在传送带上没有专门的定位卡头,为了保证在移动停位时,使安瓿能对准灌药针管或是封口燃气喷嘴,则需在传送带侧面有辅助的定位机构(如"V"形槽板),届时对安瓿位置进行微量调整;后者如图8-16所示,是利用凸轮摇杆机构控制移瓶板做近似矩形轨迹的运动,于倾置的托板上的安瓿重心倚靠在侧栏上,当移瓶板沿矩形轨迹上移(如a)时,托起安瓿,移瓶板向右平移(如b)时,安瓿底仍在托板上,但瓶体将随移瓶板移动,当移瓶板下移(如c)时,安瓿重心又靠在侧栏上,然后移瓶板空程返回(如d)。

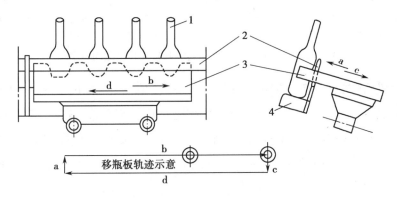

1—安瓿;2—侧栏;3—带"V"形槽的移瓶板;4—托板。
● 图8-16 移瓶机构

（3）灌注机构:向安瓿内灌注药液要求计量准确,药液的浓度是预先配制好的,因此药液计量是以体积量控制的。图8-17为ALG-2型安瓿拉丝灌封机灌装机结构示意图。

在灌封机上是利用计量活塞来完成定体积药液的抽取及灌注工作时,针筒与贮液罐及针头间的连接管线上均有单向阀控制,当活塞上移时,单向阀8打开,单向阀9关闭,药液自贮液瓶流入针筒,当活塞下移时,单向阀8关闭,单向阀9打开,活塞推压药液通过针头注入安瓿。调节杠杆的支点位置,可以改变杠杆两端的臂长比例,从而改变活塞的行程,以达到调节控制灌注药液的剂量。传动系统使凸轮旋转一周,活塞往返运动一次,即可实现一次灌注。

当因破损等原因出现安瓿空缺现象时,不仅会造成药液的浪费,也会引起机器台面的污染,所以机器上设有自动止灌装置。每次安瓿到达灌装位置时,有一压瓶板将安瓿推压紧贴于灌注针头插入的位置。当安瓿空缺时,在弹簧作用下压瓶板将多移动一个距离,使行程开关的触头闭合,行程开关控制电磁铁动作,届时将凸轮顶杆与活塞杠杆分开,计量活塞不再工作,即可停止灌注药液。如果安瓿准确到位,行程开关不闭合,电磁铁仍保证凸轮与活塞间的协调动作,即可完成正常灌注工艺。

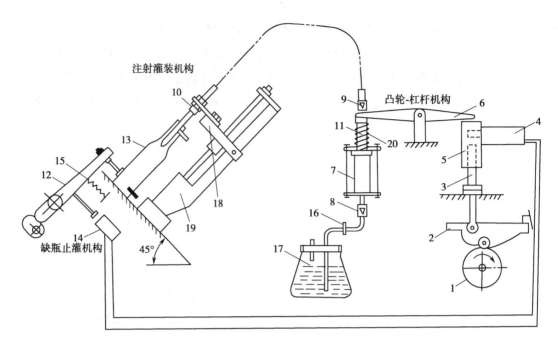

注射灌装机构

凸轮-杠杆机构

缺瓶止灌机构

1—凸轮;2—扇形板;3—顶杆;4—电磁阀;5—顶杆座;6—压杆;7—针筒;8、9—单向玻璃阀;10—针头;11—压簧;12—摆杆;13—安瓿;14—行程开关;15—拉簧;16—螺丝夹;17—储液罐;18—针头托架;19—针头托架座;20—针筒芯。

● 图 8-17　ALG-2 安瓿拉丝灌封机灌装机结构示意图

（4）充气机构：在安瓿灌药前后常有两次（或一次）填充氮气的过程，也有的在第一次充氮前，先有一次压缩空气的吹除工序。不论是充压缩空气还是充氮气，所有充气过程都是在充气针头插入安瓿内的瞬时完成的。这时针头的动作要求快速进退及短时停留，气阀同时快速启闭。针头架及气阀各由凸轮摆杆机构拖动其做定时、定距的间歇往复动作，两个凸轮安装的转角差保证动作的时间差。

（5）封口机构：灌注充气后的安瓿需要及时封口。灌封机的拉丝封口工位需有三个装置，即火焰喷嘴、安瓿定位旋转机构及拉丝钳的进退与开合机构。

封口火焰用的燃料有煤气、液化石油气和氢氧气等多种。由于不同燃料的燃烧热值不同，其火焰喷嘴结构也需有相应差异，以保证在一定时间和距离上使安瓿玻璃达到熔融的最佳温度，故需依能源选配适当喷嘴。喷嘴在灌注机上安装位置固定，且常燃不断。在封口工位常安置两套喷嘴，占据两个工位长度，一套用于熔断，另一套用于封口熔接。熔断喷嘴火焰大，在该工位上辅有拉丝钳机构。封口熔接喷嘴火焰小，用以在拉丝断口上充分密接。

图 8-18 为 ALG-2 安瓿拉丝灌封机气动拉丝封口结构示意图。

封口喷嘴位置上，安瓿体两侧分别设有压瓶板及橡胶转轮，图 8-19 是这部分装置的俯视示意图。压瓶板由凸轮摆杆带动做间歇地推压安瓿动作；由主传动轴经齿轮增速后拖动橡胶转轮不停回转。当安瓿体贴上转轮时，将被带动绕其自身轴线旋转。

为了防止安瓿颈部自动熔合后会有毛细孔遗存造成药液渗漏，在第一组火焰喷嘴的对面设置有可移动的拉丝钳，当安瓿丝颈加热一定时间后，拉丝钳张开并快速趋近安瓿丝颈，然后钳口闭合夹住丝头，由于安瓿是旋转的，丝颈上部又被夹住，熔融的断口即刻熔合密封。随后拉丝钳夹住丝头快速退回原位，并张开钳口，丢掉丝头。

拉丝钳的驱动有机构式和气动式两种,图 8-20 为气动拉丝钳结构示意图,两支钳爪用连杆连接在滑块上,气缸活塞杆通过弹簧使滑块运动,当活塞杆向前时,钳爪张开,活塞杆往后时,钳爪闭合,钳爪夹持安瓿丝颈的夹紧力取决于弹簧的弹力,故需选择适宜张力的弹簧,方能保证动作的满意、可靠。气动式拉丝钳无传动装置,结构简单、夹紧弹性好,但噪声大,气缸的回气排于操作室内影响室内空气的洁净度,而且需要单独配制压缩空气系统。机械式的拉丝钳其动作准确,无噪声及气流的污染,但结构较为复杂。

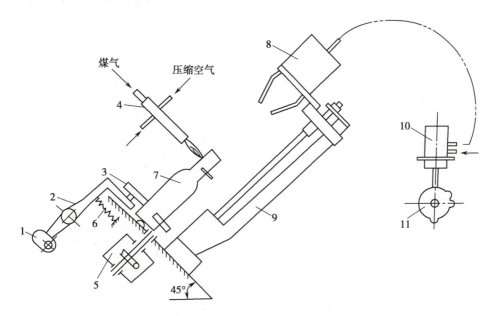

1—压瓶凸轮;2—摆杆;3—压瓶滚轮;4—喷嘴;5—减速箱;6—拉簧;7—安瓿;8—拉丝钳;
9—钳座;10—气阀;11—凸轮。

● 图 8-18 ALG-2 安瓿拉丝灌封机气动拉丝封口结构示意图

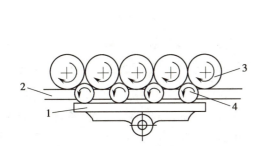

1—压瓶板;2—传送带;3—橡胶转轮;4—安瓿。

● 图 8-19 转瓶机构示意图

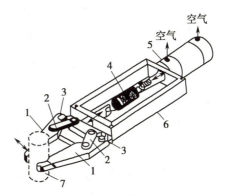

1—钳爪;2—连杆;3—销轴;4—弹簧;
5—气缸;6—机架;7—安瓿丝颈。

● 图 8-20 气动拉丝钳结构示意图

(五)安瓿洗、烘、灌封联动机

安瓿洗、烘、灌封联动机是一种将安瓿洗涤、烘干灭菌以及药液灌装与封口三个步骤联合起来的生产线,其结构如图 8-21 所示。联动机分为三个工作区,由安瓿超声波清洗机、隧道灭菌箱和多针拉丝安瓿灌封机三部分组成。每台单机可以根据工艺需要,进行连续操作或单机操作。

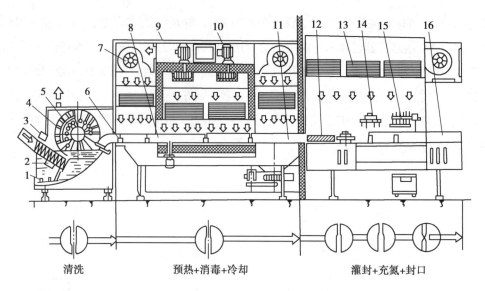

清洗　　　　预热+消毒+冷却　　　　灌封+充氮+封口

1—水加热器；2—超声波换能器；3—喷淋水；4—冲水、气喷嘴；5—转鼓；6—预热器；7、10—风机；8—高温灭菌区；9—高效过滤器；11—冷却区；12—不等距螺杆分离；13—洁净层流罩；14—充气灌装工位；15—拉丝封口工位；16—成品出口。

● 图8-21　安瓿洗、烘、灌封联动机机构及工作原理

安瓿洗、烘、灌封联动机自动化程度高，稳定可靠，采用了先进的电子技术和微电控制，实现了机电一体化，操作人员少，劳动强度低，但部件结构复杂，对操作人员的管理知识和操作水平要求较高。通用性强，主要适用于 1ml、2ml、5ml、10ml、20ml 五种安瓿规格。

高速立式超声波洗瓶机逐渐取代了卧式超声波洗瓶机，循环水、注射用水、压缩空气均采用独立喷针，避免了交叉介质污染；所有喷针与水箱水无接触，无污染；喷针与喷嘴为一体，无间隙，喷射压力大，垂直进行清洗，清洗效果好。生产全过程在密闭或层流条件下进行，符合 GMP 要求。联动机结构清晰、明朗、紧凑，不仅占地面积小，而且减少了半成品的中间周转，并有效避免了混淆和交叉污染。

（六）安瓿灭菌检漏设备

对灌封后的安瓿必须进行高温灭菌，以杀死可能混入药液或附在安瓿内的细菌。安瓿在灌封过程可能出现质量问题，如冷爆、毛细孔等难以肉眼分辨的不合格安瓿，因此在灭菌后要进行检漏。常用的灭菌检漏设备包括热压灭菌检漏箱和双扉程控消毒检漏箱。

热压灭菌检漏箱结构如图8-22所示，箱体分内外两层，外层涂有保温材料（保温层）箱底布有加热蒸汽管及安瓿格车导轨。箱顶布有色水喷淋管，并有管线与真空泵相连。该灭菌检漏箱有三个功能，即高温灭菌、色水检漏、冲洗色迹。

高温灭菌时打开蒸汽阀，蒸汽通入夹层中加热达到所需压力后将装有安瓿的格车推入灭菌箱内严密关闭箱门，控制压力，到达时间后，先关蒸汽阀，再开排气阀排出箱内蒸汽。

检漏的目的是检查安瓿封口的严密性，以保证安瓿灌封后的密封性。有两种方法可以进行色水检漏。一种方法为真空检漏技术，将置于真空密闭容器中的安瓿于 0.09MPa 的真空度下保持 15 分钟以上时间，使封口不严密的安瓿内部也处于相应的真空状态，其后向容器中注入着色水（红色或蓝色水），将安瓿全部浸没于水中，着色水在压力作用下将渗入封口不严密的安瓿内部，使

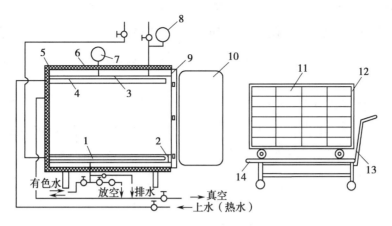

1—蒸汽管；2—消毒箱轨道；3—内壁；4—淋水管；5—保温层；6—外壳；7—安全阀；8—压力表；9—高温密封圈；10—门；11—安瓿盘；12—消毒车；13—小车；14—小车轨道。

● 图 8-22　热压灭菌检漏箱

药液染色，从而与合格的、密封性好的安瓿得以区别。另一种方法是在利用蒸汽高温灭菌后，安瓿未冷却降温之前，立即向密闭容器注入着色水，将安瓿全部浸没后，安瓿内的气体与药水遇冷成负压。这时如遇有封品不严密的安瓿也会出现着色水渗入安瓿的现象，从而将不合格品挑出。在色水检漏后，安瓿表面会留有色迹，此时淋水管可放出热水冲洗掉这些色迹。

灭菌检漏结束后，拉出装有安瓿的格车，干燥后直接剔除漏气渗入着色液的安瓿，合格品进入灯检工序。

双扉程控灭菌检漏箱的工作原理与热压灭菌检漏箱相同，只是外形及箱门不同，双扉门采用拉移式机械自锁保险，通过控制内部压力自锁，密封性好。程控调节温度、压力、时间等来完成灭菌检漏。

工作时，未灭菌的药品从双扉程控灭菌检漏箱的一端进入，经过箱内高温灭菌和色水检漏后，将药品从另一侧门取出，可使灭菌前后产品严格分开。

在联动的流水线生产中，常使用洞道式检漏箱，在箱体前后均设有自动密封箱门，一端为进瓶门，一端为出瓶门，使灭菌和检漏前后的安瓿不能回流，能保证严格分开不混淆。这时箱门的密封及锁紧装置利用电气及机械连锁安全装置。箱内加压时，箱门自锁，不会手动误开。其温度、压力、时间等均有程序控制，可以预先设定。在使用这类自动化程度较高的设备时，更需要定期检查和校正各类指示仪表，以确保设备的可靠运行。

（七）灯检设备和安瓿印字包装设备

1. 灯检设备　注射剂生产过程中必须要进行澄明度检查，挑出带有异物、安瓿破裂以及装量不合格的产品。检测方法有人工目测法和光电检测法。人工目测法进行检查实在灯检室内进行，在专门的灯检台上，采用 40W 的日光灯作为光源，用挡板遮挡以避免光线直射入眼内，背景为白色或黑色。距光源 200mm 处轻轻转动安瓿，目测药液内是否有异物。

当使用光电检测仪进行药品澄明度检测时，首先将安瓿连同药液一起旋转，当安瓿停止转动时，此时药液由于惯性会继续旋转运动，用光束照射安瓿，光电系统采集异物产生的散射光和投影并分析处理接收信号,可及时准确将不合格药品剔除。

2. 安瓿印字包装设备　安瓿在进行澄明度检查后,要在瓶身上标注药品名称、含量、批号、有效期以及商标等,之后要与说明书一起装在有明确标签的纸盒里。包装设备有开盒机、安瓿印字机和安瓿贴标签机。

开盒机的作用是将空纸盒的盒盖翻开,按照规格放入规定数量的安瓿。安瓿印字机用于在安瓿瓶身上标注药品名称、含量、批号、有效期以及商标等重要信息后,将印好字的安瓿摆放于已翻盖的纸盒内。对未摆放整齐的安瓿,人工进行整理,放入说明书并合上盒盖,放置于输送带上,送往贴标签工序。使用贴标签机在纸盒外贴上标签,注明药品名称、规格、适应证、用法用量及生产批号等内容。标签上的内容可使用标签打印机进行标注。在纸盒上贴标签之后,按照不同包装要求,使用纸盒捆扎机等设备可进行进一步的处理。

二、大容量注射剂生产设备

大容量注射剂的容器主要有玻璃瓶、塑料瓶和非 PVC 多层复合共挤膜软袋三种。

输液瓶口内径必须符合要求,光滑圆整,大小合适,以免影响密封程度。常用硬质中性玻璃制成,其物理化学性质稳定并应符合国家标准。聚乙烯(PE)和聚丙烯(PP)塑料瓶有耐水、耐腐蚀、无毒质轻、耐热性好、机械强度高、化学性质稳性强等特点,而且可以热压灭菌;但湿气和空气可透过塑料而影响贮存期的质量,透明性、耐热性差,强烈振荡也可产生轻度乳光等。非 PVC 多层共挤膜输液袋是由生物惰性好、透水汽低的材料多层交联挤出的筒式薄膜在 A 级环境下热合制成,大多由三层或五层组成,其中三层共挤输液用膜的内层为聚丙烯与 SEBS(苯乙烯 - 乙烯 - 丁烯 - 苯乙烯)共聚物的混合,无毒并具有良好的热封性和弹性;中层为聚丙烯与不同比例的弹性材料混合或 SEBS,阻水并具有抗渗透性和弹性;外层为聚酯或聚丙烯,可提高输液袋的机械强度,并阻绝空气,保证良好的印刷性能。非 PVC 五层共挤输液用膜由外向内的组成分别为多酯共聚物、乙烯甲基丙烯酸酯聚合物、聚乙烯、改性乙烯与丙烯聚合物。目前,非 PVC 输液袋日益广泛使用,但生产成本较高。

大容量注射剂的生产过程和小容量注射剂的生产过程相似,相关的生产设备包括配液滤过设备、洗涤设备、灌封设备、灭菌设备、灯检设备、贴标签设备和包装设备。非 PVC 复合膜袋装大输液直接采用无菌材料压制,一般不用洗涤设备进行洗涤,热合成袋后直接灌装。

在大容量注射剂的浓配和稀配时,可加入一定量的活性炭,吸附热原、杂质和色素等。用砂滤棒或钛棒进行粗滤,送灌前用微孔滤膜进行最后一次精滤。配液和滤过设备与小容量注射剂基本相同。在大输液灌封后,由于容量大,对灭菌要求较高,目前常用的灭菌设备为高压蒸汽灭菌柜和水浴灭菌柜。灭菌后,需要进行澄明度检查,在输液瓶上贴标签,包装为成品后入库。

(一)洗瓶设备

玻璃瓶在生产过程中,瓶内会污染异物、玻屑;在经过长途运输后,玻璃瓶的内外会污染灰尘、微生物等,因此,为了保证大输液的产品质量,必须要对玻璃瓶进行清洗。玻璃瓶的洗涤设备主要包括外洗机和内洗机,内洗机主要有滚筒式洗瓶机和超声波洗瓶机。

由操作人员拆开包装袋,将玻璃瓶整齐放入理瓶机中,随着理瓶机圆盘的旋转,玻璃瓶逐个被输送入外洗机中,传送带的两侧竖立的毛刷对玻璃瓶外表面进行刷洗,上部的淋水管及时冲走刷洗的污物。

早期用的较多的滚筒式洗瓶机,适用于中小规模的输液生产。滚筒式洗瓶机需要配备相应的毛刷,通过毛刷对玻璃瓶内壁进行刷洗。滚筒式洗瓶机也由粗洗段和精洗段组成,之间由传送带相连。精洗段位于洁净区内,保证洗净的瓶子不被污染。在粗洗段配有毛刷,在将一定浓度的碱液注入玻璃瓶内后,用毛刷刷洗瓶内壁,之后用饮用水冲净。粗洗后的玻璃瓶经传送带进行精洗段,随着滚筒的转动,用注射用水冲洗玻璃瓶内壁,保证洗瓶的质量。

此外,在大输液生产中,超声波洗瓶机生产能力更高,避免使用碱液,造成污染,不使用毛刷,使工艺更为简便,逐渐取代了滚筒式洗瓶机。超声波洗瓶机原理可参照大型连续式超声安瓿清洗机。

(二)灌封设备

将配制好的药液灌注到容器中的灌装工艺使用的灌装机有许多形式,如直列式、旋转式等。若用玻璃瓶灌装,在灌装机上除设有计量灌装外还需设有盖膜加塞、翻塞、轧盖等机构,这些装置可分为单机,再组合一起工作,在大规模生产中则是制成联动机,在一个机器上不同工位连续完成,这就减少了占地空间,简化了净化空气防护设备,减少了污染机会。如用塑料瓶,现代装置则常在吹塑机上成型后于模具中立即灌装和封口,再脱模出瓶,则更易实现无菌生产。

就灌装计量方式按容积分类,有定量筒式、虹吸式、液位式及定量泵式等;按压力分类,有压力灌装(气压或高位落差)及真空灌装,机械压力下的节筒式灌装等。

有关输液灌装设备的结构与安瓿灌装设备大同小异,只是玻璃瓶输液不需火焰封口,使用胶塞封口。当使用天然橡胶塞时,由于胶内添加剂可能以微粒脱落到药物中,故需用涤纶薄膜先遮住瓶口,再压入胶塞。过去输液瓶多用手工将翻口胶塞压入瓶口内并翻塞,也可用专门的翻塞机来完成。"T"形胶塞可直接塞入瓶口内,无须使用涤纶薄膜和进行翻塞。

塞入胶塞后,大输液送至轧盖工序,依据使用胶塞的不同,加上不同规格的铝盖,由轧盖机完成,轧盖后要及时检查轧盖质量,防止漏气现象。

(三)非PVC软袋输液生产设备

非PVC多层共挤膜输液(简称非PVC软袋输液)采用全封闭输液系统,利用外界大气压即可顺利滴注和加压输液,排除了空气污染和空气栓塞的危险,在临床上应用广泛,是目前最具安全性的输液包装形式。

非PVC软袋输液生产过程包括配制、灌封、灭菌、灯检及包装等工序。配制工序设备主要有自动称重配料系统和药液配制罐,自动控制配制过程,从而避免人为操作干预造成的差错,减少人员对输液的污染。灌封工序采用全自动制袋灌封机在局部A级的洁净环境下进行生产,由PLC可编程逻辑控制器控制,通过触摸屏设置与生产相关的所有参数,可自动完成开膜、印字、打印批号、制袋、灌装、自动上盖、焊接封口和排列出袋等操作,具有自动检测、报警、自动停机等功能,对产品质量进行在线检测,有效保证产品质量。灭菌工序设备主要有大输液水浴灭菌器、自动上袋系统、转笼式自动卸盘机组及软袋自动轨道,在灭菌的整个过程中都要保证输液袋的内外压力平衡,防止爆袋或袋变形。灭菌后进行烘干、挤压检漏操作,同时进行可见异物检查,主要由人工逐袋灯检。包装工序设备主要有开箱机、装箱机和封箱机,在包装时要注意摆放整齐,避免因折断而造成漏液。

(四)灭菌设备

大容量注射剂的灭菌程度要求较高,目前常用的灭菌设备有高压蒸汽灭菌柜(见安瓿灭菌检漏设备)、水浴式灭菌柜及回转水浴式灭菌设备。

水浴式灭菌柜采用水蒸气作为热源,通过热纯化水对大输液进行加热灭菌。灭菌过程分为加热升温、保温、降温三个阶段。首先将待灭菌的大输液整齐摆放在输送车内,推进灭菌柜,关闭柜体密封门。将纯化水注入柜室到指定水位,进入工作状态。启动热水循环泵,使热纯化水做循环流动,直至灭菌结束。该装置适用于玻璃瓶、塑料瓶或塑料袋装大输液的灭菌。灭菌后可进行澄明度检查、贴标签和包装操作。

回转水浴式灭菌柜工作原理与水浴式灭菌柜基本相同,由柜体、旋转内筒、减速传动机构、热水循环泵、热交换器及工业计算机控制柜等组成。主要用于脂肪乳输液和其他混悬输液剂型的灭菌,具有水浴式灭菌柜的全部性能和优点,又有自身独特的优点。工作时,灭菌柜内的内筒旋转,药品随内筒转动,药液不停地旋转翻滚,传热快,温度均匀,不会产生沉淀或分层,可满足大体积输液剂、脂肪乳和其他混悬输液药品的灭菌工艺要求。

第三节　粉针剂生产设备

为了便于储存、运输和保证药品质量,一些注射剂药物并不直接以药液灌装贮运,而是先制成干药粉,定剂量灌装在玻璃瓶中,这就形成了粉制注射剂型又叫粉针剂。粉针剂的容器有西林瓶、直管瓶和安瓿瓶三种。西林瓶为敞口压塞瓶,包括模制瓶和管制瓶,在瓶身上方均有缩径和强度较好的瓶口,用以压封橡皮塞,再加铝盖封口。直管瓶又称"直管粉针"即以 $\varphi 10 \sim \varphi 12$(mm)直径的玻璃管截断封底成瓶,在灌粉后烧熔上口封瓶。粉末安瓿口径粗或带喇叭口,便于药粉灌入。目前粉针剂生产中大多采用西林瓶。

粉针剂分为无菌分装粉针剂和无菌冻干粉针剂两类。无菌分装粉针剂生产时,将原料药精制成无菌粉末,在无菌条件下直接分装在无菌容器中密封。冻干粉针剂生产时,将药物配制成无菌水溶液,在无菌条件下滤过、灌装、冷冻干燥,充惰性气体后封口。

一、无菌分装粉针剂生产设备

在进行无菌分装粉针剂的生产时,先进行原辅料及包装材料的处理,主要包括药粉、玻璃瓶及胶塞的准备。

原料药粉的准备包括药物的干燥、粉碎、筛析、混合等制备过程,有时在原料药厂完成。粉针剂分装前的准备则需要在无菌室中人工拆封以及拆封后保存。

西林瓶在分装前要经过洗瓶、灭菌后送入无菌室待装。洗瓶可用超声波振荡清洗后再经滤过的注射用水冲洗,或是用毛刷清洗后再经滤过的注射用水冲洗。西林瓶的灭菌烘干需在洗净后立即进行,以防止污染。通常可用电热烘箱于180℃干燥灭菌,也可以用连续式隧道烘箱高温(350℃)短时(15分钟)灭菌。灭菌干燥后的玻璃瓶入无菌室待用。

胶塞需先用0.3%的HCl溶液煮沸5~15分钟,然后用滤过后的自来水冲洗至中性(约需1~2小时),再用滤过后的注射用水漂洗两次。为了便于应用振荡器输送胶塞,漂洗后须用甲基硅油在100℃温度下硅化60分钟。硅化后的胶塞还需经120℃±5℃消毒烘干保温3小时后,室温冷却待用。

分装是无菌分装粉针剂生产的关键工序,依据计量方式的不同常用两种形式,一种为螺杆式计量,一种是气流分装计量。两种方法都是按体积计量的,因此药粉的黏度、流动性(休止角)、比容积、颗粒大小和分布都直接影响到装量的精度,也影响到分装机构的选择。

(一)粉针剂分装机

无论采用哪种分装形式,在粉针剂的灌装机上必须要有瓶子的输送机构、喂料器、分装机构、胶塞振荡器及压塞机构,计量分装机构只是粉针灌装机上的一个组成部分。在装粉后及时盖塞是防止药品再污染的最好措施,所以盖塞及装粉多是在同一装置上先后进行的。

1. 主工作盘(简称主盘) 通常分装机具有一个水平间歇回转的主工作盘。根据各工位动作完成所需的最长时间确定主工作盘的间歇转位周期。如以72瓶/min计,主盘如有12~18个工位,则其转数在42~6r/min范围,平均每工位的转位及停留合计周期为0.83秒。

2. 送瓶机构 送瓶机构包括送瓶转盘和送瓶输送带。具有很低转速的送瓶转盘,主要是一个水平装置的平盘,利用一支固定不动的圆弧形拨杆,可使盘上散乱放置的玻璃瓶逐渐靠近周边固定的围墙和纳入进瓶输送带。在进瓶输送带上挤满单行排列的玻璃瓶,一旦遇到主盘的凹槽,必会有一支瓶卡入槽内,待主盘转动时将被带走。为此输送带的前进线速度只需等于或略高于主盘的平均线速度即可以保证主盘凹槽中不会有缺瓶现象。一旦凹槽中有缺瓶现象出现,则行程开关触点将落入凹槽,主传动电机电源切断,机器立即停车,并同时有红灯和铃声报警,以指示操作人员补瓶和开机。

3. 装粉机构 当玻璃瓶转位至装粉工位时,其上部将有相应的装粉计量装置及时将定量药粉装入瓶中。气流分装计量是利用一个卧置轴的装粉鼓,装粉鼓上开有径向分布的柱形药分粉槽,在装粉鼓旋转时由转轴的中心部位分别向各槽通入压缩空气或与真空系统接通,当与真空系统接通的药粉槽正对着装粉锥斗时,利用真空吸满药粉,当装粉鼓与压缩空气接通时,就将药粉槽内的药粉吹到下部的药瓶中。在采用螺杆式计量时,经精密加工的矩形截面螺杆,每个螺距具有相同的容积,计量螺杆与导料管的壁间有均匀及适量的间隙(约0.2mm),螺杆转动时,料斗内的药粉则被沿轴向移送到送药嘴处,并落入位于送药嘴下的药瓶中。

无论是螺杆分装还是气流分装机构的动作都必须由机器的主轴带动。以气流分装为例,应用槽轮机构带动同轴的装粉鼓间歇分度转位时，槽轮机构的主传动轴必须是由机器主轴经过各种传动链，按一定速比传动给槽轮，方能保证主盘转过一个工位，装粉盘也同步转过一个工位。如果是分离传动（各自有独立的驱动电机），则由于传动链间的传动误差以及电器故障，难以保证动作同步。

在使用螺杆分装时，为保证装量准确，要求螺杆运动或停止都需十分准确，在传动链设计时要求各零件惯性要小，传动中防止产生金属屑污染药品。为此在螺杆与导料管壁之间接触时，电信号可迫使机器自动停车并发出报警信号，由操作人员进行间隙的调整。另外，离合器的制动也需动作灵敏。

在装粉机构中所用的药粉料斗的粉层高度和粉层松散程度，均会影响药粉的装量。为保证药粉层的高度，在料斗上方还装有一个更大些的药粉储筒，在药粉储筒和料斗之间装有一个螺旋输送器。螺旋输送器的动力是单独设置的，其运动或停止也是独立操作不受主机控制，常（通过电容器）以粉层高度来控制电机的起动或关闭。为防止料层内出现架桥空洞，料斗中都装有搅拌器。搅拌器的传动有的是与主轴联动的，有的是与药粉输送动力联动的。

4. 胶塞振荡器与压塞机构　胶塞振荡器有一个筒形外壳，壁焊有螺旋环板自桶底盘旋上升至筒体上口。筒壳由三个向同一方向倾斜的与筒轴成45°角的板弹簧支承，构成一个可以同时做上下及圆盘扭动的振动振子。在圆筒底部中心处装有50Hz的半波整流电磁铁，作为振源。

在筒底堆放的橡胶塞在振动中靠离心力作用缓慢向周边运动，同时由于自身质心作用大多处于塞顶（大直径部分）朝下。胶塞与螺旋环板在振动中相对摩擦使其能沿着螺旋环板几乎是一个挨着一个地自动向上爬升。如遇有塞顶朝上的胶塞爬上螺旋环板时，会因推板作用在塞顶而在振动中跌落到筒内，而推板对正常位置（塞顶在下）的瓶塞没有作用。当筒底堆积的橡胶塞逐个沿着螺旋环板爬到筒壳上口时，在环板的终点开有缺口，对着缺口装有一个翻身轨道，它是由三根（或四根）排列成一定距离的不锈钢丝构成，钢丝的间距使胶塞恰好卡在其间。由于轨道在空间翻转了180°，所以在翻身轨道中的胶塞靠重力自动下滑时，也就自动翻转成塞顶朝上，翻身轨道的出口正对着待压塞的玻璃瓶，也有的是利用轨道出口处的机械手将胶塞移至瓶口。

轧铝盖是防止橡胶塞绷弹的必要手段，但是为了避免铝屑污染药品，轧铝盖都是与前面的工序分开进行的，甚至不在同室进行。由于粉针剂多连同铝盖使用，所以铝盖也是要经过灭菌处理的。如果铝盖在冲制时有油污残存时，常用洗涤剂冲洗后，再以纯化水（或注射用水）冲净，并经120℃，1小时烘干灭菌。如铝盖是经涂塑处理过的，则表面不会有油污，只需经过灭菌处理即可使用。

（二）包装设备

粉针剂的包装主要包括贴瓶签、装盒、封盒（贴盒签）、装箱、打包等工序，其机械类型很多，机械化程度亦不尽一致。

贴签有湿胶式和自粘胶两种。旧式的多为湿胶式,印有药品名称、批号、剂量、商标、厂名的瓶签一张张摞整齐,在贴签机上经真空吸签、涂胶、贴牢等步骤完成整个贴签工序。自粘胶又称不干胶,它是在印好的瓶签纸反而涂有粘胶后附在长条的背纸上。带有瓶签的长条背纸卷成卷,装在贴签机上使用。瓶签在贴签机上自动与背纸剥离并粘贴于瓶上,其外观漂亮,且没有胶水污、皱等现象,目前已被大量采用。

对于装盒、封盒、装箱等工作目前定型的机械不多,除采用输送带传输外尚以人工为主。

二、无菌冻干粉针剂生产设备

冻干粉针剂的生产包括药液的配置和滤过;西林瓶、胶塞及铝盖的清洗和灭菌;药液的灌装、加半塞;冷冻干燥、压全塞;轧盖;灯检;贴标签及装盒等工序。

冻干粉针剂的药液配置和滤过操作和注射液相同,精滤后的药液经微孔滤膜滤过除菌后送灌。西林瓶经过超声洗瓶机和隧道烘箱灭菌后进入灌装室,采用半加塞液体灌封机进行药液的灌装,并加半塞,经传送装置送入真空冷冻干燥机进行干燥,在冻干机中将胶塞全部压入,之后进行轧盖。

第四节　注射剂设备的验证

一、液体无菌滤过器的验证

制药工业的微孔滤膜滤过器常用的是圆盘平板滤过器和圆形折叠式滤过器。选择微孔滤膜滤过器时应检查滤过器在注射用水中的溶出效应,经灭菌后能否散发不溶性微粒和滤过器对药液的适应性。

1. 起泡点试验　目的是检查微孔滤膜完整性,也可初估滤膜孔径。试验过程是将无菌压缩空气或氮气从进液口通入装上浸湿滤膜的滤过器,缓慢升压并观察压力表的变化,待从出液口浸入的水中出现第一个气泡,此时的压力值即为起泡点压力。起泡点压力与滤膜孔径有关。生产时无菌滤过前后均应作起泡点试验,可了解滤膜是否完整。

滤过器保压试验有时和起泡点试验同做或交替做,所起作用相同。方法是将压力缓升至起泡点压力的 80%,关闭进气阀门,在规定时间观察并记录压力的下降情况。

2. 微生物挑战试验　无菌级滤过器的孔径在 0.22μm 以下,其性能的指标测试是细菌的残留量。挑战性试验所采用的是含有缺陷假单孢菌(平均直径为 0.3μm)水溶液,菌液中含菌量应达到为 10^7 个菌 /cm² 有效滤过面积。将此菌液通过事先灭菌并浸湿后的滤过器进行滤过,经培养,如无菌落出现,此滤过器合格。

二、无菌灌(分)装验证

无菌液体灌装和粉末分装须保证其产品相对无菌,WHO 的 GMP 规定允许染菌率为 0.1%,其验证方法是采用培养基灌装法(对液体)和培养基模拟分装法(对粉末)。欲达到验证时污染率为 0.1% 的阳性率有 95% 的检出率,每次验证的无菌培养基灌(分)装数量须在 3 000 瓶以上。

无菌灌(分)装验证需在其他各个系统如公用工程系统、无菌环境保持系统、灭菌系统、清洗过程等验证基础上进行的,尤其是无菌灌(分)装所用的包装容器(瓶、塞、盖)和灌(分)装设备表面清洗、消毒灭菌的验证,局部 A 级空气洁净度的确认。

无菌灌装验证是在与生产相同的条件下进行的,如灌装的环境、灌装容量、灌装速度均与生产时相同。验证时,将已灭菌的培养基灌装于容器并封口,经 14 天培养,检查细菌和霉菌,每批培养基灌装的污染率 <0.1% 为合格标准。验证的同时需做阳性对照试验,即在已灌装的培养基中有意识地接种两种菌,每种两瓶,经培养后有菌生长,说明所用培养基有效。

无菌药物粉末分装验证时,将一种模拟无菌粉末分装于无菌容器中并封口,经培养检查污染率 <0.1% 为合格标准。验证时,无菌液体培养基可事先灌装到容器中,也可分装后注入容器中。模拟粉末验证前应灭菌(如用钴 -60)并对粉末做无菌性试验、抑菌性试验和对液体培养基溶解性试验。液体培养基需做阳性对照和无菌性试验。

对于新建的无菌灌(分)装生产线在正式投产前必须进行无菌灌(分)装验证,合格后方能投入生产。对于已投入使用的生产线,每年应至少进行 2 次无菌灌(分)装再验证。此外,在包装规格、设备、工艺方法等变更时都需进行再验证,以证明这些变更对已验证过的无菌灌(分)装所生产的产品质量不会产生不良影响。

三、蒸汽灭菌设备验证

GMP 对灭菌设备有以下规定,灭菌柜应具有自动监测、记录装置,其能力应与生产批量相适应。灭菌设备验证是无菌药品生产过程必须包括的内容。

蒸汽灭菌设备是注射剂生产最重要设备,如输液剂、水针剂的产品灭菌柜。此外,胶塞、铝盖、设备零件以及无菌服等也采用蒸汽灭菌。蒸汽灭菌方法分为两种,一种是热压灭菌(121℃或115℃)用于输液剂、一般水针剂,另一种是常压流通蒸汽灭菌(100℃)用于不耐热的 1~2ml 小容量注射剂。

灭菌设备安装完成后,应对设备规格、性能、公用工程系统、附件、仪表等进行安装确认,然后进行运行确认和性能确认,即热分布试验、热穿透试验、生物指示剂验证试验。

1. 热分布试验　热分布试验可以了解灭菌柜内温度均匀性,确定柜内"冷点"位置和"冷点"温度滞后时间。这项试验分两步进行,即空载热分布试验和装载热分布试验。

空载热分布试验是采用至少 10 支热电偶或热电阻作温度探头,固定在柜内不同位置,其中蒸气进口、冷凝水出口、柜的温度记录和控制探头处各固定一个探头,在空载状态下连续灭菌3次,柜内各点温度差应≤1℃。

装载热分布试验是将待灭菌产品以不同装载方式装在灭菌柜中,温度探头固定于产品附近,每种装载方式通蒸汽灭菌3次,从中确定"冷点"位置,且"冷点"和柜内平均温度差值<2.5℃。

2. 热穿透试验　热穿透试验是将温度探头插于待灭菌产品内,探头位置与热分布试验相同,但其中一支位于"冷点"。通过热穿透试验可了解灭菌条件对不耐热产品的适用性。

3. 生物指示剂验证试验　生物指示剂验证试验是将一定量耐热孢子接种入待灭菌产品中,在设定灭菌条件下进行灭菌,以验证该灭菌条件可满足产品灭菌的 F_0 值。耐热孢子一般是嗜热脂肪芽孢杆菌。对输液剂,接种的样品不少于20瓶。样品置于"冷点",随同生产品种一同在稍低于设定 F_0 值下进行灭菌。样品经无菌滤过、培养、计数。如 $F_0>8$,则微生物残存率 $<10^{-6}$。以上试验至少进行3次。

在变更情况(处方、灭菌工艺、灭菌设备)下,应进行再验证。一般,每年应作1次再验证。

四、干热灭菌设备验证

干热灭菌适用于耐热物品的灭菌和去热原(如玻璃容器)以及不宜湿热灭菌物品(如油、粉末)。干热灭菌设备有两类,一类是间歇式,即干热灭菌柜;另一类是连续式,即隧道式灭菌干燥机。依干热灭菌加热原理分类,可分为对流加热法和辐射加热法。

由于干热对微生物杀灭效果远低于蒸气,故干热灭菌需要较长的时间或更高的温度。干热灭菌的目的是除热原,玻璃容器除热原需保证250℃、30分钟,此时微生物已属于过度灭菌。

干热灭菌柜验证方法与蒸汽灭菌柜验证相似。在低于250℃时,柜内空载各点温差允许≤15℃。

热空气隧道式灭菌干燥器是一种先进干热灭菌设备,腔室温度通常为300~350℃,其运行参数,灭菌、除热原效果和产品质量必须在验证中确定。

热空气隧道式灭菌干燥器在安装确认和运行确认对以下的组成部分需充分检查,加热系统、高效过滤器、风机(进风机、排风机、循环风机)、风管、风阀、传送带、控制系统、记录仪。性能确认需进行空载热分布试验、装载热分布试验、热穿透试验和灭菌、去热原验证。

1. 空载热分布试验　采用10支以上测温探头分布于腔室中,其中在柜内的探头附近固定1支。腔内各点温差<1℃,连续进行3次。

2. 装载热分布试验　将待灭菌容器以最大装载量按与生产操作相同条件下运行,测定空气热分布状况和"冷点""热点"位置。

3. 热穿透试验　热穿透试验可与装载热分布试验同时进行。将测温探头接触到待灭菌容器内部的表面,在"冷点"区域安放一定数量测温探头,以证明"冷点"区域的 F_H 值也达到要求。

4. 灭菌、去热原验证　在最大装载和"冷点"区域,采用萎缩芽孢杆菌和大肠埃希菌内毒素,以证明灭菌、去热原的有效性。

1. 制药工艺用水的制备方法有哪些？

2. 简述小容量注射剂的生产工艺过程及设备。

3. 安瓿灭菌检漏设备的作用是什么？

4. 粉针剂分装机的结构及工作原理是什么？

5. 简述注射剂生产设备的发展趋势。

第八章　同步练习

（仝　艳）

第九章　其他制剂生产设备

本章筛选了栓剂、软膏剂、气雾剂、贴剂、液体制剂共五种常用的其他制剂,分别从其分类特点、制备过程和常用设备等层面进行概述。

栓剂系指原料药物与适宜基质等制成供腔道给药的固体制剂。在现代研究和开发的技术条件下,栓剂的应用越来越普及,目前已开发有数百种药物制成栓剂,且仍在不断开发中,如抗生素制成的栓剂应用的前景将成现实。

软膏剂系指原料药物与油脂性或水溶性基质混合制成的均匀的半固体外用制剂。用于皮肤或黏膜后,起到保护、润滑和局部治疗,甚至也可适用于全身的治疗。

气雾剂系指原料药物或原料药物和附加剂与适宜的抛射剂共同装封于具有特制阀门系统的耐压容器中,使用时借助抛射剂的压力将内容物呈雾状物喷至腔道黏膜或皮肤的制剂。

贴剂系指原料药物与适宜的材料制成的供贴敷在皮肤上的,可产生全身性或局部作用的一种薄片状柔性制剂。可用于完整皮肤表面,也可用于有疾患或不完整的皮肤表面。其中用于完整皮肤表面能将药物输送透过皮肤进入血液循环系统起全身作用的贴剂称为透皮贴剂。

液体制剂是指药物溶解、混悬或乳化于适宜溶剂或介质中制成的液体形态的制剂。

不同的剂型工艺过程对应特定的制药设备,均需要严格按照 GMP 规定的要求进行合理选用。

第一节　栓剂设备

栓剂是一种比较古老的剂型,过去也称为塞剂或坐剂,我国早在《史记·仓公列传》中就有类似栓剂的记载。其形状及重量因给药腔道的不同而异,在常温下其外形应光滑完整、有适宜的硬度及弹性、无刺激性。

1. 栓剂种类和形状　目前主要使用的栓剂有肛门栓和阴道栓两种。应用部位不同,栓剂药物的形状、重量也不同,如图 9-1 所示。

肛门栓　　　　　　阴道栓

● 图 9-1　栓剂种类

（1）肛门栓：一般规定成人用每枚重约 2g，儿童用重约 1g，长约 3~4cm。形状有圆锥形、鱼雷形等，其中以鱼雷形较好，塞入肛门后，在括约肌的收缩下易压入肠内。

（2）阴道栓：每枚重量约为 3~5g，直径为 1.5~2.5cm，其形状有球形、卵形或鸭嘴形等，以鸭嘴形较好。

（3）其他栓剂：如尿道栓、耳道栓、鼻用栓等，这些栓剂临床上已很少使用。

2. 栓剂的作用特点　栓剂纳入腔道后，必须在体温下融化、软化或溶化，并能与体腔内分泌液混合，逐渐释放出药物，使药物分散或溶解在体液中，才能在给药部位被吸收，产生药理作用。

栓剂有药物组分不需要通过吸收进入血液循环，包括两种：只在给药的局部发挥作用和经直肠吸收进入血液循环并发挥全身性药物作用。

与口服剂药物相比，栓剂有如下特点：药物不受胃肠道 pH 或消化酶的破坏；减少或避免了药物对肝脏的毒副作用；可避免药物对胃的刺激作用；对不能或不愿吞服药物的患者或儿童，是一种较为方便的有效的给药途径。

3. 栓剂的基质　基质的作用是负载药物和给药物以赋形，因此要求基质在室温下有适宜的硬度和韧性，当塞入腔道时不变形和碎裂。由于基质直接影响药物释放与吸收，基质在体温下应易融解、软化或溶化。同时要求基质不与药物反应，性质稳定，不妨碍主药的作用及含量测定，不易霉变；基质应对黏膜无刺激性、无毒副作用；同时基质应具湿润性质和必要的酸价、皂化价、碘价等相关油脂物的特性。

基质可分为油脂性基质、水溶性基质和亲水性基质三类。常用的基质有可可豆油、氢化油和脂肪溶合物、甘油明胶等。有时出于药理或生产的需要，在栓剂处方设计时还要使用一些附加剂，如防腐剂、硬化剂、乳化剂、着色剂、增黏剂及熔距修正剂（调节热带地区用栓剂的基质熔点）等。

4. 栓剂质量要求　《中国药典》（2020 年版）规定栓剂需进行重量差异、融变时限、微生物限度等检查。

一、栓剂的生产过程

栓剂生产可分为栓剂配料、成形及包装三大工序。

配料作为栓剂生产的前工序，包括主药的粉碎、基质的熔融及二者的混合。

为了充分溶解和悬浮以及提高药物的吸收速度，主药应预粉碎到 10~15μm，并在匀化器中得到充分的均匀和分散。

基质熔融前先需分割成小块，置于具有温度控制的带搅拌的熔解罐内，进行加热熔融，一般应先加入高熔点组分，后再加入低熔点组分，以减少低熔点组分长时间处于高温状态时形成不稳定晶体。

熔融的基质经滤过后即可投入混合罐与主药搅拌混合。通常采用桨式或螺旋式搅拌机进行混合，搅拌时应尽量避免空气混入。

配料工序的工艺流程如下。

主药 ⟶ 粉碎 ⟶ 精磨 ⟶ 过筛 ⟶
基质 ⟶ 切割 ⟶ 熔融 ⟶ 过筛 ⟶ 混合（待灌装）

混合后的熔融原料即可进入成形工序。栓剂成形常有四种方式,为手工成形、冷挤压成形、热熔模制和压片机压制。

(一)手工成形

最简单和古老的栓剂制作方法是将含有主药的混合好的栓剂基质以手工搓制成形,常用淀粉和滑石粉作防黏着剂。这种栓剂外形不一致,又不美观,已很少使用,只适于小量制备或试验用。

(二)冷挤压成形

此工艺多用于油脂性基质的制栓,其过程是先将药物与等量的基质置于容器内研匀,再将剩余基质加入研匀并制成团块,待冷后磨碎成末,最后将药料置于制栓机中挤压成形。

采用冷压制栓操作简单,制得的栓剂外形美观,既防止了不溶性固体药物在基质中的沉降,又避免了主药和基质因受热不稳定而变性。但因生产效率低和成形过程中易搅入空气而造成计量不准,不宜大量生产,我国已很少应用。

(三)热熔模制

油脂性基质和水溶性基质均可采用本法制备栓剂,是应用最广泛的一种制栓方法。

热熔模制栓剂的过程是先将熔融的基质加入药物混匀后倾入冷却过的金属模具或简易模具(用铝箔或塑料制成的模具)中冷却成形,然后再刮削,取出栓剂。

模制成形过程还可分为手工、半自动或全自动三种工艺。

1. 手工注模及包装法 如图9-2所示,生产过程中各工序均采用手工,成品可采用铝箔、塑料袋或塑料盒包装,产量低。

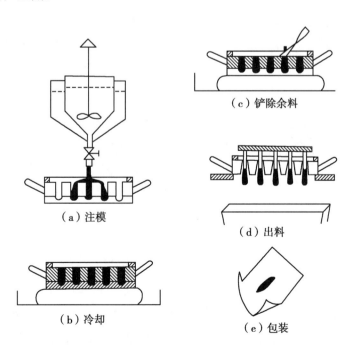

(a)注模
(b)冷却
(c)铲除余料
(d)出料
(e)包装

● 图9-2 栓剂手工注模及包装流程图

2. 半自动注模及包装法　此种工艺用半自动灌注机和包装机生产,在半自动灌注机上手工灌注药料和铲除余料,而模具自动转位及冷却;在包装机上手工使栓剂就位,其后由机器自动完成塑料盒成形或铝塑热封及成品冲切等工作,如图 9-3 所示。

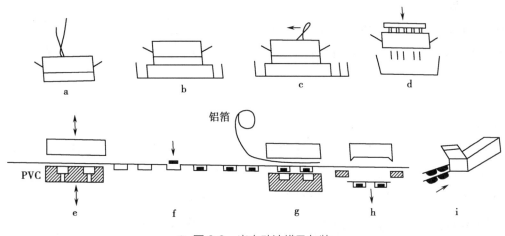

● 图 9-3　半自动注模及包装

3. 自动化生产及包装法　此工艺中栓剂是灌注在塑压成形的简易塑模中,再经封合、冷却、冲切、装盒等工艺过程,这种全自动化生产的每小时产量达 20 000 粒。

（四）压片机压制

此法只适用于片状栓剂。

二、栓剂生产设备

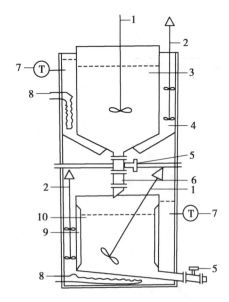

1—溶液搅拌；2—水浴搅拌；3—熔融罐主罐；
4—水浴；5—阀；6—滤过器；7—温度控制器；
8—电热元件；9—挡板；10—熔融罐副罐。

● 图 9-4　熔融罐

（一）配料设备

栓剂生产的配料工艺中,常用的设备主要有粉碎机、筛分机、混合罐及熔融罐等,这里主要介绍熔融罐的结构及原理。

如图 9-4 所示,栓剂基质的熔融是在熔融罐中进行的。根据基质的熔融过程,要求熔融罐应具有恒温及滤过的功能。为此,熔融罐采用水浴夹套加热,罐外加保温层,罐内使用低速搅拌器,以防止高速搅拌中空气的带入而产生气泡。从结构上熔融罐可分为分离式和整体式两类,分离式是指栓剂基质的熔融、滤过和保温贮存是分别由带有水浴的搅拌罐、滤过器和带有保温的料筒三个独立设备构成;而整体式是将上述三个设备组合在一起,构成一个熔融罐,在一个设备里完成栓剂熔融的全部过程。

整体式熔融罐由上下两部分组成,上部是一个80~100L的不锈钢制的锥底主罐,在罐的底部及四周设有水浴夹套,使用电加热或蒸汽盘管加热。要求用恒温控制器控制水浴保持恒温在50℃左右,以防基质过热。为保证各处水温均匀,需在水浴中设置搅拌器。

下部也是一个带有恒温水浴的不锈钢制副罐,水浴温度保持在40℃左右。为清洗、维修方便,上下两部分做成可拆连接。下部副罐的容量可根据生产规模在400~1 000L。副罐的搅拌速度要求要低些,以防止夹带气体入料。为保证熔融物料温度均匀和强化低速下的搅拌效果,于副罐内壁设有宽度为15~30mm的四个垂直挡板。

在锥底主罐和下部副罐的连接法兰处还设有管道滤过器,用孔径为200μm的尼龙丝网或不锈钢丝网,滤除基质中可能有的纸屑、塑料碎片等杂质,以保证基质的纯净。

在控制熔融罐的恒温温度时,虽然较低的水浴温度降低了熔融速度,却能保持较多的晶种(未熔化的微晶),可以避免由于高温(如80~150℃)造成栓剂冷却时,如可可豆油等基质产生不稳定的同质异晶。

(二)栓剂成形设备

栓剂成形设备分有栓剂挤压机、栓剂注模机和栓剂压片机。由于大批量生产中很少采用冷挤压工艺,以及只有片栓剂才用压片机,故此处仅介绍栓剂注模机。

栓剂注模机还分有直线型及旋转型等型式,在注模机上将完成注模、冷却、出料等过程,用以完成栓剂的浇注成形。

QGJ旋转式栓剂注模机如图9-5所示,环形轨道上装有八副灌注模具,做间歇回转。待回转停位时,环形轨道下移,使模具落位于冷却板上,各模具内药物被冷却成形。在转位开始前利用气缸将环形轨道及注模同时顶起(离开冷却板)再转位。在圆环形冷却板上有一处缺口(对应着八副模具之一),成形冷却后的栓剂在缺口处出料。环形轨道每回转一周停位八次,使注模依次于各工位处完成灌装、冷却、铲除余料、脱模出料等过程。

针对不同基质的冷却速度及生产量要求可以调整轨道的旋转、停位时间。针对基质的不同要求可自动控制料桶的恒温温度。

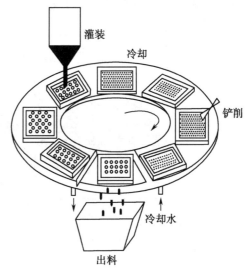

● 图9-5 半自动旋转式栓剂注模机

(三)栓剂包装设备

为了防止栓剂基质在贮运中受热或受力而熔化、黏着及变形、破碎,栓剂必须进行可靠的包装。常用的栓剂包装设备有塑料制盒机和栓剂热压机。

1. 塑料制盒机 塑料制盒分有吹塑成形及吸塑成形两大类。吹塑成形的塑料盒质量好,但机器结构复杂;吸塑成形的塑料盒壁厚变化明显,但结构较简单。厚度为0.2mm的PVC塑料成卷地置于料辊上,主送料轮间歇工作,牵引塑料带每次前进一定长度。辐射加热器由气缸推送到顶板上方对塑料进行加热。当塑料软化后,另一垂直气缸将真空吸模推升,使与顶板间的塑料周边压紧,同时接通真空系统,将塑料吸塑成形(如为加压吹塑时,仅是在塑料膜的另一侧改为通入压缩空气)。其后加热器退回,塑料冷却定型后,吸模下降,起模板将塑料盒推出模具,并在以后的工位上成品落料。至此一个循环过程结束。

2. 栓剂热压机 指铝塑、纸塑和双塑等不同包装材料在高频加热后,利用模具将塑料膜依栓剂、片剂等外形成形,再将覆盖材料与塑料膜之间置入成形药物并热压封合的联动机械。

(四)栓剂全自动生产机组

许多新型自动生产栓剂的机械陆续研制,它能实现包装材料在模具中的成形、药料直接灌注在成形包装材料中、立即热压封合包装材料等。自原料药经成形到包装的全过程,这种栓剂生产自动化连续过程易于保证无菌生产,更适于热带气候,贮存中无须冷藏。即使栓剂熔化,模型包装仍能使其保持原形,再经冷却后药物形状不变,不影响患者使用。

比较典型的栓剂生产自动机有双塑包装和双铝包装两大类。前者生产各种双塑简易模栓剂,其操作是从两卷塑料筒开始,自动地完成塑料带的熔接和栓模成形、栓剂灌装、产品冷却、栓剂封口包装、冲切等工序。可以方便地更换不同规格(容量及尺寸)、形状的栓剂模具。自动机还能在每块小包装的栓剂板上打印数码和完成相邻两粒之间的预制切口,以便于患者从板上分离单个栓剂。

如图9-6所示是整套机组中自动旋转式制栓部分,由饲料装置及加料斗、冷却台、栓剂抛出台、冷冻剂出入口、刮削设备等组成。

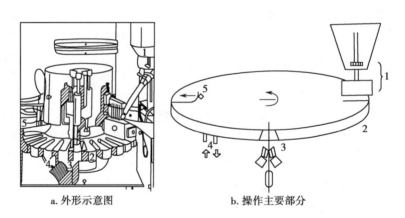

a. 外形示意图   b. 操作主要部分

1—饲料装置及加料斗;2—冷却台;3—栓剂抛出台;4—冷冻剂出入口;5—刮削设备。
● 图9-6　自动旋转式制栓机

在双铝箔包装的栓剂生产自动机上,铝箔上的栓剂模型是用模具冷挤压成形的,然后两条铝箔带由滚轮合拢。于灌装工位利用楔形机构撑开灌装口,同时灌装头插入带模中灌注药物经冷却后栓剂成形,再于挤压封合工位封合灌装口。再经打批号、预制分离切口、冲切一定长度、装盒。冷却后封口可以防止栓剂冷却过程中,由于体积收缩造成腔内真空和使栓剂在凝固过程中发生变形而影响产品质量。

栓剂自动生产机组各操作工序通常都是自动的,一般只需调换铝塑带及添加料液即可,其他诸如料桶的恒温及液位控制、热封温度控制成形带的平衡及各个工位的动作均由电气箱和程序控制,故其具有很高的生产效率,是现代栓剂生产的发展趋势。如日益普及的高速全自动栓剂灌封机组,它由高速制带机、高速灌注机、高速冷冻机、高速封口机组成,能自动完成栓剂的制壳、灌注、冷却成形、封口、打批号、打撕口线、切底边、齐上边、计数剪切全部工序,具有瘪泡不灌装并自动剔除功能,具有对色标自动纠偏功能,具有灌装量检测功能,由 PLC 程序控制,有工业人机界面操作等,可实现栓剂的大规模无人化生产。

第二节 软膏剂设备

软膏剂是经皮给药的一种剂型,不仅可以避免药物在胃肠道中的破坏,而且已成为克服药物副作用的有效用药途径之一,目前在医院皮肤科、外科里广泛应用。

1. 软膏剂种类 根据基质的特性不同,软膏剂可分为三大类型。

(1)油膏:即以油脂为基质的软膏剂。

(2)乳膏:以乳剂为基质的软膏剂,可细分为油包水型与水包油型。

(3)凝胶:以水溶性高分子物质为基质的软膏剂。

2. 软膏剂的特点 软膏剂应均匀、细腻、对皮肤无刺激性,具有适当的黏稠性,易于涂布于皮肤或黏膜上;能软化而不熔化,膏体无酸败、异臭、变色、变质等现象,包装容器不应与药物或基质发生物理化学反应等。特殊用途的软膏剂如眼膏或用于创面的软膏对防止微生物污染及灭菌要求严格。

3. 软膏剂的基质 软膏剂常用的基质材料有油脂性基质如凡士林、液体石蜡、硅油、羊毛脂、蜂蜡、植物油等;水包油型乳化剂如钠皂、三乙醇胺皂类、脂肪醇硫酸(酯)钠类和聚山梨酯类等;油包水型乳化剂如钙皂、单硬脂酸甘油脂、固体脂肪醇等;水溶性基质如聚乙二醇、卡波姆等。

4. 质量要求 《中国药典》(2020 年版)规定软膏剂进行装量、微生物限度检查,混悬型软膏剂、含饮片细粉的软膏剂测定粒度和粒度分布。用于烧伤的进行无菌检查。

一、软膏剂的生产过程

软膏剂的生产工艺一般包括,基质制备、主药制备、混合配制、灌装、装盒、贴签、装箱、成品检验等。由于选用的基质不同,其生产工艺略有差异,体现在配制阶段主要有熔和法与乳化法。

熔和法就是基质加热熔化后,依次逐渐加入药物,边加边搅,直至冷凝。乳化法是将油溶性组分混合加热熔融,另将水溶性组分加热至与油相温度相近,进而将两液混合,边加边搅,待乳化完全,直至完全冷却。

二、软膏剂生产设备

(一)配制设备

1. 加热罐与输送管线 油性基质所用凡士林、石蜡等在低温时常处于半固态,与主药混合之前需加热降低其黏稠度。加热设备多采用蛇管蒸气加热器。在蛇管加热器中央装有桨式搅拌器。加热后的低黏稠基质多采用真空管自加热罐底部吸出,再做下一步处理。

黏稠性基质的输送管线、阀门等也需考虑伴热、保温等措施,以防物料凝固造成管道的堵塞。

有些基质的黏稠度虽优于凡士林等物料,但多种基质辅料在正式配料前也需使用加热罐加热和预混匀。此时多使用夹套加热器,内装框式搅拌器。多是顶部加料,底部出料。

加热罐若是采用真空吸料式的,则是封闭的罐盖,并配有视镜及灯孔。利用高位槽加料时,罐盖多做成半开的,即半边固定在罐体上,另半边能开启。这种加热罐清洗方便,但需有相应的防尘及防止异物落入罐内的措施(图 9-7)。

2. 配料罐　基质的制备过程多数需要加热、保温和搅拌以保证充分熔融和保证各组分充分混合。无论油膏还是乳膏,所用的基质配料设备,统称为配料罐(图 9-8)。

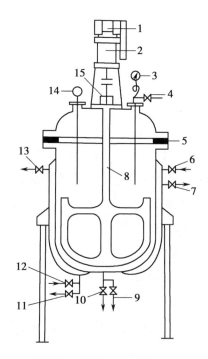

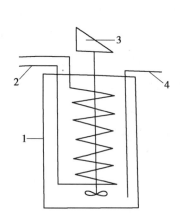

1—加热罐罐体;2—蛇形加热
器;3—搅拌器;4—真空管。

● 图 9-7　加热罐简图

1—电机;2—减速器;3—真空表;4—
真空阀;5—密封圈;6—蒸汽阀;7—排
水阀;8—搅拌器;9—进料阀;10—出
料阀;11—排气阀;12—进水阀;13—
放气阀;14—温度表;15—机械密封。

● 图 9-8　配料罐

配料罐中由电机、减速器、搅拌器构成搅拌系统,配料锅的夹套可使用蒸汽或热水加热。当使用蒸汽加热时,进汽阀应安装在上部,排汽阀则安装在夹套的最低处,以便排净冷凝水。当使用热水加热时,根据对流原理,进水阀在设备底部,排水阀则装在上部,同时在夹套的较高处应安排有放气阀,以防顶气而影响传热效果。锅体一般应使用不锈钢材料或是搪玻璃材料。锅盖和锅体之间应装有静密封圈。在搅拌器轴穿过锅盖处应装有机械动密封,除可保持密封锅内真空或一定压力外,此密封还起防止传动系统的润滑油污染锅内药物的作用。

图 9-8 中所示的真空阀是用以接通真空系统,以便于将罐内物料引进或排出,当用真空排料时,其接管需伸入到设备底部,使用真空加料,还可有效防止芳香族原料向空气中散发。也可以采用泵自底部向罐内送料或排料。由于膏剂黏度大,配料锅与一般反应锅不同之处,在于锅内壁要

求光滑,搅拌桨选用框式,其形状要尽量接近内壁,使其间隙尽量小,必要时装有聚四氟乙烯刮板,以保证把内壁上黏附着的物料刮干净。

3. 输送泵　有些药品搅拌质量要求较高时以及黏度大的基质或固体含量高的软膏,则需使用循环泵携带物料进行锅外循环,帮助物料在锅内做上、下翻动。所用的循环泵多为不锈钢齿轮泵及胶体输送泵。所谓胶体输送泵则是一种少齿转子泵。其不同于一般齿轮泵的地方是传动齿轮与泵叶转子分开,传动齿轮及泵叶转子的齿形制造质量要求很高,轴封采用机械密封,因此使用寿命高、功耗低。

4. 乳化与混合设备　一般配料锅中的搅拌速度比较低,有些胶体药物不仅需要液固两相,有时也要求液液两相充分混合均匀以形成乳化液。这些药物在配料锅中引出后,还需进一步研磨粉碎、混合均匀。为此所使用的设备品种、类型极多,如石磨、球磨、三辊磨、胶体磨、乳化机等。其中以胶体磨最为先进,其体积小、效率高,为防止起动电流过大,采用空载启动后再投料。

胶体磨属于混合、分散机械,它的作用是把较粗大的固体粒子或液滴分散、细化以便于微粒分散体系的形成。它广泛用于胶体溶液、混悬液、乳浊液、软膏剂等液体或半固体药剂的制备过程。图9-9、图9-10为胶体磨示意图。

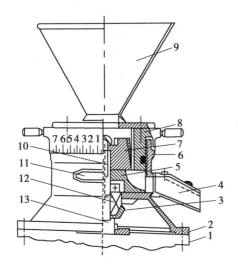 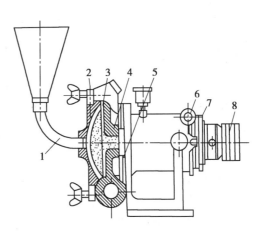

1—电机机座;2—机座;3—密封盖;4—排料槽;5—圆盘;6—磨壳;7—锥形转子;8—定子;9—给料斗;10—主轴;11—铭牌;12—机械密封;13—甩油盘。

● 图9-9　立式胶体磨示意图

1—进料口;2—工作面;3—转子;4—定子;5—卸料口;6—锁紧装置;7—调整环;8—皮带轮。

● 图9-10　卧式胶体磨示意图

胶体磨的关键部件是研磨器,由不锈钢制成,它是由两个同轴的具有极小间隙并带有斜槽和研齿的锥形转子和定子组成。转子和定子上的斜槽旋向相同并与其轴线成一定角度,工作时转子以高速旋转(转速大于3 000r/min),当待分散的原料液通过转子与定子之间的细小间隙时,在高速剪切力、摩擦碰撞、高频振荡等多种复合作用下,其中的粗分散体(固体粒子或液滴)得以粉碎、细化,从而得到良好的乳化、混合效果。

胶体磨是高速精密机械,为了达到良好的研磨粉碎效果,研磨器磨齿间隙极小(可根据需要调节),装配精度要求极高。由于转速高,为了防止起动电机电流过大,应采用空载启动后投料,停车前须将磨腔中的物料排净,否则不利于再次空车启动。

5. 新型制膏机　目前应用的有各种多功能制膏设备。其中有的制膏机在锅内装有溶解器、刮板式搅拌器及胶体磨,这三套装置均固联在锅盖上。当使用液压装置抬起锅盖时,各装置也同时升高,抬出锅体。锅体可以翻转,以利于出料及清洗。搅拌器偏置于锅体内,使膏体做多种方向流动。其中贴锅壁的聚四氟乙烯软性刮板式搅拌桨不仅减少了搅拌死角,又能刮净锅壁余料。

有国外厂家的产品在搅拌器结构设计上变化多种型式,以适应各种黏度膏体的混匀要求。如蝶式的大循环设计,物料分别由上下两个方向呈螺旋状吸入乳化均质机的高速转动的定转子系统,经定转子系统综合作用后从定子缝隙中360°四散射向容器壁,经惯性作用流动至容器底部与液面,再从上下两端吸入定转子系统,形成整个容器的大循环乳化,可高效地使整个容器中的物料快速乳化均匀。

真空均质制膏机包括主搅拌、溶解搅拌、均质搅拌三组,主搅拌属于刮板式,装有可活动的聚四氟乙烯刮板,可避免软膏黏于罐壁而过热、变色,同时影响传热(图9-11)。主搅拌速度缓慢,能混合软膏剂中各种成分,不影响乳化。溶解搅拌能快速将各种成分粉碎、混匀,能促进投料时固体粉末的溶解。均质搅拌速度转动更快,内带定子和转子起到胶体磨作用。膏体随搅拌叶的转动在罐内上下翻动,将膏体中的粗粒磨得很细,搅拌得更均匀。膏体细度在2~15μm,大多数靠近2μm。此种制膏机的罐盖靠液压自动升降,罐体能翻转90°,有利于出料和清洗。主搅拌转速无级变速,可根据工艺要求在5~20r/min间调节。该机附有真空抽气泵,膏体经真空脱气后,可消除膏体的小气泡,药物更能渗透到膏体内部。同时可减少辅料和主药的投料量,而测得成品含量不变,这是由膏体分散的更均匀造成的。

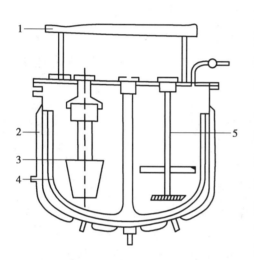

1—液压提升装置;2—夹套锅体;3—胶体磨;4—带刮板框式搅拌器;5—桨式搅拌器。

● 图9-11　制膏机

(二)灌装设备

软膏配制后需灌入适宜的器具中封包,以利于使用及贮运。其灌装操作环境要求半无菌控制,乃至达到无菌操作要求。对于封尾后的外包装环境要求也不能太低。通常软膏直接装入软管或铝管内,管内壁长时间与药物接触,所以灌装前需进行紫外光灯无菌照射和乙醇杀菌。处理后的管子需及时灌装,不能久藏。

灌装工作不仅是指药物灌装到软管及封包等工序,同时也还包括软管装盒、小盒装箱等大、小包装过程。这里将主要介绍软管灌装设备。

软管自动灌装机包括有输管、灌注、封底等三个主要功能。

1. 输管机构　输管机构由进管盘及管两部分组座链组成。空管由手工单向卧置(管口朝向一致)堆入进管盘内,进管盘与水平面成一定倾斜角。靠管身自重,空管将自行向下滑入输管链。在进管盘的下端口处有一个不高的插板,使空管不能自行越过。利用凸轮间歇地抬起下端口,使最前一支空管越过插板,并受翻管板作用,管口朝下地进入等在下方的管座中。凸轮的旋转周期和管座链的间歇移动周期一致,在管座链拖带着管座移开的过程,进管盘下端口下落到插板以下,进管盘中的空管顺次前移一段距离。插板的结构作用,一是阻挡空管的前移,一是利用翻管板使空管轴线由水平翻转成竖直。

管座链是一个特别制造的平面布置的链传动装置,链轮通过槽轮传动做间歇运动。在链上间隔地装有支承软管的管座。经过精心的调整管座在链上的位置,可保证管座间歇、准确地停位于灌装、封口各工位。

经过翻管板落入管座的空管受摩擦力的影响,管尾高低不一。因此,当空管滑入管座时,其上方有一个受四连杆机构带动的压板向下运动,将软管尾口压至一定高度。为保证空管中心准确定位,在管座上装有弹性夹片,压板在下压动作时,即可保证软管在夹片中插紧(见图9-12)。

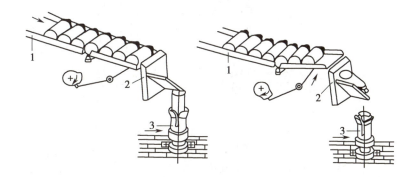

1—进管盘;2—插板(带翻管盘);3—管座。
● 图 9-12　插板控制器及翻管示意图

2. 灌装机构　灌装机构需具备三大功能,首先要保证每次灌装药物的计量要求,其次要保证灌入空管的药物不会黏挂在管尾口上,防止影响以后的封口质量,第三个功能是要确保当管座中没有管子时,不向外灌药,以防弄脏机器。

灌装药物是利用活塞泵计量的。经过微细调节活塞行程,可以保证计量精度,活塞的冲程可通过冲程摇臂下端的螺丝调节。装在泵盖阀座上的回转泵阀受凸轮传动控制,凸轮也是由冲程摇臂带动的。在冲程摇臂做往复摆动时,控制旋转的泵阀间或与料斗接通,引导物料入泵缸;间或与灌药喷嘴接通,将缸内的药物挤出喷嘴完成灌药工作。这种活塞泵还有回吸的功能。即活塞冲到前顶端,软管接受药物后尚未离开喷嘴时,活塞先轻微返回一小段,此时泵阀尚未转动,喷嘴管中的膏料即缩回一段距离,可防止嘴外的余料碰到软管封尾处的内壁,而影响封尾的质量。另外,在灌药喷嘴内还套装着一个吹风管,料膏平时是从风管外的环隙中喷出的。当灌装结束,开始回吸的时候,泵阀上的转齿接通压缩空气管路,用以吹净喷嘴端部的膏料。

当管座链拖动管座停位在灌药喷嘴下方时,利用凸轮将管座抬起,令空管套入喷嘴。管座的抬起动作是沿着一个槽形护板进行的。护板两侧嵌有用弹簧支承的永久磁铁,利用磁铁吸住管座,可以保持管座升高动作的稳定。

管座上的软管上升时将碰到套在喷嘴上的释放环,推动其上升。通过杠杆作用,使顶杆下压摆杆,将滚轮压入滚轮轨,从而使冲程摇臂受传动凸轮带动,将活塞杆推向右方,泵缸中的膏料挤出。如果管座上没有空管,管座上升,并没有软管来推动释放环时,拉簧使滚轮抬起,不会压入滚轮轨,传动凸轮空转,冲程摇臂不动。这就保证了无管时不灌药,既防止药物损失,又不会污染机器和被迫停车清理。

料斗置于活塞泵缸上方,其外壁可加装电热装置,当膏料黏度较大时,可适当加热,以保持其必要的流动性(见图9-13)。

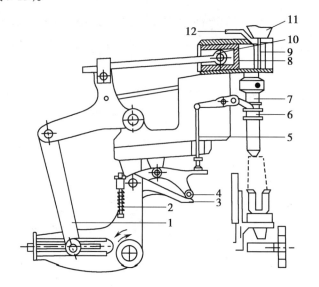

1—冲程摇臂;2—拉簧;3—滚轮轨;4—滚轮;5—顶杆;
6—释放杯;7—灌药喷嘴;8—活塞;9—回转泵阀;10—活
塞杆;11—料斗;12—压缩空气管。

● 图9-13　膏剂灌装机构

3. 光电对位机构　空管放入输送链时,插入管座的空管上的商标方位是随意的。为了保证轧尾封口时,商标图案具有一定的方位,在印刷图案时,于管底的适当位置涂有一定宽度的深色色标。在灌药后封底口前,管座链先将软管置于光电对位工位上,使各软管上的图案依据色标位置转向

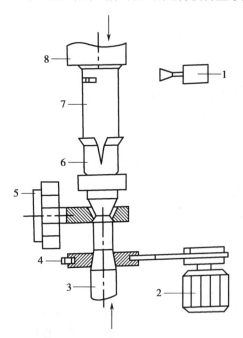

1—光电开关;2—步进电机;3—顶杆;4—齿
槽传动链;5—管座链;6—管座;7—软管;
8—锥形夹头。

● 图9-14　光电对位机构

同一方位。光电对位装置主要由二极管、三极管、集成电路、光学元件组成。由凸轮控制晶体管接近开关,发出同步工作信号,通过驱动线路,控制步进电机慢转、快转、停止。光电对位使用的是反射式光电开关控制步进电机带动管座转动的,步进电机又称脉动马达,它是一种将电脉冲信号转换为角位移的电磁机械,其转子的转角与输入的电脉冲数成正比,它的运动方向取决于加入脉冲的顺序,利用一种接近开关控制器控制步进电机的转速,反射式光电开关在识别色标的过程中控制步进电机的转角和制动电机(图9-14)。

4. 封口机构　根据软管材质,有对塑料管的加热压纹封尾和对金属管的折叠式封尾。

灌装机上的折叠式封口机构是装在一个专门的封口机架上的,在这个机架上装有六对封口钳。管座链将按一定方位放置的软管管尾先送至第一对平口钳处,完成管尾压平。然后按管座链的间歇周期,每支软管再依次通过第一次折叠钳折边;第二次平口钳压平

折边；第二次折叠钳再折边；第三次平口钳压平、折边及最后的轧花钳将折边处轧花,如图9-15所示。

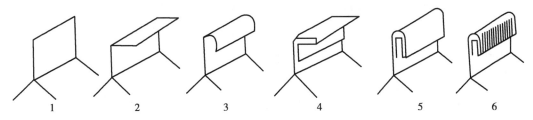

1,3,5—平口刀站完成；2,4—折叠刀站完成；6—花纹刀站完成。
● 图9-15 软管封尾

5. 出料机构　出料机构结构极为简单,封尾后的软管随管座链停位于出料工位时,主轴上的出料凸轮带动出料顶杆上抬,从管座的中心孔将软管顶出,使其滚翻到出料斜槽中,滑入输送带,送去外包装(图9-16)。为保证顶出动作顺利进行,顶杆中心应与管座中心对正。

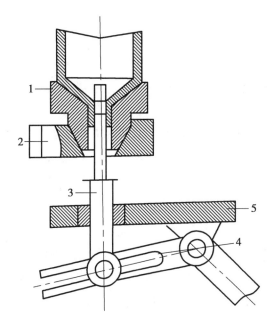

1—管座；2—管座链节；3—出料顶杆；4—凸轮摆杆；5—机架。
● 图9-16 出料顶缸对位机构

三、软膏剂生产设备验证

软膏剂的生产设备主要包括制备罐、熔化罐、贮罐、软膏灌装机等。软膏剂生产设备应符合GMP中对设备的要求。设备验证可分为预确认、安装确认、运行确认和性能确认四个阶段,才可进行产品验证,并批准使用。

(一)软膏剂制备罐的验证

设备验证的主要参数有设备容积、主搅拌转速、溶解搅拌转速、均质搅拌转速、罐内温度及压力、夹套温度及压力、真空度及其功能、膏体输送到贮罐的功能、各种基质和药物称重功能。

在设备验证的基础上,软膏剂制备罐的各种参数对生产工艺应达到下列要求:油相和水相混合达到均匀程度,无结晶或凝结(影响参数有混合温度、搅拌转速、搅拌时间、匀化速度和时间);乳剂冷却时无凝块形成(影响参数有搅拌转速、冷却过程温度和时间的关系曲线);主药溶解或分散时能全部溶解或均匀分散(影响参数有搅拌转速、搅拌时间、匀化速度和时间);终混时能形成均匀混合物(影响参数有搅拌转速和时间、匀化速度和时间)。

(二)软膏灌装机的验证要点

设备验证的主要内容有灌装机上软管进管准确定位和定向、灌装量的准确性和稳定性、轧尾的严密性、光电对位的可靠性。灌装后装量差异在标准限度之内,打印批号正确清晰等。

第三节　气雾剂设备

气雾剂常用于肺部吸入或直接喷至腔道黏膜、皮肤的制剂。

1. 气雾剂特点　气雾剂置于密闭容器内易于保持洁净,避免污染,而且使用方便、剂量小、奏效快,便于局部给药。如运动员的临时性肌肉损伤,止痛及时;咳喘患者用气雾剂喷施喉部,能立即得以缓解。

气雾剂因需使用专门的耐压容器、精密阀门及特殊生产设备,故售价较高,而且在遇热及撞击时容易由于内压的释放而发生炸裂,当抛射剂出现泄漏时,也会造成失效。

2. 气雾剂的组成　气雾剂的基本组成是药物、附加剂和抛射剂。药物可以是液体或半固体或固体粉末。附加剂多为溶剂或增加溶质在抛射剂中溶解度的潜溶剂,如乙醇、丙三醇、聚乙二醇和表面活性剂。先将药物与附加剂配制成浓溶液,再将其与抛射剂混溶成液相。抛射剂主要是液化气体,作为喷射药物的动力源,又可以是主药的溶剂或稀释剂。抛射剂在常压下沸点低于室温。因此需装入耐压容器中,由阀门系统控制。在阀口开启时,借抛射剂的压力将容器内药液以雾状喷出。抛射剂的喷射能力直接受其种类和用量的影响,对抛射剂的要求是:①在常温下的蒸气压大于大气压;②无毒、无致敏和刺激性;③惰性,不与药物发生反应;④不易燃易爆;⑤无色、无臭、无味。往往一个抛射剂不能同时满足上要求,应根据用药目的适当选择。

氟代烷烃是氟利昂替代物,目前国际上采用的主要替代抛射剂为四氟乙烷(HFA-134a)和七氟丙烷(HFA-227ea)。亦有选择二甲醚(DME)等用作气雾剂的抛射剂。HFA-134a 不含氯,臭氧消耗潜能值(ODP)为 0,是一种化学惰性氢氟烃,对大气层没有破坏作用,而且是非易燃品。

利用压力及低温使抛射剂成液态,当阀门打开,药物与抛射剂处于室温、常压下,此时抛射剂立即气化。这种液化气体和含有活性成分的药物混合液在压力容器内始终保持着其气化性能,不管容器内充满物料时还是直到存有最后一滴时总表现为恒压。其压力值是由混合液的组成,依拉乌尔定律计算出的混合蒸气压。当打开阀门时,蒸气压使混合液通过阀门喷向空气中,抛射剂气化,药物则遗留于患处。

药物与抛射剂的混溶情况不同时,可以制得两相或三相不同的气雾剂。溶液型气雾剂,在容器内有气、液两相存在,是当前气雾剂生产的主要类型;混悬型三相气雾剂,又称为粉末气雾剂,药物及附加剂均是微粉（<10μm），混悬于抛射剂中，所以容器内包括气、液、固三相，打开阀门时，抛射剂气化，药粉被带出留于患处，由于粉末药物易凝聚、结块，易堵塞阀门，而影响计量不准，常需加入卵磷脂、羊毛脂或其衍生物活化剂，可将不溶物分散于液化抛射剂中；乳浊型三相气雾剂，它以药物水溶液（又称水相）与液化抛射剂（又称油相）制成乳浊液，当抛射剂为内相时，药物在外（表示为 O/W），喷出物呈稳定、持久的泡沫；如抛射剂为外相时，药物被包在内（表示为 W/O），喷出后呈雾状或是很快破裂的泡沫，乳浊液具有较大的油水界面，属于热力学不稳定体系，静置时，乳剂中的小液滴会因密度不同而自然分层，振荡后又可成为乳剂，凡混悬型或乳浊型气雾剂在使用前均应略加摇动。气雾剂类型见图 9-17。

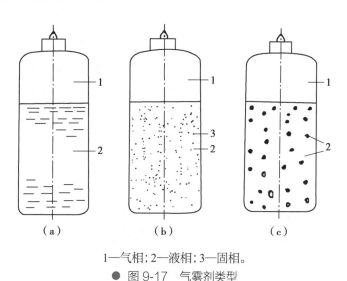

1—气相；2—液相；3—固相。
● 图 9-17　气雾剂类型

3. 气雾剂的包装　这里所说包装不是一般的外包装，而是指构成气雾剂所必需的药物容器及其阀门。

装气雾剂药物（指主药、附加剂和抛射剂的总称）的容器均需承受抛射剂的液化压力，又常称为耐压容器。气雾剂耐压容器要有一定的强度，其制造及测试均有安全规定，通常要求在 50℃ 下承受 1MPa 压力时不变形。

气雾剂的容器通常用马口铁、不锈钢或铝等金属制作，也可以用玻璃及塑料等非金属制作。

气雾剂罐口的阀门是控制气雾剂向外喷射的关键部分，要求制造精度高，机械性能可靠、启闭灵活，当气雾剂要求任意连续喷雾时，使用不定量阀门。还有一种定量阀门，它每次启闭只能喷出一定剂量的药物。

4. 质量要求　《中国药典》（2020 年版）规定定量气雾剂进行每罐总揿次、递送剂量均一性、每揿主要含量、每揿喷量检查，非定量气雾剂进行喷射速率、喷出总量和装量检查，中药吸入用混悬型气雾剂进行粒度检查，用于烧伤、严重创伤或临床必须无菌的气雾剂进行无菌检查，其他按要求进行微生物限度检查。

一、气雾剂的生产过程

气雾剂的生产过程主要包括四大部分，第一部分是容器及阀门的洁净处理，金属制容器成形及防腐处理后,需按常规洗净、干燥或气流吹净备用。阀门在组装前,无论是铝盖、橡胶制品、塑料零件及弹簧均需用热水冲洗干净,尤其是弹簧需用碱水煮沸后热水冲洗净。冲洗干净后的零件置于一定浓度的乙醇中备用。第二部分是配制药液和在无菌条件下灌入容器中。第三部分是在容器上安置阀门和轧口。第四部分是在压力条件下将液化的抛射剂压入容器中。此外,还需经过检测其耐压与泄漏情况。试喷检测阀门使用效果,以及加套防护罩、贴标签、装盒、装箱等工序。

(一)气雾剂容器

用马口铁制的气雾剂容器是由主体、顶盖及底盖等三个部分组成,如图 9-18a 所示,马口铁是两面镀锡的薄钢板,三个部分都是分别用板材冲制下料成形,再经折边焊封接口,图中卷边处均属夸大示出,实际压折后应密而无隙。顶盖上所留小孔用以装配喷雾阀门,有的还需要涂以内衬。内衬是由两层树脂组成,底层多用坚韧的乙烯基树脂,内层则用环氧树脂涂敷。

不锈钢制的容器,多直接用薄不锈钢板冲制出带底的主体,再加封顶盖,如图 9-18b,由于不锈钢耐腐蚀性能好,内壁不必涂用防腐内衬,其价格相对较高。

铝可经挤压和拉伸制成无缝容器,外表光滑美观,其应用最为广泛。但由于铝的化学性质活泼,会在包装含有乙醇的药品时缓慢放出氢气,进而造成容器内压力升高,或出现铝的部分溶解,结果会出现容器的破裂现象,其化学反应如下:

$$2Al+6C_2H_5OH(无水) \rightarrow 2(C_2H_5O_3)_3Al+3H_2 \uparrow$$

常需加 2%~3% 水,且对铝进行阳极极化处理,以达到防腐的安全措施。

使用玻璃容器其结构造型灵活,价格低廉,且耐腐蚀。但从保证强度上考虑,常需外涂塑料的附加层,以保证安全使用。

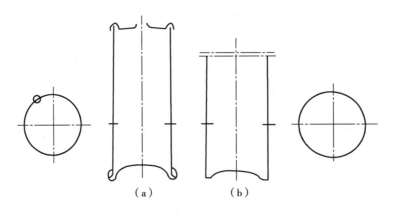

● 图 9-18　金属制气雾剂容器的结构形式

塑料的气雾剂容器多是以聚丁烯对苯二甲酸脂树脂和乙缩醛共聚树脂为材料最为理想。

使用玻璃或塑料制作气雾剂的容器时,多需利用模具使瓶口的造型满足安装喷雾阀门的形状,以便安装喷嘴。

(二)喷雾阀门

因为喷雾阀门的精确度直接影响气雾剂的使用质量,所以喷雾阀门的制作及装备要求十分精细,质量要求严格。图 9-19 为定量阀门的结构原理,对于剂量小、作用强的药物,每次仅要求喷出一定量（如0.1ml）的药液时，可使用这种定量阀门。

当用手按压按钮时，阀杆下行，弹簧压缩（如图9-19b），阀杆上部的孔道通过其侧向的小孔与定量杯的空间相通，此时定量杯中的药液将与大气相通，液化气减压气化，进入阀杆上部的孔道，阀杆上部的孔道又称为膨胀室，气化后的气体在此充分膨胀、雾化，膨胀室的体积越大，其雾化效果越好，这样药物就从按钮的小孔中喷向患处，这时由于定量杯下端的橡胶密封环的作用，引液管与定量杯的空间是隔离的，阀杆下端的引液槽不发挥作用，引液管一直通到容器底部，当松开按钮时，弹簧使阀杆自动上升，如图9-19a，定量杯上部的橡胶密封圈使定量杯与大气隔离，阀杆上升后，阀杆下端的引液槽使引液管与定量杯的空间彼此相通，引液管内的压力是抛射剂的饱和蒸气压，远大于刚与大气相通的定量杯内的气体压力，故将容器内的药液压入定量杯，定量杯容积一定，所以每次喷出的药液量一定。金属封盖多用阳极化处理的铝材制成，它将阀内的各零件固封于容器的接口上，由于铝材塑性好，只需在接口处制作一个极小的卷边，就可以确保连接牢固。

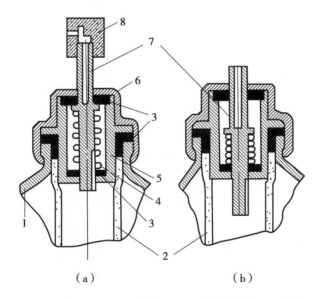

1—容器接口；2—引液管；3—橡胶密封圈；4—弹簧；
5—定量杯；6—金属密封；7—阀杆；8—按钮。
● 图9-19 喷雾定量阀门的结构示意图

如果阀杆上的引液槽更长些，或是在定量杯下方不装密封圈，则当按钮按下阀杆时，小孔使定量杯与大气相通，引液槽又使管中的药液与定量杯空间相通，就可以构成不定量的阀门，届时按钮压下多长时间，即可喷雾多长时间，可任意控制用药量。

二、气雾剂的灌装设备

从气雾剂的制备工艺工程可以知道，气雾剂向容器中灌装是分两步进行的。主药液是在常压下装入容器的，一般是在喷雾阀门未安装前进行。抛射剂是液化气体，需要在一定压力下才能保持液态，在灌入容器后仍需保持一定压力，所以必须在安装喷嘴后，保证容器密封的状态下，方能灌装抛射剂。抛射剂的灌装方式则依据其温度及压力条件不同，分有低温灌装及加压灌装两种。

低温灌装是指将装了药液的容器预先冷却至 −20℃左右,将抛射剂冷却至沸点以下 5℃,灌注到容器中,容器上部的空气随抛射剂的蒸发而被排出,然后立即安置阀门并轧口,低温灌装需有一个冷冻系统,技术上要求严格,生产中较少采用,多为实验室用。加压灌装是在室温下,利用 1.2MPa 压缩空气推动气缸活塞,将抛射剂灌入容器,或直接将抛射剂钢瓶加温至 50℃,令其蒸气压升高至 1.2~1.5MPa,再灌入容器,这种灌装方式要求在密闭条件下进行,其灌装设备的结构型式与一般液体药物灌装机唯一的区别是在喷嘴阀门安装后,灌装器的灌注接口与喷嘴口对接,并在保持足够的密封条件下,定量灌注。

气雾剂的灌装机应具备以下功能(或工位)。

(1)吹气:以洁净的压缩空气或氮气,吹除容器内的尘埃。

(2)灌药:定量灌装调制好的浓药液,其剂量体积一般为 0~100ml 或 0~300ml,范围内可调。

(3)驱气:在灌装浓药液的同时,通入适量的氟利昂,待其部分挥发时,可带走容器内的空气。

(4)安置阀门:将预先组装好的阀门插入容器内。

(5)轧盖:在真空或常压下轧压阀门封盖。

(6)压装抛射剂:定量灌装抛射剂,其灌装体积也应可调。

(7)装置按钮。

在各工位上依产量需要,不同机型配置有个数不同的气、液注入口。再灌药及压装抛射剂的工位上还应同时设有自动监测装置(如无容器到位时可自动停止灌药,如无安置阀门时不灌注抛射剂等)。

气雾剂灌装的结构形式也多采用一个水平装置的间歇运转的主工作圆盘,用以拖动数组气雾剂容器间歇停位于各工位上,在主工作圆盘的上部机架上依次装置有各工位的功能机构,各工位的功能动作都是在主工作圆盘回转停歇的时间间隔内完成的,因此各功能机构与主盘的回转也都是通过一个工作主轴,集中转动,以确保相互动作的协调关系。

第四节　贴剂设备

不同种类的贴剂有背衬层、药物贮库、粘贴层及临用前除去的保护层。

贴剂可用于完整皮肤表面,也可用于有疾患或不完整的皮肤表面,其中用于完整皮肤表面能将药物输送透过皮肤进入血液循环系统起全身作用的贴剂称为透皮贴剂。

1. 贴剂的种类　贴剂可分为膜控释剂、粘胶分散型、骨架扩散型和微贮库型四类。

(1)膜控释剂:主要由无渗透性的背衬层、药物贮库、控释膜、粘胶层和防粘层五部分组成。背衬层通常以软铝塑材料或不透性塑料薄膜如聚苯乙烯、聚乙烯、聚酯等制备;药物贮库可以用多种材料和方法制备,如油膏、软膏、乳剂、水凝胶、压敏胶等;控释膜由聚合材料制成的微孔膜或无孔膜,例如乙烯 - 醋酸乙烯共聚物、聚丙烯等;粘胶层可用多种压敏胶,如硅橡胶类、丙烯酸类、聚异丁烯类等制成;防粘层是用于粘胶层的保护,常用的防粘材料有聚乙烯、聚苯乙烯等膜材,有时也可用表面涂布石蜡或甲基硅油薄层的不粘纸。

（2）粘胶分散型：由背衬层、贮库粘胶层、具有控释作用的压敏胶层和保护层组成。

（3）骨架扩散型：由背衬层、贮库骨架层、保护层组成。其中贮库骨架层是药物均匀分散成溶解于疏水或亲水聚合物骨架中，然后分剂量成固定面积大小及一定厚度的药膜。

（4）微贮库型：由背衬层、含药微小贮库的骨架层、亚敏胶层和保护层制成。它实际上是膜控型和骨架型的混合型。

2. 贴剂的特点　贴剂特点是：①作用时间长，一次给药可在长时间内以恒定速率释药于人体内；②维持恒定有效的血药浓度，避免产生血药浓度峰谷变化，降低了治疗指数小的药物不良反应；③避免口服给药时胃肠道所产生的生理干扰，如首过效应、胃肠液的破坏等；④使用方便，易被患者接受。

3. 贴剂常用基质　常用的贴剂基质有天然或人工合成的高分子材料，如丙烯酸或甲基丙烯酸的共聚物、丙烯酸酯、聚乙烯吡咯烷酮、聚乙二醇、明胶等，另辅助添加碳酸钙等填充剂、氮酮等吸收促进剂。药物在基质中不能析出也需要在贴合皮肤后容易从基质中释放。

4. 质量要求　《中国药典》（2020 年版）规定贴剂需进行外观、黏附力、含量均匀度、重量差异、释放度、微生物限度等检查。

一、贴剂的生产过程

贴剂属于多层膜制剂，其制备工艺一般都包括膜材（如控释膜、药库、防粘层和背衬层等）加工、压敏胶（或药物贮库溶液或软膏等）涂布及各层膜的复合成形等。

生产方法有压延机涂布法、热熔涂布法、溶液涂布法等。将膏涂布于载体后，再用层压方法将膏层与保护层复合。一般制备流程如下。

$$药物 \atop 基质} \xrightarrow{搅匀} 膏料 \xrightarrow[（载体）]{涂布} 贴膏 \xrightarrow[（保护层）]{层压} 贴剂$$

膜的加工用涂膜法、热熔法（挤出法和压延法），为了将膜制成一定渗透性的膜材，将膜进行溶蚀法、拉伸法和核辐射法进行特殊处理。

二、贴剂的成型设备

根据所用基质性质，部分贴剂采用的涂布机械主要由涂布头和干燥隧道组成。涂布头包括加液系统、转筒和刮刀三部分，涂布的均匀性和重现性取决于涂布头的精度（图 9-20）。涂布头与干燥隧道直接连接，基材可蒸发溶剂，同时输入清洁惰性气体加速干燥过程与稀释挥发性气体。

把各个层次复合在一起可形成多层的贴剂，这种多层复合工艺可在单次涂布机上分次完成，也可在多层涂布复合机上一次完成。合压过程的压力十分重要，既要

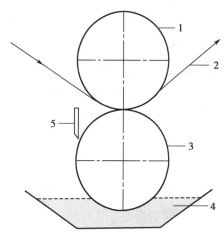

1—涂布辊；2—涂布材料；3—蘸胶辊；
4—胶料；5—刮刀。

● 图 9-20　涂布头示意图

保证压敏层黏合,又必须保证各层应有的厚度。复合后得到粘胶起控释作用的涂层是卷曲在滚筒上的圆筒形半成品,按设计的面积切割成单剂量,包装完成。

常用于水性基质的热压涂布机,由涂布模块、送布模块、冷却模块、收卷剪切模块等几部分组成(如图9-21所示),涂布模块是涂布生产线的关键设备,主要功能是将膏剂涂布于衬底材料无纺布中。同时需要对涂布刮刀进行加热,保证膏剂能够在一定温度下进行高质量的涂布生产。涂布模块包括涂布刮刀、涂布辊、涂布托板及间隙调整机构。涂布刮刀固定安装在间隙调整机构的底板上,涂布辊位于涂布刮刀下方,通过调心球轴承安装在对称放置的间隙调整机构的工作台上。为了控制涂布厚度,涂布刮刀及涂布辊可以进行间隙调整(图9-20)。

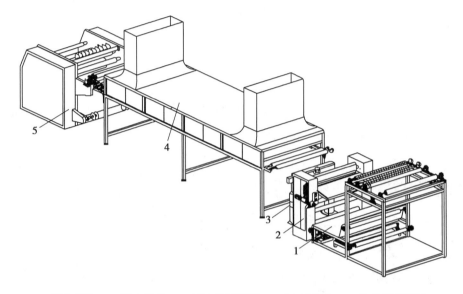

1—送布模块;2—涂布模块;3—厚度检测模块;4—冷却模块;5—收卷剪切模块。
● 图9-21 贴剂涂布机示意图

送布模块是为整个生产线提供无纺布的机构。此模块中包括机架、导布辊、纠偏机构、放布平台及加胶操作台。将无纺布放置于放布平台中,穿过理布托辊及纠偏机构,然后进入涂布模块进行膏剂涂布。理布托辊及纠偏机构中的导布辊起平整、张紧无纺布的作用。

冷却模块的主要功能是冷却定型已完成涂布的贴膏,防止收卷时贴膏黏附在无纺布背面,导致废品出现。模块主要由冷却机架、冷风入口、冷风出口、玻璃盖板及托布滚筒组成。冷风入口及出口为冷却机构提供源源不断的冷却空气;托布滚筒保证贴膏能够平整地通过冷却箱体并送入下一道工序;玻璃盖板主要是为了方便观察冷却箱内部贴膏的情况。

收卷剪切模块,气动切刀是独立式的,安装在切刀安装槽中,可以根据贴膏数量增减刀片数量,也可以根据贴膏宽幅大小调整刀片间的距离,经过剪切后出现的废弃贴膏边缘将在废弃边缘收卷辊中收集,收卷张紧辊中安装有手动张紧调整机构,通过旋转螺杆对其中某些托辊进行上下调整,达到张紧贴膏的功能,收卷剪切模块是整个涂布生产线的终点,主要功能是将宽幅为1m的贴膏剪切成宽幅为80mm的小贴膏,再将这些小贴膏收卷。收卷后的贴膏将流入下一包装工序。

第五节　液体制剂设备

液体制剂有口服,也有外用。中药液体制剂有合剂、口服液、糖浆、洗剂、酊剂等,通常合剂是指中药饮片用适宜的溶剂、方法提取浓缩制成的内服液体制剂;口服液又称单剂量包装的合剂。

一、液体制剂概述

1. 液体制剂的分类　按分散系统的不同,有均相的液体制剂如溶液剂,有非均相的如溶胶剂、混悬剂、乳剂等。溶液剂是澄清的液体制剂,属于热力学稳定体系;溶胶剂是固体药物以多分子聚集体分散于水中形成的非均相的液体制剂;乳剂是互不相溶的两相液体,其中一相液体以液滴状态分散于另一相液体中形成的非均相的液体制剂,形成液滴的液体称为分散相、内相或非连续相,另一相称为分散介质、外相或连续相。混悬剂一般是难溶性固体药物以微粒状态分散于分散介质中形成的非均相液体制剂。

2. 口服液体制剂的特点　通常液体制剂的分散度较大,吸收快速,作用迅速,一定程度上可提高生物利用度;液体制剂易于分剂量,可以适当调整药物浓度,服用方便,特别适用于老年人与儿童。但是不足之处是药物可能受分散介质的影响而引起降解或失效,非均相的液体制剂易产生物理稳定性变化,一般运输贮存成本高。

3. 液体制剂常用介质　液体制剂中的分散介质统称为分散媒,常见的有水、乙醇、甘油、丙二醇、脂肪油等,均要符合化学性质稳定、成本低,不影响主药作用等特点。

4. 质量要求　《中国药典》(2020 年版)规定口服液体制剂进行含量均匀度、装量及装量差异检查、微生物限度检查等,口服混悬剂进行沉降体积比检查。

溶液剂的制备通常就是选择适宜的溶剂进行溶解、稀释或进行化学反应。溶胶剂多采用分散法、凝聚法制备。乳剂的制备有干胶法、湿胶法、新生皂法等。混悬剂的制备通常有分散法与凝聚法。液体制剂的常用设备如下。

二、液体制剂生产设备

(一)口服药瓶清洗机

YQC8000/10-C 是原 XP-3 型超声波洗机的新标准表示方法,其额定生产率为 8 000 瓶 /h,适用于 10ml 口服液瓶,这种机型的技术在国内外都属于较先进的。

如图 9-22 所示,玻璃瓶预先整齐码入储瓶盘中,整盘玻璃瓶放入洗瓶机的料槽中,以推板将整盘的瓶子推出,撤掉贮瓶盘,此时玻璃瓶留在料槽中,全部瓶子口朝上且相互靠紧,料槽与水平面成 30° 夹角,料槽中的瓶子在重力作用下自动下滑,料槽上方置淋水器将玻璃内淋满循环水(循环水由机内泵提供压力,经滤过后循环使用)。注满水的玻璃瓶下滑到水箱中水面以下时,利用超声波在液体中的空化作用对玻璃瓶进行清洗。超声波换能头紧靠在料槽末端,也与水平面成

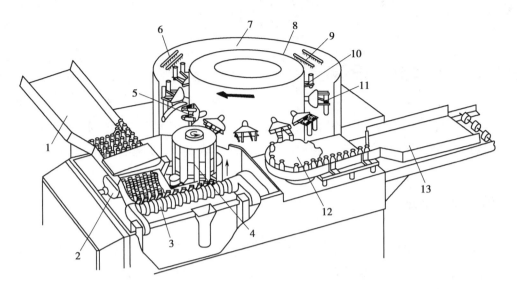

1—斜槽;2—超声波换能头;3—送瓶螺杆;4—提升论;5—瓶子翻转工位;6,7,9—喷水工位;
8,10,11—喷气工位;12—拨盘;13—滑道。

● 图 9-22　YQC8000/10-C 型超声波洗瓶机

30° 夹角,故可确保瓶子通畅地通过。

　　经过超声波初步洗涤的玻璃瓶,由送瓶螺杆将瓶子理齐逐个序贯送入提升轮的 10 个送瓶器中,送瓶器由旋转滑道带动做匀速回转的同时,受固定的凸轮控制作升降运动,旋转滑道运转一周,送瓶器完成接瓶、上升、交瓶、下降一个完整的运动周期。提升轮将玻璃瓶逐个交给大转盘上的机械手。

　　大转盘周向均布 13 个机械手机架,每个机架上左右对称装两对机械手夹子,大转盘带动机械手匀速旋转,夹子在提升轮和拨盘的位置上由固定环上的凸轮控制开夹动作接送瓶子。机械手在位置由翻转凸轮控制翻转 180°,从而使瓶口向下便于接受下面诸工位的水、气冲洗,固定在摆环上的射针和喷管完成对瓶子的三次水和三次气的内外冲洗。射针插入瓶内,从射针顶端的五个小孔中喷出的激流冲洗瓶子内壁和瓶底,与此同时固定喷头架上的喷头则喷水冲洗瓶外壁,喷压力循环水和压力净化水,喷压缩空气以便吹净残水。射针和喷头固定在摆环上,摆环由摇摆凸轮和升降凸轮控制完成"上升 - 跟随大转动 - 下降 - 快速返回"这样的运动循环。洗净后的瓶子在机械手夹持下再经翻转 180°,使瓶口恢复向上,然后送入拨盘,拨盘拨动玻璃瓶由滑道送入灭菌干燥隧道。

　　整台洗瓶机由一台直流电机带动,可实现平稳的无级调速,三水三气由外部或机内泵加压并经机器本体上的三个滤过器滤过,水气的供和停由行程开关和电磁阀控制,压力可根据需要调节并由压力表显示。

(二)隧道灭菌烘箱

　　隧道灭菌烘箱在计算机系统的监控下,瓶子随输送带的输送依次进入隧道灭菌烘箱的预热区、高温灭菌区(温度≥350℃)和低温冷却区。

　　输送带速度无级可调,温度监控系统设置无纸或有纸记录。整个过程可始终处于 A 级层流保护之下。

　　适用于抗生素瓶、口服液瓶及其他小型瓶的干燥、灭菌。本机性能完善,外形美观,易于清洁,符合 GMP 要求。

（三）配制罐

SMT系列磁力搅拌配液罐采用磁力驱动装置,无机械密封,无泄漏,保证配液在一个无菌无污染的环境下进行。替代了普通机械密封式搅拌结构,实现了在线清洗和无菌操作,磁力搅拌配液罐搅拌器安装在罐的底部于罐体成10°夹角,在搅动时,介质被与罐体成10°夹角翻腾,并不是沿罐壁做周向旋转达到紊流效果。由于搅拌从罐底开始,介质被彻底搅拌。由于搅拌器与电动机被完全隔离,所以无泄漏、无外界污染、安全性强,可以避免润滑剂对产品产生污染。搅拌转速由变频器进行无级调速,在最大转速以下能进行对搅拌转速的最佳调节,以满足各种工艺对搅拌转速的要求。

广泛适用于生物制品、细胞悬浮液、大输液等。新型的磁力搅拌器及磁力搅拌配液罐,实现了制药行业用设备的清洁和无菌,属于无菌配液罐。

磁力搅拌配液罐的配液量为10~10 000L,磁力搅拌器采用独特的叶轮设计,与物料接触部分材质采用不锈钢316L,内表面机械抛光精度0.2~0.4μm。磁力搅拌配液罐的磁力搅拌电机还可以选用定速、变频调速等,可以实现防爆。

（四）乳化设备

部分乳剂用搅拌乳匀机或真空乳化机。真空乳化机高剪切乳化头由高速旋转的叶轮与具有放射状导流槽的定子而构成,经特殊设计的叶轮上下翼叶高速旋转,从而将物料从叶轮上下分别高压吸入,后经叶轮以离心力高速抛射。因叶轮与定子间有较小的间隙,所以物料在被吸入与抛出过程中经过了强烈的剪切挤压、混合喷射、高频震荡等一系列复杂的物理反应,从而将混合物料充分乳化。因慢速搅拌为同速逆向左旋不断进行,最终使整个容器内的物料由上而下不断循环进行混合分散、均质乳化。

另外,成熟的磁传动搅拌机技术能高度确保真空搅拌机的抽真空的严格密封的要求;运用高效节能型轴流桨叶技术,非常适合中、低黏度的介质的真空搅拌;采用各种要求的螺带搅拌器,非常适合中、高黏度的介质的真空搅拌。

（五）灌封机

灌封机结构上一般包括自动送瓶、灌药、送盖、封口、传动等几个部分。由于灌药量的准确性对产品是非常重要的要求,故灌药部分的关键部件是泵组件和药量调整机构,它们主要功能就是定量灌装药液。大型联动生产线上的泵组件由不锈钢件精密加工而成,简单生产线上也有用注射用针管构成泵组件。药量调整机构有粗调和精调两套机构,这样的调整机构一般要求保证0.1ml的精确度。

送盖部分主要由电磁振动台、滑道实现瓶盖的翻盖、选盖,实现瓶盖的自动供给。送盖部分的调试是整台机器调试工作中的一项关键。

封口部分主要由三爪三刀组成的机械手完成瓶子的封口,为了确保药品质量,产品的密封要得到很好的保证,同时封口的平整美观也是制药厂非常关注的,故密封性和平整性是封口部分的主要指标。封口部分的传动较为复杂,其调整装置要求适应包装瓶和盖的不同尺寸要求。国产机适应性较好,对瓶子和盖的尺寸要求并不高,但锁盖质量比不上进口机;进口机的封口较为严密、平整,但适应性差。

传动部分可以由一台电机带动的集中传动,也可以由送瓶、灌药、压盖部件几台电机协调传动。自动化程度较高的生产线具有自动检测和安全保护的电控设备,用于产品计数、包装材料检测、机器和人体的安全防护。

由于灌药量的准确性和轧盖的严密、平整在很大程度上决定了产品的包装质量,所以灌封机是液体制剂生产设备中的主机。根据液体制剂玻璃瓶在灌封过程完成送瓶、灌液、加盖、轧封的运动形式,灌封机有直线式和回转式两种。直线式灌封机,传送部分将药瓶传送至灌注部分,由直线式排列的喷嘴灌入瓶内,瓶盖由送盖器送出并有机械臂完成压紧和轧盖。

回转式灌封机以 YGZ 系列灌封机为例,如图 9-23 所示。该机操作方式分为手动、自动两种,由操作台上的钥匙开关控制。手动方式用于设备调试和试运行,自动方式用于机器联线自动生产。有些先进的进口联动线配有包装材料自动检测机构,对尺寸不符合要求的包装瓶和瓶盖能够从生产线上自动剔出,而我国包装材料一致性较差,不适合配备自动检测机构,因此,开机前应对包装瓶和瓶盖进行人工目测检查。启动机器以前还应检查机器润滑情况,确保运转灵活。手动 4~5 个循环后,对灌药量进行定量检查,调整药量调整机构,保证灌药量准确性。这时就可将操作方式改为自动,使机器联线工作。操作人员在联线工作中的主要职责就是随时观察设备,处理一些异常情况,如走瓶不顺畅或碎瓶、下盖不通畅等,并抽检轧盖质量。如有异常情况或出现机械故障,可按动装在机架尾部或设备进口处操作台上的紧急制动开关,进行停机检查、调整。在联动线中,机器运转速度是无级调速,使灌封机与洗瓶机、灭菌干燥机的转速相适应,以实现全线联运。

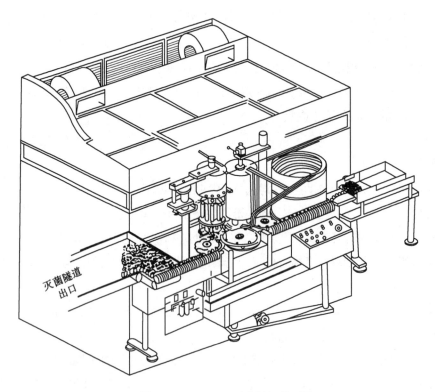

● 图 9-23　YGZ 系列灌封机外形图

易拉瓶的形状如图 9-24 所示。它由易拉瓶铝盖(含有密封胶垫)和易拉瓶体两部分组成。

如图 9-25 所示为旋转式口服液瓶轧盖机示意图。工作时,下顶杆推动加铝盖后的易拉瓶和中心顶杆向上移动,同时,中心顶杆带动装有轧封轮杆的圆轮上移。当易拉瓶上升了一定的高度,轧封轮接近铝盖的封口处时,在轴向固定的圆台轮的作用下,轧封轮逐渐向中心收缩。工作时,皮带轮始终带动轴转动,圆轮和圆台轮都跟随着轴转动,铝盖在轧封轮转动和向中心施以收缩压力的作用下被轧紧在易拉瓶口上。有的旋转式轧盖机上装有两个轧封轮,有的装有三个轧封轮,即为三爪三刀式口服液封口机。它们的工作原理是相同的。

1—易拉瓶盖;2—易拉瓶体。

● 图9-24 易拉瓶

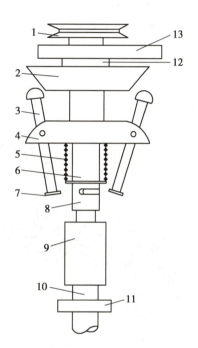

1—皮带轮;2—圆台轮;3—轧封轮杆;4—圆轮;5—复位弹簧;6—中心顶杆;7—轧封轮;8—铝盖;9—易拉瓶;10—下顶杆;11—下顶杆架;12—轴;13—轴架。

● 图9-25 旋转式口服液瓶轧盖机

(六)双扉式灭菌柜

一般灭菌柜均有高温灭菌、检漏和冲洗色迹的功能。灭菌后的热瓶遇到有色的冷水后,瓶内产生真空,若瓶子封口不佳,色水便进入瓶子内,便于检查剔除。色水的进入用真空气吸法或水泵压送法。

(七)灯检机

部分液体制剂用人工灯检结合灯检机进行灯检。灯检机由灯检箱、灯检台、灯检仪、电脑显示屏组成。根据机器视觉原理,采用摄像机拍摄生产线上液体制剂的序列图像,把图像传入计算机后,计算机通过软件算法判断该液体中是否含有可见异物杂质,若有,则发出指令,通过PLC控制把次品分拣出传送带,若为合格品则进入下一步工序。

（八）洗烘灌封联动机组

越来越多的液体制剂生产采用洗烘灌封联动机组。整个生产过程自动完成洗瓶、烘瓶、理瓶、输瓶、计量灌装、理塞、塞塞、理盖、旋盖、轧盖、贴标签、印批号等工序。全线联动生产,安全稳定,符合 GMP 规范。有两种联合方式,一种方式是串联方式,各单机的生产能力要相互匹配,适用于产量中等的情况。缺点是一台设备发生故障,整条生产线都要停下来;另一种是分布式联动方式,将同一种工序的单机布置在一起,完成工序后产品集中起来,送入下道工序,如图 9-26 所示,分布式联动线可用于产量很大的品种。

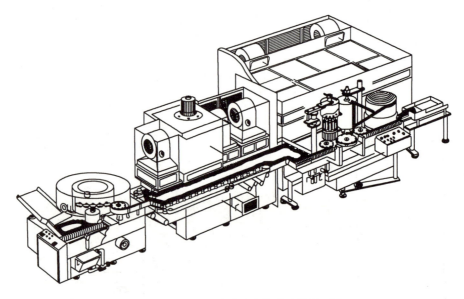

● 图 9-26　口服液自动灌装联动线外形图

本章思考题

1. 栓剂的质量评定指标包括哪些?

2. 软膏剂配制罐的基本构成包括哪些?

3. 气雾剂中抛射剂的质量要求及充填方式有哪些?

4. 贴剂的种类与特点分别有哪些?

5. 液体制剂的联动生产线由哪些部分组成?

第九章　同步练习

（潘林梅）

第十章　课件

第十章　药品包装与包装设备

　　药品是一种特殊的商品,在生产过程中生产出来的药品需采用适当的材料、容器进行包装,使其在运输、保管、装卸、供应或销售的整个流通过程中可保护药品的质量。药品包装是药品生产过程中的重要环节,其包装不仅是药品质量优劣的外在表现,而且影响药品的内在质量。

　　我国的国家标准《包装通用术语》对商品包装作了明确定义,为了在流通过程中保护产品、方便储运、促进销售,按一定技术方法而采用的容器、材料及辅助等的总体名称。也指为了达到上述目的而采用容器、材料和辅助物的过程中施加一定技术方法等的操作活动。

　　我国《药品管理法》规定,直接接触药品的包装材料和容器,应当符合药用要求,符合保障人体健康、安全的标准;应当适合药品质量的要求,方便储存、运输和医疗使用;应当按照规定印有或者贴有标签并附有说明书。药品包装是指用适当的材料或容器、利用包装技术对药物制剂的半成品或成品进行分(灌)、封、装、贴签等操作,为药品提供品质保证、鉴定商标与说明的一种加工过程的总称。药品包装不但需具备一切商品包装的共性,还应具有保证药品安全有效和使用方便的特殊要求。药品的包装按不同剂型采用各种包装材料、容器和各种包装形态。

第一节　药品包装材料与容器

　　药品包装材料是指直接接触药品的包装材料和容器,主要包括各种材料制作的瓶、袋、内塞等包装容器,以及触及药物的充填物、衬垫等物质,简称药包材。药包材可吸收药品的有效成分而降低其含量,也有可能释放有害物质而损害人民健康,因此药包材与一般物品的包装材料不同,有严格的质量要求。

　　药品包装材料应具有稳定性、阻隔性能、结构性能和加工性。药品的内包装容器也称直接容器,常采用塑料、玻璃、金属、复合材料等。中包装一般采用纸板盒等。外包装一般采用内加衬垫的瓦楞纸箱、塑料桶、胶合板桶等。

一、纸包装材料与容器

　　纸是从悬浮液中将植物纤维、动物纤维、化学纤维、矿物纤维或这些纤维的混合物沉积到专门的成型设备上,经过干燥制成的平整均匀薄叶片状物。纸常被用作包装材料,具有易加工、成本低、适于印刷、重量轻、可折叠、无毒、无味、无污染等特点。制剂生产中,几乎所有的中包装和外包装均采用纸包装材料。

药品包装用纸常用的有如下几种。

1. 蜡纸 蜡纸具有防潮、防止气味渗透等特性,多作防潮纸,可用于蜜丸等的内包装。药用蜡纸主要采用亚硫酸盐纸浆生产的纸为基材,再涂布食品级石蜡或硬脂酸等而成。

2. 玻璃纸 玻璃纸又称纤维素膜,具有质地紧密、无色透明等特点,多用于外皮包装或纸盒的开窗包装。玻璃纸要与其他材料复合,如在其上涂一层防潮材料,可制成防潮玻璃纸,也可涂蜡,制成蜡纸。

3. 滤过纸 滤过纸有一定的湿强度和良好的滤过性能,无异味,符合食品卫生要求,可作为袋泡茶类药品的包装,滤过纸是卷筒纸。

4. 可溶性滤纸 它是由棉浆、化学浆抄制,经羧甲基化后制得。其特性是匀度好,具有对细小微粒的保留性和对液体的滤过性。若将一定剂量药物吸附在一定面积的可溶性滤纸上,即可制得纸型片,可供内服药剂用。

5. 包装纸 即由多种配料抄制、用于包装目的的纸张的总称。其特点是强度及韧性较好。普通食品包装纸是用漂白化学浆抄制,有单面光和双面光两种,可用于散剂裹包或投药用纸袋等。

6. 白纸板 白纸板常用于药品包装的一般折叠盒,其结构由面层、芯层和底层组成。面层由漂白的木浆制成,芯层和底层由机械制浆法制成。白纸板的面层有单面和双面之分。白纸板具有较好的耐折性、挺力、表面强度和印刷性。白纸板的面层可涂布由白土、高岭土等白色颜料与干酪素、淀粉等黏合剂等组成的涂料,可制成涂布白纸板,具有较高的印刷适应性和白度,常用于较高级的中包装折叠盒。

7. 牛皮箱纸板 牛皮箱纸板具有较高的耐折性、耐破性、挺度和抗压性。它是用硫酸盐木浆、竹浆挂面,再用其他纸浆挂底制成。多用于外贸商品及珍贵药品的包装纸箱。

8. 瓦楞纸板 具有较好的机械强度,从平面上也能承受一定的压力,并富于弹性,缓冲作用好;它可根据需要制成各种形状大小的衬垫或容器,比塑料缓冲材料要简便、快捷;受温度影响小,遮光性好,受光照不变质,一般受湿度影响也较小,但不宜在湿度较大的环境中长期使用,会影响其强度。

纸容器指纸袋、纸盒、纸箱等纸质包装。纸盒一般以纸板制成,多作为销售包装。纸盒有固定式和折叠式两种,前者的式样有天地罩式、抽屉式等,后者有插扣式和压扣式等。纸箱一般以瓦楞纸板折合而成,多作为运输包装。药品纸箱常用一整块纸板制成,通过黏合或钉合将接缝封合制成纸箱,外盖一般对接,为保证安全和卫生,外盖也可以完全搭叠。

二、塑料包装材料与容器

塑料是一种人工合成的高分子化合物,又称高分子或巨分子或树脂,是利用单体原料以合成或缩合反应聚合而成的材料,由合成树脂及增塑剂、稳定剂、抗静电剂、着色剂、润滑剂等添加剂组成的。与玻璃、纸、金属等相比,塑料包装有其独特的优点。塑料包装可以做成形式多种多样、大小不同的瓶、罐、袋、管,亦可做成泡罩包装等。塑料按热性能可分为热塑性塑料及热固性塑料,按使用范围可分为工程塑料及通用塑料。

增塑剂可提高塑料的柔软性和韧性、降低加工温度、改善加工性能,增塑剂应是该聚合物的优良溶剂,如邻苯二甲酸二辛酯(dioctyl phthalate)等;稳定剂可防止塑料在加工使用过程中由于受热、光或氧的作用发生分解、变色、脆化,如热稳定剂、抗氧剂、紫外线吸收剂等;抗静电剂可从空气中吸收水汽而消除塑料表面的静电作用,如聚乙二醇等;着色剂常用染料与颜料,颜料比染料稳定、不易褪色;其他添加剂如为减少聚合物加热熔融时分子间内摩擦的内润滑剂,为减少其与加工设备间摩擦的外润滑剂等。

1. 常用塑料包装材料

(1)聚乙烯(polyethylene):是乙烯经聚合制得的一种热塑性树脂。其化学稳定性良好、物理性能优良,其主要加工产品是各种薄膜。依产品性能可分为低密度聚乙烯(low density polyethene)、中密度聚乙烯(medium density polyethylene)、高密度聚乙烯(high density polyethylene)等。聚乙烯无毒,抗潮湿性能良好,耐低温、耐化学品侵蚀和耐辐射性良好,但缺少透明性能、耐热性不高、薄膜气密性差、制品印刷性不良。低密度聚乙烯主要制造包装薄膜、片材等,高密度聚乙烯主要用作包装容器。

(2)聚丙烯(polypropylene):聚丙烯是无色、无毒的可燃性树脂,能耐一般无机化合物侵蚀,但不耐氧化性化学品和非极性溶剂。耐热性、密封性、柔韧性好,但不耐低温。聚丙烯多制作为包装容器及薄膜。由于聚丙烯的高熔点,其可作为需灭菌和煮沸的包装材料。其中流延聚丙烯薄膜(cast polypropylene film)对水蒸气和异味具有良好的阻隔性,常作为复合材料基膜,也可以进行金属化处理。

(3)聚氯乙烯(polyvinyl chloride):聚氯乙烯为白色或微黄色粉末,与前两种塑料相比,聚氯乙烯机械强度较好,抗水性、气密性、热封性好,但热稳定性差,在138℃开始降解。聚氯乙烯可制造透明硬质包装容器,加入增塑剂可制造薄膜。聚氯乙烯无毒,但其合成的单体氯乙烯有致肝癌作用,故规定了其含量应低于1mg/kg。

(4)聚酯(polyester):聚酯通常指聚对苯二甲酸乙二醇酯。聚酯无毒、透明,具有优良的力学性能,耐热、耐寒性好(-70~150℃),耐水、耐油,但对水蒸气阻隔性较差,价格较高。聚酯主要用于生产包装容器及薄膜。

(5)聚碳酸酯(polycarbonate):聚碳酸酯无毒、透明,耐热、耐寒,气体透过性低,对稀酸、稀碱及一般有机溶剂比较稳定,但价格很高。一般只作特殊容器之用,如注射器、小瓶等。

(6)聚苯乙烯(polystyrene):聚苯乙烯是一种硬而透明、无味的树脂,并且具有容易着色及价格低等优点。缺点是不耐有机溶剂、耐热性差、性脆不耐冲击。聚苯乙烯具有较高的水蒸气可透性及较高的氧渗透性。聚苯乙烯作为药品包装材料已被淘汰。

2. 热塑性塑料的加工方法 药品包装所用中空容器、薄膜、片材等多采用热塑性塑料。将塑料加热软化并压出所需制品,多采用注射机或挤出机。将粒状塑料由料斗送入到加热的料筒,软化后用柱塞(或定量螺杆)将塑料通过喷嘴定量地压入模具中,可得不同形状制品,这种机器称为注射机;将塑料由料斗连续加入加热的料筒,软化后用螺杆将料推向机头的模具缝隙连续地挤出,可得管、棒等制品,这种加工机器称为挤出机。

(1)塑料容器:药品包装中,塑料瓶等中空容器的制造多采用吹塑成型。吹塑成型分注射吹塑和挤出吹塑,拉伸吹塑对聚丙烯中空容器的制造有明显的优越性。

注射吹塑时,由注射机将熔融塑料注入注射模内形成管坯,然后合拢吹塑模,压缩空气通过芯模吹入,将型坯吹胀形成中空容器,冷却后得制品。此法宜用于制造小型精致的塑料瓶。挤出吹塑时,由挤出机挤出的管坯逐个连续夹入多个吹塑模,分别吹入压缩空气以形成中空容器,冷却后得制品。此法宜用于制造大型容器。将以上两法的管坯先用延伸棒进行纵向拉伸,然后引入压缩空气进行吹胀而达到横向拉伸,这种方法称为拉伸吹塑,所得制品的质量有很大提高。

（2）塑料薄膜:塑料薄膜生产的方法有挤出法和压延法,其中挤出法又可分为使用圆口机头的吹塑法和使用狭缝机头的流延法。其中流延法所产薄膜幅宽较宽,但需使用溶剂,故成本较高。

压延法是将配好的经混炼机塑炼的软化塑料送到加热的多辊压延机上压延,随后在冷却辊筒上冷却,可生产薄片或稍厚的薄膜。压延薄膜厚度均匀、质量好、生产率高。吹塑法薄膜是将塑料经过挤出机机头的模口成薄壁管状物,导入牵引装置,在机头引入压缩空气,将塑料吹胀成圆筒,经冷却由导辊卷取制品,然后加工成袋或剖开成薄膜。根据不同原料和要求,吹塑机有上吹法、平吹法和下吹法。吹塑法生产的薄膜厚度不如压延法均匀、透明度也差,但生产成本低、生产率高、薄膜强度好。

3. 药品包装的塑料选择　药品包装的塑料选择的主要考虑因素如下。

（1）塑料的性质:防湿性、气密性、保香性、遮光性、耐内装物性、耐久性、卫生性、封口性、耐热性、耐寒性、透明性、成型性、带电性、印刷性、强度等,另外还需考虑价格、废物处理的环保等因素。

（2）药品与塑料间的相互作用:药品与塑料间的关系可分为渗透、溶出、吸着、反应、变性等5个方面。

外界气体、蒸汽、液体对塑料的渗透,可对药品产生有害影响。水蒸气或氧透入塑料可引起药品的水解或氧化。药品中的挥发组分也能透过塑料容器而挥发损失。对于不同塑料其渗透性可能有很大不同,如亲水性材料对水蒸气的阻隔不良,而疏水性材料却非常优良。

多数塑料包装容器在加工中都加入了添加剂,如增塑剂、着色剂等,药品包装中这些添加剂可能从容器中溶出而严重影响药品质量。药品成分可能被包装材料吸着。药品中的主药成分或添加的防腐剂等如被吸着,可能引起主药成分的损失或影响药品质量。

塑料配方中所用的一些组分可能与药物制剂中的某种成分起化学反应而影响药品质量。

药品使塑料发生物理的或化学的变化,可使塑料发生变性,如塑料的降解、变形、脆化等。溶剂可能使增塑剂溶出,而使聚氯乙烯变硬等。

（3）塑料的卫生性:药品包装常用塑料属于高分子化合物,本身无毒,均属于最安全的塑料。其毒性主要来自单体和添加剂。

在合成一些塑料的单体如聚氯乙烯的氯乙烯、苯乙烯类聚合物的苯乙烯、聚偏二氯乙烯的偏二氯乙烯等均有一定毒性,各国均制定了严格的单体含量。添加剂包括增塑剂、稳定剂、着色剂等。一些塑料制品（如聚氯乙烯、聚偏二氯乙烯、聚醋酸乙烯等）加入一定量的增塑剂,增塑剂与树脂是相溶的,在接触到物料溶剂时可溶出其中的增塑剂。含增塑剂高的塑料容器不适合于盛装液体,此外增塑剂必须是无毒的。稳定剂包括热稳定剂、光稳定剂和防氧剂。聚氯乙烯和氯乙烯共聚物在加工时加入热稳定剂。聚乙烯、聚丙烯、聚酯等也要加入防氧化剂、防紫外线的稳定剂。药品包装的塑料中所加的稳定剂必须是无毒的,如硬脂酸钙、硬脂酸锌等。

根据所包装药品的性质及不同的包装方式可选用适当的塑料种类,如泡罩包装常用PVC或

PP,带状包装材料常用 PE、PVDC/PT、PE/PET 等,药瓶常用 LDPE、HDPE、PP 等,软管常用 LDPE、HDPE、PP 等,塑料输液瓶可用 PP 等,输液袋常用 PVC、PET/PE/PP 等。

三、玻璃包装材料与容器

玻璃材料为最常用的药包材,具有化学性质稳定、阻隔性好、不能穿透、坚固、有刚性、不受大气影响,且化学性质和耐辐射性质可调整等优点,对于药物制剂具有良好的保护作用。而且价格低廉、透明美观、可回收利用,所以普遍用作粉针剂、注射液、口服液等的包装容器。玻璃也有它的缺点,例如密度大、容易碎。

玻璃是一种过冷液体以固体状态存在的非晶态物质,其外观类似固体,但从微观结构来看,又有些像液体。玻璃容器由于性能优良、价格低廉,所以在制药工业仍得到大量使用。

玻璃的性质与玻璃的组成和结构有密切的关系。玻璃的主要成分是二氧化硅及一些金属氧化物,其中二氧化硅在熔剂中形成硅氧四面体的结构网而成为玻璃的骨架,氧化铝可增加玻璃的弹性、硬度和化学稳定性,氧化硼可增加玻璃的光洁度、强度、化学稳定性和耐热性,氧化钠可降低黏度使玻璃容易成形等。制造玻璃的辅助料有澄清剂、着色剂、脱色剂、乳浊剂等。依玻璃的成分可分为钠钙玻璃、硼硅酸盐玻璃、铝玻璃及高硅氧玻璃,其中前两种在药品的包装中使用最多。钠钙玻璃的主要成分是 SiO_2-CaO-Na_2O,其特点是容易熔制和加工、价廉,多用于制造对耐热性、化学稳定性没有特殊要求的瓶罐器皿等;硼硅酸盐玻璃又称硬质玻璃,其主要成分是 SiO_2-B_2O_3-Na_2O,这种玻璃化学稳定性好、耐热性好,多用于制造有较高要求的瓶罐容器和玻璃管等。

药用玻璃容器多由经拉管机拉延的玻璃管制成或由制瓶机在成型模中吹制而成,前者如安瓿、管制西林瓶等,后者如模制西林瓶、黄圆瓶、输液瓶等。

玻璃不耐氢氟酸和强碱,一些强酸能缓慢地腐蚀玻璃。玻璃中的钠离子可以被水浸析出来生成 NaOH,另外玻璃中的 Na_2O 也可能在大气中析出而产生脱片,但硼硅玻璃可减少上述作用。

《美国药典》(USP41)中对药用玻璃容器分为三类。I 型玻璃:因玻璃本身的化学稳定性,硼硅酸盐玻璃具有很耐水性和抗热震性。II 型玻璃:是对 III 型钠钙硅酸盐玻璃容器的内表面进行适当的处理,使耐水性从中等水平提高到高水平得到的玻璃。III 型玻璃:由于玻璃本身的化学组成,钠钙硅玻璃具有中等的耐水性。通过玻璃颗粒实验和表面实验相结合以确定玻璃的类型。

在玻璃原料中加入不同的着色剂,可制成各种颜色,如琥珀色玻璃可屏蔽 200~450nm 的光线,祖母绿色可屏蔽 400~450nm 的光线。

四、金属包装材料与容器

金属包装材料广泛应用于工业产品包装、运输包装和销售包装,正成为各种包装容器的主要材料之一。而美国包装消费中金属材料比塑料包装多,仅次于纸和纸板,约占第二位。在日本和欧洲各国,在各种包装材料中金属包装约占 15%,仅次于纸和塑料包装,占第三位。我国的金属包装材料占包装材料总量的 20% 左右,仅次于塑料包装材料。金属的水蒸气透过率很低、完全不透光,能有效地避免紫外线的有害影响。其阻气性、防潮性、遮光性和保香性大大超过了纸、塑料等其他类型的包装材料。因此,金属包装能长时间保持商品的质量。

金属包装容器分为桶、罐、管、筒四大类,其中后两种在药物制剂的包装应用较多。包装用金属材料常用的有铁基包装材料、铝质包装材料。按金属的使用形式分为板材和箔材,板材用于制造包装容器,箔材多是复合包装材料的主要部分。

铁基包装材料有镀锡薄钢板、镀锌薄钢板等。镀锡板俗称马口铁,是将低碳薄钢板在锡液中浸镀或利用电解法镀锡。为避免金属进入药品中,容器内壁常涂覆一层保护层,多用于药品包装盒、罐等。镀锌板俗称白铁皮,是将基材浸镀而成,多用于盛装溶剂的大桶等。

铝由于易于压延和冲拔,可制成更多形状的容器,如气雾剂容器、软膏剂软管等。铝箔具有优良特性,广泛应用于铝塑泡罩包装与双铝箔包装等。泡罩包装用铝箔内外均有涂层,依次是粘合层、铝箔基材、印刷层和保护层。粘合层作用是覆盖铝箔并起到与 PVC 硬片的封合作用,其主要成分是变性聚烯烃类。保护层用于覆盖印刷层和铝箔,其主要成分是硝化纤维素。泡罩包装用铝箔宽度依包装机要求而定,长度有 1 000m 或 1 500m,允许偏差 0~+3m,每 1 000m 的接头不多于 4 个。

金属软管是包装软膏剂的容器,多由铝质制成,铅锡管已被淘汰。金属软管是由金属锭轧成板材并制成小料块,再冲压挤出成管,经印刷、内涂树脂而成。目前一部分膏体采用了塑料或复合材料管,但金属管无"回吸"现象,管内药物不易被回吸污染,挤出剂量容易控制,而且适用于高速灌封,故应用仍很广泛。

五、复合膜包装材料

复合膜材具有更快的包装速度和稳定的摩擦系数,能提高药品的包装速度;优良的柔韧性和热封性,使包装更完整;避光性能好,不透气、不透光、不透湿,有利于延长产品的保质期;挺度好、易印刷、有光泽漂亮的外观更加迎合消费者的口味,复合膜材的发展将保持持续增长的态势。

1. 普通复合膜 典型结构为 PET/AL/PE,其生产工艺为干式复合。具有良好的印刷适性,有利于提高产品档次;具有良好的气体、水蒸气阻隔性。广泛应用于一般药品如片剂、颗粒剂、散剂的包装,也可作为其他剂型药品的外包装。

2. 药用条状易撕包装材料 典型结构为 PT/PE/AL/PE,其生产工艺为挤出复合。具有良好的易撕性,方便消费者取用药品;良好的气体、水蒸气阻隔性,保证药品较长的保质期;良好的降解性,有利于环保。适用于泡腾剂、涂抹剂、胶囊等药品的包装。

3. 纸铝塑复合膜 典型结构为 PAPER/AL/PE,其生产工艺为挤出复合。具有良好的印刷适应性个性化印刷,有利于提高产品档次;良好的挺度,保证了产品良好的成型性;对气体或水蒸气有良好的阻隔性,可以保证药品较长的保质期;良好的降解性,有利于环保。主要应用于片剂、胶囊、散剂、颗粒剂等剂型药品的包装。

4. 高温蒸煮膜 其特点是可耐高温蒸煮,典型结构为 PET/CPP 或 PET/AL/CPP,其生产工艺为干式复合。通过高温蒸煮基本能杀死包装内所有的微生物;可常温放置乳品包装,无须冷藏;对水蒸气和气体有良好的阻隔性;可以里印,具有良好的印刷适应性。

第二节　药品包装技术

一、防湿包装与隔气包装

在一定温度和相对湿度空气中,固体均有其特定的平衡含水量。平衡含水量随空气的相对湿度增大而增加,随温度的升高而减小。在一定温度下,用空气的相对湿度对药品的平衡含水量作图,可得此药品的等温吸湿或脱湿曲线。通常这两条曲线并非吻合。若空气相对湿度较高,可引起药品的氧化分解、配伍变化、滋生霉菌,甚至影响剂型的稳定。若平衡含水量较大的药品置于较干燥空气中,可引起收缩脱水或失去结晶水,引起质量下降。液态药剂表面空气相对湿度几乎饱和,若容器密封不良,则液体的溶剂挥发,使内装药品受损或变质。

空气中的氧或二氧化碳也能与某些药物发生反应,氧可引起药物自身氧化变质,如鱼肝油变红、维生素 C 水溶液分解、乳剂变质等;二氧化碳可被一些药品吸收,如与氨茶碱反应生成茶碱、氧化镁生成碳酸镁等。

为保证容器内药品不受外界湿气或气体影响而变质的包装方法或容器,称为防湿包装或隔气包装。药品的防湿与隔气一般需从包装材料、容器的密封、采用真空、充气包装技术等措施来解决。也可采用硅胶、分子筛等吸湿剂或一些脱氧剂来解决。

1. 包装材料的防湿、隔气性能　除一定厚度以上的金属、玻璃、塑料外,许多薄膜材料都有一定的透湿性或透气性。设某材料的面积为 A,厚度为 L,材料两侧水蒸气或气体压差为 ΔP,经过时间 t,透过此材料的湿气量或气体量 Q 为:

$$Q = \frac{K\Delta PAt}{L} \qquad\qquad 式（10\text{-}1）$$

式中,K—透湿系数或透气系数,$g \cdot cm/(cm^2 \cdot s \cdot Pa)$。

对于复合材料,设两种薄膜的系数分别为 K_1 与 K_2,厚度分别为 L_1 与 L_2,则透过量 Q 为:

$$Q = \frac{\Delta PAt}{\dfrac{L_1}{K_1} + \dfrac{L_2}{K_2}} \qquad\qquad 式（10\text{-}2）$$

在实际应用中,通常用透湿度或透气度来衡量材料的透湿或透气性能。透湿度 R 指在规定温度和材料两侧湿度条件下,材料的单位面积、单位时间透过的湿气质量,$g/(m^2 \cdot d)$。透气度指在单位压差、单位面积、单位时间内所透过气体标准状态下的体积,$cm^3/(m^2 \cdot d \cdot Pa)$。透湿度或透气度与气体种类有关,与材料厚度成反比,一般与温度和环境湿度成正比,但也有例外,如 PVDC 隔气性基本不随温度变化,故常与各种塑料膜复合。对复合薄膜的透湿度,设各层基膜的透湿度为 R_1、R_2、$\cdots$、R_n,则复合薄膜的透湿度 R 为:

$$\frac{1}{R} = \frac{1}{R_1} + \frac{1}{R_2} + \cdots + \frac{1}{R_n} \qquad\qquad 式（10\text{-}3）$$

2. 防湿隔气包装的密封　防湿、隔气包装除要求包装材料有优良的性能外,并要求容器具有良好的密封性。

瓶类容器的透湿与透气主要与瓶口的密封有关,如衬垫材料的透湿度、瓶口端面的平滑程度、瓶口周边长度、瓶盖的透湿度、瓶盖与瓶子间的压紧程度等,也与塑料瓶体厚度的均一性有关。对衬垫材料的要求是透湿度与透气度低、富有弹性、柔软、复原性能良好等。

采用复合铝箔是利用电磁感应式瓶口封口机将铝箔粘于塑料瓶或玻璃瓶的瓶口,使瓶口密封质量得到很大提高。电磁感应是一种非接触式加热方法,位于药瓶上方的电磁感应头内置有线圈,线圈内通以 20~100kHz 频率交变电流,于是线圈产生的交变磁力线穿过瓶口的铝箔,并在铝箔上感应出环绕磁力线的电流—涡流,涡流直接在铝箔上形成一个闭合电路,使电能转化成热能,铝箔(用于药瓶封口的铝箔复合层由纸板/蜡层/铝箔/聚合胶组成)受热后,使铝箔与纸板黏合的蜡层熔化,蜡层被纸板吸收,于是纸板与铝箔分离,纸板起垫片作用;同时,聚合胶层也受热熔化,将铝箔与瓶口黏合起来。

3. 真空包装 将包装容器内的气体抽出后再加以密封的方法可避免内部的湿气、氧气对药品的影响,并可防止霉菌和细菌的繁殖。用于真空包装的薄膜多为复合膜,如聚酯/聚乙烯、尼龙/聚乙烯、聚酯/铝箔/聚乙烯、玻璃纸/铝箔/聚乙烯等。真空包装多在腔室式真空包装机内进行。先将充填物料后的塑料袋置于包装机中,然后合盖、抽真空、封口。这种包装机有的还附有充氮装置。

4. 充气包装 用惰性气体置换包装容器内部的空气可避免药品的氧化变质和霉变。常用的气体有氮气、二氧化碳或它们的混合气体。如安瓿、输液等多充氮气,可防止药品氧化。气体的置换可采用腔室式真空充气包装机或喷嘴式充气装置。前者多用于塑料袋,系分批操作,作业效率较低,但气体置换率高。喷嘴式是在容器灌装前后通入惰性气体将空气置换出,然后进行容器的封口,其特点是作业效率高,但气体置换率差。

二、遮光包装

一些药品在受到光辐射后可引起光化学反应而产生分解或变质,如生物碱、维生素等可引起变色、含量下降,也可引起糖衣片的褪色。光是电磁波的一种,波长在 400~700nm 范围是可见光,波长小于 400nm 即为紫外线。波长越短,光子的能量越大,对药品影响也越大。固体药物的光化分解通常是由于吸收了日光中的紫蓝光、紫光和紫外线引起的。药品的破坏程度与光的照射剂量有关。

为防止光敏药物受光分解,应采用遮光容器包装或在容器外再加避光外包装。遮光容器可采用遮光材料如金属或铝箔等,或采用在材料中加入紫外线吸收剂或遮断剂等方法。可见光遮断剂有氧化铁、氧化钛、酞菁染料、蒽醌类等;紫外线吸收剂有水杨酸衍生物、苯并三唑类等。

琥珀色玻璃已大量应用于黄圆瓶及安瓿、口服液瓶等。经测定,琥珀色玻璃能屏蔽 290~450nm 的光线,而无色玻璃可透过 300nm 以上的光线,故前者能滤出有害的紫外线,较好地防止日光对容器内药品的破坏。琥珀色玻璃的制法是在玻璃原料中加入硫化物、氧化铁为着色剂、碳为还原剂熔制而成。有些药品对光极不稳定,采用琥珀色容器还不能确保其质量,如维生素 B_{12} 注射剂等,应在容器之外再加避光外包装如黑色或红色遮光纸、带色玻璃纸、黑色片材的泡罩包装等。

白色高密度聚乙烯塑料瓶和琥珀色塑料瓶的遮光效果都比较好,故常用来包装片剂、胶囊剂等。

塑料薄膜中 PVC、PE 及 PT 等对紫外线透过率均非常高,可采用的遮光措施包括:采用双铝箔复合膜包装,在制膜时或在黏合剂中加入紫外线吸收剂,通过印刷在膜外用适当色彩遮光等。

三、无菌包装

无菌包装是在洁净环境中将无菌的药品充填并密封在事先灭过菌的容器中,以达到在有效期内保证药品质量的目的。污染药品的微生物有细菌、酵母菌、霉菌、病毒等。药品受到微生物污染后可引起药品质量变化,甚至危及患者生命,如药品有效成分的破坏,药品外观和形态的改变,并且可产生毒素、引起继发感染、引发过敏反应。污染药品的微生物主要来源于大气环境、厂房环境、原料、包装材料与容器、包装机械、操作人员和工具等。对包装材料的灭菌可采用物理和化学方法。物理方法有干热灭菌法、湿热灭菌法、紫外线灭菌法、辐射灭菌法、电子束灭菌法。化学方法有环氧乙烷、β-丙内酯、有效氯和双氧水等。制药工业所用的安瓿、输液瓶、铝管、铝箔等玻璃材料及金属材料的抗菌性较优,可有效地阻止微生物生长繁殖和侵入。塑料材料的长期抗菌性较差,但因其质轻、便于使用,是当前使用较多的包装材料。药品中包装和外包装常用的纸、纸板等包装材料的抗菌性不良,故对用纸、纸板等材料作内包装时应有严格的防菌、灭菌要求。制药生产所用的直接容器在灌装前大多需经洗涤灭菌,对不需清洗的直接容器在签订购买合同时需明确包装材料的卫生要求。生产包装材料的企业的加工环境需满足 GMP 要求,所生产的包装材料产品需进行防菌包装。

四、热收缩包装

将物品用热收缩薄膜进行包封,再经过加热室使薄膜收缩而包装的方法称热收缩包装。热收缩薄膜是根据热塑性塑料在加热条件下能复原的特性而制得。在制膜过程中,预先对薄膜进行加热拉伸,再经强制冷却而定型。根据薄膜拉伸及其热收缩方式不同,可分为二轴式和一轴式延伸收缩薄膜;前者制造时经纵横两个方向拉伸,包封后加热时,可纵横两个方向紧固包装物品,应用较广;后者制造时只有一个方向拉伸,加热时只有一个方向收缩,常用于管状包装、标签包装及瓶口封套等。热收缩薄膜常用的有 PE、PVC、PP、PVDC、PS 等,根据膜的种类不同,其收缩率为 30%~80%。热收缩包装适应不同形状物品的包装,也可将数件物品集积捆束起来包装,具有透明性和密封功能,并可防止物品启封失窃。

五、安全包装

安全包装包括防偷换安全包装和儿童安全包装。为保证药品贮运和使用的安全,药品包装必须加封口、封签、封条或使用防盗盖、瓶盖套等。

防偷换包装是具有识别标志或保险装置的一种包装,如包装被启封过,即可从识别标志或保险装置的破损或脱落而识别。包装容器的封口、纸盒的封签和厚纸箱用压敏胶带的封条等都起到防偷换作用。另外还可采取如下措施。

（1）采用防盗瓶盖：这种瓶盖与普通螺旋瓶盖的区别是在它的下部有较长的裙边,此裙边超过螺纹部分形成一个保险环,保险环内下侧有数个棘齿被限定于瓶颈的固定位置。保险环内上侧有数个联结条联结于盖的下部。当拧转瓶盖时,联结条断裂,由此从保险环是否脱落来判断瓶盖是否被开启,达到防偷换目的。此外,对金属盖可采用易开的拉攀开启盖,既方便了开启,又明示了容器是否被开启过。

（2）内部密封箔：在盛装固体药剂广口瓶的瓶口粘接一层铝箔或纸塑膜可起到密封和显示是否被启封的作用。

（3）单元包装：采用带状包装和泡罩包装可以方便使用,而且可起到防偷换作用。

（4）透明薄膜外包装：利用透明薄膜将药品包装盒进行包装。

（5）热收缩包装。

（6）瓶盖套：利用单向热收缩薄膜对瓶盖进行封口。

儿童安全包装是为了防止幼儿误服药物而带有保护功能的特殊包装形态。通过各种封口、封盖使容器的开启有一种复杂顺序,以有效地防止好奇的儿童开启,但对成人使用时不会感到困难。儿童安全包装可采取如下措施。

（1）采用安全帽盖：对玻璃瓶或塑料瓶的封盖在没有示范情况下,儿童不能试图开封；在详细示范情况下,至少有一半不能开封。安全帽盖按其开启方式可分为按压旋开盖、挤压旋开盖、锁舌式嵌合盖（结合盖）、制约环盖等。

（2）采用高韧性塑料薄膜的带状包装。

（3）采用撕开式的泡罩包装：PVC 泡罩部分的膜较厚,盖层材料韧性很强,如 PVC/AL/PET 复合材料等。取药时,需从打孔线撕开,然后从未热合的一角撕开背层材料取出药片。

（4）对生化作用强烈的药品采用不透明或遮饰性包装材料。

六、缓冲包装

为防止商品在运输中的振动、冲击、跌落的影响而受损,采用缓冲材料吸收冲击能,使势能转变成形变能,然后缓慢释放而达到保护商品的技术,称为缓冲包装技术。按缓冲材料的来源可分为天然缓冲材料与合成缓冲材料,前者有瓦楞纸板、皱纹纸、纸丝、植物纤维等,后者有泡沫塑料、气囊塑料薄膜等。泡沫塑料常用的有发泡聚苯乙烯、发泡聚乙烯、发泡聚氨酯等,可制成片状、板状、块状,也可现场发泡。

医药品的外包装主要采用开槽型瓦楞纸箱,由一片瓦楞纸板通过黏合或钉合形成箱体,其上部及下部折片折合形成上下箱盖。纸箱的内部尺寸应根据中盒的个数及其外部尺寸、中盒的间隙、箱内所置衬垫厚度等确定。瓦楞纸箱内部加一些衬板或格挡等附件,寒冷地区箱内常衬有防寒纸等。

药品内包装的缓冲材料与剂型有关,如盛装片剂的瓶内可充棉花、纸、聚乙烯弹性缓冲垫、泡沫塑料等,瓶外可衬泡沫塑料、气囊塑料薄膜、纸等,安瓿采用皱纹纸间隔盒、泡罩包装等,玻璃瓶采用内加格挡等。

第三节　铝塑包装机

铝塑包装机是指将无毒塑料硬片成型为泡罩,用热合方法将药物封合在泡罩与药用铝箔复合膜内,经打印批号,冲切成泡罩板的机械。铝塑泡罩包装机主要用于包装胶囊剂、片剂、丸剂、栓剂、针剂等药品以及医疗器、轻化食品、电子元件等。

塑料膜多具有热塑性,在成型模具上使其加热变软,再利用真空(或正压),将其吸(或吹)塑成与待装药物外形相近的形状及尺寸的凹泡,再将单粒或双粒药物置于凹泡中,以铝箔覆盖后,利用压辊将无药物处(即无凹泡处)的塑料膜及铝箔挤压黏接成一体。根据药物的常用剂量,将若干粒药物构成的部分(多为长方形)切割成一片,就完成了铝塑包装的过程。

一、包装材料

铝塑包装机所使用的塑料膜多为 0.25~0.35mm 厚的无毒 PVC 或 PP 膜,又常称为硬膜。

铝塑包装机上的铝箔多是用 0.02mm 厚的特制铝箔。铝箔压延性好,可制得较薄、密封性又好的包裹材料;铝箔极薄,遇到稍锋利的锐物时比较易撕破,以便取药;铝箔光亮美观,易于防潮。用于铝塑包装的铝箔在与塑料膜黏合的一侧需涂敷无毒的树脂胶以用于与塑料膜之间的密合。也有时用一种特制的透析纸代替铝箔,纸的厚度多为 0.08mm。这种浸涂过树脂的纸不易吸潮,又具有在压辊作用下能与塑料膜黏合的能力。

有些药物避光要求严格时,也有利用两层铝箔包封的,即利用一种厚度为 0.17mm 左右的稍厚的铝箔代替塑料硬膜,使药物完全被铝箔包裹起来。利用这种稍厚的铝箔时,由于铝箔较厚具有一定的塑性变形能力,可以在压力作用下,利用模具形成凹泡。

二、铝塑泡罩包装机

1. 工艺过程　在铝塑泡罩包装机上需要完成成型、加料、密封、打批号、压痕、冲裁等工艺过程。在工艺过程中对各工位是间歇过程,就整体讲则是连续的。

(1)成型:塑料硬膜在通过模具板之前先经过加热,加热的目的是使塑料软化,提高其塑性。通常加热温度调控至 110~130℃,温度的调节视季节、环境及塑料的情况,通过电脑预选控制。

使塑料膜成型的动力有两种,一种是正压成型,另一种是真空成型。正压成型是靠压缩空气形成 0.3~0.6MPa 的压力,将塑料薄膜吹向模具的凹槽底,使塑料膜依据凹槽的形状(如圆形、长圆形、椭圆形、方形、三角形等)产生塑性变形。在模具的凹槽底设有排气孔,当塑料膜变形时,凹槽空间内的空气由排气孔排出,以防该封闭空间内的气体阻碍其变形。为使压缩空气的压力有效地施加于塑料膜上,加气板应设置在对应于模具的位置上,并且应使加气板上的通气孔对准模具的凹槽。如用真空吸塑时,真空管线应与凹槽底部的小孔相通。与正压吹塑相比,真空吸塑成型的压力差要小。正压成型的模具多制成平板,在板状模具上开有成排、成列的凹槽,平板的尺寸规格可根据生产能力要求确定。真空成型机上,模具多做成滚筒式,在滚筒的圆柱表面上开有成排成列的凹槽。相应地加热也做成半圆弧状吻合于模具的外缘,滚筒结构便于使真空线路最短。平板式正压成型机如图 10-1 所示,滚筒式真空成型机如图 10-2 所示。

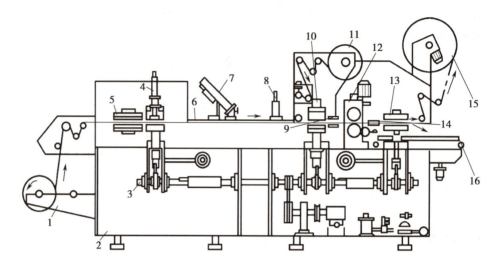

1—机体;2—上料装置;3—远红外加热器;4—成型装置;5—监视平台;6—薄膜卷筒;7—热封合装置;8—薄膜卷筒;9—打字装置;10—冲裁装置;11—可调式导向辊;12—压紧辊;13—间歇进给辊;14—运输机;15—废料辊;16—游辊。

● 图 10-1　平板式正压成型机

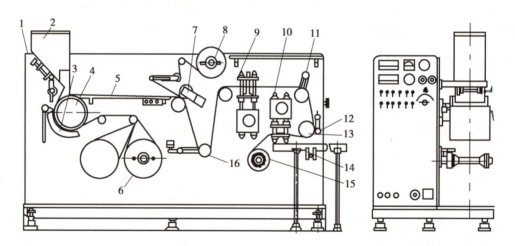

1—机体;2—上料装置;3—远红外加热器;4—成型装置;5—监视平台;6—薄膜卷筒;7—热封合装置;8—薄膜卷筒;9—打字装置;10—冲裁装置;11—可调式导向辊;12—压紧辊;13—间歇进给辊;14—运输机;15—废料辊;16—游辊。

● 图 10-2　滚筒式真空成型机

（2）加料:向成型后的塑料凹槽中填充药物可以使用多种型式的加料器,并可以同时向一排(若干个)凹槽中装药。常用旋转隔板加料装置及弹簧软管加料器。可以通过严格的机械控制,间歇地单粒下料于塑料凹槽中;也可以以一定速度均匀地铺撒式下料,同时向若干排凹槽中加料。在料斗与旋转隔板间通过刮板或固定隔板限制旋转隔板的凹槽或孔洞,只落入单粒药物。旋转隔板的旋转速度应与带泡塑料膜的移动速度匹配,即可保证膜上每排凹槽均落入单粒药物。塑料膜上有几列凹泡就需相应设置有足够旋转隔板长度或个数。对于塑料膜宽度上的两侧必须设置围堰及挡板,以防止药物落到膜外。

（3）检整：利用人工或光电检测装置在加料器后边及时检查药物填落的情况,必要时可以人工补片或拣取多余的丸粒。较普遍使用的是利用机械软刷,在塑料膜前进中,伴随着慢速推扫。由于软刷紧贴着塑料膜工作,多余的丸粒总是赶往未填充的凹泡方向,又由于软刷推扫,空缺的凹泡也必会填入药粒。

（4）密封：当铝箔与塑料膜相对合以后,靠外力加压,有时还需伴随加热过程,利用特制的封合模具将二者压合。为确保压合表面的密封性,结合面上并不是面接触,而是以密点或线状网纹封合,使用较低压力即可保证压合密封。必要时,在此工序中尚需利用热冲打印批号。

（5）压痕：一片铝塑包装药物可能适于服用多次,为了使用方便,可在一片上冲压出易裂的断痕,用手即可方便地将一片断裂成若干小块,每小块可供一次的服用量。

（6）冲裁：将封合后的带状包装成品冲裁成规定的尺寸（即一片片大小）称为冲裁工序。为了节省包装材料,不论是纵向还是横向冲裁刀的两侧均是每片包装所需的部分,尽量减少冲裁余边,因为冲裁余边不能再利用只能废弃。由于冲裁后的包装片边缘锋利,常需将四角冲成圆角,以防伤人。冲裁成品后所余的边角仍是带状的,在机器上利用单独的辊子将其收拢。

2. 传动机构简介　平板式（正压）铝塑包装机的布局多是将各种机构按垂直平面布置,利用一个垂直的面板将工作装置及传动机构分隔成前后两部分,以利于保证药物的卫生要求。由于传动机构多,易有油污及噪声,故放置于面板后面,也利于维护外观。

铝塑包装机的主传动动力多采用变频无级调速电机。进给装置拖动气动夹头带动塑料膜右移。当塑料膜移动到位时,气动夹头松开,进给机构反转,气动夹头返回原位。由于气动夹头作用于封合后的铝塑带同时前进。进给装置还通过同步齿形胶带将运动传递给塑料膜辊、铝箔辊等,以保证整体输送同步。齿形胶带外型似皮带,由于内侧的胶齿受传动轮拨动,所以其传动兼有皮带及链的优点,平稳无噪音。

3. 类型　泡罩包装机从总体结构上可分为平板式、辊式和辊板式泡罩包装机。

（1）平板式泡罩包装机：成型膜经平板式加热装置加热软化,在平板式成型装置中应用紧缩空气将软化的薄膜吹塑成泡罩,充填装置将被包装物充填入泡罩内,然后送至平板式封合装置,在适宜的温度及压力下将掩盖膜与成型膜封合,再经打字压印装置打印上批号及压出折断线,最终冲切器冲切出规定尺寸的包装板块。

（2）辊式泡罩包装机（又称滚筒式泡罩包装机）：成型膜经加热装置加热软化,在辊筒式成型模辊上用真空负压吸出泡罩,充填装置将被包装物充填入泡罩内,然后经辊筒式热封合装置,在适宜的温度及压力下将单面涂有黏合剂的覆盖铝箔封合在泡罩的外表,并将被包装物密封在泡罩内。再经打字、压印装置打印上批号及压出折断线,最终冲切装置冲切成规定尺寸的包装板块。

（3）辊板式泡罩包装机（又称为滚板式泡罩包装机）：成型膜经平板式加热装置加热软化,在平板式成型装置中应用压缩空气将软化的薄膜吹塑成泡罩,然后经辊筒式热封合装置,在适宜的温度及压力下将单面涂有黏合剂的覆盖铝箔封合在泡罩的外表,并将被包装物密封在泡罩内。

4. 铝塑泡罩包装机易出现的故障

（1）凹泡不足：使塑料膜成型的动力不足，真空度小或者压缩空气压力低；模具的凹槽底部的排气孔气堵塞；温度低，塑料软化。

（2）塑料膜断裂：上下对不齐或不密封，使塑料暴露在热压辊的下方；温度过高，在塑料没有成形前就断裂；塑料膜厚薄不均也会在造成断裂。

（3）封合不好：热压辊温度低；热压辊压力小；热压辊板口不洁；塑料和铝箔对不齐；机械传动产生故障，成形模具与热压辊下对应的凹槽不对位，使药物被挤压破裂。

（4）冲切不齐：机械传动产生故障，冲切时图案不完整。

第四节　其他包装机械

一、装瓶机

许多固体成型药物，如片剂、胶囊剂、丸剂等常以几粒乃至几百粒不等的数量装入玻璃瓶或塑料瓶中供应市场。以粒计的药物装瓶机械完成的过程设备，主要包括数粒计数机构及输瓶、装瓶机构，以及塞纸、封蜡、旋盖等机构。

（一）计数机构

目前工厂广泛使用的数粒（片、丸）计数机构主要有两类，一类为传统的模板式计数机构，另一类为光电计数机构。

1. 模板式计数机构　模板式计数机构是机械式的固定计数机构，也称为转盘式数片机构，如图 10-3 所示。一个与水平成 30° 倾角的带孔转盘，盘上开有几组（3~4 组）小孔，每组的孔数依每瓶的装量数决定。在转盘下面装有一个固定不动的托板，托盘不是一个完整的圆盘，而具有一个扇形缺口，其扇形面积只容纳转盘上的一组小孔。缺口的下边紧连着一个落片斗，落片斗下口直抵装药瓶口。转盘的围墙具有一定高度，其高度要保证倾斜转盘内可存积一定量的药片或胶囊。转盘上小孔的形状应与待装药粒形状相同，且尺寸略大，转盘的厚度要满足小孔内只能容纳一粒药的要求。当转盘不停旋转时，其速度不能过高（约 0.5~2r/min），一则转速要与输瓶带上瓶子的移动频率匹配，不可能太快；二则太快的转速将产生过大离心力，不能保证转盘转动时，药粒在盘上靠自重而滚动。当每组小孔随转盘旋至最低位置时，药粒将埋住小孔，并滚满小孔。当小孔随转盘向高处旋转时，小孔上面叠堆的药粒靠自重将沿斜面滚落到转盘的最低处。为了保证各组小孔均落满药粒和使多余的药粒自动滚落，常需使转盘不保持匀速旋转。为此利用图中的手柄搬向实线位置，使槽轮沿花键滑向左侧，与拨销配合，同时将直齿轮及时脱开。拨销轴受电机驱动匀速旋转，而槽轮则以间歇变速旋转，因此引起转盘抖动着旋转，以利于计数准确。

为了使输瓶带上的瓶口和落片斗下口准确对位，利用凸轮带动一对撞针，经软线传输定瓶器动作，将到位附近的药瓶定位，以防药粒散落瓶外。

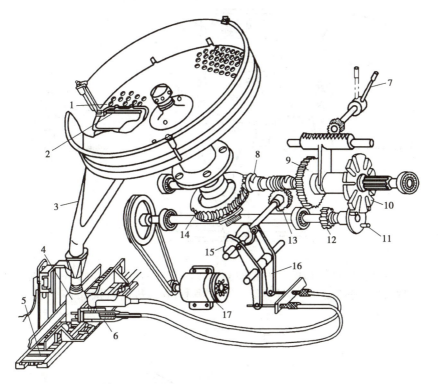

1—带孔转盘；2—托板；3—落片斗；4—药瓶；5—输瓶带；6—定瓶器；7—手柄；
8—蜗杆；9—直齿轮；10—槽轮；11—拨销；12—小直齿轮；13—蜗轮；14—大蜗
轮；15—凸轮；16—摆动杆；17—电动机。

● 图 10-3　转盘式数片机构示意图

　　当改变装瓶粒数时，更换带孔转盘（多用有机玻璃制作）即可。还可以将几个模板式数片机构并列安装，或错位安装，可以同时向数个输瓶带上的药瓶内装药。

　　2. 光电计数机构　　光电计数机构是利用一个旋转平盘，将药粒抛向转盘周边，在周边围墙开缺口处，药粒将被抛出转盘。在药粒由转盘滑入药粒溜道时，溜道上设有光电传感器，如图 10-4 所示，通过光电系统将信号放大并转换成脉冲电信号，输入到具有"预先设定"及"比较"功能的控制器内。当输入的脉冲个数等于人为预选的数目时，控制器向磁铁发生脉冲电压信号，磁铁动作，将通道上的翻板翻转，药粒通过并引导入瓶。

　　这种计数机构也可以制成双斗装瓶机构，药粒通道上的翻板对着分岔的两个出料口，翻板停在一侧，有一个出料口打开，另一个出料口关闭。当控制器发出的下一个脉冲电压使磁铁动作时，翻板翻动，关闭原来的出料口，打开另一个出料口。这样可以利用一个计数器控制向传送带上的两排间隔输送来的药瓶完成装瓶工作。

　　对于光电计数装置，根据光电系统的精度要求，只要药粒尺寸足够大（比如 >8mm），反射的光通量足以起动信号转换器就可以工作。这种装置的计数范围远大于模板式计数装置，在预选设定中，根据瓶装要求（如 1~999 粒）任意设定，不需更换机器零件，即可完成不同装量的调整。

　　3. 振动电子数粒机构　　如图 10-5 所示，其也属于光电计数机构的一种，通过初始调整振动送料板，使料斗内药粒沿着振动板轨道连续不断向前振动，直到从前面的光电检测通道落下并触动光电传感器开始工作、计数，当药粒达到预定数量后，由可编程逻辑控制器（PLC）给电气阀信号

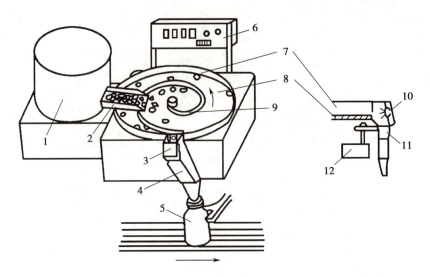

1—料桶;2—下料溜板;3—光电传感器;4—药粒溜道;5—药瓶;6—控制器面板;7—围墙;8—旋转平盘;9—回形拨杆;10—光电传感器;11—翻板;12—磁铁。

● 图 10-4 光电计数机构示意图

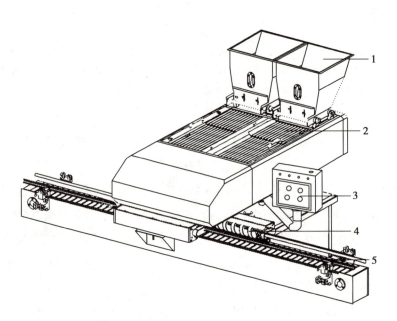

1—料斗;2—振动装置;3—控制系统;4—螺旋推进器;5—输送带。

● 图 10-5 振动电子数粒机示意图

关闭下料口,数好的药粒落在出口的瓶子上,来实现数粒计数功能,机械部分是伺服电机以及气缸控制。

这种设备振动式下料、特有的翻板分装机构不损伤药品,智能化程度高,具有无瓶不数、故障自检等多项检测报警控制功能,兼容性强、准确率高、适用范围广,可用于对片剂(包括异型片)、胶囊、软胶囊、丸剂进行计数装瓶。

此外也有手工操作的抄板法,即一块木板或有机玻璃板,形如乒乓球拍,在板面上加工有药片或丸粒形状的凹槽,当用手持抄板往容器中的药堆中插入和倾斜抄出时,板面上的凹槽中将落满药粒,多余的药粒则于倾斜时自动滚落回容器内,然后人工将抄板内的药粒倒入漏斗和装瓶,这适于小批量的药物试生产。

（二）输瓶机构

在装瓶机上的输瓶机构多是采用直线、匀速、常走的输送带,输送带的速度可调。由理瓶机送到输瓶带上的瓶子,各具有足够的间隔,因此送到计数器的落料口前的瓶子不该有堆积现象。在落料口处多设有挡瓶定位装置,间歇地挡住待装的空瓶和放走装完药物的满瓶。也有许多装瓶机是采用梅花盘间歇旋转输送机构输瓶的,梅花盘间歇转位、停位准确,不再需要定瓶器,详细结构不再介绍。

（三）塞纸机构

瓶装药物的实际体积均小于瓶子的容积,为防止贮运过程中药物相互磕碰,造成破碎、掉末等现象,常用洁净的碎纸条或纸团、脱脂棉等填充瓶中的剩余空间,在装瓶联动机或生产线上单设有塞纸机。

常见的塞纸机构有两类,一类是利用真空吸头,从裁好的纸摞中吸起一张纸,然后转位到瓶口处,由塞纸冲头将纸折塞入瓶;另一类是利用钢钎扎起一张纸后塞入瓶内。

（四）封蜡机构与封口机构

封蜡机构是指药瓶加盖软木塞后,为防止吸潮,常需用石蜡将瓶口封固的机械。它应包括熔蜡罐及蘸蜡机构,熔蜡罐是用电加热使石蜡熔化并保温的容器,蘸蜡机构是利用机械手将输瓶轨道上的药瓶(已加木塞的)提起并翻转,使瓶口朝下浸入石蜡液面一定深度(2~3mm),然后再翻转到输瓶轨道前,将药瓶放在轨道上。这类机构原理简单,但型式变化较多。

用塑料瓶装药物时,由于塑料瓶尺寸规范,可以采用浸树脂纸封口,利用模具将胶膜纸冲裁后,经加热使封纸上的胶软熔。届时,输送轨道将待封药瓶送至压辊下,当封纸带通过时,封口纸黏于瓶口上,废纸带自行卷绕收拢。

（五）拧盖机

无论玻璃瓶或塑料瓶,均以螺旋口和瓶盖连接,人工拧盖不仅劳动强度大,而且松紧程度不一致。

拧盖机是在输瓶轨道旁,设置机械手将到位的药瓶抓紧,由上部自动落下扭力扳手(俗称拧盖头)先衔住对面机械手送来的瓶盖,再快速将瓶盖拧在瓶口上,当旋拧至一定松紧时,扭力扳手自动松开,并回升到上停位,这种机构当轨道上没有药瓶时,机械手抓不到瓶子,扭力扳手不下落,送盖机械手也不送盖,直到机械手抓到瓶子时,下一周期才重新开始。

二、带状包装机

带状包装机又称条形热封包装机或条形包装机,它是将一个或一组药片或胶囊之类的小型药品包封在两层连续的带状包装材料之间,每组药品周围热封合成一个单元的包装方法。

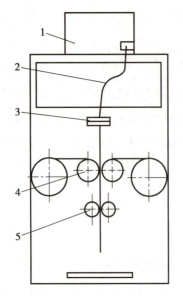

1—贮片装置；2—方形弹簧；3—控片装置；4—热压轮；5—切刀。

● 图 10-6　片剂热封包装机

每个单元可以单独撕开或剪开以便于使用和销售。带状包装还可以用来包装少量的液体、粉末或颗粒状产品。带状包装机是以塑料薄膜为包装材料，每个单元多为两片或单片片剂，具有压合密封性好、使用方便等特点，属于一种小剂量片剂包装。

图 10-6 为片剂热封包装机。该机采用机械传动，皮带无级调速，电阻加热自动恒温控制，其结构由贮片装置、控片装置、热压轮、切刀等组成，可以完成理片、供片、热合和剪裁工序。贮片装置是将料斗中的药片在离心盘作用下，向周边散开，进入出片轨道，经方形弹簧下片轨道进入控片装置。控片装置将片剂经往复运动并且带有缺口的牙条逐片地供出，进入下片槽。热压轮有 2 个，相向旋转。热压轮的外表面均匀分布 64 个长凹槽，用以容纳药片，轮表面铣有花纹。热压轮由压轮、铝套、炉胆、电热丝等组成，如图 10-7 所示。其中铝套起均匀散热作用；炉胆内装有电阻丝，两端有绝缘云母片以防漏电。其中一个热压轮的铝套和压轮上并联一组热敏电阻，是控制回路的感温元件。另一个热压轮内装有半导体温度计的插头，用以显示热封温度。

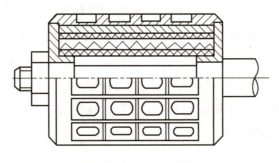

● 图 10-7　热压轮

三、双铝箔包装机

双铝箔包装机的全称是双铝箔自动充填热封包装机。其所采用的包装材料是涂覆铝箔，热封的方式近似带状包装机，产品的形式为板式包装。由于涂覆铝箔具有优良的气密性、防湿性和遮光性，双铝箔包装对要求密封、避光的片剂、丸剂等的包装具有优越性，效果优于玻璃黄圆瓶包装。双铝箔包装除可包装圆形片外，还可包装异形片、胶囊剂、颗粒剂、粉剂等。

双铝箔包装机采用变频调速，裁切尺寸大小可任意设定，配振动式整列送料机构与凹版印刷装置，能在两片铝箔外侧同时对版印刷，其充填、热封、压痕、打批号、裁切等工序连续完成。整机采用微机控制，液晶显示，可自动剔除废品、统计产量及协调各工序之间操作。

图 10-8 为双铝箔包装机。铝箔通过印刷器，经一系列导向轮、预热辊，在两个封口模轮间进

行充填并热封,在切割机构进行纵切及纵向压痕,在压痕切线器处横向压痕、打批号,最后在裁切机构按所设定的排数进行裁切。

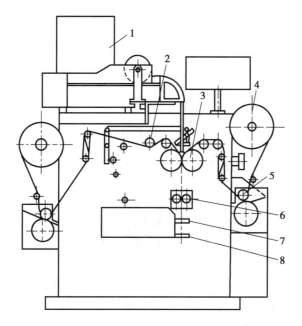

1—振动上料器;2—预热辊;3—模轮;4—铝箔;5—印
刷器;6—切割机构;7—压痕切线;8—截切机构。
● 图 10-8　双铝箔包装机示意图

双铝箔包装机的封口模轮结构与带状包装机的热压轮相近,在其中一个模轮中心有感温线引出。压合铝箔时,温度为 130~140℃。封口模轮表面刻有纵模精密棋盘纹,可确保封合严密。

四、多功能充填包装机

对于颗粒、粉末药物,以质量(容积)计量的包装,现多采用袋装。药物装袋的多功能充填包装机发展很快,型号、种类极多。

(一)工作原理与过程

多功能充填包装机的结构原理见图 10-9。成卷的可热封的复合包装带通过两个带密齿的挤压辊将其拉紧,当挤压辊相对旋转时,包装带往下拉送。挤压辊间歇转动的持续时间,可依不同的袋长尺寸调节。平展的包装带经过成型器(如图 10-10 所示)时,于幅宽方向对折而成袋状。成型器后部与落料溜道紧连。每当一段新的包装带折成袋后,落料溜道里落下计量的药物。挤压辊可同时作为纵缝热压辊,此时热合器中只有一个水平热压板,当挤压辊旋转时,热压板后退一个微小距离。当挤压辊停歇时,热压板水平前移,将袋顶封固,又称为横缝封固(同时也作为下一个袋底)。如挤压辊内无加热器时,在挤压辊下方另有一对热压辊,单独完成纵缝热压封固。其后在冲裁器处被水平裁断,一袋成品药袋落下。

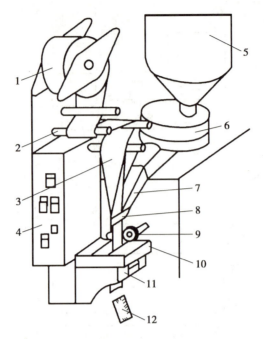

1—包装带辊；2—张紧辊；3—包装带；4—控制箱；5—料筒；6—计量加料器；7—落料溜道；8—成型器；9—挤压辊；10—热合器；11—冲裁器；12—成品药袋。

● 图 10-9　多功能充填包装机结构原理

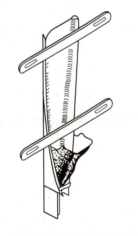

● 图 10-10　象鼻式成型器

（二）包装材料

多功能充填包装机可用的包装材料均是复合材料，它由纸、玻璃纸、聚酯（又称涤纶膜）膜镀铝与聚乙烯膜复合而成，利用聚乙烯受热后的黏结性能完成包装袋的封固功能。不同机型根据包装计量范围不同可有不同的用带尺寸规格，长为 40~150mm、宽为 30~115mm 不等，这种包装材料防潮、耐蚀、强度高，既可包装药物、食品，也可包装小五金、小工业品件，用途广泛。所谓"多功能"的含意之一是待包装物的种类多，可包装的尺寸范围宽。

（三）计量装置

由于这种机器应用范围广泛，因此可配置不同型式的计量装置。当装颗粒药物及食品时，可以容积代替质量计量，如量杯、旋转隔板等容积计量装置。当装片剂、胶囊剂时，可用旋转模板式计数装置，如装填膏状药物或液体药物及食品、调料等可用唧筒计量装置，还可用电子秤计量、电子计数器计量装置。

1.《中华人民共和国药品管理法》《药品生产质量管理规范》对药品包装及设备有哪些严格要求？

2. 我国药品包装经历了哪几个的发展阶段？

3. 常用的药品包装材料有哪些？它们具有什么样的特点？

4. 你所了解的药品包装技术有哪些？

5. 铝塑泡罩包装机的具体工艺工程是什么？

第十章　同步练习

（**于　波**）

第十一章 制剂工程设计概述

从事建设工程活动应严格按照相应的基本建设程序进行。制药厂的基本建设项目和技术改造项目都涉及工程设计问题,设计工作应委托从事医药专业设计的设计单位进行,设计质量关系到项目投资、建设速度和使用效果,是一项专业性很强的工作。

第一节 制剂工程设计的程序与要求

一、制剂车间设计的基本程序

制剂车间是由各种制剂设备以系统合理的方式组合起来的整体。它根据一定的工艺流程和现场建设条件,通过最经济和安全的途径,由药物原料生产一定数量的符合一定质量要求的药物制剂。制剂车间设计的基本程序如图 11-1 所示,分为设计前期、设计中期和设计后期三个阶段。

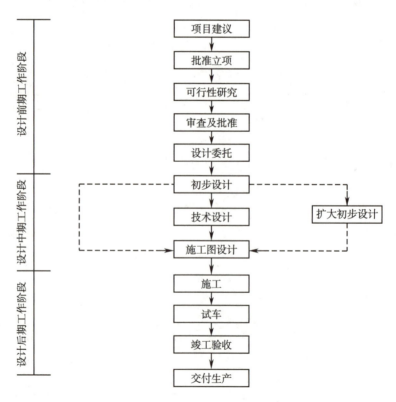

● 图 11-1 制剂车间设计项目的基本程序

二、制剂车间设计的基本要求

制剂产品和种类较多,分类方法也各不相同。对于制剂车间设计来讲,着重考虑的是产品的特点、产品的交叉污染及其造成的危害程度。从产品的质量和性质上,制剂产品(相对应生产车间或生产线)可分为青霉素类产品、头孢类产品、激素类产品、细胞毒性类(抗肿瘤)产品、生物制品、放射性药品等较为特殊类别的产品和普通产品。此外,制剂产品还可以按照剂型进行分类,包括片剂、(软、硬)胶囊剂、颗粒剂、口服液、软膏剂、喷雾剂、栓剂、洗剂、滴眼剂、(大、小)容量注射剂、冻干粉针、无菌粉针剂等。制剂车间设计要考虑各种剂型的生产工艺及其特点,尤其是要关注药品是否有无菌要求。

工艺设计人员对药物制剂的生产厂或生产车间应根据各类制剂的特点进行合理的设计。尽管各类设计不尽相同,但均应遵循下列基本要求。

1. 严格执行国家有关规范以及国家药品监督管理局《药品生产质量管理规范》(2010 年修订)的各项规范和要求,使制剂生产在环境、厂房与设施、工艺布局等方面符合 GMP 要求。

2. 环境保护、消防、职业安全性、节能设计与制剂车间设计同步进行,严格执行国家及地方的有关法规、法令。

3. 制剂产品的产量和质量要求。

4. 选择最经济的工艺路线。即要求最经济地使用资金、原辅料、公用工程和人力,要达到这一目的,必须进行工艺流程优化和参数优化。

5. 设备的选型宜选用先进、成熟、自动化程度较高的设备。

6. 公用工程的配套和辅助设施的配备均以满足项目工程生产需要为原则,并考虑与预留设施或发展规划的衔接。

7. 为方便生产车间进行成本核算和生产管理,一般各车间的水、电、汽、冷量单独计算。仓库、公用设施、备料以及人员生活用室(更衣室)统一设置,按集中管理模式考虑。

总之,制剂工艺设计是一个多目标的优化问题,不同于常规的数字问题,不是只有唯一正确的答案,设计人员在作出选择和判断时要考虑各种经常是相互矛盾的因素,满足技术、经济和环境保护等的要求。在允许的时间范围内选择一个兼顾各方面要求的方案,这种选择或决策贯穿于整个设计工程。制剂厂设计是多专业的组合,在设计中大多以工艺为主导,工艺设计人员要对各专业提出设计条件,而相关专业又要相互提交设计条件和返回设计条件。因此,制剂车间设计是一个系统工程,工艺设计人员不仅要熟悉工艺,还要熟悉各专业和工厂的要求,在设计中起主导和协调作用。

三、制剂工程设计常用规范和标准

制剂工程设计必须执行一定的规范和标准,才能保证设计质量。标准主要指企业的产品、规范侧重于设计所要遵守的规程。按指令性可将标准和规范分为强制性和推荐性两类。按发行单位可以将规范和标准分为国家标准、行业标准、地方标准和企业标准。以下为制药设计中常用的有关规范和标准。

1.《药品生产质量管理规范》(2010 年修订,国家药品监督管理局颁布)。

2.《药品生产质量管理规范实施指南》(2010 年修订)。

3.《医药工业洁净厂房设计标准》GB 50457—2019。

4.《洁净厂房设计规范》GB 50073—2013。

5.《建筑设计防火规范》GB 50016—2014(2018 年修订版)。

6.《爆炸危险环境电力装置设计规范》GB 50058—2014。

7.《工业企业设计卫生标准》GBZ1—2010。

8.《污水综合排放标准》GB 8978—2002。

9.《工厂企业厂界环境噪声排放标准》GB 12348—2008。

10.《工业建筑供暖通风与空气调节设计规范》GB 50019—2015。

11.《压力容器》GB 150—2011。

12.《建筑采光设计标准》GB/T 50033—2013。

13.《建筑照明设计标准》GB 50034—2013。

14.《工业建筑防腐蚀设计规范》GB 50046—2008。

15.《化工企业安全卫生设计规定》HG 20571—2014。

16.《化工装置设备布置设计规定》HG/T 20546—2009。

17.《化工装置管道布置设计规定》HG/T 20549—1998。

18.《关于出版医药建设项目可行性研究报告和初步设计内容及深度规定的通知》国药综经字(1995),第 397 号。

19.《建设项目环境保护管理条例》(中华人民共和国国务院令 1998 年第 253 号发布,2017 年修订)。

20.《工业企业噪声控制设计规范》GB/T 50087—2013。

21.《环境空气质量标准》GB 3095—2012。

22.《锅炉大气污染物排放标准》GB 13271—2014。

23.《化工自控设计规定》HG/T 20505-2014、HG/T 20507-20516-2014、HG/T 20699-20700-2014。

24.《建筑灭火器配置设计规范》GB 50140—2005。

25.《建筑物防雷设计规范》GB 50057—2010。

26.《火灾自动报警系统设计规范》GB 50116—2013。

27.《建筑内部装修设计防火规范》GB 50222—2017。

28.《自动喷水灭火系统设计规范》GB 50084—2017。

29.《建筑结构荷载规范》GB 50009—2012。

30.《民用建筑设计统一标准》GB 50352—2019。

31.《建筑结构可靠性设计统一标准》GB 50068—2018。

32.《建筑给排水设计规范》GB 50015—2010。

33.《建筑结构制图标准》GB/T 50105—2010。

34.《建筑地面设计规范》GB 50037—2013。

35.《化工企业总图运输设计规范》GB 50489—2009。

36.《通风与空调工程施工质量验收规范》GB 50243—2016。

第二节　建设程序与基本建设程序

一、建设程序

一个建设项目,从准备、决策、设计、施工到竣工验收整个过程中的各个阶段及其先后顺序,称为建设程序。建设程序是建设工作全过程的客观规律,是从长期的建设实践中总结出来的科学结论。无数实践都证明了只有按建设程序办事,建设才能取得成功。反之,违背建设程序,得到的只能是惨痛的教训,甚至是无法挽回的损失。国家对所有固定资产投资建设都规定了相应的建设程序,并反复强调所有的固定资产投资建设项目都必须严格按照相应的建设程序办事。

建设程序既然是建设实践的客观规律,那么随着社会的发展和建设工作的不断实践,人们对生产力形成过程的客观规律在认识上和运用上也必然会有不断发展和提高,因此,各项建设程序也不断地充实和完善。

我国的固定资产投资建设主要指基本建设和技术改造两大类建设,也包括利用外资和引进国外技术、进口设备等建设。不同种类的建设项目,建设程序有不同的要求和内容。其中,以基本建设程序最为严密,最具有代表性。技术改造项目虽有其单独的建设程序,但建筑面积超过控制指标的技术改造项目,按国家规定也要执行基本建设程序。

二、基本建设程序

基本建设是指固定资产扩大再生产的新建、扩建、改建、恢复和迁建工程及与之连带的工作,是形成新的整体性固定资产的经济活动。基建项目按照项目性质可划分为新建、扩建、改建、恢复和迁建项目。按照项目的规模,可划分为大、中、小型基建项目。所有的基建项目都应按照基建程序办事,但是不同的基建项目在基建程序各个阶段工作的内容和深度上有所侧重。小型简单的基建项目,根据具体情况,也可经过有关的主管部门批准,适当简化程序的某些阶段。

一般基建项目的程序为:提出项目建议书;进行可行性研究;编制设计任务书;选择建设地点;进行勘察、设计;进行建设准备;计划安排;组织工程施工;进行生产准备;竣工验收和交付生产。以上基本建设程序中前5项是开工建设之前的一系列工作,又称为基本建设前期工作。前期工作的每个阶段均需经几个有关主管部门的审查和批准,又关系到项目投资、建设水平、建设速度和使用效果。否则,不少项目的前期工作没有做好就仓促开工,造成基建周期拖长、工程造价提高、工程质量下降、投资效果很差,甚至建成后不能投产。下面着重介绍设计阶段之前的各阶段工作内容,以便了解设计之前应做的工作。

（一）项目建议书

一般新建的基本建设项目已普遍把项目建议书作为基本建设的第一道程序。项目建议书阶段的任务是为建设项目投资提出建议。在一个地区和部门内，以自然资源和市场预测为基础，选择建设项目，寻找合适的投资机会，进行初步可行性研究。

项目建议书由建设单位自行或委托有工程咨询资格的咨询单位编制。基本建设项目建议书的基本内容和深度如下。

1. 项目的名称、目的、必要性和依据。

2. 市场预测。国内外所供应市场的需求预测及预期的市场发展趋势、销售和价格分析。进口情况或出口可能性。

3. 建设规模和产品方案。合理的经济规模研究以及达到合理经济规模的可能性。产品方案应包括主产品及综合利用、副产品情况。

4. 工艺、技术情况和来源，其先进性与可靠性。主要设备的选择研究。

5. 原料、材料和燃料等资源的需要量和来源。

6. 环境保护。根据建设项目的性质、规模、建设地区的环境现状，对建设项目建成投产后可能造成的环境影响进行简要说明。

7. 建设厂址及交通运输条件。

8. 投资估算和资金筹措。投资需要数可按类似工程估算。资金来源要说明可能性。

9. 工程周期和进度计划。

10. 效益估计。包括经济效益和社会效益估算、企业财务评价、国民经济评价、投资回收期以及贷款偿还期的估算。

项目建议书上报直接主管的领导机关部门审查，再根据项目规模大小和项目性质以及是否利用外资、有无引进技术和设备等情况，决定是否向更上一级的领导机关部门或有关主管部门申报。项目建议书必须由最终的有权部门批准，方可进行下一阶段工作。

（二）可行性研究

可行性研究也是近年来学习国外对建设项目投资决策的科学方法而增加的一道重要建设程序。可行性研究所采用的技术理论非常广泛，涉及科学技术、生产企业管理、经济科学等，已形成完整系统的科学研究方法，已被世界各国所认可和广泛采用。

建设项目可行性研究是指运用多学科研究成果对建设项目投资决策前进行技术经济论证。其主要任务是论证新建或改扩建项目在技术上是否先进、成熟、适用，在经济上是否合理。

可行性研究的内容涉及面广，既有工程技术方面内容，又有工程经济方面内容。一般由建设单位或其主管部门委托有相应资格的设计或咨询单位进行可行性研究，要按下列步骤进行调研和考虑编制报告书文件。

1. 掌握项目建议书和项目建议书批复文件内容，按照其中规定的项目范围、内容和主管部门的意见，开展可行性研究阶段的调研工作。

2. 调查研究。对产品需求、价格、竞争能力、原材料、能源、运输条件、环境保护等各项技术经济工作进行实际调查了解，经过分析研究分别作出评价。

3. 优选方案。根据调查掌握的资料,设计出多种可供选择的方案,经过比较和评价,选出最优方案。

4. 初步论证。对优选出来的方案,分析论证是否符合已批准的项目建议书要求,项目方案在设计和施工方面是否可以实现。在工程经济方面进行分析,从产品成本、价格、销量等不确定因素变化对企业收益率的影响上看项目抗风险能力。

5. 编制可行性研究报告。根据上述调研材料和分析评价,按可行性研究报告内容和深度的有关规定编写可行性研究报告,详细论述项目建设的必要性、经济上和规模上的合理性、技术上的先进、适用和可靠性、财务上的盈利性、合理性、建设上的可行性,为有关部门决策提供可靠的依据。

可行性研究报告应包括以下内容:①总论(包括编制依据和原则、工作范围和分工、工作概况、简要结论、存在的主要问题和建议);②需求预测;③产品方案及生产规模;④工艺技术方案;⑤原材料、燃料及公用系统的供应;⑥建厂条件和厂址方案;⑦工程设计方案(包括项目范围、工艺、总图运输、贮运设施、厂内外管网、给排水、供电及电信、锅炉房、动力站、维修设施、中央化验室、动物房、自控仪表、土建及人防工程、采暖通风、行政管理及生活设施、职工生活区等);⑧环境保护;⑨职业安全卫生;⑩消防;⑪节能;⑫工厂组织和劳动定员;⑬项目实施规划;⑭投资估算;⑮财务评价(包括项目总投资及资金筹措、财务效益分析);⑯评价结论。

可行性研究报告编制完成后,要按照分级管理权限,区分不同规模、不同性质的项目,分别报送有审批权的部门审查批准。

(三)设计任务书

又称计划任务书,是确定建设项目和建设方案的基本文件。它是根据可行性研究报告及其批复文件编制的。编制设计任务书阶段,要对可行性研究报告优选出的方案再深入研究,进一步分析其优缺点,落实各项建设条件和外部协作关系,审核各项技术经济指标的可靠性,比较、确定建设厂址方案,核实建设投资来源,为项目最终决策和编制设计文件提供依据。

设计任务书是工程建设非常重要的指导性文件。它是在可行性研究基础上,指导和制约工程设计、工程建设的决定性文件,在工程建设之前起决定项目和确定方案作用。有了设计任务书,项目才可进行设计和建设前期的准备工作。

各类建设项目设计任务书的内容有所不同,一般新建大、中型工业基本建设项目的设计任务书包括以下内容:建设的目的和依据;建设规模和产品方案;技术工艺、主要设备选型、建设标准和相应的技术经济指标;资源、水文地质、工程地质条件;原材料、燃料、动力、运输等协作条件;环境保护要求,资源综合利用情况;建设厂址、占地面积和土地使用条件;建设周期和实施进度;投资估算和资金筹措;企业组织、劳动定员和人员培训设想;经济效益和社会效益。

设计任务书应按照建设项目的隶属关系,由主管部门组织建设单位委托设计单位或工程咨询单位进行编制。

设计任务书编制完成后,根据项目规模和性质,按照分级管理权限,分别报送有审批权的部门审批。

设计任务书经正式批准后,据以进行工程初步设计。在设计过程中必须严格执行设计任务书的要求,如果有必要变更修改所确定的建设规模、产品方案、建设地点、主要协作条件、增加投资或降低经济效益的,应报经原审批机关同意,并正式办理变更修改设计任务书的书面手续。如对原批准设计任务书技术经济条件有较大变化,应经原审批机关同意,重新编制和审批设计任务书。

(四)建设场地选择

建设场地(厂址)选择就是在建设地区内具体确定建设项目座落的位置。厂址选择是一项政策性很强的综合性工作。一般情况下,医药企业基建项目厂址选择要求环境无污染,工程地质条件良好,供水条件能满足生产、生活及消防需要。占地面积应本着节约用地原则,要尽可能不占农田和砍伐树林。注意保护自然风景区和文物。场地交通条件既要方便物资运输,又要与交通干道保持一定距离。

场地选择阶段应由主管部门会同建设单位、设计或工程咨询单位,在进行周密调查、踏勘和多方案比较后,编制建设场地选址报告。选址报告主要内容如下,选址的依据和选址经过简况;选址中所采用的主要技术经济指标;拟选地址的概况和自然条件;项目所需原材料、燃料、动力、水源、交通运输等情况;各个场址方案比较,包括各个方案优缺点分析比较和结论;优选出的方案及当地规划部门和有关主管部门意见;附件、附图(包括各项征用土地批准文件、协作文件;场地区域位置和建设项目总平面布置示意图等)。

建设场地选址报告,根据项目规模和土地审批权限,分别报送当地规划部门和有关主管部门审批。

具体选择厂址时,应考虑以下各项因素。

1. 环境　GMP要求,药品生产企业必须有整洁的生产环境。生产环境包括内环境和外环境,外环境对内环境有一定影响。由于药品生产内环境应根据产品质量要求而有净化级别的要求,因此对药品生产内外环境中大气含尘浓度、微生物量应有了解,并从厂址选择、厂房设施和建筑布局等方面进行有效控制,以防止污染药品。总体上来说,药品生产企业最好选在大气条件良好、空气污染少、无水土污染的地区,尽量避开热闹市区、化工区、风沙区、铁路和公路等污染较多的地区,以使药品生产企业所处环境的空气、场地、水质等符合生产要求。

2. 供水　制剂工业用水分非工艺用水和工艺用水两大类。非工艺用水(自来水或水质较好的井水)主要用于产生蒸汽、冷却、洗涤(如洗浴、冲洗厕所、洗工衣、消防等);工艺用水分为饮用水(自来水)、纯水(即去离子水、蒸馏水)和注射用水。水在药品生产中是保证药品质量的关键因素。因此,药物制剂厂厂址应靠近水量充沛和水质良好的水源。

3. 能源　制药厂生产需要大量的动力和蒸汽。动力的来源有二,一是由电力提供,二是与蒸汽一样由燃料产生。因此,在选择厂址时,应考虑建在电力供应充足和邻近燃料供应的地点,有利于满足生产负荷、降低产品生产成本和提高经济效益。

4. 交通运输　药物制剂工厂应建在交通运输发达的城市郊区,厂区周围有已建成或即将建成的市政道路设施,能提供快捷方便的公路、铁路或水路等运输条件,消防车进入厂区的道路不少于两条。

5. 自然条件　主要考虑拟建项目所在地的气候特征(如四季气候特点、日照情况、气温、降水量、汛期、风向、雷暴雨、灾害天气等)是否有利于减少基建投资和日常操作费用;地质地貌应无地震断层和基本烈度为 9 度以上的地震;土壤的土质及植被好,无泥石流、滑坡等隐患;地势利于防洪、防涝或厂址周围有集蓄、调节供水和防洪等设施。当厂址靠近江河、湖泊或水库地段时,厂区场地的最低设计标高应高于计算最高洪水位 0.5m。综合拟建项目所在地的自然条件,可以为整套设计必须考虑的全局性问题提供决策依据。

6. 环保　选厂时应注意当地的自然环境条件,对工厂投产后给环境可能造成的影响做出预评价,并得到当地环保部门的认可。选择的厂址应当便于妥善地处理三废(废水、废气、废渣)和治理噪声等。

7. 符合在建成市或地区的近、远期发展规划,节约用地,但应留有发展余地。

8. 协作条件　厂址应选择在储运、机修、公用工程(电力、蒸汽、给水、排水、交通、通讯)和生活设施等方面具有良好协作条件的地区。

9. 其他　下列地区不宜建厂:有开采价值的矿藏地区;国家规定的历史文物、生物保护和风景游览地;地耐力在 $1kg/cm^2$ 以下的地区;对机场、电台等使用有影响的地区。

医药工艺设计人员从方案设计阶段开始,就应该全面考虑 GMP 对厂房选址的要求,避免在新建厂房进行 GMP 认证时留下后患。

(五)勘察和设计

1. 勘察工作　勘察工作是为查明建设场地的地形地貌、工程地质、水文地质,必须对场地进行测量、勘探、试验鉴定和研究评价,为项目决策、场址选择、工程设计和施工提供科学、准确的依据。勘察工作直接关系到工程建设项目的经济效益、环境效益和社会效益。否则,就会给建设项目带来大量隐患,甚至直接造成损失浪费。勘察是基本建设的一个重要环节,是建设项目安全适用和经济合理的重要保证。勘察工作的深度和质量关系到厂址选择是否合适和工程质量、工程造价。国家规定不进行勘察工作就不能决定厂址和进行设计、施工。

勘察工作应由建设单位委托具有勘察资格的勘察单位进行。承担勘察任务的单位应向委托单位提供包括文字和图表在内的勘察报告。

2. 设计工作　在有已批准的可行性研究报告和必要的基础资料、技术资料后,即可委托设计单位进行设计工作。

我国的工程勘察、设计单位必须经过资格认证,获得工程勘察证书或工程设计证书,才能承担工程勘察任务或工程设计任务。证书的等级分为甲、乙、丙、丁四级,其中甲级单位是本行业的骨干勘察设计单位,乙级是本行业的主要勘察、设计单位,其余依次为丙级和丁级。获得甲、乙级证书的单位,可在全国范围内承担证书范围的工程勘察设计任务;获得丙级证的单位,只能承担本地区或本行业内的勘察设计任务;获得丁级证书的单位,只能承担本单位、本县内的勘察设计任务。

设计工作的基本任务是,要做出体现国家有关方针、政策,切合实际,安全适用,技术先进,经济效益好的设计,为中国社会主义现代化建设服务。

设计工作应在国家政策、法令允许范围内,认真考虑企业的经济效益,加强经济论证、处理好经济与技术关系,坚持求实和革新精神,采用国内、外科研及技术革新成果,精心设计,确保质量,使建设项目的技术经济指标达到或优于先进水平。设计中应加强节能、环保、职业安全卫生及消防等配套工程设计。对老厂扩、改建,须处理好利用挖潜与改造、改建的关系。

第三节　设计和施工

建设项目一般按初步设计、施工图设计两个阶段进行;技术上复杂的建设项目,根据主管部门的要求,可按初步设计、技术设计和施工图设计三个阶段进行;小型建设项目中技术简单的,经主管部门同意,在简化的初步设计确定后,就可做施工图设计。此外,对有些牵涉面广的大型联合企业等建设项目,应做总体设计。总体设计不代表一个单独的设计阶段。它是对一个大型联合企业由各单项的初步设计编出各分厂总体设计,最后再汇总编出联合企业总体设计。

一、初步设计

初步设计的开展必须有已批准的可行性研究报告和必要的基础资料及技术资料。对建设单位提出的可行性研究报告有重大不合理的问题时应与建设单位共同商议,提出解决办法,并报上级经批准后再继续进行初步设计。

初步设计,根据建设规模,可分为总体工程设计、车间(装置)设计及概算书。总体工程设计适用于新建、改扩建的大中型项目的初步设计。对小型建设项目及部分较简单的项目,可适当简化或将部分内容合并。车间(装置)设计适用于大中型项目中的车间(装置)的初步设计或总体工程设计内容不多的车间(装置)项目的设计。

初步设计的总概算经批准后是确定项目投资额,编制固定资产投资计划,签订建设工程总承包合同、贷款总合同,组织主要设备订货,进行施工准备等的依据。

总体工程设计内容包括:①总说明(包括设计依据、设计范围及分工、设计原则、工厂组成、产品方案及建设规模;生产方法及全厂工艺总流程、主要原材料、燃料的规格、消耗量及来源、公用系统主要参数及消耗量、厂址概况、全厂定员、建设进度、技术经济指标、存在问题及解决意见);②总图运输;③公用工程(包括给排水、供电、电信、供热、压缩空气站、冷冻站、厂区室外管道);④辅助生产装置设施(包括维修、中央化验室、动物房、仓库、贮运设施);⑤仪表及自动控制;⑥土建;⑦采暖通风;⑧行政管理及生活设施;⑨环境保护;⑩消防;⑪职业安全卫生;⑫节能;⑬概算;⑭财务评价。

车间(装置)设计内容包括:①设计依据及设计范围;②设计原则;③产品方案与建设规模;④生产方法及工艺流程;⑤生产制度;⑥原料及中间产品的技术规格;⑦物料计算;⑧主要工艺设备选择说明;⑨工艺主要原材料及公用系统消耗;⑩生产分析控制;⑪车间布置;⑫设备;⑬仪表及自动控制;⑭土建;⑮采暖、通风及空调;⑯公用工程;⑰原材料及成品贮运;⑱车间维修;⑲环境保护;⑳消防;㉑职业安全卫生;㉒节能;㉓车间定员;㉔概算;㉕产品成本;㉖主要技术经济指标。

初步设计的深度应满足以下要求:①设计方案的比选和确定;②主要设备材料订货;③土地征用;④基建投资的控制;⑤施工图设计的编制;⑥施工组织设计的编制;⑦施工准备和生产准备等。

二、施工图设计

施工图设计是根据已批准的初步设计及总概算为依据,它是为施工服务的,其中包括施工图纸、施工文字说明、主要材料汇总表及工程量。施工图纸包括土建建筑及结构图、设备制造图、设备安装图、管道安装图、供电、供热、给水、排水、电信及自控安装图等。对制药工艺设计施工图的内容有以下的统一规定:①管道及仪表流程图;②分区索引图;③设备布置图;④设备一览表;⑤设备安装图;⑥设备地脚螺栓表;⑦管道布置图;⑧软管站布置图;⑨管道轴测图;⑩管道轴测图和管段表索引;⑪管段表及管道特性表;⑫特殊管架图;⑬管架图索引;⑭管架表;⑮弹簧汇总表;⑯特殊管件图;⑰特殊阀门和管道附件表;⑱隔热材料表;⑲防腐材料表;⑳伴热管图和表;㉑综合材料表;㉒设备管口方位图。

在施工图设计阶段,专业之间的联系内容多,设计条件往返多,如图 11-2 所示。因此,各专业必须密切配合、协调工作,才能保证设计任务的顺利完成。

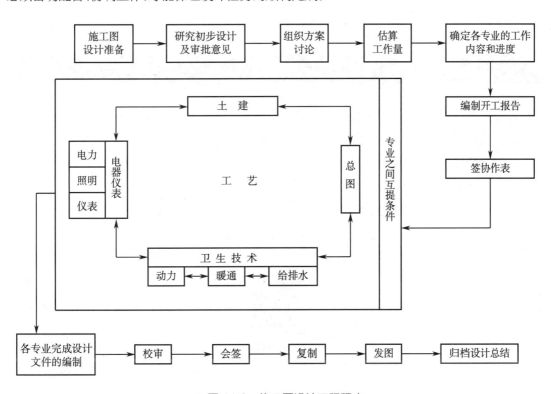

● 图 11-2　施工图设计工程程序

施工图设计的深度应满足以下要求:①设备材料的安排和非标准设备的制作;②施工图预算的编制;③土建、安装工程的要求等。

三、施工、试车、验收和交付生产

制剂工程建设单位(甲方)应根据批准的基建计划和设计文件,创造良好的施工条件,并做好施工前的各项准备。施工单位(丙方)应根据设计单位(乙方)提供的施工图,编制好施工预算和施工组织计划。施工前要认真做好施工图的会审工作。会审一般有建设单位、设计单位和施工单位三方共同参加,其目的是澄清图纸中的不清之处和存在的问题,明确工程质量要求。

施工单位应严格按照设计要求和施工验收规范进行施工,对施工过程中可能发生的质量事故的环节、时期应及早研究,并采取相应的预防措施,确保工程治疗万无一失。设计单位派人参加现场施工过程,以便了解和掌握施工情况,确保施工符合设计要求,同时能及时发现和纠正施工图中的问题。

施工完成后进行设备调试和试车生产,设计人员参加试车前的准备以及试车工作,向生产单位说明设计意图并及时处理该过程中出现的设计问题。设备的调试通常从单机到联机,从空车到以水代料到实际物料。当以实际物料试车,并生产出合格产品(药品),且达到装置的设计要求时,制剂工程项目即告竣工。此时,建设单位组织设计、施工等单位按照工程承建合同、施工技术文件以及工程验收规范先组织验收,然后向主管部门提出竣工验收报告,并绘制竣工图、整理技术资料。在竣工验收合格后,作为技术档案交给生产单位保存,建设单位编写工程竣工决算书以报业主或上级主管部门审查。待工厂投入正常生产后,设计部门还要注意收集资料、进行总结,为以后的设计工作提供经验。

本章思考题

1. 制剂车间设计的基本建设程序有哪些?

2. 可行性研究的任务包括哪些? 分别有什么意义?

3. 设计阶段可划分成哪几个部分?

4. 施工图设计的工作程序有哪些?

5. 制剂工程项目试车总原则是什么?

第十一章　同步练习

(**居瑞军**)

第十二章　工艺流程设计

《药品生产质量管理规范》（2010年修订）第三条指出"本规范作为质量管理体系的一部分，是药品生产管理和质量控制的基本要求，旨在最大限度地降低药品生产过程中污染、交叉污染以及混淆、差错等风险，确保持续稳定地生产出符合预定用途和注册要求的药品"。为达到要求，GMP在第四十六条提出"为降低污染和交叉污染的风险，厂房、生产设施和设备应当根据所生产药品的特性、工艺流程及相应洁净度级别要求合理设计、布局和使用……"。由此可见，要生产出合格药品，就要根据所生产药品的特性，根据剂型生产单元操作的不同确定相应洁净度级别，合理进行工艺流程设计，才能保证后续生产设施和设备合理设计、布局和使用，降低污染和交叉污染的风险。

第一节　概述

工艺流程设计是在确定的原、辅料种类和药物制剂生产技术路线及生产规模基础上进行的，它与车间布置设计是决定整个车间基本面貌的关键步骤。

工艺流程设计是车间工艺设计的核心，表现在它是车间设计最重要、最基础的设计步骤。因为车间建设的目的在于生产产品，而产品质量的优劣、经济效益的高低，取决于工艺流程的可靠性、合理性及先进性。而且车间工艺设计的其他项目，如工艺设备设计、车间布置设计和管道布置设计等，均受工艺流程约束，必须满足工艺流程的要求而不能违背。

一、工艺流程设计分类

工艺流程设计一般包括试验工艺流程设计和生产工艺流程设计。在制药企业，试验工艺流程设计是在产品研发阶段要做的工作，对制剂工程设计阶段而言主要是生产工艺流程设计。

生产工艺流程设计的目的是通过图解的形式，表示出在生产过程中，由原、辅料制得成品过程中物料和能量发生的变化及流向，以及表示出生产中采用哪些药物制剂加工过程及设备（主要是物理过程、物理化学过程及设备），为进一步进行车间布置、管道设计、计量控制设计、设备选型等提供依据。

由于生产的药物制剂剂型类别和制剂品种不同，一个药物制剂生产企业通常由若干个生产车间所组成。其中每一个（类）生产车间的生产工段及相应的加工工序不同，完成这些产品生产的设施与设备也有差异,即其车间工艺流程亦不同。因此,只有以车间为单位进行工艺流程设计,才能构成全厂总生产工艺流程图,所以车间工艺流程设计是工厂的重要组成部分,它主要由制剂工程设计人员承担。

二、工艺流程设计的任务和目标

1. 工艺流程设计的任务　工艺流程设计是工程设计所有设计项目中最先进行的一项设计,但随着车间布置设计及其他专业设计的进展,还要不断地做一些修改和完善,结果几乎是最后完成。在通常的二段式设计即初步设计和施工图设计中,工艺流程设计的任务主要是在初步设计阶段完成。施工图设计阶段只是对初步设计中间审查意见进行修改和完善。因此,工艺流程设计的任务一般包括以下几个方面。

(1)确定全流程的组成:全流程包括药物原料、制剂辅料(包括赋形剂、黏合剂、栓剂基质、软膏及硬膏基质、抛射剂、乳化剂、助悬剂、抑菌剂、防腐剂、抗氧剂、稳定剂)、溶剂及包装材料制得合格产品所需的加工工序和单元操作,以及它们之间的顺序和相互联系。这是工艺流程设计较为关键的部分,如果工序在设计时有缺失,在生产过程就无法顺利完成;如果工序安排混乱,在生产过程中就会出现往复交叉,造成产品污染混淆。流程的形成通过工艺流程图表示,其中加工工序和单元操作表示为制剂设备类型、大小;顺序表示为设备毗邻关系和竖向布置;相互联系表示为物料流向。

(2)确定工艺流程中工序划分及其对环境的卫生要求(如洁净度):在合理划分工序时还要从各工序应达到的洁净级别来考虑,相同的洁净级别集中布置,避免由于工序洁净级别不同,在送洁净空气时导致的交叉污染。

(3)确定载能介质的技术规格和流向:制剂工艺常用的载能介质有水、电、汽、冷、气(真空或压缩)等。根据国家法律法规的要求,结合自己企业产品特点确定"三废"组成及处理方法。

(4)确定生产控制方法:流程设计要确定各加工工序和单元操作的空气洁净度、温度、压力、物料流量、分装、包装量等检测点,显示计量器和仪表以及各操作单元之间的控制方法(手动、机械化或自动化)。以保证按产品方案规定的操作条件和参数生产符合质量标准的产品。

(5)确定安全技术措施:根据生产的开车、停车、正常运转及检修中可能存在的安全问题,制定预防、制止事故的安全技术措施,如报警装置、防毒、防爆、防火、防尘、防噪等措施。

(6)编写工艺操作规程:根据生产工艺流程图编写生产工艺操作说明书,阐述从原、辅料到产品的每一个过程和步骤的具体操作方法。

2. 工艺流程设计的目标　在初步设计阶段,药厂车间工艺流程设计目标有:①工艺流程示意图;②物料流程图;③带控制点的工艺流程图(简称工艺流程图)。

施工图设计阶段的设计目标为管道及仪表流程图,它包括工艺管道及仪表流程图、辅助系统管道及仪表流程图(包括仪表、空气、惰性气体、加热用燃气或燃油、给排水、空气净化等)。

工艺流程设计一部分是由工艺流程设计者完成;其余由其他专业设计人员完成,最终由工艺流程设计者表述在工艺流程设计成果中。例如工艺管道及仪表流程图中的制剂设备类型、大小、材料和计量控制仪表等是由制药机械设备专业人员和仪表自控专业等设计人员完成,而经工艺流程设计者表达到工艺流程图中。

三、工艺流程设计的原则

应根据产品特性进行工艺流程设计,并以此对生产区进行风险分析与评估,关注环境洁净等级、人流与物流及包装区的混淆、污染与交叉污染等。对产品特性带来的布局影响加强认识,如有的产品工艺中有吸湿性,设计方案时应考虑采取缓冲间等隔离措施,抑制水汽进入生产区;工艺路线与产品的种类与数量密切相关,尊重产品特性,合并种类相似的工艺路线,使产品工艺路线能适应更多品种的需要。

工艺流程设计应当综合考虑药品的特性、工艺和预定用途等因素,确定厂房、生产设施和设备多产品共用的可行性,并有相应评估报告。工艺流程设计的原则包括下面内容。

1. 按 GMP 要求对不同的药物制剂类型进行分类的工艺流程设计。如口服固体制剂、栓剂等按常规工艺路线进行设计;外洗液、口服液、滴眼剂、注射剂(大输液、小针剂)等按灭菌工艺路线进行设计;粉针剂按无菌工艺路线进行设计等。

2. 生产特殊性质的药品,如高致敏性药品(如青霉素类)或生物制品(如卡介苗或其他用活性微生物制备而成的药品),必须采用专用和独立的厂房、生产设施和设备。青霉素类药品产尘量大的操作区域应当保持相对负压,排至室外的废气应当经过净化处理并符合要求,排风口应当远离其他空气净化系统的进风口;中药制剂和生化药物制剂涉及中药材的前处理、提取、浓缩(蒸发)以及动物脏器、组织的洗涤或处理等生产操作,按单独设立的前处理车间进行前处理工艺流程设计,不得与其制剂生产工艺流程设计混杂。

3. 生产 β-内酰胺结构类药品、性激素类避孕药品必须使用专用设施(如独立的空气净化系统)和设备,并与其他药品生产区严格分开,其排风应当经过净化处理。

4. 生产某些高活性化学药品、避孕药、激素类、抗肿瘤药、生产用毒菌种、非生产用毒菌种、生产用细胞与非生产用细胞、强毒与弱毒、死毒与活毒、脱毒前与脱毒后的制品和活疫苗与灭活疫苗、人血液制品、预防制品的剂型及制剂生产,应当使用专用设施(如独立的空气净化系统)和设备;特殊情况下,如采取特别防护措施并经过必要的验证,上述药品制剂则可通过阶段性生产方式共用同一生产设施和设备,其排风应当经过净化处理。

5. 中药浸膏的配料、粉碎、过筛、混合等操作,其洁净度级别应当与其制剂配制操作区的洁净度级别一致。中药饮片经粉碎、过筛、混合后直接入药的,上述操作的厂房应当能够密闭,有良好的通风、除尘等设施。中药注射剂浓配前的精制工序应当至少在 D 级洁净区内完成。非创伤面外用中药制剂及其他特殊的中药制剂可在非洁净厂房内生产,但必须进行有效的控制与管理。

6. 遵循"三协调"原则,即人流物流协调、工艺流程协调、洁净级别协调,正确划分生产工艺流程中生产区域的洁净级别,按工艺流程合理布置,避免生产流程的迂回、往返和物流交叉等。药品生产厂房不得用于生产对药品质量有不利影响的非药用产品。

第二节　工艺流程设计技术

一、工艺流程设计的基本程序

在初步设计阶段,工艺流程设计按照以下基本程序进行。

1. 对选定的生产方法、工艺过程进行工程分析及处理　在确定产品方案(品种、规格、包装方式)、设计规模(年工作日、日工作班次、班生产量)及生产方法的条件下,将产品的生产工艺过程按剂型类别和制剂品种要求划分为若干个工序,确定每一步加工单元操作的生产环境、洁净级别、人净物净措施要求、制剂加工、包装等主要生产工艺设备的工艺技术参数(如单位生产能力、运行温度与压力、能耗、数量等)和载能介质的规格条件,这些均为原始信息。

2. 绘制工艺流程示意图　分为工艺流程框图、工艺流程简图(设备工艺流程图),是定性设计。

3. 绘制物料流程图　在物料计算完成时,开始绘制工艺物料流程图,它为设计审查提供资料,并作为进一步进行定量设计(如设备计算选型)的重要依据,同时为日后生产操作提供参考信息。

4. 绘制带控制点的工艺流程图　在开展上述 1、2 后,工艺设备的计算与选型即行开始,根据物料流程图和工艺设备设计的结果,结合车间布置设计的工艺管道、工艺辅助设施、工艺过程仪器在线控制及自动化等设计的结果,绘制带控制点工艺流程图。

上述工艺流程设计基本程序可以用图 12-1 表示。

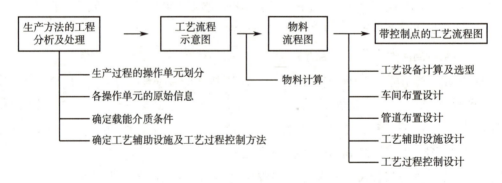

● 图 12-1　工艺流程设计的程序框图

二、工艺流程设计的基本方法

制剂工业生产中,一个工艺过程往往可以通过多种方法来实现。以片剂的制备为例,固体粒子间的混合有搅拌混合、研磨混合与过筛混合等方法;制粒方法有湿法制粒(混合、制粒、干燥)和一步制粒;包衣方法有滚转包衣、流化包衣、压制包衣和埋管喷雾滚转包衣等。工艺设计人员只有根据药物的理化性质和加工要求,对上述各工艺过程方案进行全面的比较和分析,才能得出一个合理的片剂制备工艺流程设计方案。

对于新产品的工艺流程设计,应在中试放大的有关数据的基础上,与研究生产单位共同进行分析。通过对比,研究确定符合生产与质量要求的工艺流程。而原有车间的技术改造,则应在依据原工艺技术的基础上,根据生产技术的发展、装备技术的进步,选择先进的生产工艺与优良的设备,以实现经济效益与质量同步提高。

除了具有正确、合理的生产工艺流程外,还要有保证产品质量所需的优良环境,满足各种制剂质量要求所需的性能完善的设备与装置、先进的检测手段和完善的生产管理方法。

制剂工程中方案比较常用的判断依据有产品的质量、产品收率、原辅料及包装材料消耗、能量消耗、生产成本、工程投资、环境保护、安全等。制剂工艺流程设计应以采用新技术、提高效率、减少设备、减少投资和降低设备运行费用等为原则,同时也应综合考虑工艺要求、工厂(车间)所在的地理、气候环境、设备条件和投资能力等因素。

方案比较的前提是保持药物制剂工艺的原始信息不变。例如,制剂工艺过程的操作参数如单位生产能力、工艺操作温度、压力、生产环境(洁净级别、空气湿度)等原始信息是不能变更的。设计者只能采用各种工程手段和方法,保证实现工艺规定的操作参数。

三、工艺流程设计的技术处理

当生产方法确定后,必须对工艺流程进行技术处理。在考虑工艺流程的技术问题时,应以工业化实施的可行性、可靠性和先进性为基点,综合权衡多种因素,使流程满足生产、经济和安全等诸多方面的要求,实现优质高产、低消耗、低成本、安全等综合目标。应考虑下述主要问题:制剂生产操作方式有连续操作、间歇操作和联合操作。采用哪一种操作方式,要因地制宜;根据生产操作方法确定主要制剂过程及机械设备;保持主要设备能力平衡,提高设备的利用率;确定配合主要制剂过程所需的辅助过程及设备;物料的回收、循环使用、节能、安全、合理地选择质量检测和生产控制方法等问题。

第三节　工艺流程图

在通常的两段式设计中,初步设计阶段的工艺流程图有生产工艺流程示意图、物料流程图和带控制点的工艺流程图。

一、生产工艺流程示意图

生产工艺流程示意图是用来表示生产工艺过程的一种定性的图纸。在生产路线确定后,物料计算前设计给出。工艺流程示意图一般有工艺流程框图和工艺流程简图两种表示方法。

1. 生产工艺流程框图　工艺流程框图是用方框和圆圈(或椭圆圈)分别表示单元过程及物料,以箭头表示物料和载能介质流向,并辅以文字说明表示制剂生产工艺过程的一种示意图。它是物料计算、设备选型、公用工程(种类、规格、消耗)、车间布置等项工作的基础,需在设计工作中不断进行修改和完善。

2. 工艺流程简图　工艺流程简图由物料流程和设备组成,包括以一定几何图形表示的设备示意图;设备之间的竖向关系;全部原辅料、中间体及三废名称及流向;必要的文字注释。如图 12-2 为某硬胶囊剂生产工艺流程简图。工艺流程简图的特点在于能通过图形很好地理解设备外形,以此外形进一步判断其设备工作原理及构成,较为直观。

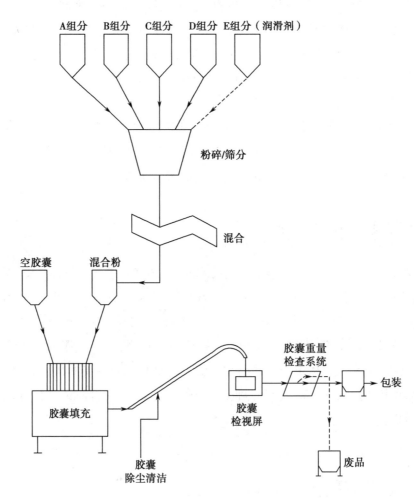

● 图 12-2　硬胶囊剂生产工艺流程简图

二、物料流程图

工艺流程示意图完成后,开始进行物料衡算,再将物料衡算结果注释在流程中,即成为物料流程图。它可说明车间内物料组成和物料量的变化,单位以批(日)计(对间歇式操作)或以小时计(对连续式)。从工艺流程示意图到物料流程图,工艺流程就由定性转为定量。物料流程图是初步设计的成果,需编入初步设计说明书中。

物料流程图有两种表示方法。一种是以方框流程表示单元操作及物料成分和数量;另一种是在工艺流程简图上表示物料组成和量的变化,图中应有设备位号、操作名称、物料成分和数量。在物料流程图中,整个物料量是平衡的,又称为物料平衡图,它为设备计算与选型、车间布置、工艺管道设计提供了计算依据。

三、带控制点的工艺流程图

带控制点的工艺流程图是指各种物料在一系列设备（及机械）内进行反应（或操作）最后变成所需要产品的流程图。它是在物料流程图给出后，再进行设备设计、车间布置、生产工艺控制方案等确定的基础上绘制，作为设计的正式成果编入初步设计阶段的设计文件中。

药物制剂车间设计带控制点的工艺流程图绘制，没有统一的规定。从内容上讲，它应由图框、物料流程、图例、设备一览表和图签等组成。

1. 物料流程

（1）物料流程包括的内容：厂房各层地平线及标高和制剂厂房技术夹层高度；设备示意图；设备流程号（位号）；物料及辅助管路（水、汽、真空、压缩空气、惰性气体、冷冻盐水、燃气等）管线及流向；管线上主要的阀门及管件（如阻火器、安全阀、管道滤过器、疏水器、喷射器、防爆膜等）；计量控制仪表（转子流量计、玻璃计量管、压力表、真空表、液面计等）及其测量 - 控制点和控制方案；必要的文字注释（如半成品的去向、废水、废气及废物的排放量、组分及排放途径等）。

（2）物料流程的画法：物料流程的画法比例是一般采用 1∶100。如设备过小或过大，则比例尺相应采用 1∶50 或 1∶200。

物料流程的画法采用由左至右展开式，步骤如下。①先将各层地平线用细双线画出。②将设备示意图按厂房中布置的高低位置用细线条画上，而平面位置采用自左至右展开式，设备之间留有一定的间隔距离。③用粗线条画出物料流程管线并标注物料流向箭头。④将动力管线（水、汽、真空、压缩空气管线）用细线条画出，画上流向箭头。⑤画上设备和管道上必要附件、计量—控制仪表以及管道上的主要阀门等。⑥标上设备流程号及辅助线。⑦最后加上必要的文字注解。

2. 图例　图例是将物料流程中画出的有关管线、阀门、设备附件、计量—控制仪表等图形用文字予以对照表示。

在工艺管道流程上应尽可能地应用相应的图例、代号及符号表示有关的制药机械设备、管线、阀门、计量件及仪表等，这些符号必须与同一设计中的其他部分（如布置图、说明书等）相一致。

3. 设备一览表　设备一览表的作用是表示工艺流程图所有工艺设备及与之相关的辅助设备的序号、位号、名称、技术、规格、操作条件、材质、容积或面积、附件、数量、质量、价格、来源、保温或隔热（声）等内容。设备一览表有以下两种表示方式。①将设备一览表直接列置在工艺流程图图签上的方法，由下向上标注。②单独编制设备一览表文件，其内容包括文件扉页和一览表。

4. 图签　图签是将图名、设计单位，设计工程及项目名称、设计人、校核人与审核人，设计阶段，图纸比例、图号、设计日期等以表格的方式给出。

图签一般置于工艺流程右下角，若设备一览表也在流程图中表示时，其长度和图签的长度取齐，使其整齐美观。

5. 图框　图框是采用粗线条，给整个流程图以框界。

四、各种剂型生产工艺流程示意图

1. 片剂生产工艺流程示意图 片剂生产工艺流程中粉碎、配料、混合、制粒、压片、包衣、分装等工序为洁净生产区域,其他工序为一般生产区域,洁净区洁净度要求 D 级。在工艺流程设计中,应结合企业自身情况考虑片剂生产的具体方法,如国外多采用粉末直接压片法,这样既简化了工艺、缩短了生产时间,又节约了建筑面积、减少了工程造价。国内目前仍以湿法制粒为主。其工艺流程示意图及环境区域划分如图 12-3 所示。

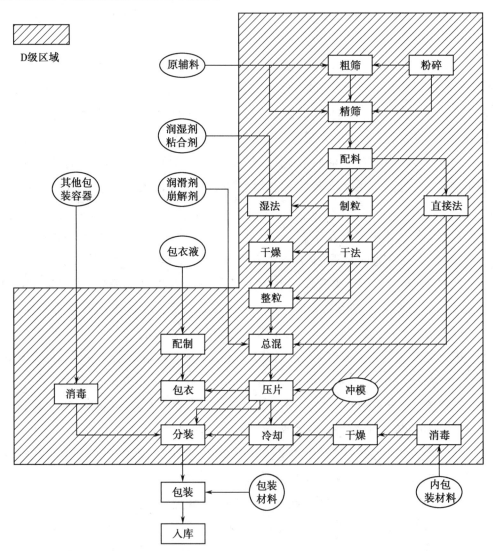

● 图 12-3 片剂生产工艺流程示意图及环境区域划分

2. 胶囊剂生产工艺流程示意图 胶囊剂包括硬胶囊剂和软胶囊剂。二者生产工艺的主要区别在于,硬胶囊剂是将固体、半固体或液体药物由自动化胶囊灌装机灌装于胶囊壳中而成;软胶囊则是在成囊的胶皮中加入一定量的甘油增塑,使囊壳具有较大的弹性,然后将液体或半固体药物以压制法或滴制法。

填装于软胶囊壳中。硬胶囊剂生产工艺流程图及环境区域划分如图 12-4 所示,软胶囊剂生产工艺流程示意图及环境区域划分如图 12-5 所示。胶囊剂在工艺流程设计时除了考虑洁净级别外还应注意湿度的要求。

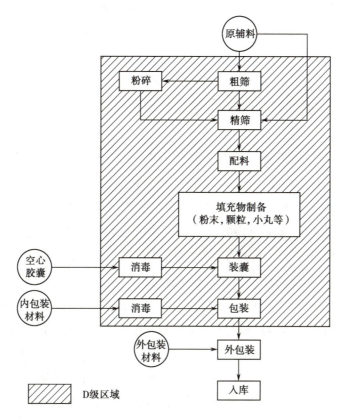

● 图 12-4　硬胶囊剂生产工艺流程示意图及环境区域划分

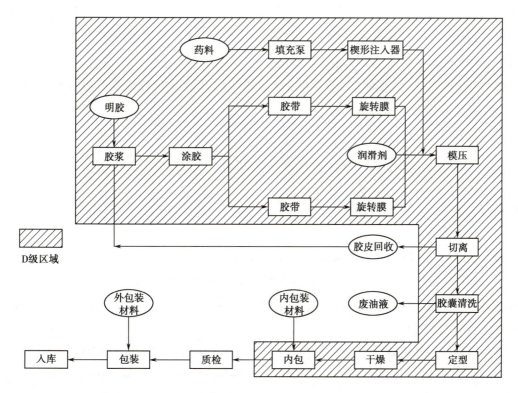

● 图 12-5　压制法制备软胶囊剂生产工艺流程示意图及环境区域划分

3. 注射剂工艺流程示意图　无菌药品的生产须满足其质量和预定用途的要求,应当最大限度降低微生物、各种微粒和热原的污染。生产人员的技能、所接受的培训及其工作态度是达到上述目标的关键因素,无菌药品的生产必须严格按照精心设计并经验证的方法及规程进行,产品的无菌或其他质量特性绝不能只依赖于任何形式的最终处理或成品检验(包括无菌检查)。

注射剂工艺设计应当根据产品特性、工艺和设备等因素,确定无菌药品生产用洁净区的级别。每一步生产操作的环境都应达到适当的动态洁净度标准,尽可能降低产品或所处理的物料被微粒或微生物污染的风险。

最终灭菌产品,容易长菌、灌装速度慢、灌装用容器为广口瓶、容器须暴露数秒后方可密封的产品灌装(或灌封)应在C级背景下的局部A级;一般产品灌装(或灌封),容易长菌、配制后需等待较长时间方可灭菌或不在密闭系统中配制等状况产品的配制和滤过,眼用制剂、无菌软膏剂、无菌混悬剂等的配制、灌装(或灌封),直接接触药品的包装材料和器具最终清洗后的处理,均需在C级操作;轧盖;灌装前物料的准备;产品配制(指浓配或采用密闭系统的配制)和滤过,直接接触药品的包装材料和器具的最终清洗,均需在D级操作。

非最终灭菌产品,轧盖前产品的操作和转运,如产品灌装(或灌封)、分装、压塞、轧盖等;灌装前无法除菌滤过的药液或产品的配制;直接接触药品的包装材料、器具灭菌后的装配以及处于未完全密封状态下的转运和存放;无菌原料药的粉碎、过筛、混合、分装等应在B级背景下的A。轧盖前产品置于完全密封容器内的转运;直接接触药品的包装材料、器具灭菌后处于密闭容器内的转运和存放应在B级下操作。灌装前可除菌滤过的药液或产品的配制,产品的滤过应在C级下操作。直接接触药品的包装材料、器具的最终清洗、装配或包装、灭菌应在D级下操作。根据已压塞产品的密封性、轧盖设备的设计、铝盖的特性等因素,轧盖操作可选择在C级或D级背景下的A级送风环境中进行。A级送风环境应当至少符合A级区的静态要求。

高污染风险的操作宜在隔离操作器中完成。隔离操作器是指配备B级或更高洁净度级别的空气净化装置,并能使其内部环境始终与外界环境(如其所在洁净室和操作人员)完全隔离的装置或系统。

隔离操作器及其所处环境的设计,应当能够保证相应区域空气的质量达到设定标准。传输装置可设计成单门或双门,也可是同灭菌设备相连的全密封系统。物品进出隔离操作器应当特别注意防止污染。隔离操作器所处环境取决于其设计及应用,无菌生产的隔离操作器所处的环境至少应为D级洁净区。

隔离操作器只有经过适当的确认后方可投入使用。确认时应当考虑隔离技术的所有关键因素,如隔离系统内部和外部所处环境的空气质量、隔离操作器的消毒、传递操作以及隔离系统的完整性。隔离操作器和隔离用袖管或手套系统应当进行常规监测,包括经常进行必要的检漏试验。

用于生产非最终灭菌产品的吹灌封设备(将热塑性材料吹制成容器并完成灌装和密封的全自动机器)自身应装有A级空气风淋装置,人员着装应当符合A/B级洁净区的式样,该设备至少应当安装在C级洁净区环境中。在静态条件下,此环境的悬浮粒子和微生物均应当达到标准,在动态条件下,此环境的微生物应当达到标准。

用于生产最终灭菌产品的吹灌封设备至少应当安装在 D 级洁净区环境中。因吹灌封技术的特殊性,应当特别注意设备的设计和确认、在线清洁和在线灭菌的验证及结果的重现性、设备所处的洁净区环境。

(1)可灭菌小容量注射剂工艺流程示意图:可灭菌小容量注射剂生产工艺过程包括原辅料的准备、安瓿处理、配液滤过、灌装封口、灭菌检漏、质量检查、印字包装等工序,其一般生产区、洁净区划分如图 12-6 所示。

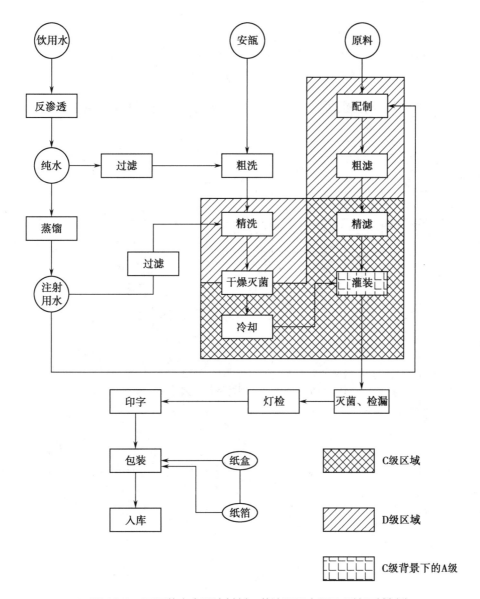

● 图 12-6　可灭菌小容量注射剂工艺流程示意图及环境区域划分

(2)可灭菌大容量注射剂工艺流程示意图:大容量注射剂系指一次给药在 100ml 以上,借助静脉滴注方式进入体内的大剂量注射液,又称输液、补液、大型输液。由于其用量大且直接进入血液,故质量要求较高,生产工艺及洁净级别要求与可灭菌小容量注射剂有所不同,它包括输液剂的容器及附件(输液瓶或塑料输液袋、橡胶、衬垫薄膜、铝盖)的处理,配液、滤过、灌封、灭菌、质检、包装等工序（如图 12-7、图 12-8 ）。

　　大输液最早的包装形式为玻璃瓶,随着药用包装材料的发展,大输液的包装由玻璃瓶、塑料瓶到塑料软袋包装,目前非 PVC 软袋大输液已经逐步进入临床。注射剂质量优劣直接影响着医院患者及医护人员的安全,非 PVC 多层共挤膜软袋输液与传统玻璃瓶及塑料瓶输液相比,工艺的关键生产工序实现全密闭,可避免二次污染;在使用过程中,非 PVC 软袋输液能够依靠自身的张力将药液压迫滴出,无需形成空气回路;机械强度较高、表面透明光滑,不含任何对人体有害的增塑剂、填充剂、润滑剂等等。非 PVC 多层共挤膜软袋输液以其安全、方便、环保改变了传统的输液方式。

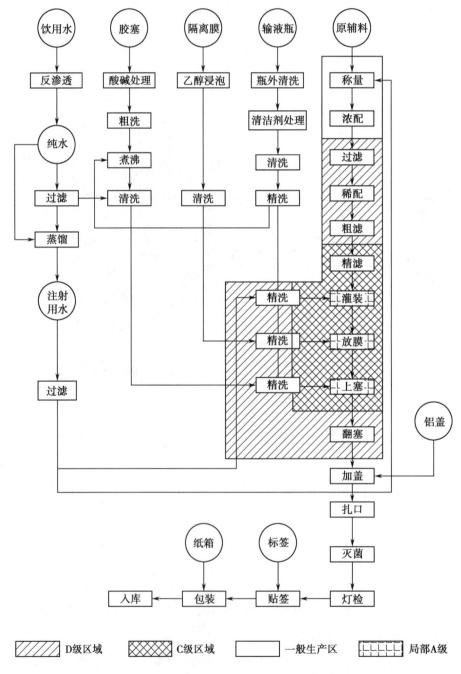

● 图 12-7　玻璃瓶包装可灭菌大容量注射剂工艺流程示意图及环境区域划分

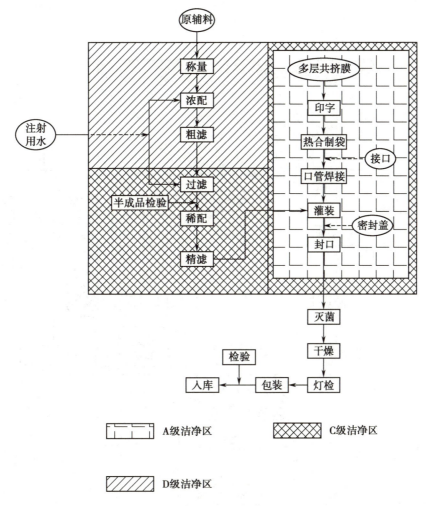

● 图 12-8 非 PVC 膜软袋包装可灭菌大容量注射剂工艺
流程示意图及环境区域划分

　　非 PVC 膜软袋大输液生产线由制袋成型、灌装与封口三大部分组成,包括上膜、印字、接口整理、接口预热、开膜、袋成型、接口热封、撕废角、袋传输转位、灌装、封口、出袋等工序(见图 12-8)。

　　(3)粉针剂生产工艺流程示意图:粉针剂采用无菌操作法将经过无菌精制的药物粉末分(灌)装于灭菌容器内,灌装、分装、冻干、压塞等工区属 B+A 级洁净区;以保证产品的绝对无菌,如图 12-9 所示。此外,由于粉针剂较易吸潮,生产车间内应控制较低的相对湿度(据产品确定)。

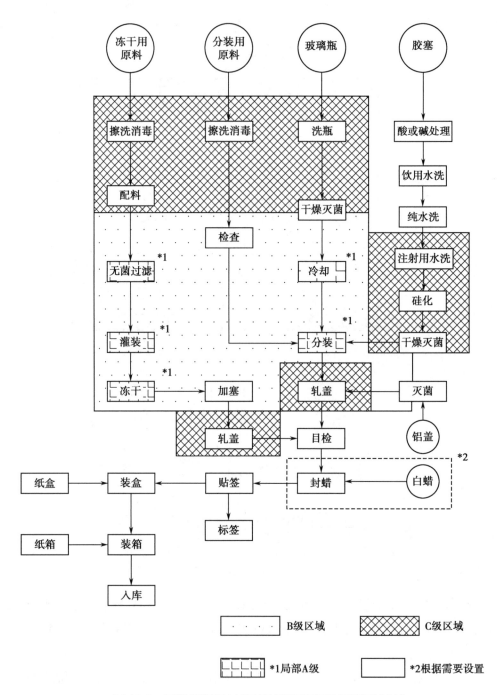

● 图 12-9　无菌分装粉针剂工艺流程示意图及环境区域划分

4. 软膏剂生产工艺流程示意图　软膏剂按其使用的基质不同分为油膏、乳膏和凝胶。油性药膏生产工艺流程示意图及环境区域划分如图 12-10 所示,乳膏生产工艺流程示意图及环境区域划分如图 12-11 所示。

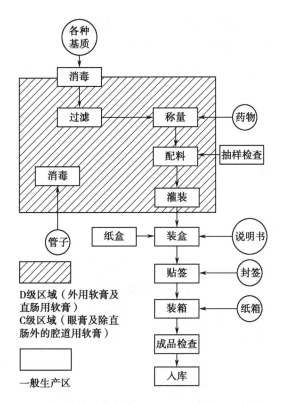

● 图 12-10 油性药膏生产工艺流程示意图及环境区域划分

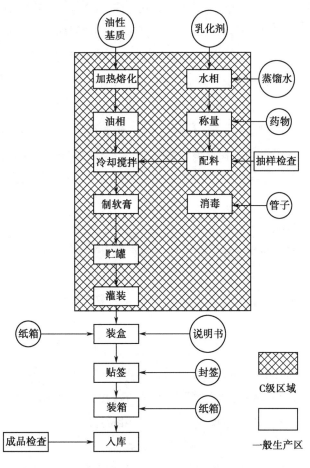

● 图 12-11 乳膏生产工艺流程示意图及环境区域划分

GMP中对生产环境的一般要求同样也适用于软膏剂生产车间,其车间内供水系统、容器消毒、配料及灌装等生产工序列为洁净区域,要求洁净度普通外用软膏和直肠用软膏为D级,在条件许可的前提下,眼膏剂的灌装区域应安装局部层流装置,以达到无菌的环境。同时,所用的原料、生产工具、容器等应选用适宜的方法进行消毒与灭菌。

第四节 工程计算

一、物料衡算

物料衡算是制药工艺设计的基础,可使设计由定性转入定量。根据物料衡算的结果,可确定出整个制药过程中所有输入和输出的各种物料的数量及组成。在物料衡算的基础上,进行能量衡算、设备选型与工艺设计,以确定设备的容积、台数和主要工艺尺寸,进而可进行车间布置设计和管道设计等项目。由此可知,物料衡算结果的正确与否将直接关系到工艺设计的可靠程度。为使物料衡算能客观地反映出生产实际状况,除对实际生产过程要做全面而深入的了解外,还必须要有一套系统而严密的分析、求解方法。

因此,在进行物料衡算时,一般要划定物料衡算范围。根据衡算目的和对象的不同,可以对某台设备、某套装置、某个工段、某个车间或整个工厂进行物料衡算。衡算范围一经划定,即可视为一个独立的体系。凡进入体系的物料均为输入项,离开体系的物料均为输出项。划定衡算范围后,绘出物料衡算示意图,并在图上标注与物料衡算有关的已知和未知的数据。对于有化学反应的体系,还应给出化学反应方程式(包括主反应、副反应),以确定反应前后的物料组成及各组分之间的摩尔比。为了对化学过程进行物料衡算,必须收集与化学反应有关的数据,如转化率、收率、选择性等。

医药生产工业主要包括原料药工业和制剂工业,按照物质变化过程来分,制剂工业的生产过程通常为物理过程,它所涉及的主要是相态和浓度的改变,物料衡算比较简单。原料药的生产过程相对复杂很多,往往涉及化学变化,在计算时常用到组分平衡和化学元素平衡。

(一)物料衡算基本理论

1. 物料平衡方程式 物料衡算的理论基础是质量守恒定律,运用该定律可以得出各种过程的物料平衡方程式。

根据质量守恒定律,如式(12-1)所示,物料衡算示意图如图12-12所示。总物料平衡方程式为,

$$\sum G_{Ii} + \sum G_{Pi} = \sum G_{Oi} + \sum G_{Ri} + G_{Ai} \qquad \text{式(12-1)}$$

式中,$\sum G_{Ii}$ 为输入体系的i组分的量;$\sum G_{Oi}$ 为输出体系的i组分的量;$\sum G_{Pi}$ 为体系中因化学反应而产生的i组分的量;$\sum G_{Ri}$ 为体系中因化学反应而消耗的i组分的量;G_{Ai} 为体系中i组分的累积量。

对于物理过程,由于不涉及化学反应,式(12-1)可简化为:

$$\sum G_{Ii} = \sum G_{Oi} + G_{Ai} \qquad \text{式(12-2)}$$

稳态过程,组分在体系内没有累积,则式(12-1)可简化为:

$$\sum G_{Ii}+\sum G_{Pi}=\sum G_{Oi}+\sum G_{Ri} \qquad\qquad 式（12-3）$$

相应的,式（12-2）可简化为:

$$\sum G_{Ii}=\sum G_{Oi} \qquad\qquad 式（12-4）$$

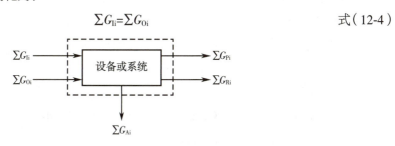

● 图 12-12　物料衡算示意图

2. 衡算基准　在进行物料衡算时,根据过程特点合理地选择衡算基准,不仅可以简化计算过程,而且可以缩小计算误差。物料衡算常用的衡算基准主要有以下几种。

（1）单位时间:对于间歇生产过程和连续生产过程,均可以单位时间间隔内的投料量或产品量为基准进行物料衡算。对于间歇生产过程,单位时间间隔通常取一批操作的生产周期;对于连续生产过程,单位时间间隔可以选择 1 小时或 1 天等的输入量或输出量作为基准。例如,对于给定的生产规模,以时间天为基准就是根据产品的年产量和年生产日计算出产品的日产量,再根据产品的总收率折算出 1 天操作所需的投料量,并以此为基础进行物料衡算。年生产日根据实际情况而定,通常有 250 天、300 天、330 天等。

（2）单位质量:指以一定质量,如 1kg、1 000kg 或 1mol、1kmol 的原料或产品为基准进行物料衡算,以单位质量作为衡算基准的通常是对间歇式生产过程。

（3）单位体积:当所处理的物料为气相时,通常选择原料或产品的单位体积为基准进行物料衡算。为了消除温度和压力变化对气体体积所带来的影响,往往需将操作状态下的气体体积换算成标准状态下的体积进行物料衡算。

（4）干基基准:生产中的物料,不论是气态、液态和固态,均含有一定的水分,因而在选用基准时可以不计算水分在内,称为干基,以便简化计算。

（二）物料衡算举例

[例 12-1] 以某固体制剂为例,设计规模:片剂 3 亿片 / 年,平均片重 0.2g/ 片;胶囊剂 3 亿粒 / 年,平均粒重 0.2g/ 粒;颗粒剂 6 000 万袋 / 年（0.8g/ 袋）,如图 12-13 所示。已知计算基础数据:年工作日为 250 天;生产班制为 2 班生产,每班 8 小时,每班有效工时为 6~7 小时。生产方式为间歇生产。求算年原辅材料总耗量。

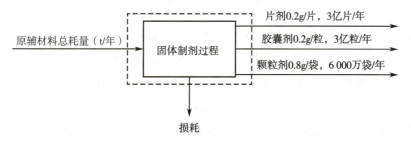

● 图 12-13　某固体制剂车间物料衡算示意图

解: 片剂的年制粒量为 $3 \times 10^8 \times 0.2 \times 10^{-6}$=60t/ 年

日制粒量为 60 000 ÷ 250=240kg/d

班制粒量为 240 ÷ 2=120kg/ 班

胶囊剂的年制粒量为 $3 \times 10^8 \times 0.2 \times 10^{-6}$=60t/ 年

日制粒量为 60 000 ÷ 250=240kg/d

班制粒量为 240 ÷ 2=120kg/ 班

颗粒剂的年制粒量为 $6\,000 \times 10^4 \times 0.8 \times 1 \times 10^{-6}$=48t/ 年

日制粒量为 48 000 ÷ 250=192kg/d

班制粒量为 192 ÷ 2=96kg/ 班

假设原材料损耗为 1%,则

年原辅材料总耗量（60+60+48）÷ 0.99=170t/ 年。

二、能量衡算

在制药生产过程中,无论是进行物理过程的设备,还是进行化学过程的设备,大多存在一定的热效应,因此,通常要进行能量衡算。

能量衡算的主要目的是确定设备的热负荷。根据设备热负荷的大小、所处理物料的性质及工艺要求再选择传热面的形式,计算传热面积,确定设备的主要工艺尺寸。传热所需的加热剂或冷却剂的用量也是以热负荷的大小为依据而进行计算的。对已投产的生产车间,进行能量衡算是为了更加合理的用能。通过对一台设备能量平衡测定与计算可以获得设备用能的各种信息,如热利用效率、余热分布情况、余热回收利用等,进而从技术上、管理上制定出节能措施,以最大限度降低单位产品的能耗。

在进行能量衡算时,需划定衡算范围,并绘出热量衡算示意图。为计算方便,常结合物料衡算结果,将进出衡算范围的各股物料的数量、组成和温度等数据标在热量衡算示意图中（图 12-14 ）。

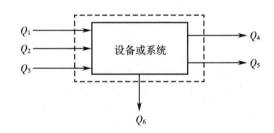

● 图 12-14 热量衡算示意图

能量衡算的依据是物料衡算结果以及为能量衡算而收集的有关物料的热力学数据,如定压比热、相变热、反应热等。对于车间工艺设计中的能量衡算,许多项目可以忽略,其主要目的是确定设备的热负荷,所以能量衡算可简化为热量衡算。其热量衡算表达式为

$$Q_1+Q_2+Q_3=Q_4+Q_5+Q_6 \qquad\qquad 式（12-5）$$

式中, Q_1 为物料带到设备中的热量; Q_2 为由加热剂（冷却剂）传给设备和物料的热量（加热时取正,冷却时取负）; Q_3 为过程的热效应,它分为两类,即化学反应热效应和状态变化热效应; Q_4 为物

料从设备离开所带走的热量；Q_5 为消耗于加热（冷却）设备和各个部件上的热量；Q_6 为设备向四周散失的热量。

在应用式（12-5）时，应注意除 Q_1 和 Q_4 外，其他 Q 值都有正负两种情况。例如，当过程放热时，Q_3 取 "+" 号；反之，当过程吸热时，Q_3 取 "−" 号，这与热力学中的规定正好相反。

由式（12-5）可求出 Q_2，即设备的热负荷。若 Q_2 为正值，表明需要向设备及所处理的物料提供热量，即需要加热；反之，若 Q_2 为负值，表明需要从设备及所处理的物料移走热量，即需要冷却。

1. 计算基准　通常情况下，热量衡算时选择 0℃ 和 $1.013 \times 10^5 Pa$ 作为计算基准。某些有化学反应参与的生产过程，则选择标准状态即 25℃ 和 $1.013 \times 10^5 Pa$ 为计算基准。

2. Q_1 或 Q_4 的计算　当物料在基准温度和实际温度之间没有发生相变化，则通过定压比热计算物料所含有的显热，即

$$Q_1 \text{ 或 } Q_4 = \sum G \int_{T_0}^{T_2} C_P d_T \qquad \text{式（12-6）}$$

式中，G 为输入或输出设备的物料量，kg；T_0 为基准温度，℃；T_2 为物料的实际温度，℃；C_P 为物料的定压比热，kJ/（kg·℃）。

3. Q_3 的计算　过程的热效应由物理变化热和化学变化热两部分组成，即

$$Q_3 = Q_P + Q_c \qquad \text{式（12-7）}$$

式中，Q_P 为物理变化热，kJ；Q_c 为化学变化热，kJ。

（1）物理变化热：是指物料的浓度或状态发生改变时所产生的热效应，如蒸发热、冷凝热、结晶热、熔融热、升华热、凝华热、溶解热、稀释热等。

（2）化学变化热：是指组分之间发生化学反应时所产生的热效应，可根据物质的反应量和化学反应热计算。

过程的化学变化热可根据反应进度和化学反应热来计算，即

$$Q_C = \xi \Delta H_r^T \qquad \text{式（12-8）}$$

式中，ξ ——反应进度，mol；ΔH_r^T 为化学反应热（放热为正，吸热为负），kJ/mol。

化学反应热与反应物和产物的温度有关。热力学中规定化学反应热是反应产物恢复到反应物的温度时，反应过程放出或吸收的热量。化学反应热可从文献、科研或工厂实测数据中获得。当缺少数据时，也可由生成热或燃烧热数据经计算而得。

4. Q_5 的计算　稳态操作过程时，$Q_5 = 0$；非稳态操作过程，如间歇操作过程，Q_5 可按式（5-7）计算：

$$Q_5 = \sum G C_P (T_2 - T_1) \qquad \text{式（12-9）}$$

式中，G 为设备各部件的质量，kg；C_P 为设备各部件材料的平均定压比热，kJ/（kg·℃）；T_1 为设备各部件的初始温度，℃；T_2 为设备各部件的最终温度，℃。

一般情况下，Q_5 的数值相较于其他各项热量可忽略不计。

5. Q_6 的计算　设备向环境散失的热量 Q_6 计算：

$$Q_6 = \sum \alpha_T S_w (T_w - T) \tau \times 10^{-3} \qquad \text{式（12-10）}$$

式中，α_T 为对流-辐射联合传热系数，W/（m²·℃）；S_w 为与周围介质直接接触的设备外表面积，

m^2；T_w 为与周围介质直接接触的设备外表面温度，℃；T 为周围介质的温度，℃；τ 为散热过程持续的时间，s。

三、制剂车间的节能

节能是我国一项重要的能源政策。节能的一项基础工作，是要对生产车间所有用能设备进行能量平衡的测定与计算。现以洁净室净化空调系统的节能为例，讨论制剂车间的节能问题。

（一）洁净室的节能重要性

制剂工业洁净室（区）净化空调的节能问题尚未引起国内高度注意，主要是由于在洁净室中大都是高要求的制剂产品，主要矛盾是微粒。建成的洁净室较少，从总体来说，节能的要求不突出。

随着 GMP 的实施，我国的洁净室（区）的规模大幅度提高。这就使节能问题不容忽视。洁净室和单纯空调房间比，单位面积建设费用要大得多。洁净室比普通空调办公楼每平方米耗能多 10~30 倍。洁净室对参数要求提高，现代高级别洁净室也常用，同时要求温度和相对湿度基数低，而波动范围又小到 ±0.1℃和 ±2%。这样高精度控制的空调，能耗自然比单纯净化或单纯普通空调高得多。由此可见，洁净室节能已到不容忽视的地步。

（二）洁净室高能耗的具体表现

1. 制冷负荷　洁净室的各类制冷负荷主要有新风、风机、工艺设备、风机温升、围护结构、照明、人等。制冷负荷中最重要的是新风、风机温升和工艺设备三项，新风最大。

（1）洁净室新风：洁净室新风的构成包括人的卫生要求，由于洁净室人员密度小，故总量不会太大；维持正压条件下的缝隙漏风量，此量一般占到 2~6 次换气量（这是一般空调所没有的）；弥补排风量，这比缝隙漏风量大得多；弥补系统漏风量。

（2）洁净室风机温升负荷，是很容易忽略掉的问题。

（3）工艺设备负荷。

2. 运行负荷　洁净室的风量比一般空调大几倍至几十倍，风压又高出 490~686.5Pa（50~70mmH₂O），约占系统压头一半左右，所以洁净室运行的风机动力负荷比一般空调大 3~30 倍。对于 A 级以上单向流洁净室，风机负荷达到制冷负荷的 2~4 倍，对于乱流洁净室也相当于制冷负荷的 1/3~1/2。

（三）洁净室的节能

1. 减少新风负荷

（1）减少 olf 值：对于洁净室，减少新风负荷并不意味着减少新风量。现在人们用 olf 作为定量污染源的单位，一个标准人舒适状态下污染量用 1olf 定量，此 olf 是以人鼻嗅觉为基础确定的，室内窗帘达到 9olf，吸烟者平时也有 6olf，办公室材料为每平方米地面 0~0.05olf。人的 olf 为显污染，其余 olf 为潜污染。可见，室内空气正是由于潜在于建筑空间和通风空调系统中的大量 olf，才使空气异味、污浊的。因此,空气品质的主要污染源不再是人,而是新型建筑装饰材料、清洁剂、黏接剂、现代化办公用品等,这些物品都可使室内空气中出现成千种前所未有的污染物。

针对上述情况,片面增大新风量不可取的,不但不能节能,而且能耗更大。唯一的有前途的节能方法是降低室内 olf 值,应对室内和系统的污染负荷有一个限值,迫使设计人员采用低 olf 值的材料,设计出低 olf 的系统,采用降低 olf 值的手段,并制订严格维护计划以保持系统在使用期内处于很低的 olf 值状态。从这方面去探索,才是减少新风负荷的出路。

（2）减少排风量:洁净室内需要补充大量新风的又一个主要原因是有局部排风,但局部排风并非全天运行,所以可根据排风量变化或室内正压变化,不断调节新风量,以维持既定的正压。工程测定表明,这样能节电 38%、节冷 50%、节蒸汽 83%,还可以采用节能型排风柜等。

（3）排风热回收:利用排风对新风预热预冷。由于新风负荷约是围护结构负荷的 10~30 倍,故可用全热回收。

2. 减少工艺负荷。工艺负荷可以通过热回收等专业手段去减少它。

3. 减少风机、电机温升负荷

（1）对于空调器来说,净化空调器由于风量大、功率大,应把电机外置,风机、电机都独立外置,有利于节能。

（2）对于系统来说,洁净室常用风口机组形式,即高效过滤器、风机、电机均在一块,对于面积大或对空调有高要求的系统,应尽可能把风机电机设计在气流之外。

4. 减少运行动力负荷

（1）合理确定换气次数。

（2）在满足工艺洁净度要求下采用低阻过滤器,能用低阻亚高效过滤器的就不用阻力高出 3~4 倍的高效过滤器。

（3）按产尘量变化控制风量:对于一个具体洁净室,应分析室内操作内容,非工作时间和维护管理期间各阶段的发尘量,随时间变化的规律,把室内发尘量、室内人数等信息输入系统来进行风量调节。

（4）由风机台数进行分步控制风量:对于工业洁净室,考虑到运行时、维修时和下班时的不同,或者工作任务饱满和空间的不同,可以通过风机台数进行分步控制风量。如采用双风速控制,是这一原则的体现。

（5）在系统中区别空调送风和净化送风:净化风量只进行过滤处理,再循环,这将大大节省输送动力。

（6）缩小洁净空间体积:缩小洁净空间体积,特别是缩小高级别洁净室体积是降低造价和实现节能的一个有效的重要途径。净化系统的风量取决于房间体积和换气次数,而换气次数大多由洁净级别所确定,因此要降低洁净系统的风量可从减少净化空间入手。因为低风量既可合理地选定换气次数,也可以减少送风动力消耗。同时在管路设计中尽可能减少系统的阻力,也可达到降低送风动力消耗的效果。如建立洁净隧道或隧道式洁净室,根据生产要求把洁净空间划分为洁净级别不同的工艺区、操作区、维修区和通道区。工艺区的空间缩小到最低限度,保持一般单向流的截面风速为 0.3~0.4m/s,而在操作区风速已降到 0.1~0.2m/s,因此,风量大大减少。据称减少体积 30%,可达到节能 25% 的目的。

（7）减少系统和空调器的漏风量：目前国内通风与空调工程风道漏风率达 10%~20%。在漏风情况下要维护原有的风量和风压,不仅风机风量要增加,风压也要提高。如果把漏风率从 10%、15%、20% 降到 2%,则节省风机轴功率分别为 25.4%、43.2% 和 62.8%,还不计空气处理的耗能。因此,必须注意净化空调系统的设备加工质量和系统的施工质量,才能使节能工作有一个可靠的基础。

（8）合理地降低排风速度：通风柜的排风速度为 0.3m/s 时效果已较好,排风速度达 0.5m/s 时,效果令人满意。

5. 综合利用洁净气流　工艺过程和空调系统的热回收是可以直接获益的措施。因此应充分利用这部分能量,使之达到物尽其用的目的。

（1）串联利用：对于无尘粒影响的车间,将洁净室按洁净度高低水平串联起来,然后由一个机组贯通送风,最初的风经过高级别至低级别的房间后再回到空调机组。

（2）交叉利用：对于既有以消除余热为主,净化要求不太高的房间,又有主要要求净化的房间,可以交叉利用洁净气流,并采用下送上回。因为下送可减少送风速度而提高送风温度,即减少温差,同时上回提高了回风温度有利于热回收,因此在不影响洁净要求的前提下,可节能 30%~40%。

四、工艺设备设计、选型

工艺设备设计、选型与安装是工艺设计的重要内容,所有的生产工艺都必须有相应的生产设备,同时,所有的生产设备都是根据生产工艺要求而设计选择确定的。所以设备的设计与选型是在生产工艺确定以后进行。

1. 工艺设备的设计与选型　制药设备可分为机械设备和化工设备两大类,一般说来,药物制剂生产以机械设备为主(大部分为专用设备),化工设备为辅。目前制剂生产剂型有片剂、针剂、粉针、胶囊、颗粒剂、口服液、栓剂、膜剂、软膏、糖浆等多种剂型,每生产一种剂型都需要一套专用生产设备。

制剂专用设备有两种形式。一是单机生产,由操作者衔接和运送物料,使整个生产完成,如片剂、颗粒剂等基本上是这种生产形式,其生产规模可大可小,比较灵活,容易掌握,但受人为的影响因素较大,效率较低。另一种是联动生产线(或自动化生产线),基本上是将原料和包装材料加入,通过机械加工、传送和控制,完成生产。对原材料、包装材料质量要求高,一处出问题就会影响整个联动线的生产。

2. 工艺设备设计与选型的步骤　工艺设备设计与选型分两个阶段,第一阶段包括：①定型机械设备和制药机械设备的选型;②计量贮存容器的计算;③定型化工设备的选型;④确定非定型设备的形式、工艺要求、台数、主要规格。第二阶段是解决工艺过程中的技术问题,例如滤过面积、传热面积、干燥面积以及各种设备的主要规格等。

设备选型应按以下步骤。首先了解所需设备的大致情况,国产还是引进,使用厂家的使用情况,生产厂家的技术水平等;其次是搜集所需资料,目前国内外生产制剂设备的厂家很多,技术水平和先进程度也各不一样,要做全面比较;再次,核实与本设计所要求的是否一致;最后到设备制造厂家了解其生产条件和技术水平及售后服务等。总之,首先要考虑设备的适用性,使用能达到药品生产质量的预期要求,设备能够保证所加工的药品具有最佳的纯度、一致性。根据上述调查研究的情况和物料衡算结果,确定所需设备的名称、型号、规格、生产能力、生产厂家等,并列表登记。在选择设备时,必须充分考虑设计的要求,各种定型设备和标准设备的规格、性能、技术特征、技术参数、使用条件、设备特点、动力消耗、配套的辅助设施、防噪声和减震等有关数据以及设备的价格,此外还要考虑工厂的经济能力和技术素质,必须考虑必需性与可行性。一般先确定设备的类型,然后确定其规格。

在制剂设计与选型中应注意用于制剂生产的配料、混合、灭菌等主要设备和用于原料药精制、干燥、包装的设备,其容量应与生产批量相适应;对生产中发尘量大的设备如粉碎、过筛、混合、制粒、干燥、压片、包衣等设备应附带防尘围帘和捕尘、吸粉装置,经除尘后排入大气的尾气应符合国家有关规定;干燥设备进风口应有过滤装置,出风口有防止空气倒流装置;洁净室(区)内应尽量避免使用敞口设备,若无法避免时,应有避免污染措施;设备的自动化或程控设备的性能及准确度应符合生产要求,并有安全报警装置;应设计或选用轻便、灵巧的物料传送工具(如传送带、小车等);不同洁净级别区域传递工具不得混用,B 级洁净室(区)使用的传输设备不得穿越其他较低级别区域;不得选用可能释出纤维的药液滤过装置,否则须另加非纤维释出性滤过装置,禁止使用含石棉的滤过装置;设备外表不得采用易脱落的涂层;生产、加工、包装青霉素等强致敏性、某些甾体药物、高活性、有毒害药物的生产设备必须专用等。

3. 制剂专用设备设计与选型的主要依据和设计通则 设备的设计与选型是否合理,是否符合企业工艺生产特点,便于操作、维修,特别是该设备是否符合 GMP 要求,将很大程度影响药厂的GMP 认证以及今后的生产和进一步发展。

(1)工艺设备设计选型的主要依据

1)该设备符合国家有关政策法规,可满足药品生产的要求,保证药品生产的质量,安全可靠,易操作、维修及清洁。

2)该设备的性能参数符合国家、行业或企业标准,与国际先进制药设备相比具有可比性,与国内同类产品相比具有明显的技术优势。

3)具有完整的、符合标准的技术文件。

(2)制药设备 GMP 设计通则的具体内容:制药设备在制药 GMP 这一特定条件下的产品设计、制造、技术性能等方面,应以设备 GMP 设计通则为纲,以推进制药设备 GMP 规范的建立和完善,其具体内容如下。

1)设备的设计应符合药品生产及工艺的要求,安全、稳定、可靠,易于清洗、消毒或灭菌,便于生产操作和维修保养,并能防止差错和交叉污染。

2)设备的材质选择应严格控制。与药品直接接触的零部件均应选用无毒、耐腐蚀,不与药品发生化学变化,不释出微粒,或吸附药品的材质。

3)与药品直接接触的设备内表面及工作零件表面,尽可能不设计有台、沟及外露的螺栓连接。表面应平整、光滑、无死角,易清洗与消毒。

4）设备应不对装置之外的环境构成污染,鉴于每类设备所产生污染的情况不同,应采取防尘、防漏、隔热、防噪声等措施。

5）在易燃易爆环境中的设备,应采用防爆电器并设有消除静电及安全保险装置。

6）注射制剂的灌装设备除应在相应的洁净室内运行外,要按GMP要求,还应在局部A级层流洁净空气和正压保护下完成各个工序。

7）药液、注射用水及净化压缩空气管道的设计应避免死角、盲管。材料应无毒,耐腐蚀。内表面应经电化学抛光,易清洗。管道应标明管内物料流向。其制备、贮存和分配设备结构上应防止微生物的滋生和传染。管路的连接应采用快卸式连接,终端设过滤器。

8）当驱动摩擦产生的微量异物及润滑剂无法避免时,应对其机件部位实施封闭并与工作室隔离,所用的润滑剂不得对药品、包装容器等造成污染。对于必须进入工作室的机件应采取隔离保护措施。

9）无菌设备的清洗,尤其是直接接触药品的部位和部件必须灭菌,并标明灭菌日期,必要时需进行微生物学验证。经灭菌的设备应在3天内使用,同一设备连续加工同一无菌产品时,每批之间要清洗灭菌;同一设备加工同一非灭菌产品时,至少每周或每生产三批后进行全面清洗。设备清洗除采用一般方法外,最好配备就地清洗（clean in place,CIP）、就地灭菌（sterilization in place,SIP）的洁净、灭菌系统。

10）设备设计应标准化、通用化、系列化和机电一体化。实现生产过程的连续密闭、自动检测,是全面实施设备GMP的要求和保证。

11）涉及压力容器,除符合上述要求外,还应符合GB 150—2011钢制压力容器有关规定。

（3）制剂设备设计应实现机械化、自动化、程控化和智能化:制剂设备的发展取决于制药工艺与制药工程的进步,我国制剂设备的设计与制造应该沿着标准化、通用化、系列化和机电仪一体化方向发展,以实现生产过程的连续密闭、自动检测,这是全面实施设备GMP的要求和保证。同时,随着科学技术发展所提供的技术可能性和人类对健康水平的不断的新的追求,GMP对制剂工业的要求将不断提高。因此,制剂设备的设计应开发新型制剂生产联动线装置、全封闭装置及全自动装置,制剂设备的设计应实现机械化、自动化、程控化和智能化的更高要求。

以制剂工业中无菌制药产品工艺条件最为苛刻的水针剂生产联动线中的安瓿灌装封口机为例进行说明。首先安瓿灌装封口机的材质,要求与药液接触的零部件均应采用无毒、耐腐蚀,不与药品发生化学变化或不吸附药液组分和释放异物的材质;封口方法采用燃气＋氧助燃,淘汰落后的熔封式封口,采用直立或倾斜旋转拉丝式封口;灌液泵选用机械泵（金属或非金属）、蠕动泵均可,在保证灌装精度情况下,选用蠕动泵,其清洗优于机械泵;燃气系统,以适应多种燃气使用为佳,系统的气路分配要求均匀,控制调节有效可靠,系统中必须设置防回火装置;从结构看,灌装、封口必须在A级净化层流保护罩下完成,层流装置中,过滤元件上要有足够静压分配区,出风要有分布板;缺瓶止灌机构的止灌动作要求准确可靠,基本无故障,若无此机构则不符合GMP要求;装量调节机构若用机械泵应设粗调和细调两个功能,蠕动泵则由"电控"完成,二者装量误差必须符合有关标准;复合回转伺服机构及回转往复跟随机构是国际同类产品常用机构,其运行性能应良好;设备部件应通用化和系列化,即更换少量零部件,适应多种规格使用;排废气装置的吸头位置应安排在操作者位置的对侧;控制功能应具有连锁功能,即非层流不启动、不能进行灌装和封口操作;显示功能,即产量自动计数,层流箱风压显示调节功能,即主轴转速及层流风速能无级调速;监视功能,即发生燃气熄火自动切断气源,主机每次停机钳口自动停高位;联动匹配功能,即进瓶网带储瓶拥堵,指令停网带及洗瓶机,当疏松至一定程序后指令解除,少瓶时指令个别传送机构暂停,但已送出的瓶子仍能继续进行灌装和封口,直至送入出瓶斗,状态正常后自动恢复正常操作。

所以在制剂设备的设计过程中,应以系统功能优化的观念对待每个环节与部位,应用现代技术和计算机手段全面实施控制功能就能全面符合 GMP 要求,实现制剂设备的全面 GMP 达标。因此,"智能化"时间 - 压力灌装系统应运而生,它由灌装软管与分流管相连接,通过软管挤压阀即可进行灌装操作,无摩擦磨损零部件。在分流管的末端装有压力传感器,操作过程由计算机控制。生产过程中控制软件是满足灌装工艺质量控制的关键,配有实际灌装参数显示装置。"智能化"时间 - 压力灌装系统具有更高的灌装精度,降低产品损失,保证无磨损异物存在,结构简单更适合 CIP/SIP 操作和智能化工艺控制等,它将更能满足制药工业生产 GMP 规范的要求。

4. 工艺设备的安装　制剂工艺设备要达到 GMP 的要求,设备的安装是一个重要内容。首先设备布局要合理,其安装不得影响产品的质量;安装间距要便于生产操作、拆装、清洁和维修保养,并避免发生差错和交叉污染。同时,设备穿越不同洁净室(区)时,除考虑固定外,还应采用可靠的密封隔断装置,以防止污染。不同的洁净等级房间之间,如采用传送带传递物料时,为防止交叉污染,传送带不宜穿越隔墙,而应在隔墙两边分段传送,对送至无菌区的传动装置必须分段传送。应设计或选用轻便、灵巧的传送工具,如传送带、小车、流槽、软接管、封闭料斗等,以辅助设备之间的连接。对洁净室(区)内的设备,除特殊要求外,一般不宜设地脚螺栓。对产生噪声、振动的设备,应分别采用消声、隔振装置,改善操作环境,动态操作时,洁净室内噪声不得超过 70dB。设备保温层表面必须平整、光洁,不得有颗粒性物质脱落,表面不得用石棉水泥抹面,宜采用金属外壳保护。设备布局上要考虑设备的控制部分与安置的设备有一定距离,以免机械噪声对人员的污染损伤,所以控制工作台的设计应符合人类工程学原理。

本章思考题

1. 工艺流程设计的任务包括哪些?

2. 工艺流程设计的原则包括哪些内容?

3. 请以图解的形式表示工艺流程设计基本程序包括哪些内容。

4. 请根据 GMP 要求说明注射剂中最终灭菌产品各工序洁净级别要求是什么。

5. 请根据 GMP 要求说明注射剂中非最终灭菌产品各工序洁净级别要求是什么。

6. 在进行车间物料衡算前应具备哪些条件?

7. 洁净室的节能中减少运行动力负荷措施有哪些?

8. 工艺设备设计与选型分两个阶段,各阶段包括哪些内容?

9. 设备选型应按哪些步骤进行?

10. 在制剂设计与选型中应注意哪些问题?

第十二章　同步练习

（朱艳华　赵　鹏）

第十三章 洁净厂房的空气净化系统

　　洁净厂房是指生产工艺有空气洁净要求的厂房。药品生产环境的特殊性之一就是对生产环境的洁净要求,而且这个洁净要求随药品给药途径本身卫生要求的提高而提高,控制生产环境的途径就是靠洁净室和其管理来实现的。药品生产企业洁净室的头等重要任务是要控制室内浮游微粒及细菌对生产的污染,使室内的生产环境的空气洁净度符合工艺要求。

　　生产环境洁净标准的实现和维护基本是通过空调净化系统(heating ventilation and air conditioning, HVAC)来实现的。空调净化系统将自然空气在一定的压力下通过必要的过滤装置,除去一定的尘埃粒子和所附着的微生物,调节空气的温度、湿度,调节进入或排出空气的量,从而达到控制生产或实验等环境洁净标准的目的。

　　为了达到这个目的,一般采取三项空气净化措施。①空气过滤,利用过滤器有效的控制从室外引入室内的全部空气的洁净度;②组织气流排污,在室内组织起特定形式和强度的气流,利用洁净空气把生产环境中产生的污染物排除出去;③提高室内空气静压,防止外界污染空气从门及各种漏隙部位侵入室内。

　　空调净化系统(HVAC)是制药工业的一个关键系统,它对制药工厂能否实现向患者提供安全有效产品的目标具有重要影响。如果药品生产环境得到妥善的设计、建造、调试、运转和维护,则有助于确保药品的质量,提高药品的可靠性,同时降低工厂初期的投资成本和后期的运转成本。

第一节　药厂洁净室的环境控制要求

　　洁净区(clean zone)是指将一定空间范围内空气中的微粒、有害气体、细菌等污染物排除,并将室内温度、湿度、洁净度、室内压力、气流速度与气流分布、噪声振动及照明、静电控制在某一特定范围内,而所给予特别设计的空间。

　　洁净区可以是开放式或封闭式。洁净区不论外在空气等环境条件如何变化,其区内均应能具有维持原先所设定要求的洁净度、温湿度及压力等性能的特性。

　　空气净化的效果以空气洁净度来表示,含尘粒浓度高则洁净度低,含尘粒浓度低则洁净度高。

一、空气洁净度级别的确定

　　空气洁净度是指洁净环境中空气的含尘(微粒)程度,空气洁净度的高低可用空气净化级别来表示。洁净区的设计必须符合相应的洁净度要求,包括达到"静态"和"动态"的标准。我国《药品生产质量管理规范》(2010年修订)将洁净室(区)空气洁净度划分为四个等级,由高级到低级的顺序为A级、B级、C级、D级。

A级,高风险操作区,如灌装区、放置胶塞桶和与无菌制剂直接接触的敞口包装容器的区域及无菌装配或连接操作的区域。通常用层流操作台(罩)维持该区的环境状态。层流系统在其工作区域必须均匀送风,风速为0.36~0.54m/s(指导值)。应当有数据证明层流的状态并经过验证。在密闭的隔离操作器或手套箱内,可使用较低的风速。

B级,指无菌配制和灌装等高风险操作A级洁净区所处的背景区域。

C级和D级,指无菌药品生产过程中重要程度较低的洁净生产区。

以上各级别空气悬浮粒子的标准规定参见表13-1和表13-2。

表13-1 各级别空气悬浮粒子的标准

洁净级别	悬浮粒子最大允许数 /m³			
	静态		动态	
	≥0.5μm	≥5.0μm	≥0.5μm	≥5.0μm
A 级	3 520	20	3 520	20
B 级	3 520	29	352 000	2 900
C 级	352 000	2 900	3 520 000	29 000
D 级	3 520 000	29 000	不做规定	不做规定

表13-2 洁净室(区)微生物监测的动态标准

洁净度级别	浮游菌 /(cfu/m³)	沉降菌(φ90mm)/(cfu/4h)	表面微生物	
			接触(φ55mm)/(cfu/碟)	5指手套 /(cfu/手套)
A 级	<1	<1	<1	<1
B 级	10	5	5	5
C 级	100	50	25	—
D 级	200	100	50	—

注:cfu 表示菌落成形单位。

从表13-1可以看出,空气洁净度的级别是以每平方米空气中允许的最大尘埃粒子数和微生物数来确定的。为确保A级洁净区的级别,每个采样点的采样量不得少于1m³。A级洁净区空气悬浮粒子的级别为ISO 4.8,以≥5.0μm的悬浮粒子为限度标准。B级洁净区(静态)的空气悬浮粒子的级别为ISO 5,同时包括表中两种粒径的悬浮粒子。对于C级洁净区(静态和动态)而言,空气悬浮粒子的级别分别为ISO 7和ISO 8。D级洁净区(静态)空气悬浮粒子的级别为ISO 8,测试方法可参照ISO 14644-1,根据粒子浓度划分空气洁净度等级。《药品生产质量管理规范》(2010年修订)明确规定洁净区的设计必须符合相应的洁净度要求,包括达到"静态"和"动态"的标准。静态指所有生产设备均已安装就绪,但没有生产活动且无操作人员在场的状态。《药品生产质量管理规范》(2010年修订)规定生产工作结束,作业人员离开现场经过15~20分钟自净后,洁净室的洁净度应达到"静态"标准。动态指生产设备按预定的工艺模式运行并有规定数量的操作人员在现场操作的状态。

从表13-2可以看出,空气洁净度也包括对微生物进行动态监测,评估无菌生产的微生物状况。监测方法有沉降菌法、定量空气浮游菌采样法和表面取样法(如棉签擦拭法和接触碟法)等。动态取样应当避免对洁净区造成不良影响,成品批记录的审核应当包括环境监测的结果。

生产区和贮存区应当有足够的空间,确保有序地存放设备、物料、中间产品、待包装产品和成品,避免不同产品或物料的混淆、交叉污染,避免生产或质量控制操作发生遗漏或差错。

厂区建筑面积的一般分布为生产车间约占总建筑面积的30%,库房约占总建筑面积的30%,辅助车间约占总建筑面积的15%,管理及服务部门约占总建筑面积的15%,其他约占总建筑面积的10%。

二、空气净化系统的要求

空气净化是指去除空气中的污染物质,使空气洁净的技术。空气洁净技术是由处理空气的空调净化设备、输送空气的管路系统和用来进行生产的洁净室三大部分构成。空气净化过程首先由送风口向室内送入洁净空气,室内产生的尘埃粒子和微生物被洁净空气稀释后强迫其由回风口进入系统的回风管路,在空调设备的混合段和从室外引入的经过过滤处理的新风混合,再经过空调处理后又送入室内。室内空气如此循环反复,就可以在一段时间内把污染控制在一个稳定的水平上。

药品生产企业应当根据药品品种、生产操作要求及外部环境状况等配置空气净化设施。使生产区有效通风,并有温度、湿度控制和空气净化过滤,保证药品的生产环境符合要求。

空气净化处理通常采用初效、中效、高效空气过滤器三级过滤;洁净室内产生粉尘和有毒气体的工艺设备,应设局部除尘和排风装置;洁净室排风系统应有防倒灌或过滤措施,以免室外空气的流入;产尘操作间(如干燥物料或产品的取样、称量、混合、包装等操作间)应当保持相对负压或采取专门的措施,防止粉尘扩散、避免交叉污染并便于清洁;洁净区与非洁净区之间、不同级别洁净区之间的压差应当不低于10Pa,必要时,相同洁净度级别的不同区域(操作间)之间也应当保持一定的压差梯度;含有易燃、易爆物质局部排风系统应有防火、防爆措施;换鞋室、更衣室、洗刷室以及厕所、淋浴室等是产生灰尘、臭气和水汽的地方,应采取通风措施。

(一)洁净室换气次数

确定洁净室换气次数,需对各项风量进行比较,取最大值。这些风量包括:根据洁净要求所需的最小风量;根据室内热平衡和稀释有害气体所需的风量;根据室内空气平衡所需风量。B级换气次数为40~60次/h,C级换气次数为20~40次/h,D级换气次数为6~20次/h。

根据换气次数(n)计算洁净级别和选择高效过滤器(净化器)的数量。通风量见式(13-1),换气次数见式(13-2),净化体积见式(13-3),净化器数量见式(13-4)计算公式如下:

通风量	$Q=nV$	式（13-1）
换气次数	$n=Q/V$	式（13-2）
净化体积	$V=Q/n$	式（13-3）
净化器数量	$X=Vn/Q$	式（13-4）

式中，Q 为总通风量，单位为 m^3/h；n 为换气次数，单位为次 $/h$；V 为净化体积，单位为 m^3；X 为净化器的数量，单位为块。

（二）换气气流类型

单向流气流的净化原理是活塞和挤压原理，把灰尘从一端向另一端挤压出去，用洁净气流置换污染气流。单向流是流向单一、速度均匀、没有涡流的气流流动，过去也曾称之为层流。单向流按其方向可以分为垂直单向流和水平单向流如图 13-1 所示。

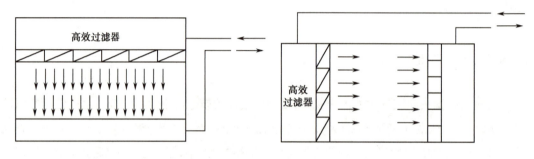

● 图 13-1　单向流流型

非单向流气流净化原理是稀释原理。一般形式为高效过滤器送风口顶部送风及侧部送风；回风的型式有下部回风、侧下部回风和顶部回风等。依不同送风换气次数，实现不同的净化级别，其初投资和运行费用也不同，如图 13-2 所示。

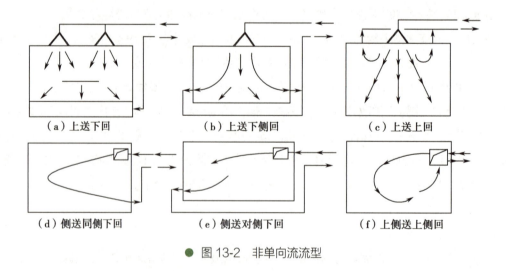

● 图 13-2　非单向流流型

三、洁净室的环境控制

空气净化系统（HVAC）是实现用户对受控洁净室环境条件要求的主要设备。药品生产企业应当根据药品品种、生产操作要求及外部环境状况等配置空气净化设施,使生产区有效通风,并有温度、湿度控制和空气净化过滤,保证药品的生产环境符合要求。GMP 区域所使用的 HVAC 设备,与运行系统的相关控制装置及操作工序相配套,主要实现以下功能。维持洁净室内的温度;维持洁净室与相邻环境的正压和负压要求,有效防止交叉污染;将 HVAC 系统对空调空间所造成的空气污染降低到最低程度;满足室内通风要求,并为保持室内正压提供补风;通过加温或除湿处理,保持室内相对湿度。

(一)温度与湿度

洁净室(区)的温度和相对湿度应与药品生产工艺相适应,并满足人体舒适的要求。生产工艺对温度和湿度无特殊要求时,空气洁净度 A 级、B 级的医药洁净室(区)温度应为 20~24℃,相对湿度应为 45%~60%;C 级医药洁净室(区)温度应为 20~24℃,相对湿度应为 45%~60%;D 级医药洁净室(区)温度应为 18~26℃,相对湿度应为 45%~65%。

易吸潮产品(硬胶囊、粉针等)为 45%~50%(夏季);片剂等固体制剂为 50%~55%;水针、口服液为 55%~65%。

过高的相对湿度易长霉菌,过低的相对湿度易产生静电,使人体感觉不适。据计算,洁净室换气次数为 20 次 /h,室温 25℃,当室内相对湿度由 55% 提高到 60% 时,可节省 15% 冷负荷。

(二)压力差

为保持室内洁净度,室内需保持正压,可通过使送风量大于排风量的办法达到,并应用指示压差的装置;而对于工艺过程产生大量粉尘、有害物质、易燃易爆物质及生产青霉素类强致敏性药物,某些甾体类药物,任何认为有致病作用的微生物的生产工序的洁净室,室内要保持相对负压。这时,可将走廊做成与生产车间相同的净化级别,并把静压差调高一些,使空气流向产生粉尘的车间。空气洁净度等级不同的相邻房间之间的静压差应大于 10Pa,洁净室(区)与室外大气的静压差应大于 10Pa。洁净区与非洁净区之间、不同洁净区之间的压差应不低于 10Pa。必要时,相同洁净区内不同功能房间之间应保持适当的压差梯度。

(三)新鲜空气量

洁净室内应保持一定的新鲜空气量,其数值应取下列风量中的最大值:非单向流洁净室总送风量的 10%~30%,单向流洁净室风量的 2%~4%;补偿室内排风和保持正压值所需的新鲜空气量;保证室内每人每小时的新鲜空气量不小于 40m³。

(四)特殊药品在空调净化系统的设置要求

《药品生产质量管理规范》(2010 年修订)要求生产设施和设备应当根据所生产药品的特殊性、工艺流程及相应洁净度级别要求合理设计、布局和使用,并符合以下要求。

1. 生产特殊性质的药品,如高致敏性药品(如青霉素类)或生物制品(如卡介苗或其他用活性微生物制备而成的药品),必须采用专用和独立的厂房、生产设施和设备。青霉素类药品产尘量大的操作区域应保持相对负压,排至室外的废气应经净化处理并符合要求,排风口应远离其他空气净化系统的进风口。

2. 生产 β- 内酰胺结构类药品、性激素类避孕药品必须使用专用设施（如独立的空气净化系统）和设备，并与其他药品生产区严格分开。

3. 生产某些激素类、细胞毒性类、高活性化学药品应使用专用设施（如独立的空气净化系统）和设备；特殊情况下，如采取特别防护措施并经过必要的验证，上述药品制剂则可通过阶段性生产方式共用同一生产设施和设备。用于上述第 1、2、3 项的空气净化系统，其排风应经净化处理。

第二节　净化空调系统的空气处理

一、空气过滤

空气中的粒状污染物质是由固体或液体微粒子组成的，这些粒子的粒径分布范围非常广，从 $0.1\mu m$ 到数百微米不等，对于粒径大于 $10\mu m$ 的粒子，因为较重，在经过一段时间的无规则布朗运动后，在重力的作用下会逐渐沉降到地面上，而粒径小于 $10\mu m$ 的粒子，因为较轻，容易随气流飘浮，而很难沉降到地面上。

据估算，室外空气中 90% 以上的悬浮微粒粒径小于 $0.5\mu m$，其所占的质量分数不到 1%；粒径超过 $1\mu m$ 的微粒不到 2%，其所占的质量分数为 97%。空气中的悬浮粒子根据其活性可分为非生物粒子和生物粒子，非生物粒子是由固体、液体的破碎、蒸发、燃烧等产生的。生物粒子主要包括细菌、病毒、花粉等，在悬浮粒子中所占的比例较少。

空气过滤器是当前空气净化最重要的手段，是降低气流污染物浓度的主要方法。空气离开过滤器时的洁净度取决于过滤器结构并且与上游空气的数量和质量有关。通过合理设计和正确配置空气过滤器，可以实现满足制药车间所需的空气质量和条件。风量、过滤效率、空气阻力和容尘量，是评价空气过滤器的四项主要指标。风量见式（13-5），过滤效率见式（13-6）、式（13-7），阻力见式（13-8）计算公式如下。

（一）风量

$$通过过滤器的风量（m^3/h）= 过滤器面风速 \times 过滤器截面积 \times 3\,600 \qquad 式（13-5）$$

（二）过滤效率

在额定风量下，过滤器前后空气含尘浓度 C_1、C_2 之差与过滤器前空气含尘浓度的百分比称为过滤效率 a。公式为：

$$a = \frac{C_1 - C_2}{C_1} \times 100\% = \left(1 - \frac{C_2}{C_1}\right) \times 100\% \qquad 式（13-6）$$

常用的效率表示方法中有三种：计重效率、计数效率和比色法（NBS）。

当含尘以质量浓度"mg/m^3"表示时，求出的效率为计重效率；以大于或等于某一粒径（例如

≥0.3μm 或 ≥0.5μm 等)的颗粒计数浓度"个 /L"表示时,求出的效率为计数效率。

用穿透率来评价过滤器的最终效果往往更为直观。穿透率 K 是指过滤器后与过滤器前空气含尘浓度的百分比。公式为:

$$K = 1 - a = \frac{C_2}{C_1} \times 100\%$$
式(13-7)

K 值反映了过滤后的空气含尘量,又表达了过滤的效果。如两台高效过滤器的过滤效率分别是 99.99% 和 99.98%,看起来性能接近,实则穿透率相差 1 倍。

(三)阻力

过滤器阻力由滤材阻力和过滤结构阻力两部分组成。滤材阻力和滤速的一次方成正比。结构阻力为气流通过框架、波纹板等结构的阻力。结构阻力和滤速有关。

$$\Delta P = cu^m$$
式(13-8)

式中,ΔP 为过滤器全阻力;u 为滤速;对于高效过滤器,$c=3\sim10$,$m=1.35\sim1.36$。

过滤器的阻力随容尘量的增加而升高;新过滤器使用时的阻力称为初阻力,容尘量达到规定最大值时的阻力称为终阻力。一般中效和高效过滤器的终阻力约为初阻力的 2 倍。

(四)容尘量

容尘量是在额定风量下达到终阻力时过滤器内部的积尘累。

二、空气净化过滤器及系统组合

(一)空气净化过滤器工作原理

当空气流过贯穿过滤器显微结构(例如纤维、膜)形成的一系列相互连接的孔隙空间的回旋流通路径时,微粒被捕集在过滤介质中。空气通过过滤介质达到过滤的机理包括拦截效应、惯性效应、扩散效应、静电效应、筛分效应和重力效应等。各机理的微粒捕集有效性主要取决于粒径、空气流速和过滤器结构的规格(例如纤维直径)。

1. 拦截效应 当某一粒径的粒子运动到纤维表面附近时,其中心线到纤维表面的距离小于微粒半径,灰尘粒子就会被滤料纤维拦截而沉积下来。

2. 惯性效应 当微粒质量较大或速度较大时,由于惯性而碰撞在纤维表面而沉积下来。

3. 扩散效应 小粒径的粒子布朗运动较强而容易碰撞到纤维表面上。

4. 静电效应 纤维或粒子都可能带电荷,产生吸引微粒的静电效应,而将粒子吸到纤维表面上。

5. 筛分效应 当微粒的粒径大于两个纤维之间的横断面上,微粒无法通过而沉积。

6. 重力效应 微粒通过纤维层时,因重力沉降而沉积在纤维上。

(二)空气净化过滤器的分类

1. 按过滤效率分类 空气净化过滤器按其效率可分为初效、中效、亚高效和高效四类过滤器。初效过滤器主要除去粒径≥5μm的尘埃;中效过滤器主要除去粒径≥1μm的尘埃;亚高效过滤器主要除去粒径≥0.5μm的尘埃;高效过滤器(HEPA)主要除去粒径≥0.3μm的尘埃。高效过滤器作为送风及排风处理的终端过滤,过滤效率≥99.9%。细菌、病毒等依附在尘埃粒子上,空气中单独存在的病毒及微生物几乎不存在,在用HEPA过滤器将空气中的颗粒物除去,亦就达到了除菌目的,它是洁净室建设的理论基础。

(1)初效过滤器(又称粗效过滤器):主要用于首道过滤器,应该截留大微粒,主要是5μm以上的悬浮性微粒和10μm以上的沉降性微粒以及各种异物,防止其进入系统。初效过滤器主要用作对新风及大颗粒尘埃的控制,靠尘粒的惯性沉积,滤速可达0.4~1.2m/s,主要对象是≥5μm的尘埃。其滤材一般采用易于清洗更换的粗中孔泡沫塑料或WY-CP-200涤纶无纺布(无纺布是不经过织机,而用针刺法、簇绒法等把纤维交织成织物,或用黏合剂使纤维黏合在一起而成)等化纤材料,形状有平板式、抽屉式、自动卷绕人字式、袋式。近年来滤材用无纺布较多,渐渐代替泡沫塑料。其优点是,无味道、容量大、阻力小、滤材均匀、便于清洗,不像泡沫塑料那样易老化,成本也下降。初效过滤器由箱体、滤料和固定滤料部分、传动部分、控制部分组成。当滤材积尘到一定程度,由过滤器的自控系统自动更新,用过的滤材可以水洗再生,重复使用。

(2)中效过滤器:由于其前面已有预过滤器截留了大微粒,它又可作为一般空调系统的最后过滤器和高效过滤器的预过滤器,计数滤速可取0.2~0.4m/s。中效及高中效过滤器主要用作对末级过滤器的预过滤和保护,延长其使用寿命,主要对象是1~10μm的尘粒,它的效率即以过滤1μm为准。一般放在高效过滤器之前,风机之后。滤材一般采用中细孔泡沫塑料,WZ-CP-Z涤纶无纺布、玻璃纤维等,形状常做成袋式及平板式、抽屉式。图13-3为抽屉及袋式中效过滤器。

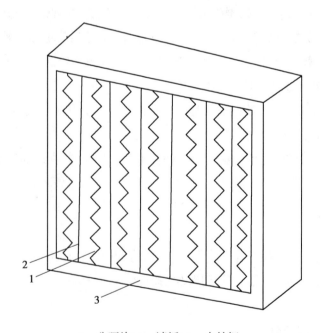

1—分隔片;2—滤纸;3—木外框。
● 图13-3　抽屉及袋式中效过滤器

（3）亚高效过滤器：既可以作为洁净室末端过滤器使用，达到一定的空气洁净度级别，也可以作为高效过滤器的预过滤器，进一步提高和确保送风洁净度，还可以作为新风的末级过滤，提高新风品质。所以，与高效过滤器一样，它主要用于截留 $1\mu m$ 以下的亚微米级的微粒，其效率即以过滤 $0.5\mu m$ 为准。滤材一般为玻璃纤维滤纸、棉短绒纤维滤纸等制品。

（4）高效过滤器：它是洁净室最主要的末级过滤器，以实现 $0.3\mu m$ 的洁净度级别为目的，计数效率（对 $0.3\mu m$ 的尘埃）≥99.99%。高效过滤器作为送风及排风处理的终端过滤，主要过滤小于 $0.3\mu m$ 的尘粒。一般放在通风系统的末端，即室内送风口上，滤材用超细玻璃纤维纸或超细石棉纤维滤纸，其特点是效率高，阻力大，不能再生。高效过滤器能用 3~4 年。它对细菌的过滤效率基本上是 100%，即是说通过高效过滤器（ $0.3\mu m$ ）的穿透率为 0.000 1%（ 10^{-6} ），对病毒（ $0.03\mu m$ ）穿透率为 0.003 6%，所以通过高效过滤器过滤后的空气可视为无菌。为提高对微小尘粒的捕集效果，需采用较低滤速，以 cm/s 计，故滤材需多层折叠，使其过滤面积为过滤器截面积的 50~60 倍。图 13-4 为高效过滤器形状。

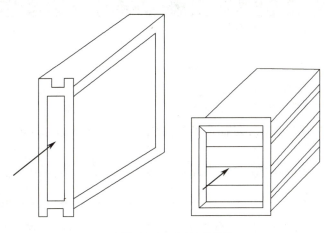

● 图 13-4　高效过滤器

2. 按过滤材料的不同分类

（1）滤纸过滤器：这是洁净技术中使用最为广泛的一种过滤器，目前滤纸常用玻璃纤维、合成纤维、超细玻璃纤维以及植物纤维素等材料制作。根据过滤对象的不同，采用不同的滤纸制作成 $0.3\mu m$ 级的普通高效过滤器或亚高效过滤器，或做成 $0.1\mu m$ 级的超高效过滤器。

（2）纤维层过滤器：这是用各种纤维填充制成过滤层的过滤器，所采用的纤维有以下几种。①天然纤维，是一种自然形态的纤维（如羊毛、棉纤维等）；②化学纤维，是采用化学方法改变原料的性质制作的纤维；③人造纤维（物理纤维），是采用物理方法将纤维从原材料分离的纤维，其原料性质没有改变。纤维层过滤器属于低填充率的过滤器，阻力较小，通常用作中等效率的过滤器。应用无纺布工艺制作的纤维层制造的过滤器就属于此例。

3. 系统组合　空调净化系统能够对入室的空气进行充分地除菌或灭菌，并且使室内的微生物粒子迅速而有效地被吸收并送出室外，避免室内的微生物粒子积聚。

我国对各级过滤器的分类标准见表 13-3 及表 13-4。在空气洁净技术中，通常是将几种效率不同的过滤器串联起来使用。其配置原则是，相邻二级过滤器的效率不能太接近，否则后级负荷太小；但也不能相差太大，这样会失去前级对后级的保护。从吸入新风开始，一般分为三级过滤。

第一级使用初效过滤器,第二级使用中效或亚高效过滤器,第三级使用高效过滤器,个别也可能分四级,如在第三级之后,再增加一级高效过滤器。

表13-3 过滤分类

性能指标 性能类别	额定风量下的效率 E		额定风量下的初阻力 /Pa
初效	粒径≥5.0μm	80%>E≥20%	≤50
中效	粒径≥1.0μm	70%>E≥20%	≤80
亚高效	粒径≥0.5μm	99.9%>E≥95.5%	≤120
高效	粒径0.3μm	A 级≥99.9%	≤190
		B 级≥99.99%	≤220

表13-4 空气过滤器的分类

类别	材料	型式	作用粒径	效率 /%
初效过滤器	粗孔聚氨酯泡沫塑料、化学纤维	平板式、抽屉式、自动卷绕人字式、袋式	≥5μm	计数,≥5μm 20~80
中效过滤器	中细孔泡沫纤维、无纺布、玻璃纤维	平板式、抽屉式、袋式	≥1μm	计数,≥1μm 中效 20~70
亚高效过滤器	超细聚丙稀纤维、超细玻璃纤维	隔板、无隔板式	≥0.5μm	计数,≥0.5μm 95~99.9
高效过滤器	超细聚丙稀纤维、超细玻璃纤维	隔板、无隔板式	≥0.3μm	钠盐法,≥99.9

空气洁净度 C 级及高于 C 级的空气净化处理,应采用初效、中效、高效空气过滤器三级过滤,其中 C 级空气净化处理也可以采用亚高效空气过滤器代替高效空气过滤器。洁净度 D 级空气净化处理,宜采用初效、中效过滤器二级过滤,但需经计算确定。

(三)洁净室净化系统设计

1. 空气调节净化设计条件 制药工艺设计人员必须向空调专业设计人员提供的空气调节净化设计条件有下列几项:工艺设备布置图,并标明净化区域;净化区域的面积和体积;净化的形式;洁净度要求和级别;生产工房内温度、湿度、内外压差;室内换气次数;生产品种。

2. 净化空调系统的空气处理流程 送入洁净室的空气,不但有洁净度的要求,还要有温度和湿度的要求,所以除了对空气滤尘净化外,还需加热或冷却、加湿或去湿等各种处理。这套空气处理系统称之为净化空调系统。

洁净室用净化空调系统与一般空调系统相比有以下特征。

(1)在性能方面:一般空调系统只能根据设置参数,调节温度及湿度;净化空调系统所控制的参数除一般空调系统的室内温、湿度之外,还要控制房间的洁净度和压力等参数,并且温度、湿度的控制精度较高。无特殊要求时,洁净区的温度应控制在 18~26℃,相对湿度控制在 45%~65%(温湿度表应每年校验一次)。

（2）在空气过滤方面：一般空调采用一级，最多二级过滤，过滤器不设在末端，没有亚高效以上的过滤器；而净化空调系统必须设三级甚至四级过滤器，对空气进行预过滤、中间过滤、末端过滤，而且必须进行温度及湿度处理。因此，室内含尘浓度至少差几十倍。

（3）洁净室的气流分布、气流组织方面：一般空调乱流度较大，以较少的通风量尽可能达到室内温湿度场均匀的目的；而净化空调系统是尽量限制和减少尘粒的扩散，减少二次气流和涡流，使洁净的气流不受污染，以最短的距离直接送到工作区。至于单向流气流形式更是一般空调所没有的。

（4）室内压力控制方面：一般空调对室内压力没有明显要求；而净化空调系统，为确保洁净室不受室外污染或邻室的污染，洁净室与室外或邻室必须维持一定的压差（正压或负压），最小压差在 5Pa 以上，这就要求供给一定的正压风量或给予一定的排风。

（5）风量能耗方面：一般空调系统只有 10 次/h 以下换气次数；而净化空调系统则要在15 次/h 以上，甚至十几倍于一般空调换气次数。净化空调系统比一般空调每平方米耗能多至10~20 倍。

（6）材质要求方面：一般空调系统对材质没有洁净度的要求；而净化空调系统的空气处理设备、风管材质和密封材料根据空气洁净度等级的不同都有一定的要求。风管制作和安装后都必须严格按规定进行清洗、擦拭和密封处理等。

（7）调试及检测：净化空调系统安装完毕后应按规定进行调试，对各个洁净区域综合性能指标进行检测，达到所要求的空气洁净度等级，并且对系统中的高级过滤器及其安装质量均应按规定进行检测等，而一般空调系统没有相应的要求。

3. 净化空调系统的构成　净化空调系统的空气处理设备除空气过滤器外还包括冷却器、加热器、加湿器等热湿处理设备和风机，通常按所需功能段组合在空调箱内。

下图为净化空调系统的一种基本流程。

夏季：

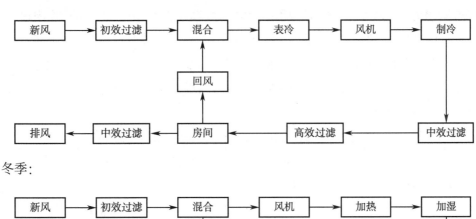

冬季：

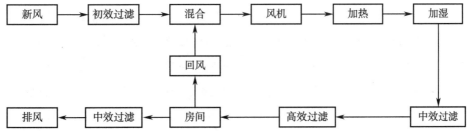

空调箱各功能段可根据不同处理要求组合。

（1）冷却器：冷却器属于热传导装置，由一根带有传热翅片的盘管组成，这些翅片可减少水蒸气所含的显热量以及可能存在的潜热量，其冷却介质可以是冷却液气态制冷剂。

（2）加热器：加热盘用于空气加热，根据其介质有蒸气盘管、热水、乙二醇或者高温气态盘管，由一根带有传热翅片的盘管组成，可提高所经过的空气流的显热量。

（3）加湿器：根据加湿方式，加湿器可分为四种。直接喷蒸汽；加热蒸发式：电热式、电极式、PTC 蒸气发生器；喷雾蒸发式：喷淋式、喷雾式、超声波式、湿膜蒸发式；红外式。喷雾加湿器、湿膜加湿器的加湿过程，空气与水有直接接触，有滋生微生物的可能，并且容易造成水质的污染，因而在制药行业较少应用。

（4）风机：应用于 HVAC 系统的通风机一般多采用离心式或轴流式通风机，不同场所可根据其性能特点选用不同的风机类型。风机一般安装在空气处理机的供气侧，可采用无蜗壳风机 / 送气风机或装有排放塞和清洗板的离心风机。风机的驱动方式分为直接驱动和皮带驱动。

洁净区内的送风机、回风机以及与洁净室风量平衡有关的排风机的启闭应连锁，系统的开启程序为先开送风机，再开回风机和排风机，关闭时则其连锁程序相反。非连续运行的洁净室，可根据生产工艺要求设置值班风机，并保持室内空气洁净度和正压，防止室内结露。同时，事故排风装置的控制开关应与净化系统连锁，并分别设在洁净室和室外便于操作的地点，室内宜设报警设置并且在门上设置警示标志。

（5）风管和附件：风管将空气处理设备、高效过滤器、送风、回风口等末端装置连续起来，形成一个完整的空气循环系统，因此，风管的制作是重要的一环。

空气送风管道和一般的回风管道应采用镀锌钢制成。如果需要防腐或保持清洁，则应采用不锈钢材质。不可采用会增加微粒或易于滋生微生物的内部保湿材料。风管的保温消声材料应用不燃性的保温材料。风管断面尺寸的确定，应考虑能对风管内壁进行清洁处理，并在适当位置密闭的清扫口。净化空气调节系统的新风管、回风总管，应设置密闭调节阀。送风机的吸入口处和需要调节风量处，应设置调节阀。洁净室内的排风系统应设置调节阀、止回阀或密闭阀，以防倒灌，并与排风机连锁。净化空气调节系统的风管、调节阀以及高效空气过滤器的保护网、孔板和扩散孔板等附件的制作材料和涂料，应根据输送空气的洁净要求及其所处的空气环境条件确定。洁净室内排风系统的风管、调节阀和止回阀等附件的制作、材料和涂料，应根据排除气体的性质及其所处的空气环境条件确定。

（6）集尘系统：控制污染物浓度的方法有三种，即稀释通风、局部排风、工艺过程封闭。

（7）空调箱：通常把风机、冷却器、加热器、加湿器等部分组合起来，放在空调箱内。对于级别低的过滤器也可以放在空调箱内，这样装修方便。

4. 净化空调系统的划分原则　一般空调系统、两级过滤的送风系统与净化空调系统要分开；运行班次、运行规律或使用时间不同的净化空调系统要分开设置；产品生产工艺中某一工序或某一房间散发的有毒、有害、易燃易爆物质或气体对其他工序或房间产生有害影响或危害人员健康或产生交叉污染等，应分别设置净化空调系统；温度、湿度的控制要求或精度要求差别较大的系统分开设置；单向流与非单向流的系统要分开设置；对青霉素类、激素和抗肿瘤药物，为防止交叉污染，要设独立的空调系统；净化空调系统的划分要考虑送风、回风和排分管路的布置，尽量做到布置合理、使用方便,力求减少各种风管管路交叉重叠;必要时,对系统中个别房间可按要求配置温度、湿度调节装置;为便于对各生产区风量和温湿度的调整、控制,空调系统不宜过大。

5. 净化空调系统的分类　净化空调系统一般可分为集中式和分散式两种类型。集中式净化空调系统是净化空调设备(如加热器、冷却器、加湿器、初中效过滤器、风机等)集中设置在空调机房内,用风管将洁净空气送给各个洁净室。分散式净化空调系统是在一般的空调环境或低级别净化环境中,设置净化设备或净化空调设备,如净化单元、空气自净器、单向流罩、洁净工作台等。随着科学技术的发展,洁净室的送风方式发生了很大变化,在生产过程要求高洁净度的洁净厂房中,其净化空调系统采用循环空气方式,其循环方式主要有集中方式、隧道方式和风机过滤单元(fanfilterunit,FFU)方式等。这些送风方式既可满足高洁净度要求,还可以不同程度地降低能量消耗。

（1）集中式净化空调系统

1）单风机系统和双风机系统:单风机净化空调系统的基本形式如图13-5所示。单风机系统的最大优点是空调机房占用面积小。但相对双风机系统而言,其风机的压头大,噪声、振动大。采用双风机可分担系统的阻力,此外,在药厂等生物洁净室,其洁净室需要定期进行灭菌消毒,采用双风机系统在新风、排风管路设计合理时,调整相应的阀门,使系统按直流系统运行,便可迅速带走洁净室内残留的污染气体,图13-6所示为双风机净化空调系统示意图。

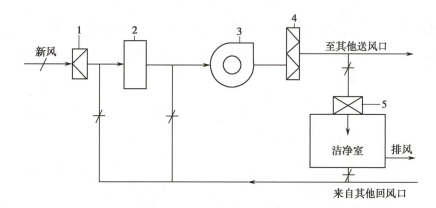

1—初效过滤器;2—温湿度处理室;3—风机;4—中效过滤器;5—高效过滤器。

● 图 13-5　单风机净化空调系统示意图

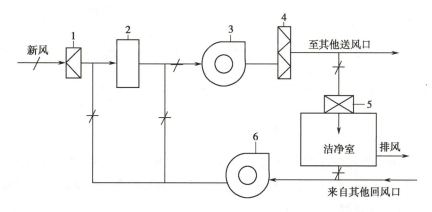

1—初效过滤器;2—温湿度处理室;3—风机;4—中效过滤器;5—高效过滤器;
6—回风机。

● 图 13-6　双风机净化空调系统示意图

2）风机串联系统和风机并联系统：在净化空调系统中，通常空气调节所需风量远远小于净化所需风量，因此洁净室的回风绝大部分只需经过过滤就可再循环使用。而无须回至空调机组进行热、温处理。为了节省投资和运行费，可将空调和净化分开，空调处理风量用小风机，净化处理风量用大风机，然后将两台风机再串联起来构成风机串联的送风系统，其示意如图 13-7 所示。

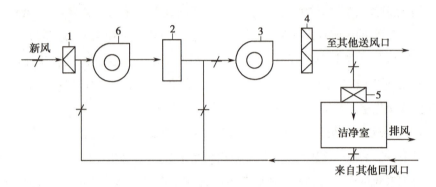

1—初效过滤器；2—温湿度处理室；3—风机；4—中效过滤器；5—高效过滤器；
6—回风机。

● 图 13-7 风机串联送风系统

当一个空调机房内布置有多套净化空调系统时，可将几套系统并联，并联系统可公用一套新风机组，并联系统运行管理比较灵活，几台空调设备还可以互为备用以便检修。其示意如图 13-8 所示。

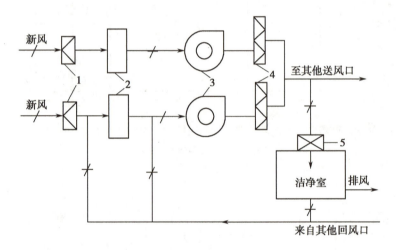

1—初效过滤器；2—温湿度处理室；3—风机；4—中效过滤器；5—高效过滤器。

● 图 13-8 风机并联送风系统

（2）分散式净化空调系统：在集中空调的环境中设置局部净化装置（微环境 / 隔离装置、空气自净器、单向流罩、洁净工作台、洁净小室等）构成分散式送风的净化空调系统，也可称为半集中式净化空调系统，其示意图如图 13-9 所示。

在分散式柜式空调送风的环境中设置局部净化装置（高效过滤器送风口、高效过滤器风机机组、洁净小室等）构成分散式送风的净化空调系统，其示意图如图 13-10 所示。

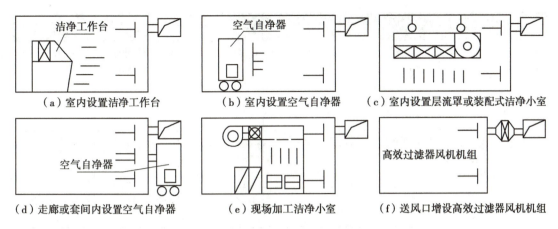

（a）室内设置洁净工作台　　　（b）室内设置空气自净器　　（c）室内设置层流罩或装配式洁净小室

（d）走廊或套间内设置空气自净器　　（e）现场加工洁净小室　　（f）送风口增设高效过滤器风机机组

● 图 13-9　分散式净化空调系统基本形式（一）

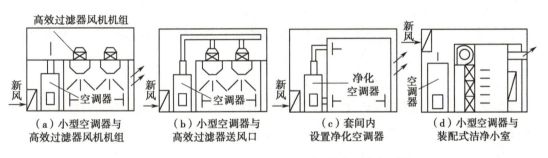

（a）小型空调器与　　　（b）小型空调器与　　　（c）套间内　　　（d）小型空调器与
　　高效过滤器风机机组　　高效过滤器送风口　　设置净化空调器　　装配式洁净小室

● 图 13-10　分散式净化空调系统基本形式（二）

三、气流组织

为了特定目的而在室内造成一定的空气流动状态与分布,通常称为气流组织。一般来说,空气自送风口进入房间后首先形成射入气流,流向房间回风口的是回流气流,在房间内局部空间回旋的则是涡流气流。为了使工作区获得低而均匀的含尘浓度,洁净室内组织气流的基本原则是:要最大限度地减少涡流;使射入气流经过最短流程尽快覆盖工作区,希望气流方向能与尘埃的重力沉降方向一致;使回流气流有效地将室内灰尘排出室外。洁净室气流组织宜按表 13-5 选用。

表 13-5　气 流 组 织

空气洁净室		A 级		B 级	C 级	D 级
气流组织形式	气流流型	垂直单向流	水平单向流	非单向流	非单向流	非单向流
	主要送风方式	1. 顶送高效过滤器占顶棚面积≥60%。 2. 侧布高效过滤器顶棚阻尼层送风	1. 侧送（送风墙满布高效过滤器）。 2. 侧送（高效过滤器占送风墙面积≥40%）	1. 顶送。 2. 上侧墙送风	1. 顶送。 2. 上侧墙送风	1. 顶送。 2. 上侧墙送风

空气洁净室		A 级		B 级	C 级	D 级
气流组织形式	主要回风方式	1. 格栅地面回风。 2. 相对两侧墙下部均布回风口	1. 回风墙满布回风口。 2. 回风墙局部布置回风口	1. 双侧墙下部布置回风口。 2. 单侧墙下部布置回风口	1. 双侧墙回风。 2. 单侧墙回风	1. 双侧墙回风。 2. 单侧墙回风
送风量	气流流经室内断面风速 /(m/s)	不小于 0.25	不少于 0.35			
	换气次数 /(次 /h)	—	—	不少于 25 次	不少于 15 次	不少于 12 次

（一）洁净室形式分类

洁净室按气流形式分类,分为单向流(气流流线平行,流向单一或称层流)洁净室、非单向流(或称紊流、乱流)洁净室、辐流洁净室、混合流洁净室。

按其用途分类,分为生物洁净室、工业洁净室。

单向流按照其气流方向又可分为垂直单向流与水平单向流两种。垂直单向流多用于灌封点的局部保护和单向流工作台。水平单向流多用于洁净室的全面洁净控制。

非单向流按气流形式可分为顶送与侧送。

1. 单向流洁净室 在整个洁净室的工作区(一般定义为距地 0.7~1.5m 的空间)的横截面上通过的气流为单向流。单向流是流向单一、速度均匀、没有涡流的气流流动。

垂直单向流洁净室:这种工作室天棚上满布高效过滤器。回风可通过侧墙下部回风口或通过整个格栅地板,空气经过操作人员和工作台时,可将污染物带走。由于气流系统单一方面垂直平行流,必须有足够气速,以克服空气对流,垂直断面风速需在 0.25m/s 以上,空内换气次数 400 次 /h 左右,气流速度的作用是控制多方位污染、同向污染、逆向污染,并满足适当的自净时间。所以因操作时产生的污染物就不会落在工作台上去。这样就可在全部工作位置上保持无菌无尘,达到 A 级的洁净度。此种洁净室造价、运转费用很高。典型垂直单向流室见图 13-11。

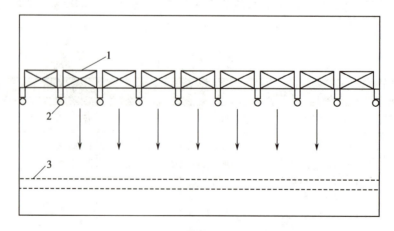

1—高效过滤器；2—照明灯具；3—格栅地板。

● 图 13-11 垂直单向流

水平单向流洁净室：室内一面墙上满布高效过滤器，作为送风墙，对面墙上满布回风格栅，作为回风墙。洁净空气沿水平方向均匀地从送风墙流向回风墙。工作位置离高效过滤器越近，越能接受到最洁净的空气，可达 A 级洁净室，依次下去便可能是 B 级。室内不同地方得到不同等级的洁净度。此种洁净室造价比垂直层流低。典型水平单向流室见图 13-12。

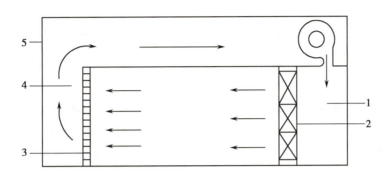

1—送风静压小室；2—高效过滤器；3—格栅；4—回风静压小室；5—新风。
● 图 13-12　水平单向流

局部单向流：在局部区域内提供层流空气。局部层流装置供一些只需在局部洁净环境下操作的工序使用，如洁净工作台、层流罩及带有层流装置的设备，如针剂联合灌封机等。局部层流可放在 B 级、C 级环境内使用，使之达到稳定的洁净效果，并能延长高效过滤器的使用寿命。

2. 非单向流洁净室　非单向流洁净室（也称乱流洁净室）在整个洁净室工作区的横截面上通过的气流为非单向流。非单向流（乱流）是方向多变、速度不均、伴有涡流的气流流动，习惯称其为乱流、紊流。

非单向流洁净室的气流组织方式和一般空调没有多大区别，即在部分天棚或侧墙上装高效过滤器，作为送风口，气流方向是变动的，存在涡流区，故较单向流洁净度低，它可以在 B 级。室内换气次数越多，所得的洁净度也越高。乱流洁净室气流组织形式主要有全孔板顶送、局部孔板顶送、流线型散流器顶送；带扩散板或不带扩散板顶送、侧送等形式。工业上采用的洁净室绝大多数是乱流式的。因为它具有构造简单、高效过滤器的安装和堵漏方便、初投资和运行费用低、改建扩建容易等优点，所以乱流式洁净室在医药生产上普遍应用。非单向流洁净室示意图见图 13-13。

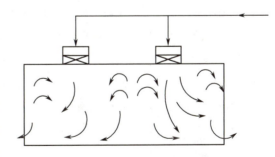

● 图 13-13　非单向流洁净室

3. 辐流洁净室　在整个洁净室的纵断面上通过的气流为辐流。辐流是由风口流出的为辐射状的不交叉流动气流。辐流也称为矢流、径流。

4. 混合流洁净室　在整个洁净室内既有乱流又有单向流。混合流是同时独立存在乱流和单向流两种不应互扰的气流流动的总称。混合流不是一种独立的气流流型。

（二）按用途分类

1. 生物洁净室　以有生命微粒的控制为对象，又可分为以下两类。

（1）一般生物洁净室：主要控制有生命微粒对工作对象的污染。同时其内部材料要能经受各种灭菌剂侵蚀，内部一般保持正压。实质上这是一种结构和材料允许作灭菌处理的工业洁净室。

（2）生物学安全洁净室：主要控制工作对象为有生命微粒对外界和人的污染，内部保持负压，用于研究实验设施（细菌学、生物学洁净实验室）和生物工程。生物安全实验室的核心是安全，依据生物学危险程度划为 P1、P2、P3、P4 四个等级。

2. 工业洁净室　以无生命微粒的控制为对象，其内部一般保持正压。其适用于精密工业、电子工业、原子能工业等部门。

气流组织中应注意的是：送风口应靠近洁净室要求高的工序；回风口宜均匀布置在洁净室下部，易产生污染的工艺设备附近应有回风口；余压阀宜设在洁净室气流的下风侧，不宜设在洁净工作面高度范围内；非单向流洁净室内设置洁净工作台时，其位置应远离回风口；洁净室内有局部排风装置时，其位置应设在工作区气流的下风侧。

（三）洁净室的正压控制

为防止室外含尘空气渗入，洁净室内必须维持一定的正压，要实现室内正压，必须使送风量大于室内回风量、排风量、漏风量的总和。其正压值可通过调节送风量、回风量、排风量来加以控制。最简单的控制方法是安装余压阀，人工调节进风量和回风量、排风量、漏风量之间的差值，通过室内压差显示仪表反映。亦可设差压变送器检测室内压力，该信号通过转换器以控制电动风阀，调节送入室内新风量的大小，达到控制室内正压的目的。如能采用微机对各洁净室的进风和回风进行控制则效果更好。

（四）局部净化

1. 局部净化的概念　为降低造价和运转费，在满足工艺条件下，应尽量采用局部净化。局部净化仅指使室内工作区域特定的局部空间的空气含尘浓度达到所要求的洁净度级别的净化方式。局部净化比较经济，可采用全室空气净化与局部空气净化相结合的方法。

2. 洁净隧道　以两条单向流工艺区和中间的非单向流操作区组成的隧道形式洁净环境的净化处理方式叫洁净隧道。这是目前推广采用的全室净化与局部净化相结合的典型净化方式，被称为第三代净化方式。按照组成洁净隧道的设备不同，可分为台式洁净隧道，棚式洁净隧道、罩式洁净隧道和集中送风式洁净隧道。

洁净隧道的特点如下。

（1）在隧道内造成不同的洁净度，从而充分利用不同洁净气流的特性，最大限度地满足工艺要求。一般隧道内的两侧是高洁净度的单向流工作区，中间是非单向流的操作活动区。工艺区连成一条龙，使用方便，人员的活动也不会引起交叉污染。

（2）在隧道内减少了层流面积，基建和运行费用比全室净化的垂直单向流洁净室节约三分之一以上。非单向流操作区净高较层流区高得多，能满足人员舒适感的要求。

（3）洁净隧道的局部净化设备、工业管道以及工艺辅助设备的维修均可在技术夹层内进行。由于技术夹层相对于洁净隧道为负压，因此维修工作不会引起洁净隧道的污染，维修工作可在不停止生产的情况下进行。

（4）洁净隧道可按一定规模配置净化空调系统。因此,空调系统可通用化、系列化,从而可以大大缩短设计周期。

（5）一般情况下,洁净隧道对于建筑方面的要求比较简单,只要具备非单向流洁净室的环境,即可满足要求。

（五）送风量

一般制药洁净厂房的送风量主要是根据控制室内空气洁净度来确定,而中药制剂多为非无菌药品,主要生产口服液、口服固体药品、直肠用药,洁净度要求的级别低,多为 C 级、D 级。中药材经过前期的炮制、提取、浓缩后进入洁净区,进行生产、加工、包装,在搅拌、炼药、制丸、烘干、上光等工序中会产生大量的余热、余湿。如果按照洁净度要求确定送风量很难满足室内的温、湿度要求。

在洁净室中,如果新风不足,工作人员会有气闷、头晕等不舒适的症状。为了满足工作人员的卫生要求,保证工作效率,洁净室中要供给足够的新风。为了补偿洁净室中的工艺设备排风,洁净室需要补偿相应的新风。为了保证洁净室的洁净度免受邻室或外界的污染以及洁净室中的产品或产品生产过程中致敏性物质等对邻室的影响,洁净室需要维持一定的压差值,需要新风的补充。因此,洁净室所需的新风量应满足作业人员健康所需的新鲜空气量、维持静压差所需补充的风量以及补充各排风系统的排风所需的新风量。

1. 不应利用回风的空气净化系统　下列情况的空气净化系统,如经处理仍不能避免产生交叉污染时,则不应利用回风。固体物料的粉碎、称量、配料、混合、制粒、压片、包衣、灌装等工序;用有机溶媒精制的原料药精制、干燥工序;凡工艺过程中产生大量有害物质、挥发性气体的生产工序。

2. 洁净度级别的选用　在药品生产中,应根据生产的不同情况制定出不同的洁净级别。一般说来,生产环境洁净度越高,对产品的质量可靠性越有保证,但它们之间并非正比关系。经验证明,生产环境的洁净度在某一范围内时,对生产的效果非常明显,若继续提高洁净度,就会收效甚微,反而使产品成本提高,导致得不偿失,因为高洁净级别的造价和运行费用十分昂贵。

第三节　净化空调系统验证

确认(qualification)的含义为证明厂房、设施、设备和检验仪器能正确运行并可达到预期结果的一系列活动。确认应该包括厂房、空气净化系统、工艺用水系统、生产、包装、清洁灭菌所用的设备以及用于质量控制(包括用于中间过程控制)的监测设备、分析仪器等。确认是验证的一部分,但每个确认步骤不能独立构成验证。确认的方法有设计确认、安装确认、运行确认和性能确认。

1. 设计确认(DQ)　设计确认是书面确认该设备的设计能够满足用户需求。质量管理人员需要批准设计确认报告,报告批准后,对设计的任何变化需要提出正式的变更申请。设计确认的目的,是根据相关的文件和记录,证明设计达到了预定的用途和规范的要求。

2. 安装确认(IQ)　安装确认是确认所有可能影响产品质量的设施、设备的各个方面都要符合要求(例如结构、材料)并且正确安装,安装确认方案应确认设计与实际安装相一致,安装确认方案必须在进行安装确认前批准,并由经过培训的人员才可以执行。

3. 运行确认(OQ) 运行确认是确认设备所有可能影响产品质量的各个方面都在预期的范围之内运行。所有质量关键部件必须根据预先审批的测试方案进行测试,测试的方法和范围将根据设备的类型和复杂程度,以及设备的关键程度而定。

4. 性能确认/工艺验证(PQ/PV) 对于生产设备而言,性能确认系指通过设备整体运行的方法,考察工艺设备运行的可靠性、主要运行参数的稳定性和运行结果重现性的一系列活动。故其实际意义即指模拟生产或工艺验证,通常模拟生产或工艺验证至少应重复三次。对于比较简单、运行较为稳定、人员已有一定同类设备实际运行经验或基于风险评估风险不大的生产线,通常跳过模拟生产直接进行工艺验证。

一、净化空调系统的安装确认

净化空调系统安装即将竣工时,即可准备安装确认,可按风机试运转、洁净室清扫、初步调整风量、安装中效过滤器、安装高效过滤器和高效过滤器检漏的顺序进行安装确认。

净化空调系统安装确认有以下主要内容。

1. 空调器安装确认 主要指空调器安装后,对照制造厂提供的技术资料的设计图纸,检查安装是否符合设计要求及安装规范,检查的项目首先是空调器组装是否平整牢固,连接严密、位置正确、内部清洁、无渗漏、电器接地良好等。此外,还应检查电、管道、蒸汽、自控、过滤器、表冷器等安装或制造的质量。

2. 风管制作、安装确认 净化空调系统是通过风管将空气处理设备、空气过滤器、风阀、送回风口等末端装置连接起来,形成一个完整的系统,因此风管制作也是重要一环。风管制作、安装确认主要是对照设计图纸,根据《洁净室施工及验收规范》与《通风与空调工程施工及验收规范》等有关规定,检查风管材料、拼接缝位置、风管间或设备间连接的紧密程度、风管走向、吊架或托架间距位置、法兰垫料材质、各种部件(风阀、风帽、测压孔、测尘孔、消声器等)位置等。医药工业洁净室空调系统多采用镀锌薄钢板、不锈钢板制作,也用 PVC 板,不宜采用玻璃钢风管。

净化空调系统风管安装之后,在保温之前进行漏风检查,一般采用漏风法(洁净度 A 级和 B级)或采用漏光法(洁净度低于 C 级)进行检查。风管保温层外表面应平整、密封、无胀裂和松弛现象。

3. 风管及空调设备清洁的确认 净化空调系统管道必须进行清洗,一般在风管安装前先用清洁剂或乙醇将内壁擦洗干净,并在风管两端用牛皮纸或塑料薄膜封位,等待吊装。安装时拆开端口封膜后,随即连接好接头;如安装中间停顿,应将端口重新封好。风阀、消声器等部件安装时必须清除内表面的油污和尘土。空调器拼装结束后,内部先要清洗,然后安装初效及中效过滤器。

高效过滤器安装前,须对洁净室进行全面清扫、擦净,净化空调系统内如有积尘,应再次清扫、擦净。如在技术夹层或吊顶内安装高效过滤器,则技术夹层或吊顶内也应进行全面清扫、擦净。洁净室及净化空调系统达到清洁要求后,净化空调系统必须试运转。连续运转 12 小时以上,再次清扫、擦净,洁净室后立即安装高效过滤器。

高效过滤器安装前,必须在安装现场拆开包装进行外观检查,内容包括滤纸、密封胶和框架有无损坏;尺寸是否合乎要求;框架是否光滑平整;有无产品合格证,技术性能是否符合设计要求。然后进行检漏。经检查和检漏合格的应立即安装。安装高效过滤器时,外框上箭上应和气流方向一致。当其垂直安装时,滤纸折痕应垂直于地面。

4. 净化空调系统所用仪表及检测仪器一览表及合格证书　净化空调系统所用仪表(压力表、微压计、温度计、风速仪、流量计等)、检测仪器(如粒子数器、微生物采样器等)均要列出一览表,写明用途、精度、检定周期,并附上自检或合格证书。

5. 净化空调系统操作规程及控制标准　这些内容由空调器、除湿机生产厂所提供的使用说明书(操作手册)、技术数据,由净化空调系统管理部门编写的环境控制、空调器操作等的操作规程以及洁净区温度、湿度、风量、风压、洁净度的控制标准。

6. 高效过滤器的检漏试验　对于高效过滤器单体和安装好的高效过滤器组合体都需检漏,一般采用检漏仪或粒子计数器用扫描法对过滤器安装边框和全断面检漏。

检漏仪法又称光度计法,它是用发烟器作为尘源,将烟尘施放于过滤器的上风侧,在上风侧用光度计检测过滤后空气中的烟尘相对浓度。根据过滤器上下风侧相对浓度可得该过滤器的穿透率。对于高效过滤器,应不大于过滤器出厂合格穿透率的 2 倍。

尘源常用的是邻苯二甲酸二辛酯(DOP)溶剂,也有用刚玉砂(Emery 3004)的替代物。DOP发生器是利用压缩空气或加热条件下,DOP 产生气溶胶烟雾,即可送入高效过滤器上风侧。这种发生器 DOP 粒子的平均粒径为 $0.5\mu m$,$1\mu m$ 以下的粒子占 95% 以上,发生量的大小可用压缩空气的压力控制。

含尘气体的浓度采用气溶胶光度计测定。由真空采集到的空气样品通过光度计的扩散室,由于粒子扩散引起光强度的差异,经过光电效应和线性放大转换为电量的变化,由微安表显示仪快速显示。

二、净化空调系统的运行确认

净化空调系统的运行确认(OQ)是证明该系统达到设计要求及生产工艺要求而进行的实际运行试验。运行确认可按系统运行、调整风量、调整室压、调整温湿度和环境监测的顺序进行。环境监制包括室内洁净度和微生物测定。

综合性能全面评定检测工作在系统调整好至少运行 24 小时之后进行。

1. 风量和风速测定　风量和风速测定需首先进行,净化空调各项效果必须是设计的风量风速条件下达到。

对于非层流洁净室,采用风口法或风管法确定送风量。对于有过滤器风口,可采用长度等于风口边长的 2 倍的辅助风管,测定辅助风管出口不少于 6 点风速,其平均速度乘以风口面积可确定风量;在风口上风侧的管段内,将矩形风管分为若干小正方形截面,测定每个小截面中心风速,则平均风速可知。也可以用类似于风口法的风量罩,根据此罩的压差,风量可直接读得。

非单向流洁净室检测结果应符合以下规定。系统的实测风量应大于各自的设计风量,但不应超过 20%;总实测新风量和设计新风量之差均超过设计风量的 ±10%;室内各风口的风量与各自设计风量之差均不应超过设计风量的 ±15%。

单向流洁净室检测结果应符合以下规定。实测室内平均风速应大于设计风速,但不应超过 20%;总实测新风量和设计新风量之差不应超过设计新风量的 ±10%。

2. 静压差测定　静压差的测定应在所有的门关闭时进行,并应从平面上最里面的房间依次向外测定。测定结果应符合 GMP 要求。

3. 室内温度和相对湿度测定　在温湿度测定前,净化空调系统至少连续运行 24 小时。室内测点一般布置在送回风处、室中心、敏感元件处。所有测点宜离地 0.8m,离外墙表面大于 0.5m。测点数对洁净室面积≤50m² 者为 5 点,每增加 20~50m² 应增加 3~5 点。

4. 室内洁净度测定　洁净室的空气洁净度可分为空态、静态和动态测试。空态测试指洁净室已竣工,净化空调系统已处于正常运转状态,室内没有工艺设备和生产人员情况下进行测试;静态测试指净化空调系统已处于正常运行状态,工艺设备已安装,室内没有生产人员情况下进行测试;动态测试指洁净室已处于正常生产状态下进行测试。《药品生产质量管理规范》(2010 年修订)要求在静态条件下检测的尘粒数、浮游菌数或沉降菌数必须符合规定,并应定期监控动态条件下的洁净状况。

空气中尘粒计数浓度测定方法为,对粒径≥0.5μm 的尘粒计数应采用光散射粒子计数法,对粒径≥5μm 的尘粒应采用滤膜显微镜计数法。

光散射粒子计数器的原理是,当含尘气流通过强光照射的测量区时,空气中的尘粒发生光散射,形成光脉冲信号,尘粒散射光的强度正比于尘粒表面积,通过测量散射光的光脉冲信号的次数和强度可知尘粒的数目和大小。来自光源的光线通过透镜组聚焦于散射腔,含尘气流通过测量区,尘粒对入射光产生的光脉冲信号经透镜组传至光电倍增管,转换成正比于散射光强度的电脉冲信号,经放大并甄别出大于某粒径的脉冲信号,最后由数码管显示在某一时间内、某一粒径以上的尘粒总数。若被测空气中含尘量很高(10⁵ 个 /L)时,粒子间的重叠降低测量精度,可用已净化的空气稀释,一般最大稀释倍数为 10 倍。

滤膜显微镜计数法是用真空将尘粒捕集在滤膜表面,用丙酮蒸气熏蒸使滤膜成透明体,然后用显微镜计数,根据采样的气量及粒子数可知空气中含尘量。

测点的布置设在洁净工作室内。当生产工艺无特殊要求时,取样高度宜为离地面 0.8m,采样点布置应均匀。对层流洁净室,采样点一般在工作台面上 0.2m 高度的平面上均匀布置,最低限度采样点数的面积指的是送风面积。

含尘量测定数据的整理。每个测点采样不少于 3 次,其平均值即为该点实测数值。各点实测数值的平均值即为该洁净室的洁净度。

5. 活微生物测定　活微生物测定是确定空气中浮游的生物微粒浓度和生物微粒沉降密度。活微生物测定有浮游菌和沉降菌两种测定方法。

(1)沉降菌的测定:沉降菌是用暴露法收集降落在 φ90 培养皿中的活生物性粒子,经培养、繁殖后计数得到的。采样时,培养皿暴露 30 分钟,然后在 30~35℃条件下经 48 小时后计数。培养皿应布置在有代表性的地点和气流扰动极小的地点。

(2)浮游菌的测定:浮游菌宜采用基于撞击机理的采样器进行测定,有狭缝式和离心式两种。利用真空或内部风扇使空气中的活微生物粒子撞击并沉积在培养基上,然后进行培养计数。采样应按浮游菌测试方法的有关规定进行。验证时,浮游菌的采样点及数目与悬浮粒子测定相同,即在同悬浮粒子相同的测定点采样。日常监测的采样点数由生产工艺的关键操作点确定,B级最少测1点,C级最少测点数无规定。

6. 噪声测定　测噪声仪器为带倍频程分析仪的声级计。测点位置可按对角线上测5点设置,面积在15m²以下者,可测室中心1点;测点高度距地面1m。

7. 照度测定　照度只测定局部照明之外的一般照明。测点平面离地面0.8m,按1~2m的间距布置,测点距离墙面1m(小面积房间为0.5m)。

三、洁净室消毒验证

药品生产车间、工序、岗位均应按不同洁净级别要求分别建立厂房、设备、容器具的清洁规程,内容包括:清洁方法、清洁程序、清洁周期、使用的清洁剂、消毒剂品种、质量标准、更换周期及其存放方式和地点。洁净厂房虽有空调净化系统使活微生物控制在规定范围内,实际生产时,由于机器的运行、人员的进出、物料的流动,细菌的侵入和粉尘的产生是不可避免的,因此洁净室不得安排三班生产,每天必须有足够时间用于清洁和消毒。

1. 消毒方法　表面消毒灭菌有紫外灯照射、臭氧接触、气体熏蒸、消毒液喷洒等。其过程是房间清洁之后进行消毒,消毒结束后再次清洁。

(1)紫外线消毒灭菌:紫外灯发出的253.7nm波长的紫外线具有很强的杀菌作用,杀灭杆菌的作用高于杀霉菌的作用。紫外灯的杀菌能力随使用时间而减退,以点燃100小时的输出功率为额定输出功率,将紫外灯点到额定功率的70%所经过时间定为灯的寿命,国产紫外灯平均寿命一般为2 000小时。紫外灯一般安装在顶棚上,室内有人操作时,一般安装有灯罩使紫外线向上的吊灯或侧灯。

(2)臭氧消毒:臭氧是无污染消毒剂,具有强烈的杀菌消毒作用,一般通过高频臭氧发生器获得。消毒时,将发生器置于总送风或总回风管道,利用空气作为载体,使臭氧扩散到每个洁净室。对空气灭菌消毒时间为1小时,洁净室全面消毒需2~2.5小时。

(3)气体熏蒸消毒:对洁净室的消毒可采用一种消毒液使其蒸发产生气体扩散并随空气循环一段时间,以进行房间的消毒。消毒液有甲醛、环氧乙烷、过氧乙酸、苯酚和乳酸的混合液等,其中甲醛以前最为常用,但甲醛对人体有一定危害,且消毒后需用大量空气置换;采用戊二醛液喷洒,其喷洒量可自动调节。

(4)消毒液消毒:对洁净室每日应以消毒清洁剂擦拭门窗、地面、墙面、室内用具及设备外壁;每周应擦拭室内一切表面,包括墙面及顶棚;更换品种时,必须将顶棚、墙面、地板用消毒剂擦拭干净,接触药物的容器、器件洗涤干净后灭菌,工具、台板用无菌水冲洗后,再用消毒剂擦洗。常用的消毒剂有异丙醇、乙醇、戊二醛、新洁尔灭等。无菌室用的消毒剂需用0.2μm的滤膜过滤后使用。

2. 消毒效果验证　常用的消毒效果验证主要有指示剂试验和表面污染试验等方法。

(1)用生物指示剂进行挑战性试验:将装有生物指示剂(如枯草芽孢杆菌)的表面皿置于被测房间,消毒房间后,进行培养,观察有无细菌生长。

(2)表面污染试验:表面污染试验主要有真空吸引法、培养皿接触法及棉球擦抹法,其中棉球擦抹法常用,将湿润的灭菌脱脂棉或纱布擦拭待测表面,经过浸出液的培养,可观察有无细菌生长。

四、洁净区环境验证周期

洁净区环境验证的周期视测试内容而定。净化空调系统在竣工后的全面验证可与验收和性能评估结合进行。无菌产品对环境要求较严,需要定期测试一些项目。

1. 高效过滤器每年做 1 次检漏测定。
2. 净化空调系统的风量每月检查 1 次,并计算各房间的换气次数。
3. 悬浮粒子数、浮游菌或沉降菌均需按期严格测定,但监测时采样数目可以减少。
4. 无菌产品在停产后恢复生产前,需按验证要求进行悬浮粒子、浮游菌或沉降菌的测试。

本章思考题

1. 在药品生产中,是否洁净度级别越高,产品质量越有保障? 请简要说明。
2. 请简要说明中效过滤器与高中效过滤器的相同点与不同点。
3. 简述按生产中的时间不同,验证的方法分类及各个验证其具体的概念。
4. 以下内容包括设备的设计确认、安装确认、运行确认及性能确认,请归类。
（1）与供应商的技术协议、供应商报价文件、审计报告。
（2）设备运行参数的波动性。
（3）对产品外观质量的影响。
（4）仪表的可靠性。
（5）设备的安装地点及整个安装过程符合设计和规范要求。
（6）对产品内在质量的影响。
（7）证实设计文件中的各项要求已完全满足了生产需求。
（8）设备上计量仪表、记录仪、传感器应进行校验并制定校验计划、制定校验仪器的标准。

第十三章　同步练习

（张　烨）

第十四章　制剂工程设计

第十四章　课件

第一节　厂区总图布置

为满足药品生产的要求,不论是新建、改建,还是扩建都涉及工厂总布置图设计。其任务是根据药厂的组成和使用需要,结合有关技术要求,综合考虑厂区条件、工艺流程、建(构)筑物及各项设施平面和空间的关系,正确处理建(构)筑物布置、交通运输、管线综合及环境保护,充分利用地形、节约用地,使厂内各项设施组成协调的整体,并与周围环境及其他建筑群体协调而进行的设计。设计时,应围绕工艺流程,遵守 GMP 规范中有关对硬件的规定,结合厂区具体条件,综合工艺、土建、通风、水、电、动力、自控、设备、卫生、消防等专业技术要求,做到工艺流程合理,总体布置紧凑,以达到投资省、建设周期短、生产成本低、效率高的效果。

总布置图设计包括总平面布置、竖向布置、交通运输布置、管线综合布置、环境保护、厂区绿化等。另外要设计表格,总平面布置的主要经济指标和工程量、设计表、材料表等。

一、厂区划分和组成

厂区可按不同方式划分。如可按原料药生产区、制剂生产区、辅助车间区、动力设施区、仓库区、厂前区等划分;也可按行政、生活、生产、公用工程等划分。一般药厂各部分组成包括下列项目,主要生产车间(制剂生产车间、原料药生产车间等);辅助生产车间(机修、仪表等);仓库(原料、辅料、包装材料、成品库、危险品库等);动力(锅炉房、压缩空气站、变电所、配电间等);公用工程(空调净化系统、制水系统、消防设施等);环保设施(污水处理、绿化等);全厂性管理设施和生活设施(厂部办公楼、质控室、留样室、研究所、计量站、食堂、医务所、动物房等);运输道路(车库、道路等)。

二、总平面布置原则

为满足制药生产的特点和工艺要求,在总平面布置设计时依据政府部门下发、批复的与建设项目有关的一系列管理文件,建设地点厂区用地规划红线图等,并结合厂区地形、地质、气象、卫生、安全、防火、施工等要求,对建(构)筑物、堆场、管线等做出合理安排,以保证生产进行。为此,总平面布置时应考虑如下基本原则和要求。

1. 厂区总体布局应符合 GB 50187—2012《工业企业总平面设计规范》外,同时应满足 GMP 相关厂房设施的要求。

2. 了解药厂所在地区的区域规划要求,使企业的总体规划与之相适应。

3. 一般在厂区中心布置主要生产区,而将辅助车间布置在其附近。

4. 生产性质相类似或工艺流程相联系的车间要靠近或集中布置。

5. 行政办公区、生活区、生产区应分区布置。

6. 生产厂房应考虑工艺特点和生产时的交叉污染,洁净厂房应位于全年最大频率风向的上风侧或全年最小频率风向下风侧;兼有原料药和制剂生产的药厂,原料药生产区应位于制剂生产区全年最大频率风向的下风侧;青霉素类高致敏性药品生产厂房应位于厂区其他生产厂房全年最大频率风向的下风侧。

7. 考虑防火防爆,注意防振防噪。

8. 运输量大的车间、仓库、堆场等布置在货运出入口及主干道附近,以适应内外运输,且线路短捷顺畅,避免人、货流交叉。

9. 动力设施应接近负荷量大的车间,三废处理、锅炉房等严重污染的区域应布置厂区全年最大频率风向的下风侧;变电所的位置考虑电力线引入厂区的便利。

10. 危险品库应设于厂区安全位置;麻醉品及剧毒药品应设专用仓库;动物房设置应符合 GB 14925—2010《实验动物环境及设施》的有关规定。

11. 全面考虑企业发展需要,使近期建设与远期发展相结合,以近期为主。

12. 考虑施工条件,能适应建筑结构、设备基础及施工要求。

13. 应考虑企业建筑群体组合的空间处理,使平面布置与空间建筑相协调,厂区环境与周边环境相协调;厂房周围应进行绿化,减少露土面积。不应种植会散发花粉或对药品生产产生不良影响的植物。

三、相邻建(构)筑物间距

《工业企业设计卫生标准》规定了建筑物的方位应保证室内有良好的自然采光、自然通风,并应防止过度日晒。建筑物之间的距离一般不得小于两个建筑物中相对较高建筑物由地面至屋檐的高度。

《建筑设计防火规范》规定了按不同的生产火灾危险性与建筑物耐火等级的相邻建(构)筑物的防火间距。生产的火灾危险性按生产的类别可分为五类,即由甲类至戊类,如乙醇、汽油等为甲类,溶剂油为乙类,中药材、纸张等为丙类,自熄性塑料等为丁类,玻璃等为戊类。建筑物的耐火等级按其构件的燃烧性能和耐火极限分为四级,其中一级耐火等级最高,四级最差。不同的生产类别及建筑物的不同耐火等级,其防火间距不同。具体规定可以查阅有关资料。

四、人流与物流

总平面设计时不仅要考虑运输路线的短捷、通畅,而且要考虑人行路线,便于行人的安全。厂区内道路要人流、物流分开,并将货运出入口与工厂主要出入口分开,以消除彼此的交叉。一般将货运量较大的仓库、堆场布置在靠近货运大门。车间货运出入口与门厅分开,以免与人流交叉。

五、交通运输

交通运输是解决药厂原材料、燃料、成品等进出的重要环节。工厂运输可分为厂外运输和厂内运输。药厂多采用道路、管道等运输方式。

厂内道路按其用途可分为主干道、次干道、辅助道、车间引道和人行道。以上各类道路各厂可根据生产规模和需要,部分或全部设置。厂内道路的行车速度一般按 15km/h 计算。

六、管线综合布置

药厂需敷设各种工程技术管道和线路,以形成全厂的热力、动力、给水、污水等的输送和排放系统。合理地进行管线综合布置,对减少能量消耗、减少占地、节约投资等具有重要意义。药厂中常用的主要管线种类有给水管、排水管、污水管、蒸汽管、煤气管、电力线路、弱电线路等。管线敷设有以下方式。

1. 直埋地下敷设 适宜有压力或自流管,特别对有防冻的管线多采用这种方式。埋设顺序一般从建筑物基础外缘向道路由浅至深埋设,如电讯电缆、电力电缆、热力管道、压缩空气管道、煤气管道、上水管道、污水管道、雨水管道等。草坪下面也可埋设管道。这种方式施工较简便,但占地较多,可能成为影响建筑物间距的主要因素,检修不便,尤其冬季冻土层较厚地区,不易检修。故对热力管道宜采用其他敷设方式。

管线埋设深度与防冻、防压有关。水平间距根据施工、检修及管线间的影响、腐蚀、安全等来决定。

2. 设置在地下综合管沟内 地下综合管沟少占土地、检修较易,但造价较高,也不适用于地下水位高的地区。地下综合管沟可分为通行管沟(沟内净高≥1.8m)、半通行管沟(净高1.2~1.4m)及不通行管沟(净高 0.7~1.2m)。管沟内不宜同沟敷设的管线见表 14-1。

表 14-1 不宜同沟敷设的管线

管线名称	不宜同沟敷设管线的名称
热力管	冷却水管、给水管、电缆、燃气管
给水管	电缆、排水管、易燃及可燃液体管
电力、通讯电缆	易燃及可燃液体管、燃气管
燃气管	电缆、液体燃料管
通行管沟	燃气管、污水管、雨水管 管子损坏后发生干扰的管线

3. 架空敷设 管线架空是将管线支承于管线支架上。管架有低支架(净高 2~2.5m)、高支架(4.5~6m)与中支架(2.5~3m)。管线架空敷设节约投资及用地,维修方便,除消防上水、生产污水及雨水下水管外,均能架空敷设,但安排不好时,影响交通及厂容。

第二节 制剂车间总体布置设计

一、制剂车间组成

医药工业制剂生产车间通常由生产区域、辅助生产区域、仓储区域、公用工程区域和办公生活区域组成。

（1）生产区域：包括按照工艺流程各生产工序所需的洁净区、一般生产区。

（2）辅助生产区域：包括物料净化室、原辅料外包装清洁室、灭菌室、称量室、配料室、设备容器具清洁室、清洁工具洗涤存放室、洁净工作服清洗室、中间分析控制室、废弃物出口、消毒液配制室、模具间、不合格品暂存间等。

（3）仓储区域：包括原料存放、辅料存放、取样、包装材料存放、不合格品存放和成品仓库等。

（4）公用工程区域：包括动力室（真空泵和压缩机室）、变配电室、维修保养室、空调机房、冷冻机室、循环水制备室、工艺用水制备室等。

（5）办公生活区域：包括雨具存放间、管理间、换鞋室、存外衣室、人员净化用室、清洁室、办公室、会议室、卫生间、淋浴室与休息室等。

二、制剂车间布置设计的意义与任务

车间布置设计的目的是对厂房的配置和设备的排列作出合理的安排，是车间工艺设计的重要环节之一。一个布置不合理的车间，基建时工程造价高，施工安装不便；车间建成后又会带来生产和管理问题，造成人流和物流紊乱，设备维护和检修不便等问题。因此，车间布置设计时应遵守设计程序，按照布置设计的基本原则，进行细致而周密的考虑。

制剂车间设计除需遵循一般车间常用的设计规范和规定外，还需遵照《医药工业洁净厂房设计规范》《洁净厂房设计规范》《药品生产质量管理规范》《药品生产质量管理规范实施指南》进行车间设计。

车间布置设计的任务如下：①确定车间的火灾危险类别，爆炸与火灾危险性场所等级及卫生标准；②确定车间建筑（构筑）物和露天场所的主要尺寸，并对车间的生产、辅助生产和行政生活区域位置作出安排；③确定全部工艺设备的空间位置。

三、制剂车间设计的一般原则和特殊要求

1. 制剂车间设计的一般原则　设计的一般原则为：①车间应按工艺流程合理布局，布置合理、紧凑，有利于生产操作，并能保证对生产过程进行有效的管理。②车间布置要防止人流、物流之间的混杂和交叉污染，防止原材料、中间体、半成品的交叉污染和混杂。做到人流、物流协调；工艺流程协调；洁净级别协调。③车间应设有相应的中间贮存区域和辅助房间。④厂房应有与生产

量相适应的面积和空间,建设结构和装饰要有利于清洗和维护。⑤车间内应有良好的采光、通风,按工艺要求可增设局部通风。

2. 制剂车间设计的特殊要求

(1)车间的总体要求:①车间应按一般生产区、洁净区的要求设计。②为保证空气洁净度要求,应避免不必要的人员和物料流动。为此,平面布置时应考虑人流、物流要严格分开,无关人员和物料不得通过生产区。③车间的厂房、设备、管线的布置和设备的安放,要从防止产品污染方面考虑,便于清扫。设备间应留有适当的便于清扫的间距。④厂房必须能够防尘、防昆虫、防鼠类等的污染。⑤在同一厂房内应有相应的措施保证不同操作不在同一区域同时进行。例如,不同药品的包装流水线应予以分开或设置物理屏障,并保持足够的间距。⑥车间内应设置更换品种及日常清洗设备、管道、容器等必要的水池、上下水道等设施,这些设施的设置不能影响车间内洁净度的要求。

(2)生产区的隔断:为满足产品的卫生要求,车间要进行隔断,原则是防止产品、原材料、半成品和包装材料的混杂和污染,又应留有足够的面积进行操作。

必须进行隔断的地点包括:①一般生产区和洁净区之间;②通道与各生产区域之间;③原料库、包装材料库、成品库、标签库等;④原材料称量室;⑤各工序及包装间等;⑥易燃物存放场所;⑦设备清洗场所;⑧其他。

进行分隔的地点应留有足够的面积,以注射剂生产为例说明,其中应包括:①包装生产线间如进行非同一品种或非同一批号产品的包装,应用板进行必要的分隔;②包装线附近的地板上划线作为限制进入区;③半成品、成品的不同批号间的存放地点应进行分隔或标以不同的颜色以示区别,并应堆放整齐、留有间隙,以防混料;④合格品、不合格品及待检品之间,其中不合格品应及时从成品库移到其他场所;⑤已灭菌产品和未灭菌产品间;⑥其他。

四、制剂车间布置设计的条件和内容

车间布置设计按二段设计进行。

1. 初步设计阶段　车间布置设计是在工艺流程设计、物料衡算、热量衡算和工艺设备设计之后进行的。

(1)布置设计需要的条件和资料

1)直接资料:包括车间外部资料和车间内部资料。

车间外部资料包括设计任务书;设计基础资料,如气象、水文和地质资料;本车间与其他生产车间和辅助车间等之间的关系;工厂总平面图和厂内交通运输。

车间内部资料包括生产工艺流程图;物料计算资料,包括原料、半成品、成品的数量和性质,废水、废物的数量和性质等资料;设备设计资料,包括设备简图(形状和尺寸)及其操作条件,设备一览表(包括设备编号、名称、规格、型号、材料、数量、设备空重和装料总重,配用电机大小、支撑要求等),物料流程图和动力(水、电、汽等)消耗等资料;工艺设计部分的说明书和工艺操作规程;土建资料,主要是厂房技术设计图(平面图和剖面图)、地耐力和地下水等资料;劳动保护、安全技术和防火防爆等资料;车间人员表(包括行管、技术人员、车间分析人员、岗位操作工人和辅助工人的人数,最大班人数和男女的比例);其他资料。

2)设计规范和规定:车间布置设计应遵守国家有关劳动保护、安全和卫生等规定,这些规定以国家或主管业务部制定的规范和规定形式颁布执行,定期修改和完善。它们是国家技术政策和法令、法规的具体体现,设计者必须熟悉并严格遵守和执行,不能任意解释,更不能违背。若违背造成事故,设计者应负技术责任,甚至被追究法律责任。

(2)设计内容

1)根据生产过程中使用、产生和贮存物质的火灾危险性确定车间的火灾危险性类别,属甲、乙、丙、丁、戊中哪一类;按照生产类别、层数和防火分区内的占地面积确定厂房的耐火等级。

2)按《药品生产质量管理规范》确定车间各工序的洁净等级。

3)在满足生产工艺、厂房建筑、设备安装和检修、安全和卫生等项要求的原则指导下,确定生产、辅助生产、生活和行政部分的布局;决定车间场地与建筑(构筑)物的平面尺寸和高度;确定工艺设备的平、立面布置;决定人流和管理通道,物流和设备运输通道;安排管道、电力照明线路,自控电缆廊道等。

(3)设计目标:车间布置设计的最终目标是车间布置图和布置说明。车间布置图作为初步设计说明书的附图,它包括下列各项。①各层平面布置图;②各部分剖面图;③附加的文字说明;④图框;⑤图签。布置图的比例尺一般为1:100。布置说明作为初步设计说明书正文的一章。

车间布置图和设备一览表还要提供给土建、设备安装、采暖通风、上下水道、电力照明、自控和工艺管道等设计工种作为设计条件。

2. 施工图设计阶段　初步设计经审查通过后,需对初步设计进行修改和深化,进行施工图设计。它与初步设计的不同之处如下。

(1)施工图设计的车间布置图表示方法更深,不仅要表示设备的空间位置,还要表示出设备的管口以及操作台和支架。

(2)施工设计的车间布置图只作为条件图纸提供给设备安装及其他设计工种,不编入设计正式文件。由设备安装工种完成的安装设计,才编入正式设计文件。设备安装设计包括设备安装平、立面图;局部安装详图;设备支架和操作台施工详图;设备一览表;地脚螺钉表;设备保温及刷漆说明;综合材料表;施工说明书。

车间布置设计涉及面广,它是以工艺专业为主导,在非工艺专业如总图、土建、设备安装、设备、电力照明、采暖通风、自控仪表和外管等密切配合下由工艺人员完成的。

五、制剂车间建筑设计

车间布置设计既要考虑车间内部的生产、辅助生产、管理和生活的协调,又要考虑车间与厂区供水、供电、供热和管理部分的呼应,使之成为一个有机整体。

根据生产规模和生产特点,厂区面积、厂区地形和地质等条件考虑厂房的整体布置,厂房组成形式有集中式和单体式。药物制剂车间多采用集中式布置。

工业厂房有单层、双层或单层和多层结合的形式。这几种形式主要根据工艺流程的需要综合考虑占地和工程造价,具体选用。

1. 层高　厂房的高度主要决定于工艺、安装和检修要求,同时也要考虑通风、采光和安全要求。药物制剂车间不论是多层或单层,车间底层的室内标高应高出室外地坪0.5~1.5m。如有地下室,可充分利用,将冷热管、动力设备、冷库等优先布置在地下室内。生产车间的层高为2.8~3.5m,技术类层高1.2~2.2m,库房层高4.5~10m(因为采用高货架),一般办公室、值班室高度为2.6~3.2m。

2. 厂房平面和建筑模数制

(1)厂房平面:厂房的平面形状和长宽尺寸,既要满足工艺的要求,又要考虑土建施工的可能性和合理性。简单的平面外形容易实现工艺和建筑要求的统一,因此,车间通常采用长方形、"L"形、"T"形、"M"形等,尤以长方形为多。

(2)单层厂房:厂房的宽度、长度和柱距除非特殊要求,单层厂房应尽可能符合建筑模数制的要求。工业建筑模数制的基本内容包括:①基本模数为100mm;②门、窗和墙板的尺寸,在墙的水平和垂直方向均为300mm的倍数;③一般多层厂房采用6m×6m的柱网(或6m柱距),若柱网的跨度因生产及设备要求必须加大,一般不应超过12m;④多层厂房的层高为0.3的倍数。

常用的宽度为12m、15m、18m,柱网常按6-6、6-3-6、6-6-6布置。例如6-3-6,表示宽度为三跨,分别为6m、3m、6m,中间的3m是内廊的宽度,而制剂厂房用单层、全空调、人工照明时则不受限制。

根据投资省、上马快、能耗少、工艺路线紧凑等要求,参考国内外新建的符合GMP厂房的设计,制剂车间以建造单层大框架、大面积的厂房最为合适;同时可设计成以大块玻璃为固定窗的无开启窗的厂房。其优点包括,大跨度的厂房,柱子减少,有利于按区域概念分隔厂房,分隔房间灵活、紧凑、节省面积,便于日后工艺变更、更新设备或进一步扩大产量;外墙面积最少,能耗少(这对严寒地区或高温地区更显有利),受外界污染也少;车间布局可按工艺流程布置得合理紧凑,生产过程中交叉污染、混杂的机会也最少;投资少、上马快,尤其对地质条件较差的地方,可使基础投资减少;设备安装方便;物料、半成品及成品的输送,有条件采用机械化输送,便于联动化生产,有利于人流物流的控制和便于安全疏散等。不足之处是占地面积大。

3. 多层厂房　制剂多层厂房以条型厂房为当前生产工艺厂房的主要形式。这种多层厂房具有占地少,节约用地,采用自然通风和采光容易,生产线布置比较容易,对剂型较多的车间可减少相互干扰,物料利用位差较易输送,车间运行费用低等优点。在老厂改造、扩建时可能只能采用此种形式。

多层厂房的缺点主要有:平面布置上必然增加水平联系走廊及垂直运输电梯、楼梯等,这就增加了建筑面积,使有效面积减小,建筑载荷高,造价高,同时也给按不同洁净度分区的建筑和使用带来难度;层间运输不便,运输通道位置制约各层合理布置;人员净化路程长,增加人员净化室个数与面积;管理系统复杂,增加敷设难度;在疏散、消防及工艺调整等方面受到约束;竖向通道对药品增加污染的危险。

目前制剂厂这两种厂房都有建设和使用,也有将两种形式结合起来建设成大跨度多层厂房的。

六、制剂车间布置方法和车间布置图

（一）车间布置方法

车间布置一般是根据已经确定的工艺流程和设备,车间在总平面图中的位置、车间防火防爆等级和建筑结构类型,非工艺专业和设计要求等,绘制车间平面布置草图,提交土建专业,再根据土建专业提出的土建图绘制正式的车间布置图。其具体步骤如下。

1. 将工艺设备按其最大的平面投影尺寸,以 1∶100 的比例（特殊情况可用 1∶200 或 1∶50）用硬纸制成平面图,并注上设备编号。

2. 把小方格坐标纸订在图板上,初步框定厂房的宽度、长度和柱网尺寸,划分生产、辅助生产和行政—生活区,并以 1∶100 的比例将其绘在坐标纸上。

3. 在生产区将制作好的设备硬纸片按布置设计原则精心安排,同时,考虑通道、门窗、楼梯、吊物孔和非工艺专业的要求,将设备描在坐标纸上,标注设备编号、主要尺寸和非生产用室的名称。这样就产生了一个布置方案,一般至少需考虑两个方案。

4. 将完成的布置方案的提交有关专业征求意见,从各方面进行比较,选择一个最优的方案,再经修正、调整和完善后,绘成布置图,提交土建专业设计建筑图。

5. 工艺设计人员从土建专业取得建筑图后,再绘制成正式的车间布置图。

（二）车间布置图

车间布置图是表示车间的生产和辅助设备以及非生产部分在厂房建筑内外布置的图样,它是车间布置设计的主要成果。车间布置图比例一般用 1∶100,内容包括车间平面布置图和剖面图。初步设计和施工图设计都要绘制车间布置图,但它们的作用不同,设计深度和表达要求也不完全相同。

1. 车间平面布置图　车间平面布置图一般每层厂房绘制一张。它表示厂房建筑占地大小,内部分隔情况以及与设备定位有关的建筑物、构筑物的结构、形状和相对位置。具体内容如下。

厂房建筑平面图注有厂房边墙及隔墙轮廓线,门及开向,窗和楼梯的位置,柱网间距、编号和尺寸以及各层相对高度;安装孔洞、地坑、地沟、管沟的位置和尺寸,地坑、地沟的相对标高;操作台平面示意图,操作台主要尺寸与台面相对标高;设备外形平面图,设备编号、设备定位尺寸和管口方位;辅助室和生活行政用室的位置、尺寸及室内设备器具等的示意图和尺寸。

2. 车间剖面图　剖面图是在厂房建筑的适当位置上,垂直剖切后给出的立面剖视图,表达在高度方向上设备布置的情况。剖视图内容如下。

厂房建筑立面图包括厂房边墙轮廓线,门及楼梯位置（设备后面的门及楼梯不画出）,柱间距离和编号以及各层相对标高,主梁高度等;设备外形尺寸及设备编号;设备高度定位尺寸;设备支撑形式;操作台立面示意图和标高;地坑、地沟的位置及深度。

图纸的表达深度因设计阶段而有差别。

第三节　制剂洁净厂房布置设计

一、制剂车间洁净分区

根据药品工艺流程和质量要求进行合理布置和分区。将制剂车间分为 2 个区,即一般生产区和洁净区(A、B、C、D 四级)。A 级为高风险操作区,如灌装区、放置胶塞桶与无菌制剂直接接触的敞口包装容器的区域、无菌装配或连续操作的区域;B 级指无菌配制和灌装等高风险操作 A 级洁净区所处的背景区域;C 级和 D 级指无菌药品生产过程中重要程度较低操作步骤的洁净区。各种药品生产环境的空气洁净度级别见表 14-2。

表 14-2　药品生产环境洁净度分区

药品种类	生产区域	洁净度级别
可灭菌小容量注射剂(<50ml)	浓配、粗滤	D 级
	稀配、精滤	C 级
	灌封	A/C 级
可灭菌大容量注射剂(≥50ml)	浓配	D 级
	稀配、滤过	非密闭系统:C 级 密闭系统:D 级
	灌封	A/C 级
非最终灭菌的无菌药品	配液	无法除菌滤过:A/B 级 可除菌滤过:C 级
	灌封、分装,冻干、压塞	A/B 级
	轧盖	A/B 级(或 A/C 级)
栓剂		D 级
口服液体药品	非最终灭菌 最终灭菌	暴露工序:D 级 暴露工序:D 级
外用药品	深部组织创伤和大面积体表创面用药 表皮用药	暴露工序:A/B 级 暴露工序:D 级
眼用药品	容器具的清洗及灭菌干燥、消毒液配制 原辅料称量、浓配、稀配、除菌滤过 二级除菌滤过、灌装、加内塞、旋外盖	D 级 C 级 A/B 级
口服固体药品		暴露工序:D 级
原料药	药品标准中有无菌检查要求 其他原料药	暴露工序:A/B 级 暴露工序:D 级

二、药品生产车间布置要点

1. 生产区域布置要点

（1）车间应按一般生产区、洁净区的要求设计。

（2）为保证空气洁净度要求，应避免不必要的人员和物料流动。为此，平面布置时应考虑人流、物流要严格分开，无关人员和物料不得通过生产区。

（3）车间的厂房、设备、管线的布置和设备的安放，要从防止产品污染方面考虑，便于清扫。设备间应留有适当的便于清扫的间距。

（4）厂房必须能够防尘、防昆虫、防鼠类等的污染。

（5）不允许在同一房间内同时进行不同品种或同一品种、不同规格的操作。

（6）车间内应设置更换品种及日常清洗设备、管道、容器等必要的水池、上下水道等设施，这些设施的设置不能影响车间内洁净度的要求。

（7）洁净室的布置要点：在满足工艺条件的前提下，为提高洁净室的净化效果，宜按下列要求布局。①空气洁净度高的房间或区域宜布置在人员最少到达的地方，并宜靠近空调机房。②不同洁净等级的房间或区域宜按空气洁净度的高低由里及外布置。③空气洁净度相同的房间或区域宜相对集中。④不同空气洁净度房间之间相互联系要有防止污染措施，如气闸室或传递窗（柜）。

2. 辅助生产区域布置要点

（1）原材料、半成品存放室与生产区的距离要尽量缩短，以减少途中污染。原材料、半成品存放室面积要与生产规模相适应。

（2）成品存放室所占面积要与生产规模相适应。

（3）称量室宜靠近原辅料存放室或原辅料库，其洁净级别与配料室相同。

（4）维修保养室不宜设在洁净生产区内。

（5）清洗间、洁具间、洗衣间等布置要点

1）清洗间：清洗对象有设备、容器、工器具，现国内很少对设备清洗采取运到清洗间清洗，故清洗对象主要是容器和工器具，为了避免清洗的容器发生再污染，故要求清洗间的洁净度与使用此容器的场地洁净度相协调。A级、B级洁净区的设备及容器应在本区域外清洗，清洗后经灭菌进入A级、B级区域，工器具的清洗室的空气洁净度不应低于D级。与容器洗涤相配套的要设置清洁容器贮存室，工器件也需有专用贮存柜存放。

2）清洁工具间：此岗位专门负责车间的清洁消毒工作，故房间要设有清洗、消毒用的设备，用于清洗揩抹用的拖把及抹布并进行消毒工作。此房间还要贮存清洁用的工具、器件，包括清洁车，并负责清洁用消毒液的配制。洁具间应设在洁净区内。

3）洁净工作服的洗涤、干燥室：D级及以上区域的洁净工作服，其洗涤、干燥、整理及必要时灭菌的房间应设在洁净室内，其空气洁净度等级宜与使用工作服的洁净区相同。

3. 仓储区域布置要点　制剂车间的仓库位置的安排大致有两种，一种有集中式即原辅材料、包装材料、成品均在同一仓库区，这种形式是较常见的，在管理上较方便，但要求分隔明确，收存货方便。另一种是原辅材料与成品库（附包装材料）分开设置，各设在车间的两侧。这种形式在生产过程进行路线上较流畅，减少往返路线，但在车间扩建上要特殊安排。

仓储的布置现一般采用多层装配式货架,物料均采用托板分别贮存在规定的货架位置上,装载方式有全自动电脑控制堆垛机、手动堆垛机及电瓶叉车。

仓储内应分别采用严格的隔离措施,互不干扰,取存方便。仓库只能设一个管理出入口,若将进货与出货分设两个缓冲间,但由一个管理室管理是允许的。

仓库的设计要求室内环境清洁、干燥,并维护在认可的温度限度之内。仓库的地面要求耐磨、不起灰、足够的地面承载力、防潮。

(1)称量及前处理区:称量及前处理区的设置可设在仓库附近,也可设在仓库内,使全车间使用的原辅料集中加工、称量,然后按批号分别堆放待领用。这样可避免大批原料领出,也有利于集中清洗和消毒容器。也有将称量间设在车间内的情况,这种布置要设一原料存放区,使称量多余的料不退回仓库而贮存在此区内。

原辅料的加工和处理岗位,包括称量岗位都是粉尘散发较严重的场所,故布置中要加强除尘措施,这些岗位尽可能采用多间独立小空间,这样有利于排风、除尘效果,也有利于不同品种原料的加工和称量,这些加工小室,在空调设计中特别要注意保持负压状态。这些小室中需设置地漏,以便完工后清洗,这些岗位设计中特别要注意减少积尘点,故设计中宜在操作岗位后侧设技术夹墙,以便管道暗敷。最新设计中大多采用称量罩形式。

(2)中贮区:中贮区无论是一个场地或一个房间,对 GMP 管理都是极为重要和必需的。不管是上下工序之间的暂存,还是中间体的待检,都需有地方有序的暂存。可将贮存、待检场地在生产过程中分散设置,也可将中贮区相对的集中。重要的是进出中贮区或中贮间的路线要顺工艺路线而设,不要来回交叉,更不要贮放在操作室内。

4. 生活区域布置要点

(1)人员净化用室和生活用室组成:人员净化用室宜包括雨具存放室、换鞋室、存外衣室、盥洗室、洁净工作室和气闸室或空气吹淋室等。人员净化用室要求应从外到内逐步提高,洁净级别可低于生产区。对于要求严格分隔的洁净区,人员净化用室和生活用室布置在同一层。

人员净化用室的入口应有净鞋设施。在 A 级、B 级洁净区的人员净化用室中,存外衣和洁净工作服室应分别设置,按最大班人数每人各设一外衣存衣柜和洁净工作服柜。盥洗室应设洗手和消毒设施,宜装烘干器龙头按最大班人数每 10 人设一个,龙头开启方式以不直接用水为宜。有空气洁净度要求的生产区内不得设卫生间,卫生间宜设在人员净化室外。淋浴室可以不作为人员净化的必要措施,特殊需要设置时,可靠近盥洗室。为保持洁净区域的空气洁净和正压,洁净区域的入口处应设气闸室或空气吹淋室。气闸室的出入门应予连锁,使用时不得同时打开。设置单人空气吹淋室时,宜按最大班人数每 30 人一台,洁净区域工作人员超过 5 人时,空气吹淋室一侧应设旁通门。人员净化室和生活用室的建筑面积应合理确定。可灭菌人员净化用室的净化程序见图 14-1。

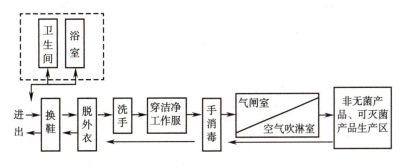

● 图 14-1 可灭菌产品生产区人员净化程序

（2）不可灭菌产品生产区人员净化程序见图 14-2。

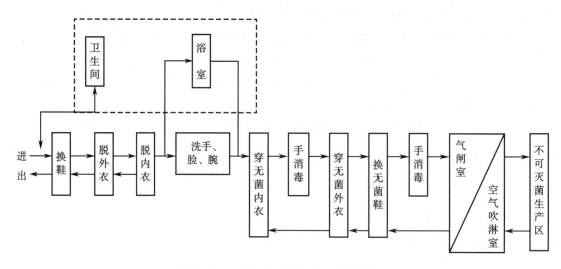

● 图 14-2　不可灭菌产品生产区人员净化程序

三、制剂车间布置举例

1. 片剂车间布置

（1）片剂的生产工序及区域划分：片剂为固体口服制剂的主要剂型，产品属非无菌制剂。片剂的生产工序包括原辅料预处理、配料、制粒、干燥、整粒、总混、压片、包衣、包装等。片剂工艺流程示意图及各工序环境空气洁净度要求如图 12-3 所示。片剂生产及配套区域的设置要求见表 14-3。

表 14-3　片剂生产及配套区域设置要求

区域	要求	配套区域
仓储区	按待验、合格、不合格品划区，温度、湿度、照度要控制，有防鼠措施	原辅料、包装材料、成品库、取样室、特殊要求物品区
称量区	宜靠近生产区、仓储区，环境要求同生产区	粉碎区、过筛区、称量工具清洗、存放区
制粒区	温度、湿度、洁净度、压力要控制，干燥设备的空气要净化，流化床要防爆	制粒室、打浆室、干燥室、总混室、制粒工具清洗区
压片区	温度、湿度、洁净度、压力要控制，压片机局部除尘，就地清洗设施	压片室、冲模室、压片室前室
包衣区	温度、湿度、洁净度、压力、噪声要控制，包衣机局部除尘，就地清洗设施，如用有机溶剂需防爆	包衣室、配液室、干燥室
包装区	如用玻璃瓶需设洗瓶、干燥区，内包装环境要求同生产区，同品种包装线间距 1.5m，不同品种间要设屏障	内包装、中包装、外包装室、各包装材料存放区
中间站	环境要求同生产区	各生产区之间的贮存、待验室

区域	要求	配套区域
废片处理区	环境要求同生产区	废片室
辅助区	位于洁净区之外	设备、工器具清洗室,清洁工具洗涤存放室,工作服洗涤,干燥室,维修保养室
质量控制区		分析化验室

若同时生产不同品种片剂时,各生产区均需分室,外包装可同室但需设屏障(不到顶)。

片剂生产需有防尘、排尘设施,凡通入洁净区的空气应经初、中、高三效过滤器除尘,局部产尘量大的区域宜采用直排风并设粉尘捕集装置,使生产过程中产生的微粒减少到最低程度。洁净区一般要求保持室温18~28℃,相对湿度50%~65%,生产泡腾片产品的车间,则应维持更低的相对湿度。

(2)片剂车间布置方案的提出与比较:一个车间的布置可有多种方案。进行方案比较时,考虑的重点是有效地避免不同药物、辅料和产品之间的混淆与交叉污染,并尽可能地合理安排物料、设备在各工序间流动,减轻操作人员的劳动强度,使生产与维修方便,清洁与消毒简单,并便于各操作工序之间机械化,自动化控制。下面对片剂车间布置的三种方案进行比较。

方案一:如图14-3所示。箭头表示物料在各工序间流动的方向及次序。由于片剂原辅料大多为固体物质,故合格的原辅料一般均放于生产车间内,以便直接用于生产。方案将原料、中间品、包装材料仓库设于车间中心部位,生产操作沿四周设置。原辅料由物料接收区、物料质检区进入原辅料仓库,经配料区进入生产区。压制后或包衣后的片剂经中间品质检区(包括留验室、待包装室)进入包装区。这样的结构布局优点是空间利用率大,各生产工序之间可以采用机械化装置运送材料和设备,原辅料及包装材料的贮存紧靠生产区,缺点是流程条理不清(图中箭头有相互交叉),物料交叉往返;容易产生混药或相互污染与差错。

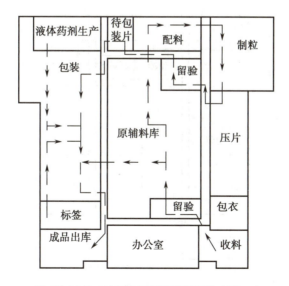

● 图14-3 片剂车间平面布置图(方案一)

方案二:如图14-4所示。本方案与方案一面积相同。为了克服产生混药或相互污染的可能性,可将车间设计为物料运输不交叉的布置。将仓库、接收、中转等贮存区置于车间一侧,而将生产、留检、包装基本构成环形布置,中间以走廊隔开。在相同厂房面积下基本消除了人物流混杂。

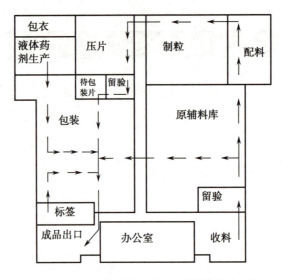

● 图 14-4　片剂车间平面布置图（方案二）

方案三：如图 14-5 所示。物料由车间一端进入，成品由另一端送出，物料流向呈直线，不存在任何交叉，这样避免了产生混药或污染环境的可能。其缺点是这样布局所需车间面积较大。

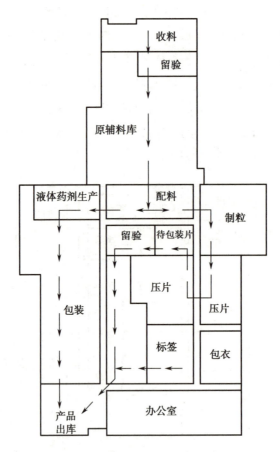

● 图 14-5　片剂车间平面布置图（方案三）

（3）片剂车间的布置形式：片剂车间常用的布置形式有水平布置和垂直布置。

水平布置是将各工序布置在同一平面上，一般为单层大面积厂房。水平布置有两种方式：①将工艺过程水平布置，而将空调机、除湿器等布置于其上的技术夹层内，也可布置在厂房一角。

②将空调机等布置在底层,而将工艺过程布置在二层。

　　垂直布置是将各工序分散布置于各楼层,利用重力解决加料,其有两种布置方式:①分两层布置。将原辅料处理、称量、压片、包衣、包装及生活间设于底层,将制粒、干燥、混合、空调机等设于二层。②分三层布置。将制粒、干燥、混合设于三层;将压片、包衣、包装设于二层;将原辅料处理、称量、生活间及公用工程设于底层。

　　2. 可灭菌小容量注射剂车间布置

　　(1)可灭菌小容量注射剂的生产工序及区域划分:可灭菌小容量注射剂是将配制好的药液灌入安瓿内封口,采用蒸气热压灭菌方法制备的灭菌注射剂。其生产工序包括,配制(称量、配制、粗滤、精滤),安瓿洗涤及干燥灭菌、灌封、灭菌、灯检、印字(贴签)及包装。工艺流程示意图及各工序环境空气洁净度要求如图 12-6 所示。

　　(2)可灭菌小容量注射剂车间的布置形式:针剂生产工序多采用平面布置,可采用单层厂房或楼中的一层。如将配液、粗滤、蒸馏水置于主要生产车间的上层,则可采用多层布置,但从洗瓶至灌封需在同一层平面内完成。

　　(3)可灭菌小容量注射剂车间的基本平面布置:可灭菌小容量注射剂的灌封是将配制滤过后的药液灌封于洗涤灭菌后的安瓿中。安瓿灭菌、配液及灌封按工序相邻布置,同时,洁净度高的房间要相对集中。其基本平面布置如图 14-6 所示。

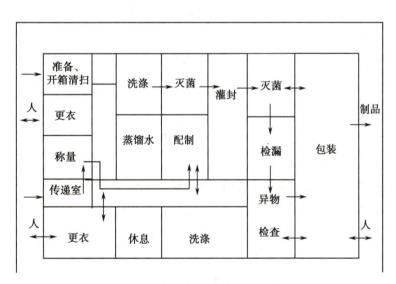

● 图 14-6　针剂车间基本平面布置

第四节　工艺管路设计

一、管路设计的内容

　　1. 管径的计算和选择　由物料衡算和热量衡算,选择各种介质管道的材料;计算管径和管壁厚度,然后根据管子现有的生产情况和供应情况做出决定。

2. 管道的配置　根据工艺流程图,结合设备布置图及设备施工图进行管道的配置,应注明如下内容。①各种管道内介质的名称、管子材料和规格、介质流动方向以及标高和坡度,标高以地平面为基准面或以楼板为基准面;②同一水平面或同一垂直面上有数种管道,安装时应予注明;③介质名称、管理材料和规格、介质流向以及管件、阀件等用代号或符号表示。

3. 提出资料　应包括如下内容。①将各种断面的地沟长度提供给土建;②将车间上水、下水、冷冻盐水、压缩空气和蒸汽等管道管径及要求(如温度、压力等条件)提供给公用系统;③各种介质管道(包括管子、管件、阀件等)的材料、规格和数量;④补偿器及管架等材料制作与安装费用;⑤做出管道投资概算。

4. 编写施工说明书　包括施工中应注意的问题,各种介质的管子及附件的材料,各种管道的坡度,保温刷漆等要求及安装时采用的不同种类的管件管架的一般指示等问题。

二、管路布置原则

在管道布置设计时,首先要统一协调工艺和非工艺管的布置,然后按工艺流程并结合设备布置、土建情况等布置管道。在满足工艺、安装检修、安全、整齐、美观等要求的前提下,使投资最省、经费支出最小。

(1)为便于安装,检修及操作,一般管道多用明线敷设,且价格较暗线便宜。

(2)管道应成列平行敷设,尽量走直线、少拐弯、少交叉。明线敷设管子尽量沿墙或柱安装,应避开门、窗、梁和设备,应避免通过电动机、仪表盘、配电盘上方。

(3)操作阀高度一般为0.8~1.5m,取样阀为1m左右,压力表、温度计为1.6m左右,安全阀为2.2m。并列管路上的阀门、管件应错开安装。

(4)管道上应适当配置一些活接头或法兰,以便于安装、检修。管道成直角拐弯时,可用一端堵塞的三通代替,以便清理或添设支管。

(5)按所输送物料性质安排管道。管道应集中敷设,冷热管要隔开布置,在垂直排列时,热介质管在上,冷介质管在下;无腐蚀性介质管在上,有腐蚀介质管在下;气体管在上,液体管在下;不经常检修管在上,检修频繁管在下;高温管在上,低温管在下;保温管在上,不保温管在下;金属管在上,非金属管在下。水平排列时,粗管靠墙,细管在外;低温管靠墙,热管在外,不耐热管应与热管避开;无支管的管在内,支管多的管在外;不经常检修的管在内,经常检修的管在外;高压管在内,低压管在外。输送有毒或有腐蚀性介质的管道,不得在人行通道上方设置阀件、法兰等,以免渗漏伤人。输送易燃、易爆和剧毒介质的管道,不得铺设在生活间、楼梯间和走廊等处。管道通过防爆区时,墙壁应采取措施封固。蒸汽或气体管道应从主管上部引出支管。

(6)根据物料性质的不同,管道应有一定坡度。其坡度方向一般为顺介质流动方向(蒸汽管相反),坡度大小为蒸汽0.005、水0.003、冷冻盐水0.003,生产废水0.001、蒸汽冷凝水0.003、压缩空气0.004、清净下水0.005、一般气体与易流动液体0.005,含固体结晶或黏度较大的物料0.001。

(7)管道通过人行道时,离地面高度不少于2m;通过公路时不小于4.5m;通过工厂主要交通干道时一般应为5m。长距离输送蒸汽的管道,在一定距离处应安装冷凝水排除装置,长距离输送液化气体的管道,在一定距离处应安装垂直向上的膨胀器。输送易燃液体或气体时,应可靠接地,防止产生静电。

（8）管道尽可能沿厂房墙壁安装,管与管间及管与墙间的距离以能容纳活接头或法兰,便于检修为度。一般管路的最突出部分距墙不少于100mm；两管道的最突出部分间距离,对中压管道为40~60mm,对高压管道为70~90mm。由于法兰易泄漏,故除与设备或阀门采用法兰连接外,其他应采用对焊连接。但镀锌钢管不允许用焊接,DN≤50可用螺纹连接。

三、公用管路布置时应该注意的问题

（1）蒸汽管路内的冷凝水应能及时排除,用疏水器。

（2）上下水管路不允许布置在遇水分解、燃烧、爆炸等物料的贮存处,避免在电气设备、生产设备上方通过。不允许断水的供水管路至少应设两个供水系统,分别从室外环形管网的不同侧引入。

（3）为保证药品质量,车间饮用水、循环水、蒸馏水、去离子水等管路应单独安装；不得在任何地点串接。

（4）为减少气体的压力脉动及振动,压缩机须加缓冲罐,压缩空气进入洁净区之前要充分去油、去水、去除机械杂质,并须过滤及除臭等。

本章思考题

1. 制剂车间设计的一般原则和布置的特殊要求是什么？

2. 医药工业洁净车间通常由什么区域组成？

3. 车间布置设计的目标是什么？

4. 制剂车间总共分为几个区？

5. 药品生产区域和生活区域各自的布置要点是什么？

6. 管路设计的内容是什么？

7. 管路布置的原则是什么？

第十四章　同步练习

（张朔生　贲永光）

第十五章　中药生产车间工艺设计

中药厂一般都是综合性中成药生产厂,除了具有制药厂的共性外还具有自身的特点,例如从原药材前处理、提取、蒸发、干燥直至各种制剂都是中药生产所特有的。因此在进行中药生产车间工艺设计时,必须根据具体生产情况及特点进行合理设计。

中药生产车间首先是一栋或者是一层建筑,其次才是具有中药生产的特性。在中药生产车间工艺设计时,应首先考虑满足现行的《建筑设计防火规范》,在此基础上再根据 GMP(2010 年修订)进行工艺布局设计。工艺设计是主导、前提和基础,其他建筑、动力等配套设计都是在此基础上完成的。

第一节　中药生产工艺流程设计

一、中药生产工艺的选择

一般说来,中药生产是在药材或饮片作原料的基础上,多数要经过粉碎、过筛、提取、滤过、蒸发、浓缩等工艺,然后再进行其他制剂工序。前处理、提取、精制的方法直接影响制剂原料和成品的质量。由于剂型不同、给药途径不同,即使同一味中药,提取的成分是同一种,采用的工艺路线和生产方法也不尽相同。例如,从黄芩中提取黄芩苷,在牛黄解毒片中的提取方法是水煮、滤过,然后往滤液中加入饱和明矾水溶液,生成黄芩苷螯合物的沉淀,干燥后应用;在银黄注射液或清开灵注射液中,则采用水煮酸沉法,再经反复水溶加醇、滤过、酸沉法精制,提得相当纯的黄芩苷后,才能供配制注射剂使用。因为前者是片剂,供口服用药,而后者是注射剂,供肌内注射或静脉滴注,对黄芩苷的状态和纯度要求不同,故在保证药品质量的前提下,从生产实际考虑,应采取不同提取精制方法。由此可见,生产工艺的选择,对工艺设计来说是很重要的问题。

由于产品生产的工艺路线和生产方法是否先进、合理,对产品的质量和成本起着决定性的作用;因此,不论是对于设计已经大规模生产的产品,还是属于试生产或国内外首次生产的产品,在进行生产方法的选择时,都应广泛地进行调查研究,收集第一手资料,以了解国内外生产现状及发展趋势。对各种生产工艺做全面的分析比较,不仅要求技术上先进,还要经济合理。要考虑原料来源易得,产品质量稳定,流程简单,机械化水平高,便于生产控制,能量消耗少,"三废"治理措施落实,投资少,成本低等因素。例如黄芩苷的提取、精制方法,得到黄芩苷的制备方法不止一种,这时就必须从技术、经济、生产工艺等方面进行选择,看哪一种方法更经济合理、切实可行。由于产品的剂型不同,对黄芩苷精制的质量要求也不同,因而从经济上考虑,就应根据各种剂型的要求,采用不同的主法进行精制。对于工艺与装置设计师来讲,可行性工艺论证已在设计前期完成,因此可以认为工艺路线的选择已经完成。

二、中药生产工艺示意图的设计

流程图由物流与单元过程组合而成,若以每个方框内标示单元过程,则必有各股输入物流指向过程方框,而又有若干股产出物流自过程方框引出。一个中药产品的流程示意图总是由若干个顺序的单元过程所组成,各个方框之间由物流线相联系,前一方框的输出物流可能是后一方框的输入物流。

中药的提取方法不同,其工艺流程图也不相同。以葛根粗粉提取葛根总黄酮的工艺为例。取经过粉碎的葛根粗粉,置于逆流渗漉浸出器中,以 70% 乙醇为溶剂浸出,浸出液回收乙醇,浓缩液滤过除去水不溶物并用水洗涤,合并滤液和洗涤液后加入饱和碱性醋酸铅水溶液直到沉淀完全为止,滤过,沉淀物低温干燥。然后将其悬浮于乙醇中以硫化氢脱铅,至无黑色沉淀析出为止。滤过后,向滤液加入氢氧化铵调整 pH 6.5~7,减压浓缩后喷雾干燥得总黄酮。设计时要考虑实验与工业化生产之间的差异,涉及工艺过程的一切物流,包括废水、废料,都应在图上标明。

第二节　中药生产工艺流程图

工艺流程图就是在图纸上具体真实地反映设备、管道与管件、仪表等实际情况。它与设备布置图、管道布置图一起构成了一整套化工类型的工艺施工图纸。

一、中药生产工艺流程图的基本构成

1. 设备轮廓　需要画出代表设备特征的主、俯视图轮廓线,除封头、筒体外对减速机及搅拌器、夹套等设施均应以其相应视图的轮廓表示。设备轮廓用细线绘制。

2. 工艺与动力　包括各种气液物料、蒸汽、压缩空气、氮气、真空、废水、上下冷冻盐水、排气等管线。配置于管线上的各种阀门、仪表等。用实线表示。

3. 设备、管线的标注　设备标注是设备编号、名称两项;管线的标注则包括管线编号、物流名称、材质、规格、压力等级等。

4. 仪表及控制　在工艺流程图上所绘制的仪表符号,文字表示仪表种类、指示及控制方式、仪表的安装标高等。

5. 标高　由于工艺流程图只表示相对高度,因此工艺流程图纸上一般不出现尺寸标注。一般可画出地坪、各楼层的水平线并标示其标高。对于设置有操作平台的部位,应画出操作平台的水平线并标示其标高。

6. 图例　为了使读图者方便地阅读工艺流程图,对阀门、管件、仪表(参量及功能代号)等以图例的形式标注在标题栏的上方。

7. 固体物料　可以形象地绘制,固体物料的输送移动可用粗实箭头加文字来表示。

二、中药生产工艺流程图包含的信息

1. 组成生产工艺单元过程与设备　在生产工艺流程图上可以清楚地看到构成生产工艺过程的所有单元过程;各单元过程所选用的设备位号及台数,若对照设备一览表还可以知道设备的型号、尺寸、主要性能参数等。

2. 生产工艺中物流与能量流　各单元过程、设备通过管线的联结,组成了物料与能量流体系。清楚地表明了进、出每个单元过程、设备的物料与能量;表明了各单元过程之间、各设备之间的物料、能量流相互关系。例如,由于生产工艺流程图在高度方向上准确地反映实际情况,因此物流是如何从一台设备到达另一台设备从图纸上一目了然,因位差自流、泵送、真空抽吸或压力气体压送。在工艺流程图上设备废气、废水的排出、副产品的回收、物流的循环套用等都能表达清楚。

3. 在生产过程中的控制点与控制方法　中药生产过程中的温度、压力、浓度、密度等的控制点与调控方法,在工艺流程图上一目了然,控制阀门是手动、遥控或计算机自动控制也十分清楚。

4. 管线的规格　在生产工艺流程图上每一根工艺物料或动力管线的编号、流体名称、公称直径、壁厚、材质、流向等都已标示清楚。管线上的阀门,包括开停工时的辅助性阀门(如停工时的放水阀门)都应绘制清楚。需要注意的是在工艺流程图上用比例尺量得的不代表该管线的真实尺寸。这是因为工艺流程图的水平方向不代表实际情况;此外工艺流程图是两维平面图纸,而管路的实际走向是三维的。

5. 在生产工艺流程图上模拟操作　在图纸上模拟一个车间、工段或工序,包括从开工、正常运转、故障设置及处理、停车在内的生产操作很有必要。许多时候可以避免生产装置安装后试车时出现的问题,将设计中出现的错误控制在出图施工之间。对于复杂的工艺流程图,在图纸上模拟操作虽然烦琐,但十分必要;在方法上可以先分后合,即先一个个工序模拟通过,然后全工段乃至全车间合成演练。

第三节　中药生产车间布置

一、中药厂区总图布置

1. 厂址的选择　厂房的选址、设计、布局、建造、改造和维护必须符合药品生产要求,应当能够最大限度地避免污染、交叉污染、混淆和差错,便于清洁、操作和维护。

应当根据厂房及生产防护措施综合考虑选址,厂房所处的环境应当能够最大限度地降低物料或产品遭受污染的风险。

2. 厂区的布置　企业应当有整洁的生产环境;厂区的地面、路面及运输等不应当对药品的生产造成污染;生产、行政、生活和辅助区的总体布局应当合理,不得互相妨碍;厂区和厂房内的人、物流走向应当合理。

中药生产厂区主要分为生产区（中药前处理饮片车间、提取车间、制剂生产车间等）、仓储区（中药材库、饮片库、成品库、包材、辅料库等）、质量控制区、生产辅助区（办公楼、动力车间、污水处理站等）。

二、药材库布置

1. 中药饮片应当贮存在单独设置的库房中；贮存鲜活中药材应当有适当的设施（如冷藏设施）。

2. 毒性和易串味的中药材和中药饮片应当分别设置专库（柜）存放。

3. 仓库内应当配备适当的设施，并采取有效措施，保证中药材和中药饮片、中药提取物以及中药制剂按照法定标准的规定贮存，符合其温、湿度或照度的特殊要求，并进行监控。

4. 贮存的中药材和中药饮片应当定期养护管理，仓库应当保持空气流通，应当配备相应的设施或采取安全有效的养护方法，防止昆虫、鸟类或啮齿类动物等进入，防止任何动物随中药材和中药饮片带入仓储区而造成污染和交叉污染。

三、中药前处理车间布置

1. 前处理的生产工序　前处理是中药制药的第一步工序，包括挑选、整理、洗润、切片、炒、煅、蒸、煮、粉碎等工序。

2. 布置原则　前处理车间主要包括药材的拣、漂洗、切、炒、灭菌、干燥等工序。其特点是品种多，批量大小不一，整理、炮制工艺不一，有些具有特殊加工工艺，在车间布置时应考虑以下原则。

（1）前处理厂房宜单独设置：药材前处理需人工较多，堆放面积大，车间粉尘较多，为减少对提取和制剂的相互影响，宜单独设置。若总体位置受限，可与仓库合并建设。

（2）切实做好防尘、防噪声措施：中药材和中药饮片的取样、筛选、称重、粉碎、过筛、混合等操作过程中，粉尘量较多，应采取隔离、排风、袋滤等防尘措施。以控制粉尘扩散，避免污染和交叉污染。另外噪音较大的设备应采取减震、混音、隔音等防噪措施。

（3）前处理车间的成品作为后一工段的原料，为保证最终成品的卫生质量，应对前处理药材的菌落数进行严格控制。除加强药材清洗灭菌外，在车间布置上对直接入药的药材灭菌后的各工序考虑净化空调措施。

（4）加强对本车间成品贮存的管理，成品贮存室应防止药粉混杂和交叉污染。

（5）毒麻药材特殊设置：毒麻药材的处理工序需要有专门的进出口设置，不应与其他药材处理共用设备与房间。

3. 前处理车间布置　车间单独可以拥有一幢楼房，整个前处理生产即在该楼房内进行，可避免与其他生产车间相互影响、混杂，车间内用电梯运送各类药材。

车间可以设置为三层楼房，进行车间布置按照工艺操作顺序，在三层布置风筛选、去毛壳、破碎、挑选整理等工序;在二层布置洗药、润药、切药、灭菌、干燥等工序;在一层布置仓库及动力区等,以便制得的成品直接进仓库,减少污染。

四、中药提取车间的布置

1. 提取的生产工序　中药提取方法有水提和醇提,其生产流程由投料、提取、排渣、滤过、蒸发(蒸馏)、醇沉(水沉)、干燥和辅助等生产工序组合而成。

2. 提取车间工艺布置的要求

(1)各种药材的提取有相似之处,又有独自的特点,故车间布置既要考虑到各品种提取操作之便,又需考虑到提取工艺的可变性。

(2)对醇提和溶媒回收等岗位采取防火、防爆措施。提取车间一般都设置为甲类生产车间,其防火和防爆措施与前处理和制剂生产有很大区别。

(3)提取车间最后工序,其浸膏或干粉是最终产品,对这部分厂房,按原料药成品厂房的洁净级别与其制剂的生产剂型同步的要求,对这部分厂房也应按规范要求采取必要的洁净措施。

中药浸膏在 D 级洁净区收集,在一般区冻库储存,在 D 级洁净区使用,温度的波动较大,故应该采用对温度不敏感的密闭措施进行储存,如果采用橡胶密封需要考虑密封后对温度的敏感性。由流浸膏或浸膏制干膏、干粉、粉碎、过筛、内包装等工序划为洁净区,其级别为 D 级,中药提取液浓缩以前为一般生产区域。

3. 中药提取车间布置

(1)中药提取、浓缩等厂房应当与其生产工艺要求相适应,有良好的排风、水蒸气控制及防止污染和交叉污染等设施。

(2)在洁净区内,人流进入过道,分别进入男女更衣室更衣,经缓冲进入洁净区人流通道,分别进入干燥、粉碎、筛分、包装等岗位。物流(如流浸膏、浸膏)通过物流通道,经传递门进入洁净区,经冷藏或送入干燥工序。干膏、干粉进入粉筛、包装室。另外,流浸膏(浓缩液)也可通过输送泵直接输送至冷藏间和干燥间。干燥间配备喷雾干燥器和真空干燥器。

(3)设备布置的平立面图形,设备布置图在绘制前可按比例剪出设备的平立面轮廓图形,然后在空白的建筑平立面图上移动摆放,直到满意为止,然后再进行绘制。

(4)对于中小型规模的提取车间多采用单层厂房,并用钢平台满足工艺设备的位差。如此可降低厂房投资,设备安装易适应生产工艺的可变性。

(5)中药提取、浓缩、收膏工序宜采用密闭系统进行操作,并在线进行清洁,以防止污染和交叉污染。采用密闭系统生产的,其操作环境可在非洁净区;采用敞口方式生产的,其操作环境应当与其制剂配制操作区的洁净度级别相适应。

(6)中药提取后的废渣如需暂存、处理时,应当有专用区域。

(7)浸膏的配料、粉碎、过筛、混合等操作,其洁净度级别应当与其制剂配制操作区的洁净度级别一致。中药饮片经粉碎、过筛、混合后直接入药的,上述操作的厂房应当能够密闭,有良好的通风、除尘等设施,人员、物料进出及生产操作应当参照洁净区管理。

(8)对于大中型中药水提取多采用多层厂房垂直布置,将生产准备、投料工序布置在顶层,提取、蒸发、药渣输送工序布置在中间层,堆渣间、辅助设施布置在底层。其特点如下:投料工序隔离在顶层,可防止生产工序的粉尘飞扬;排渣口隔离在中间层,可防止汽雾的扩散;可根据设备高度的需求确定是各层层高,合理使用建筑利用。可压缩车间占地面积,使厂区空间得到合理有效利用。

五、中药制剂车间的布置

1. 制剂生产区应有足够的空间使生产活动能有条理地进行,从而防止不同药品的中间产品和待包装产品之间发生混淆;防止由其他物质或其他药品带来的污染或交叉污染;防止任何生产或控制步骤差错事件的发生。

2. 在生产区平面布局设计中,要综合考虑以下因素,最终确定最小的生产空间。这不仅有利于管理、减少环境清洁及消毒工作,也有利于节约能源。

典型的口服固体制剂生产单元包括粉碎、配料、制粒、干燥、整粒、压片、胶囊分装、包衣等,以及辅助生产单元如黏合液配制、包衣液配制、容器和模具清洗、物料通道等。

粉碎区经常是开放性操作,粉尘大,要考虑到对产品和操作人员的防护。对高活性物料的粉碎,要在层流罩下或隔离器内进行,以降低产品暴露和员工接触的风险。粉碎可以产生可燃性尘粒,对房间造成爆炸风险,需要进行安全分析和风险评估,确定爆炸风险是否存在,必要时要为房间安装防爆门。

配料称量需根据称量物料的暴露等级,设置专门的称量间。如层流罩、手套箱等,控制粉尘扩散和对员工进行保护。处理高危物料的配料区,在房间建筑材料的选择上,要考虑使用硬的、可清洁的表面材料,在防护设备出现泄漏时可以对房间进行净化处理。

制粒可以是高剪切或低剪切的湿法制粒,或是干法制粒,一般是密闭的工艺下操作。由于制粒过程涉及粉尘或易燃易爆的有机溶剂,设备和房间要采取必需、适当的安全措施。

压片/胶囊填充区的粉料会以不同的方式(物料桶提升反转加料,IBC直接加料,真空加料,手工加料等)加到压片机和胶囊机上,压片机和胶囊机上和填充区会有暴露的药品粉尘,压片机应配有除尘器,在压片过程中,除尘器应开启以除去机器上积累的药粉。

IBC移动料仓是中型散装容器(intermediate bulk container),是目前在制药企业比较常见的密闭输送系统,是散料处理系统的一部分,用于储存、输送粉粒体和其他物料。在移动料斗的口部,使用手动或自动操作的填充装置,作为投料时防尘连接;将移动料斗使用在旋转式混合机上,可以达到更快速有效的混合效果;在移动料斗底部,使用锥形阀,可以和下料站配合用以控制下料并做到粉尘无外泄。规格为500~2 500L,IBC集装桶可以多次重复使用。

需要对药片或者胶囊进行检测或者片重检测,检测仪器一般位于操作间内部,设计该区域时要考虑留出相应的区域,方便进行这些操作。

包衣区中如果使用的包衣液含有机溶剂,要考虑可燃性液体的使用要求,需要进行安全分析和风险评估,以确定配备相应的安全装置。

3. 各生产功能区尽可能靠近与其相联系的生产区域,减少运输过程中的混淆与污染。如称量室宜靠近原辅料储存区;清洗室和生产区域靠近设置;包衣液或黏合剂配液间临近包衣和制粒间。

4. 制剂车间内应设置与生产规模相适应的原辅料、中间产品、待包装产品、成品存放区域。存放区域内应安排或清晰标识出待验区、合格品区和不合格品区。

5. 洁净级别相同的房间尽可能地结合在一起。相互联系不同的洁净级别的房间之间要有隔离和压差控制，以减少污染和交叉污染。

6. 工艺设备本身及清洗设备的空间需求。洁净厂房内，应有工作服的洗涤、干燥或灭菌室，并符合相应的空气洁净度要求。应分别设置待清洗设备和容器具的存放区、洗涤区、干燥区或灭菌区。有洁净度要求的设备及容器具，其干燥或灭菌后存放的区域的洁净级别应与使用该设备及容器的洁净区的洁净级相同。

7. 在进行工艺设备平面布置设计时，洁净生产区内只设置与生产有关的设备、设施。其他支持系统，如空气压缩机、真空泵、除尘设备、除湿设备、排风机等应与洁净生产区分区布置，能有效地防止药品之间产生交叉污染。

8. 洁净区的通道，应保证能直接到达每一个生产岗位、中间体储存间。不能把其他岗位操作间或存放间作为物料和操作人员进入本岗位的通道，更不应把一些双开门的设备作为人员的通道，如双门烘箱。这样可有效地防止因物料运输和操作人员流动而引起的不同品种药品交叉污染。

本章思考题

1. 简述中药生产车间工艺设计要求。
2. 简述中药的生产过程。
3. 简述前处理的生产工序。
4. 简述提取的生产工序。
5. 简述前处理车间的布置原则。
6. 简述提取车间的布置原则。
7. 前处理车间布置举例。
8. 提取车间布置举例。
9. 简述典型的口服固体制剂生产单元。

第十五章　同步练习

（都　波）

参 考 文 献

1. 张洪斌 . 药物制剂工程技术与设备 . 3 版 . 北京 : 化学工业出版社, 2019.
2. 赵宗艾 . 药物制剂机械 . 北京 : 化学工业出版社, 1998.
3. 周长征 . 中药制药工程原理与设备 . 北京 : 中国中医药出版社, 2021.
4. 张绪峤 . 药物制剂设备与车间工艺设计 . 北京 : 中国医药科技出版社, 2000.
5. 曹光明 . 中药制药工程学 . 北京 : 化学工业出版社, 2007.
6. 王志祥 . 制药工程原理与设备 . 3 版 . 北京 : 人民卫生出版社, 2016.